高职高专技能培养特色教材

医用电子仪器分析与维修技术

金浩宇　主编

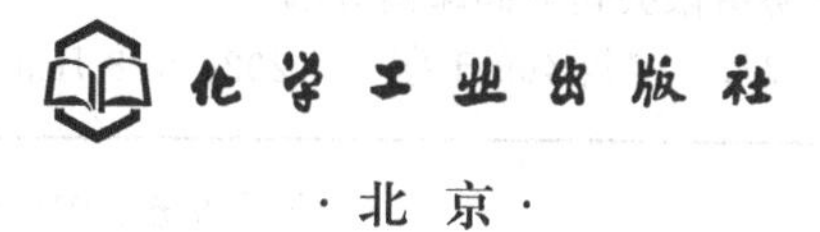

·北京·

本书讲述了现代医用电子仪器的基本结构、工作原理、日常使用和维护的基本知识，包括常见的电子诊断类仪器和部分电子治疗类仪器。为了突出职业教育特色，书中专门设计了实训教学环节，介绍了仪器性能检测、电路结构分析、故障判断和排除、电气安全防护的基本思路和方法，并有相应的操作步骤。

本书既可作为高职高专医疗器械相关专业的教材，又可作为各级医院医学工程技术人员的培训及参考用书。

图书在版编目（CIP）数据

医用电子仪器分析与维修技术/金浩宇主编．—北京：化学工业出版社，2011.5（2024.8重印）
高职高专“十二五”规划教材
ISBN 978-7-122-10909-5

Ⅰ．医…　Ⅱ．金…　Ⅲ．①医疗器械-电子仪器-仪器分析-高等职业教育-教材②医疗器械-电子仪器-维修-高等职业教育-教材　Ⅳ．TH772

中国版本图书馆 CIP 数据核字（2011）第 054649 号

责任编辑：李植峰　　文字编辑：孙　科
责任校对：蒋　宇　　装帧设计：杨　北

出版发行：化学工业出版社（北京市东城区青年湖南街 13 号　邮政编码 100011）
印　　装：北京科印技术咨询服务有限公司数码印刷分部
787mm×1092mm　1/16　印张 17¾　字数 469 千字　2024 年 8 月北京第 1 版第 4 次印刷

购书咨询：010-64518888　　售后服务：010-64518899
网　　址：http://www.cip.com.cn
凡购买本书，如有缺损质量问题，本社销售中心负责调换。

定　价：49.00 元

《医用电子仪器分析与维修技术》 编写人员

主　　编 金浩宇

副 主 编 吴建刚　余学飞　温志浩

编写人员 （按姓名汉语拼音排列）

金浩宇（广东食品药品职业学院）

刘虔铖（广东食品药品职业学院）

彭胜华（广东食品药品职业学院）

温志浩（广东食品药品职业学院）

翁灿烁（广东食品药品职业学院）

吴建刚（解放军总后勤部药品仪器检验所）

徐彬锋（广东食品药品职业学院）

余学飞（南方医科大学）

前　言

本书是高职高专院校医疗器械相关专业教材，内容讲述了现代医用电子仪器的基本结构、工作原理、日常使用和维护的基本知识，包括了常见的电子诊断类仪器和部分电子治疗类仪器。为了突出职业教育特色，书中专门设计了实训教学环节，介绍了仪器性能检测、电路结构分析、故障判断和排除、电气安全防护的基本思路和方法，并有相应的操作步骤，通过这些实践锻炼，可以切实培养学生的专业维修能力，锻炼专业素质。医用电子仪器在各级医院已经得到普及，已成为诊疗活动必不可少的手段，种类繁多，原理复杂。通过本教材的教学，可以使读者掌握基本的维修理论及方法，积累维修经验，切实提高动手能力。

本教材具有先进性、系统性及实用性的特点，既可作为高职高专医疗器械相关专业的教材，又可作为各级医院医学工程技术人员的培训及参考用书。主要特色如下。

一、全书结构合理，内容设置承前启后，重点突出。本书系统介绍了常用医用电子仪器的结构、原理和维修知识，全书共分 8 章。第 1 章简单介绍了医用电子仪器的基础知识，重点是人体生理信号及测量的特点；第 2 章从总体上分析了医用电子类仪器的一般结构和常用的技术指标，使读者从宏观上把握该类仪器的构造特点；第 3 章介绍临床最常见的医用电生理诊断类仪器，包括心电图机、脑电图机、肌电图机的电路结构分析和维修方法，其中重点分析了心电图机；第 4 章对医用监护仪器进行了全面的介绍，对医用监护仪器的技术发展趋势也进行了阐述；第 5 章对常见的医用电子治疗类仪器进行了原理和结构分析，设计了部分维修案例；第 6 章介绍了心脏起搏器和除颤器的有关知识；第 7 章讲述了所有电子类仪器必须遵循的电气安全规则；第 8 章是本书的实训部分，把全书前面各章有关的实训项目集中编排，便于各院校根据教学条件和培养目标有选择地使用。

二、理论与实践结合紧密、基础和能力培养并重。全书以医用电子仪器的基本原理、基本结构、基本电路为主线，书中所讲功能电路均是目前在医用电子类仪器中应用的常见电路技术；同时又对目前主流机型进行详细的结构和电路分析，做到点面结合，让学生掌握如何根据各类医用电子仪器的基本原理和功能电路进行整机维修的思路和技巧，内容主线分明、重点突出，理论分析与实际应用结合紧密。

三、设计有大量的故障检修实例，符合国内医疗器械职业教育的实际。本书内容基本涵盖了目前医院常用的医用电子仪器，在系统介绍有关知识的同时，还专门讲述了医用电子仪器的维修问题，并提供了大量的维修实例，较好地体现了职业教育特点。

由于时间仓促，加之作者水平有限，不足之处在所难免，恳请读者和同行批评指正！

金浩宇

2011 年 1 月

目　录

1　绪论 …… 1
1.1　生物医学工程 …… 1
1.2　生物医学仪器 …… 2
1.3　医用电子仪器 …… 3
1.4　常用生理信号的特性 …… 3
1.4.1　心电信号 …… 3
1.4.2　脑电信号 …… 4
1.4.3　肌电信号 …… 5
1.4.4　其他生物电信号 …… 6
1.5　生物电阻抗与人体电阻抗 …… 7
1.6　人体生理参数测量的特点 …… 8
思考题 …… 9
2　医用电子仪器结构分析 …… 10
2.1　医学仪器的特性 …… 10
2.2　主要技术指标 …… 12
2.3　信号的采集与检测 …… 17
2.3.1　传感器 …… 17
2.3.2　常用传感器 …… 18
2.3.3　信号采集检测的实现 …… 19
2.3.4　典型参数的传感器或电极 …… 21
2.4　信号的处理 …… 21
2.4.1　模拟信号处理 …… 22
2.4.2　数字信号处理 …… 28
2.5　信号的输出与显示 …… 33
2.6　辅助系统 …… 37
思考题 …… 38
3　医用电子诊断类仪器分析 …… 40
3.1　生物电位的基础知识 …… 40
3.2　医用电子诊断仪器原理 …… 43
3.2.1　心电图机 …… 43
3.2.2　脑电图机 …… 55
3.2.3　肌电图机 …… 65
3.3　典型医用电子诊断类仪器电路分析 …… 70
3.3.1　ECG-6511 型心电图机主要电路 …… 70

3.3.2 典型脑电图机电路分析 …… 87
3.3.3 典型肌电图机电路分析 …… 95
3.4 典型医用电子诊断类仪器维修技术分析 …… 106
3.5 医用电子仪器维护保养方法概述 …… 134
思考题 …… 136
4 医用监护仪器分析 …… 137
4.1 医用监护仪器概述 …… 137
4.1.1 医用监护仪的临床应用 …… 137
4.1.2 医用监护仪的分类 …… 139
4.1.3 医用监护仪一般结构 …… 139
4.1.4 医用监护仪主要技术指标 …… 141
4.2 常用生理参数的测量原理 …… 142
4.3 心电床边监护仪 …… 149
4.3.1 模拟式心电床边监护仪 …… 150
4.3.2 典型心率检测电路分析 …… 151
4.3.3 波形-字符同屏显示的心电床边监护仪 …… 154
4.4 模拟式多参数床边监护仪 …… 155
4.4.1 典型体温检测电路分析 …… 156
4.4.2 典型呼吸检测电路分析 …… 157
4.4.3 典型脉搏检测电路分析 …… 158
4.5 数字式多参数床边监护仪 …… 159
4.6 插件式多参数监护仪 …… 164
4.6.1 主要参数模块结构与原理分析 …… 164
4.6.2 插件式多参数监护仪工作原理 …… 170
4.7 动态监护仪 …… 173
4.7.1 动态心电监护仪 …… 173
4.7.2 动态血压监护仪 …… 176
4.8 胎儿监护仪 …… 176
4.9 医用监护仪的维修 …… 177
4.9.1 医用监护仪的维护保养 …… 177
4.9.2 医用监护仪的维修方法 …… 178
4.10 医用监护仪的发展趋势 …… 179
思考题 …… 181
5 医用电子治疗类仪器分析 …… 182
5.1 电刺激治疗的原理 …… 182
5.1.1 低频电治疗 …… 183
5.1.2 中频电疗 …… 185
5.1.3 高频电治疗 …… 186
5.1.4 电治疗仪的基本结构 …… 188
5.2 音乐电治疗仪 …… 189

5.2.1 音乐电疗的生理作用 …… 189
5.2.2 音乐电疗仪原理分析 …… 190
5.2.3 ZJ-12H 音乐电疗仪维修实例 …… 193
5.3 高频电刀 …… 194
5.3.1 高频电刀的原理 …… 194
5.3.2 SSE2L 型高频电刀分析 …… 196
5.3.3 高频电刀故障维修实例 …… 201
思考题 …… 203
6 心脏起搏器和除颤器 …… 205
6.1 心脏起搏器简介 …… 205
6.2 心脏起搏器的基本构造和工作原理 …… 207
6.3 心脏起搏器的标识码及参数 …… 210
6.4 心脏起搏器的主要类型 …… 212
6.5 心脏起搏器的植入 …… 214
6.6 心脏起搏器典型电路分析 …… 214
6.6.1 起搏器脉冲发生器单元电路分析 …… 214
6.6.2 一种固定型心脏起搏器电路分析 …… 215
6.6.3 R 波抑制型心脏起搏器的一般结构原理 …… 216
6.6.4 QDX-2 型体外按需起搏器的电路分析 …… 217
6.6.5 AMQ-4 型按需起搏器的电路分析 …… 220
6.7 心脏除颤器 …… 223
6.7.1 心脏除颤器的作用及工作原理 …… 223
6.7.2 心脏除颤器电极 …… 225
6.7.3 心脏除颤器的类型 …… 226
6.7.4 心脏除颤器的主要性能指标 …… 226
6.7.5 典型心脏除颤器电路分析 …… 227
6.7.6 QC-11 型心脏除颤器电路分析 …… 228
思考题 …… 232
7 医用电气安全 …… 233
7.1 医用电气安全概念 …… 233
7.2 电击成因及其对人体的损害 …… 234
7.3 医用电子仪器电气安全防范措施 …… 237
7.3.1 仪器接地 …… 237
7.3.2 绝缘保护 …… 239
7.3.3 使用安全超低压电源 …… 240
7.3.4 采用非接地配电系统 …… 241
7.3.5 信号隔离 …… 243
7.3.6 右腿驱动电路技术 …… 243
7.4 医用电子仪器电气安全判断 …… 243
7.5 静电安全 …… 245

思考题 …… 246
8 实训项目 …… 247
实训一 心电图机的安全操作 …… 247
实训二 心电图机的性能参数检测 …… 249
实训三 心电图机放大单元结构电路分析 …… 253
实训四 心电图机键控单元结构电路分析 …… 254
实训五 心电图机功放单元结构电路分析 …… 256
实训六 心电图机电源单元结构电路分析 …… 257
实训七 典型医用电子仪器故障检修 …… 259
实训八 DASH2000型多参数监护仪操作与维护实训 …… 261
实训九 多参数监护仪常见故障分析与排除 …… 265
实训十 音乐电疗仪电路分析与维修 …… 267
实训十一 心电图机的电气安全操作 …… 269
实训十二 手术室医用电子仪器电气安全连接 …… 270
参考文献 …… 273

1 绪 论

学习指南：本章首先介绍了生物医学工程、生物医学仪器和医用电子仪器的基本概念和相互之间的关系，然后对人体生理信号、人体电阻抗和人体生理参数测量的特点进行了介绍，在学习时要重点掌握理解，以利于下一章对医用电子仪器结构设计的学习。

1.1 生物医学工程

现代科学技术发展的重要特点是各学科相互渗透，新兴边缘学科不断出现。而生物医学工程学（Biomedical Engineering，BME）就是最令人瞩目的新学科之一。

作为一个学科，生物医学工程学的诞生在国外始于20世纪50年代，当时第二次世界大战已经结束，科学技术获得了空前的发展。随着电子学的高速发展，电子技术很快被引入到生物医学中，形成了“医学电子学”（Medical Electronics，ME），成为BME的先导。到了20世纪60年代，出现了大量新技术，如激光、红外、超声、光学纤维、电子计算机、高分子化合物等，这就为工程技术应用于生物医学提供了日益广阔的应用条件，BME作为一门新兴的边缘学科应运而生了。

生物医学工程这个概念中所说的“生物”是指有生命的领域或指生命科学；“医学”是表明所研究的是生命科学中主要与人的健康和疾病有关的领域；“工程”一词则说明这一学科是工程学的范畴，而不是医学的范畴。

从技术角度看，生物医学工程学可以解释为通过工程技术手段综合运用物理学、化学、数学、计算机科学、生命科学的原理与方法，在生命体的多个层面上（从分子水平到器官水平）对生命体的现象与运动规律进行定量研究，并发展相应的医疗技术与仪器系统，应用于疾病预防、诊断和治疗，病人康复，改善卫生状况等目的。

生物医学工程的研究主要包括基础性研究和临床应用性研究两个方面。基础性研究涉及生物力学、生物材料学、人工器官、生物系统的建模与控制、物理因子的生物效应、生物系统的质量与能量传递、生物医学信号的检测与传感器原理、生物医学信号处理方法、医学成像及图像处理方法、治疗与康复的工程方法等十个大的方面；当基础性研究应用到临床疾病的诊断和治疗中使现代医学的发展令人耳目一新，其中出现的各种生物医学仪器就是生物医学工程学临床应用性研究的一个重要成果。

总之，BME是工程与技术科学向生物学、医学渗透的科学。工程与技术科学从未像今天这样为揭示生命现象、医治人体疾患及延长人的寿命提供如此完备的手段。生物医学工程作为一门独立学科的发展历史尚不足60年，但由于它在保障人类健康和为疾病的预防、诊断、治疗、康复服务等方面所起的巨大作用，已成为当前医学领域的重要基础和支柱。

1.2 生物医学仪器

生物医学仪器的研制是生物医学工程学中最重要的组成部分，由于生物医学仪器具有精确性、客观性和稳定性等特点，在医院的临床工作中发挥了巨大的作用，是目前现代化医院正常运转不可或缺的关键要素之一。

生物医学仪器涵盖的范围很广，分类方法也很多，既可以根据医学参数的测量转换原理来分类，也可以按照测量和治疗的生理系统分类。从大的方面来说，生物医学仪器包括诊断仪器和治疗仪器两大类。诊断仪器是利用各种新技术测量人体生理信号并对其进行处理，最终为医生对疾病的诊断和治疗提供证据；治疗仪器是利用各种物理因子作用到人体产生的生理效应对疾病进行治疗。

从医学应用角度出发，又可将生物医学仪器分为以下四类。

① 检测类　包含各种生物电检测仪器（心电、脑电、肌电、胃电、眼电、诱发电位、细胞电位）、非电量的生理参数仪器（各种压力如血压、颅内压、膀胱压等，各种流量、流速，血液、气体、血氧饱和度等），各种成像设备（如X射线、CT、MRI、PET、超声、红外、内窥镜等）。

② 监护类　包括多参数床旁监护（心电、血压、呼吸、体温、血氧等）、单参数监护（心电Holter、血压Holter等）、胎儿监护、睡眠监护等。

③ 治疗类　包含各种理疗仪器、抢救设备（除颤、呼吸机、麻醉机）、植入式治疗装置（心脏起搏、癫痫治疗）、各种介入式治疗设备（微波、射频），各种体外治疗仪器（射线、热疗、超声）等。

④ 检验分析类　各种显微镜（生物显微镜、电子显微镜、共聚焦显微镜）、血液分析仪、分光光度计、电泳仪、色谱仪、质谱仪等。

生物医学仪器根据医学参数的测量转换原理又可分为医用电子仪器、医用超声仪器、医用检验分析仪器、医用射线仪器、医用光学仪器、医用微波仪器等。

医学科学的现代化是以生物医学仪器现代化为物质基础和重要标志的。医学发展的历史证明，生物医学仪器是预防、诊断、治疗疾病和进行医学教育、科学研究必不可少的重要工具。

近代医学是从16、17世纪实验医学开创以后才逐渐发展起来的，但是，因为当时没有可靠的实验工具，所以发展缓慢。20世纪50年代以后，科学技术飞速发展，尤其是物理学、电子学等新技术渗透到医学科学领域，使医学得到了迅速的发展。除光学显微镜外，X射线以及心电、脑电、肌电、超声仪器和各种电疗机对基础医学和临床诊断治疗起着重要作用。

到20世纪70年代，医学科学已进入到细胞、亚细胞及分子水平，这时，再用光学显微镜和一般测试技术研究生命物质的超显微结构和功能已远远不够，这就需要研究制造新仪器。电子显微镜使人可以直接看到病毒，进一步研究细胞组织内部的超显微结构；X射线衍射和红外光谱技术可以研究蛋白的空间构型；射线和同位素广泛应用于诊断疾病、治疗肿瘤以及正常生理和病理机理的研究；核磁共振技术可以研究有机体内游离基的浓度，对细胞癌变可以获得很灵敏的测量结果。

随着科学技术的发展，电子计算机已经广泛应用于医学科学领域。其中包括行政管理、病历管理、门诊预约、自动临床化验、手术监护、病理或药理分析、中医辨证施治的理论研究、药剂配置、生物电信号自动分析、图像识别以及断层成像等。

总之，生物医学仪器的发展和应用直接促进了医学科学的进步，保证了人类的健康，延长了人类的平均寿命。因此可以说生物医学仪器是一个国家医学科学水平的标志。

1.3 医用电子仪器

在生物医学仪器中，医用电子仪器发展最快、应用最广。这是因为电子惯性小，用电量表示信息时，转换方便，传递迅速，便于测量和记录，对信息可进行逻辑处理，也可连续观察生命过程的各种微妙变化，最大限度地延伸眼、手、脑的功能，使生命现象客观定量地动态显示、计量、记录及分析。医用电子仪器是生物医学仪器的重要分支，既包含一部分从生物体取得信息的检测类仪器和监护类仪器，又包含一部分作用于生物体的刺激仪器、治疗仪器等。随着微电子技术及计算机技术的发展，医用电子仪器正朝着大规模集成电路的方向发展，这将使仪器更加精密和轻巧，日益小型化、自动化、智能化和精确化。对医用电子仪器的分析将在第 2 章进行详细介绍。

1.4 常用生理信号的特性

1.4.1 心电信号

在正常人体内，由窦房结发出的一次兴奋，按一定的途径和时程，依次传向心房和心室，引起整个心脏的兴奋。因此，每个心动周期中，心脏各部分兴奋过程中出现的生物电变化的方向、途径、次序和时间都有一定的规律。这种生物电变化通过心脏周围的导电组织和体液反映到身体表面上来，使身体各部位在每一心动周期中也都发生有规律的生物电变化，即为心电位。若把测量电极放置在人体表面的一定部位，记录出来的心脏电位变化曲线即为临床常规心电图（Electro Cadio Gram，ECG）。因此，心电图可反映出心脏兴奋的产生、传导和恢复过程中的生物电变化。

心肌细胞的生物电变化是心电图的来源。但是，心电图曲线与单个心肌细胞的生物电变化曲线有明显的区别。

① 单个心肌细胞的生物电变化。它是用细胞内电极记录方法得到的，它是同一细胞膜内外的电位差，包括膜的动作电位和静息电位。心电图的记录方法，它测出的是已兴奋部位和未兴奋部位的膜两点之间的电位差，或者是已复极部位和尚处于兴奋状态的部位之间的电位差。当静息状态或肌膜各部位之间都处于兴奋时，膜外各部位之间就没有电位差，细胞外记录曲线呈等位线。

② 心肌细胞生物电变化。它是单个心肌细胞在静息或兴奋时膜内外电位变化曲线，而 ECG 反映的是一次心动周期中整个心脏的生物电变化。因此，ECG 上每一瞬间的电位数值，都是很多心肌细胞电活动的综合效应在体表的反映，窦房结和房室结组织、心房、浦肯野纤维和心室组织等所表现出的各自特有的生物电活动。

心脏各区域生物电活动如图 1-1 所示。由图可看到各组织的单一细胞膜的生物电活动与典型心电图波形之间的时间关系。

与细胞内记录方法不同，心电图是在身体表面间接记录出来的心脏的生物电变化，所以电极放置不同，记录出来的心电图曲线也就不相同。

临床上为了统一和便于比较所获得的 ECG 波形，对测定 ECG 的电极位置和引线与放大器的连接方式有严格的统一规定，称为心电图的导联系统，简称导联。有关导联的方式和规定将随心电图机一起介绍。

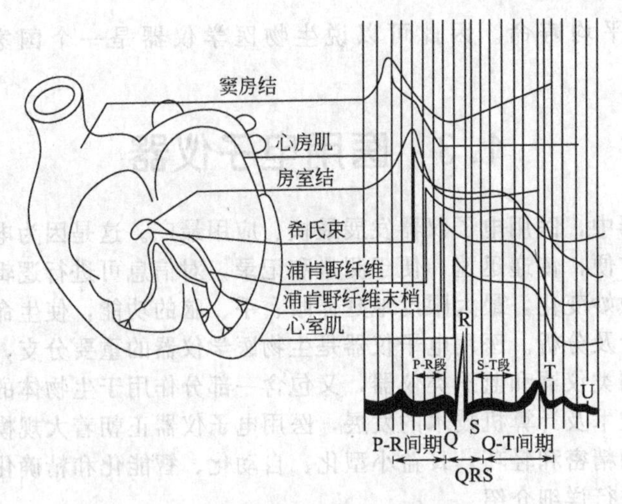

图 1-1　心脏各区域生物电活动

1.4.2　脑电信号

人的一切活动都是受中枢神经系统控制和支配的，中枢神经系统是由脑和脊髓所组成的。而人脑是中枢神经中高度分化和扩大的部分。在中枢神经系统中，有上行（感觉）神经通路和下行（运动）神经通路。依靠这两条传导通路，大脑不仅能接收周围事件的信息，而且能修改由环境刺激所引起的脊髓反射的反应。

脑和脊髓一样，都被浸容在特殊的细胞外液（脑脊髓）中。与其他浸容导体一样，这些神经的电活动可被等效为一个偶极子。如果每一小单位体积被等效为一个偶极子，整个脑的总和等效偶极子即是全部偶极子的向量总和。对应着这个偶极子，必定存在着一定的脑电场分布。通过测定脑容积导体电场电位的变化，可以了解脑电的活动情况，进而了解脑的机能状态。

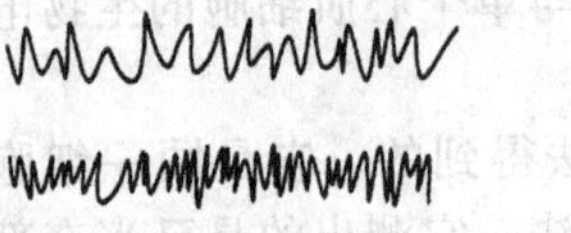

由于大脑皮层的神经元具有这种自发生物电活动，因此可将大脑皮层经常具有的、持续的节律性电位变化，称为自发脑电活动。临床上用双极或单极记录方法在头皮上观察大脑皮层的电位变化，记录到的脑电波称为脑电图（Electro Encephalo Gram，EEG）。若将头颅骨打开，直接在皮层表面引导的电位变化，称为皮层电图（Electrocorticogram，ECOG）。上述从头皮或皮质层所记录到的波动电位，都代表了由各种各样的活动神经元所产生的容积导体电场的叠加。

50μV

1s

图 1-2　正常脑电波形

脑皮层表面的脑电波强度（相对于参考电极的描记）可以大到 10mV；而从头皮描记的只有 100μV 的较小的振幅，一般为 10～50μV。其频率范围为 0.5～100Hz。

正常人有四种脑电波形：α 波、β 波、θ 波及 δ 波。正常脑电波形如图 1-2 所示。国际上按不同的脑电波的重复节律，统一分类为：α 波，8～13Hz；β 波，13～40Hz；θ 波，4～8Hz；δ 波，0.5～4Hz。

正常人从头皮电极获得的 δ 波的幅度为 20～200μV，α 波的幅度为 20～100μV，β 波的幅度仅为 5～20μV。

脑电波的频率特性比幅度特性在临床上更显得重要。正常人处于宁静、休息、清醒状态时，都可以测到 α 波；人在特殊紧张状态下，所测的 β 波可升到 50Hz；某些成年人在情绪不好，特别失望、痛苦、压抑或遇到挫折时，会出现 θ 波；人在熟睡中或严重脑疾患者，会出现 δ 波。

由于人脑很复杂，脑电位波形中含有许多尚未被人们所认识的信息，因此对脑电图的临床应用，还有许多待研究的课题。

除了自发脑电波外，用刺激的方法能够引起大脑皮层局部区域电活动，称为脑的诱发电位 EP(Elevoked Potential)。通过视觉刺激、体感刺激、听觉刺激可以产生相应的三种诱发脑定位，即视觉诱发电位 VEP、体感诱发电位 SEP、听觉诱发电位 AEP。

脑电位测量主要用于脑病灶定位或确定病灶的活动性。临床上借助脑电波改变的特点，来诊断癫痫或探索肿瘤所在部位。另外，由于诱发脑电位能反映人的智力状况（思维、记忆、注意、随意运动等），所以国内外都开展了对诱发脑电位的研究。有关脑电图测量时所用的导联方法，将在介绍脑电图机时一并介绍。

1.4.3 肌电信号

用针形电极插入肌肉的运动终极（即神经肌肉接头处）及邻近部位，可出现 10～40μV 的不规则电压波形，称为微终极电位。肌肉做轻度收缩时所出现的肌电，称为运动单位电位。运动单位电位的大小与每一个单位区域内所含肌纤维的数量以及肌纤维和引导电极之间的距离有关。运动单位电位所占的时程，称为运动单位时限，其大小与兴奋通过终极的传递时间以及肌纤维上传播的时间等因素有关，一般为 5～10ms。

人体的肌肉纤维浸泡在导电性能良好的组织液内，肌纤维本身又是很好的导体，所以任何部位的动作电位都在周围产生电场。所记录下来的肌电波形，并不是单根肌纤维的电的活动，而是许多肌纤维电场在空间和时间上的叠加。将肌肉的生物电活动形成的电位随时间变化的波形称为肌电图（Electro Myo-Gram，EMG）。肌电活动是一种快速的电位变化，它的振幅在 20μV 至几毫伏，频率为 2Hz～10kHz(上限一般取到 5kHz 即可)。

运动单位电位的波形有单相、双相、三相和多相之分。在正常的肌电图中，双相和三相电占 80%，单相电位占 15%，多相电位占 4%以下。

单一运动单位的电位形状，可因疾病而有显著的变化。在周围神经发生病变时，肌肉经常会发生部分失神经状态，但随之而来的是神经的再生。再生神经纤维的传导速度，比健康状况下的传导速度慢很多。另外，在许多周围神经病变中，神经元的兴奋性有了改变，神经传导速度将普遍减慢。结果导致神经冲动难以激发，即使被激发，此冲动也难以到达肌肉，则在肌电图上将引起散布和同步破坏现象。肌电波形如图 1-3 所示。从中可见，神经元的可兴奋性和沿神经的扩展速度的减低或消失，发生了明显的同步破坏。

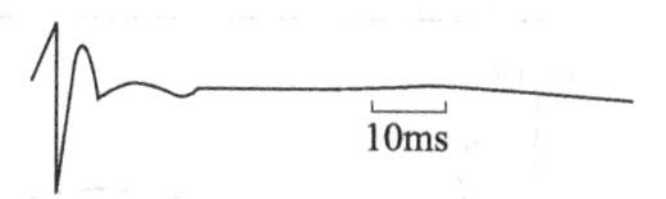

(a) 正常人肌肉的神经受到刺激时所记录到的深部肌电图

(b) 非正常人(在病理情况下)测得的肌电图

图 1-3 肌电波形

肌电图可以为骨骼肌及其神经支配的生理状态提供重要的信息。当运动单位发生各种病理变化时，均会出现异常肌电图波形，根据神经电活动的变化可以确定病变来自哪个部位、性质和病变程度等，对病理过程不同的各种疾病作出区别，以供诊断。

一般用体表法和微电极插入法记录肌电图。很容易受到其他体表电位的影响。在记录深部肌肉或记录某一运动单位的肌电图时，常采用单极、双极或多极的插入式电极来记录肌肉的一个小区域的局部电活动。

1.4.4 其他生物电信号

(1) 神经电位

人体中各种信息的传输和处理，都是由相应的神经进行的。神经中有任一信息时，必定伴随着相应的动作电位的产生和传导。动作电位在神经中的传导速度可以测量，测量神经传导速度的示意图如图 1-4 所示。沿神经的传导方向，在相距一定距离（D）的两点上放置两对电极（S_1、S_2），分别刺激运动神经，测得两个动作电位波形 $V(t)$。两电极的距离是已知的，根据这两个动作电位波测得时间差（t_1-t_2），就可以确定出神经中的传导速度。动作电位波形 $V(t)$ 即是神经电图。

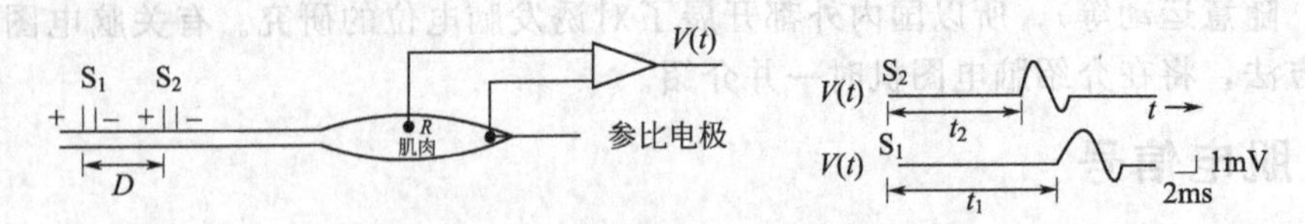

图 1-4 测量神经传导速度的示意图

记录神经电图，测量神经传导速度，对确定神经的机能状态具有较高的临床价值。

(2) 皮肤电位

人体皮肤两点间存在的电位差称皮肤电位。它可随视、听、痛刺激以及情绪波动而变化，将这一过程称为皮肤电反射（Galvanic Skin Response，GSR）。皮肤电位活动是皮肤活组织代谢过程的表现，与机体汗腺活动有密切关系，汗腺活动直接受植物神经系统控制。

皮肤电位以手掌和脚掌处变化最大，前臂和耳垂内侧变化最小，常用前臂和耳垂作参考点放置参考电极，另一电极放在手掌等活动区。给予适当刺激，电位变化幅度可达 2～3mV，慢波持续时间为 10min，快波持续时间约 1min，波的形状与电极位置及皮肤机能状态有关。皮肤电位反射波形如图 1-5 所示。

(3) 视网膜电位

将眼球看成是一个充满液体的球，视网膜是一层薄板样的生物电源，它紧贴在眼球的后部。当视网膜受到一次瞬间闪光刺激时，可以记录到视网膜内表面上的电位变化，称该电位的综合变化波形（包括 a、b、c、d 四种波）为视网膜电图（Electro Retino Graph，ERG），视网膜电位波形如图 1-6 所示。

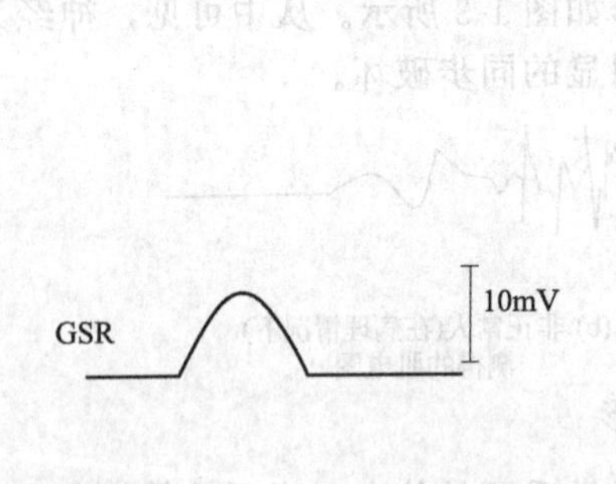

图 1-5 皮肤电位反射波形

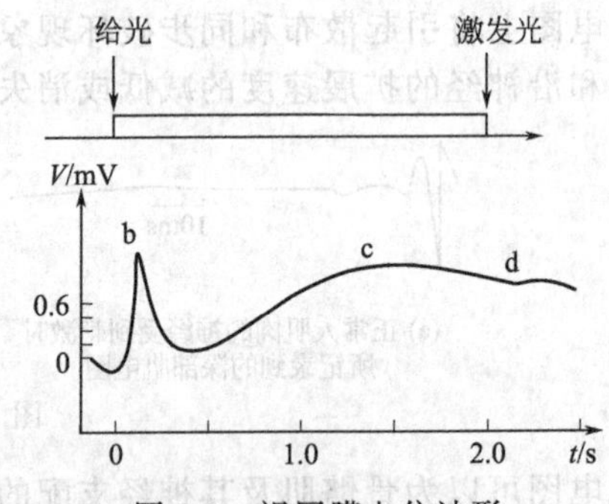

图 1-6 视网膜电位波形

在记录视网膜局部区域的视网膜电图时，要考虑视网膜电图的所谓空间特性，对若干个视网膜区产生的视网膜电图的线性叠加等于这些区域同时受到刺激时所产生的单个视网膜电图。局部产生的 ERG 的电位幅度较小（0～1mV），必须做数据处理，才能得到较理想的局部视网膜电图。

从眼的电生理特性可知，除记录视网膜电图外还可记录眼电图，其差别在于：视网膜电图记录的是瞬间电位的变化，而眼电图记录一种恒定的存在于角膜之间的直流电位。

其他生物电位还有胃电位、耳蜗生物电位等，在此不一一介绍。

1.5 生物电阻抗与人体电阻抗

(1) 生物电阻抗

人体组织呈现一定的电阻抗特性，这是由于细胞内外液中电解质离子在电场中移动时，通过黏滞的介质和狭小的管道等引起的。由实验证实，在低频电流下，生物结构具有更复杂的电阻性质。从电压-电流的关系分析可知，细胞膜的变阻作用可等效为非线性的对称元件；细胞膜的整流作用可等效为非线性的非对称元件。

此外，细胞膜还具有电容性质，它不仅起储存能量的静态电容的作用，还具有极化电容的性质。细胞膜电容在充放电（极化、去极化）的过程中，消耗能量（变为热能），而且频率不同，细胞膜的耗散也不同。

生物电阻抗，除存在电容、电阻成分外，现在已证实，还有电感特性。离体的神经细胞在改变细胞外液中的离子成分（即改变钙离子浓度）时，发现有正性电抗成分。所以，生物结构呈现出电阻、电容、电感的复合电路特性，即生物电抗可以等效为复杂的阻抗组件。

(2) 人体电阻抗

人体组织和器官的电阻抗差异较大。几种组织的电阻率和电导率见表 1-1。通过比较可以看出，血清的电阻率最低，肌肉次之，肝、脑等组织的电阻率较高，脂肪和骨骼的电阻率最高。因此，当高频电流通过身体时，不会像均匀介质导体那样产生集肤效应。活动组织的阻抗与离体组织的阻抗不同，其值不仅取决于它本身的电性质，还取决于血液的含量。随着心脏的舒缩，组织中的血液量有规律地变化着，则各组织阻抗也将有规律地变化着。

不仅各种组织和器官有不同的阻抗，即便是同一组织，在不同频率下，其阻抗也不相同，组织的阻抗和介电常数随频率的变化见表 1-2。若通以直流，则组织中的容抗为无穷大，电流全部流过电阻；若通以高频电流，则组织中的容抗较小，电流多数流过电容。因此，不同频率的电流流过细胞的分量各不相同。在实际测量组织的阻抗或设计治疗性仪器时，必须考虑这一因素。

表 1-1 几种组织的电阻率和电导率

组织名称		电阻率/Ω·m	电导率/(S/m)	组织名称		电阻率/Ω·m	电导率/(S/m)
心肌	有血	207～224	—	脑	灰质	480	—
	无血	—	5～107		白质	750	—
肺	呼气	401	5～55	肝		500～672	6～90
	吸气	744～766	—	脾		630	—
乳房	正常	430	—	骨骼		470～711	58～90
	乳癌	170	—	全血		160～230	56～85
肾	髓质	400	—	血清		70～78	105
	皮质	610	—	0.9%氯化钠		50	140
	脂肪	1808～2205					

表 1-2 组织的阻抗和介电常数随频率的变化

组织名称	ε/1000			RωC		
	0.1kHz	1kHz	10kHz	0.1kHz	1kHz	10kHz
肺	450	90	30	0.02	0.05	0.13
肝	900	150	50	0.04	0.05	0.17
肌肉	800	130	50	0.04	0.06	0.21
心肌	800	300	100	0.04	0.15	0.32
脂肪	150	50	20	0.01	0.03	0.15

人体组织的阻抗值，表征着人体各组织和器官的机能状态。例如，人体乳房在正常情况下的电阻率与癌变情况下的电阻率相差很大。而疼痛的皮肤电阻比正常时的皮肤电阻低。所以，根据人体生物阻抗的变化情况，可以获得有价值的生物信息。

1.6 人体生理参数测量的特点

区别于工程上的任何一个系统，人体系统是一个有生命的系统，因此在进行人体生理参数测量时，被测系统无论是整个人体还是某种组织器官或细胞，在测量过程中都要保持其生命活动的正常状态。另外，人体各种生理信号普遍的特点是强度非常弱、频率较低，而这种微弱的信号在测量过程中经常会受到各种各样噪声的干扰，例如测量心电信号时，其他生物电信号都会影响心电信号的测量。因此人体生理参数测量是一种强噪声背景下的微弱信号的测量。另外在测量时必须要考虑的另一个关键因素是安全问题，这是人体生理参数测量的限制性条件。

具体来讲，人体生理参数测量主要有以下几个特点。

（1）被测生理量的难接近性

在活体测量中，有时因为没有适当的传感器—被测对象界面，许多重要的生理量难以进行测量，如目前还无法测量脑内神经的动态化学活动。所以在传感器的尺寸与被测量的有效空间相当时，或者不能在待测部位放置传感器时，就无法进行有效的测量。在这种情况下只能采用间接测量。使用间接测量时应当注意保持两个变量间的关系不变，并对测得的数据进行必要的修正。采用间接法测量的典型例子是利用染料稀释法、热稀释法或阻抗法间接测出染料、热量及阻抗的变化，从而推算心输出量的大小。

（2）生理参数的变异性

人体上测量的生理变量即使在许多可控因素不变的条件下仍然会呈现出随时间变化的情况，这主要是由于该变量还与其他不确定的变量有关，所以生理变量不能认为是严格的定值，而应该用统计或概率分布的形式来说明。

（3）生理系统之间的互相作用

在人体的主要生理系统中存在大量的反馈环节，因此在已知系统和主要生理系统之间有着密切的联系。例如刺激已知系统某一部分的结果，一般会以某种方式影响该系统的其他部分，同时影响另外的系统。因此在测定人体某部位的机能状态时，必须考虑与之相关因素的影响。要选择适当的检测方法，消除相互影响，保持人体的系统性相对稳定。

（4）噪声特性

从人体拾取的生物信号不仅幅度微小，而且频率也低。因此，对各种噪声及漂移特性的限制和要求就十分严格。常见的交流感应噪声和电磁感应噪声危害较大，必须尽量采取各种抑制措施，使噪声影响减至最小。一般来说，限制噪声比放大信号更有意义。

（5）生理机能的自然性

在检测时，应防止仪器（探头）因接触而造成被测对象生理机能的变化。因为只有保证人体机能处于自然状态下，所测得的信息才是可靠的、准确的。当把传感器置于血管内测量血流信息时，若传感器体积较大，会使血管中流阻变大，这样测得的血流信号就不准确，不可靠。同样，若作长时间的测量，就必须充分考虑生物体的节律、内环境稳定性、适应性和新陈代谢过程的影响。若在麻醉状态下测量，还需要注意麻醉的深浅度对生理机能的影响。

为了防止人体机能的人为改变，可对人体作无损测量。一般是进行体表的间接测量或从体外输入载波信号，从体内对信号进行调制来取得信息。

所以，无损测量可以较好地保持人体生理机能的自然性。

(6) 安全性

人体生理信号测量的检测对象是人体，应确保电气安全、辐射安全、热安全和机械安全，使得操作者和受检者均处于绝对安全的条件下。有时因误操作而危害检测对象也是不允许的，所以安全性与操作有内在关系。通常解决安全问题主要考虑以下三个方面的因素。

① 测量中施加于人体的各种能量。为了测量和收集生物体信息，诊断和治疗疾病，经常将各种能量施加于人体组织，如通过人体的电流、X 射线、超声波、高频能量和加速粒子等。各种能量对人体的作用不同，应对能量的种类、施加部位、强度、作用时间，以及诸如频率、波形等各种参数进行认真仔细的研究，作出明确的规定，保证病人的安全。

② 测量的精确度和可靠性。人体生理参数测量的精确度和可靠性直接关系到疾病诊断和治疗的正确与否，直接关系到病人的生命安全，因此必须特别注意。例如心电图记录的准确性、生命维持设备的可靠性、植入体内的设备的绝缘性以及与人体组织的相容性等，都关系到病人的生命安全，因此对于人体生理参数测量而言，尤其作为诊疗设备，其精确度和可靠性与一般的工业设备相比，无疑更加重要。

③ 电子测量中的电击。超过一定数量的电流流过人体，就会对人体组织器官造成伤害，严重的会造成病人死亡，这就是通常所说的电击。因此在实际测量过程中必须注意防止电击的发生。关于这部分内容，将在第 7 章中详细介绍，在此就不赘述了。

思考题

1. 生物医学工程是做什么的？现代医学的发展与生物医学工程学科的发展有什么样的关系？
2. 生物医学仪器可分为哪些类别？生物医学仪器与生物医学工程有着怎样的关系？
3. 你亲眼见过哪些生物医学仪器？它们做什么用的？
4. 翻阅第 2 章，说明什么是医用电子仪器？包括哪些类别？你使用过或者在医院中接触过哪些医用电子仪器？
5. 人体生理电信号包括哪些？各自有什么特点？
6. 人体为什么可以呈现出电阻抗的特性？各个器官的电阻抗相同吗？哪里最大？哪里最小？
7. 人体到底是电感性质的？还是电容性质的？或者电阻性质的？
8. 人体生理参数测量有什么样的难度？你认为一个心电测量仪器在设计时应该考虑哪些方面的因素？

2 医用电子仪器结构分析

学习指南：本章首先介绍了医学仪器特性和医用电子仪器的主要技术指标，然后围绕医用电子仪器的结构组成，对人体生理信号采集与检测、信号的处理、信号的输出等进行了重点介绍，有助于加深对医用电子仪器的结构组成和相关技术的理解，为以后各章医用电子仪器分类产品的学习打下基础。

医用电子仪器将采集或检测到的人体相关的生理信息和参数，通过多种技术的处理、分析和判别后，输出相应的结果或能量，供医生对病人的疾病进行诊断或治疗。由于人体各种生理信息和参数都具有幅度低、频率低、存在较强的噪声背景的特点，因此用于检测不同生理信息和参数的医用电子仪器在原理、结构和性能指标等方面具有一些共性的技术和方法。

总的来说，生理信号从人体检测出来到最终以一种可视化的方式展示出来供医生诊断或治疗，需要经过信号采集/检测、信号预处理、信号处理、储存/记录、输出/显示等多个环节，另外有些仪器还需要施加刺激/激励、数据转换、反馈/控制等功能。此外，随着计算机技术的迅速发展，很多医用电子仪器都嵌入了计算机系统和技术，提升了仪器的技术水平和档次。

医用电子仪器一般结构框图如图 2-1 所示。

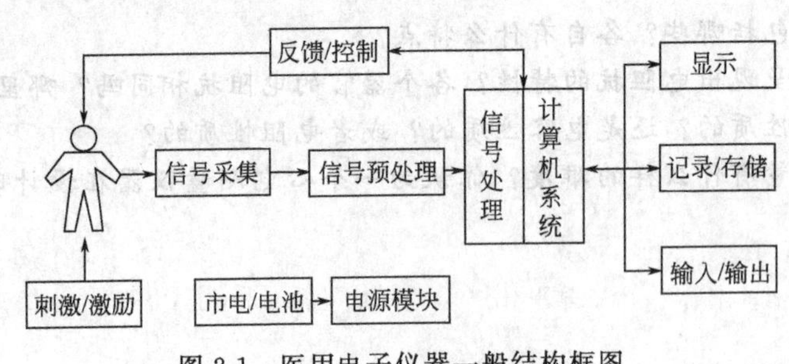

图 2-1　医用电子仪器一般结构框图

2.1　医学仪器的特性

(1) 人体信号的基本特性

人体是一个复杂的自然系统，它由神经系统、运动系统、循环系统、呼吸系统等分系统组成，分系统间既相互独立，又保持有机的联系，共同维持生命。其产生的各种信息具有以下基本特征。

① 不稳定性　生物体是一个与外界有密切联系的开放系统，有些节律由于适应性而受到调控。另外，生物体的发育、老化及意识状况的变化都会使生物信号不稳定。长时间保持一定的意识状态而不影响神经系统的活动是困难的，所以，生物信号不存在静态的稳定性。因此，在检测和处理生物信号时，就有选择时机的问题。有时为了分析问题的方便，在一定

的条件下，亦可将这种不稳定近似作为稳定来处理。

② 非线性　因生物体内充满非线性现象，反映生物体机能的生物信号必然是非线性的。用非线性描述生物体显示出的生物特性才比较准确。但在检测和处理生物信号时，在一定的条件下，仍可用线性理论和方法。

③ 概率性　生物体是一个极其复杂的多输入端系统，各种输入会随着在自然界中所能遇到的任何变化而变化，并会在生物体内相互间产生影响。对于任意一个被测的确定现象来说，这些变化就会被看作噪声。生物噪声与生物机能有关，使生物信号表现出概率变化的特性。

(2) 人机控制的特点

人体信号的基本特性决定了人体控制系统的控制功能具有以下特点。

① 负反馈机制　人体控制系统对任意的外界干扰是稳定的，对系统内参数变化的灵敏度也较低，原因是系统存在着负反馈机制。

② 双重支配性　生物体很少以一个变量的正负值来单独控制，往往是各自存在着促进器官和抑制器官的控制，并以两者协调工作来支配一个系统，构成负反馈控制机制。

③ 多重层次性　生物体内常见的控制功能是上一级环路对下一级负反馈环路进行高级控制，这种多重层次性控制，使人体系统控制功能有高可靠性。如心脏搏动节律的形成，不仅有窦房结的控制作用，还有心房、心室协调同步的控制作用。

④ 适应性　人体系统具有能根据外界的刺激改变控制系统本身控制特性的适应性。如人从明亮处刚进入暗处时什么都看不见，要逐渐地才能看见东西，这就是人体视觉系统控制功能的适应性表现。

⑤ 非线性　人体系统控制功能表现为非线性的本质，虽然有时可以将非线性现象近似当作线性控制处理。

(3) 医学仪器的特殊性

生物系统不同于物理系统，在检测过程中，它不能停止运转，也不能拆去某些部分。因此，生物信号的特性和人机控制的特点构成了医学仪器的特殊性。

① 噪声特性　从人体拾取的生物信号不仅幅度微小，而且频率也低。因此，对各种噪声及漂移特性的限制和要求就十分严格。常见的交流感应噪声和电磁感应噪声危害较大，必须尽量采取各种抑制措施，使噪声影响减至最小。一般来说，限制噪声比放大信号更有意义。

② 个体差异与系统性　人体个体差异相当大，用医学仪器作检测时，应从适应人体的差异性出发，对检测数据随时间变化的情况，要有相应的记录手段。

人体又是一个复杂的系统，测定人体某部分的机能状态时，必须考虑与之相关因素的影响。要选择适当的检测方法，消除相互影响，保持人体的系统性相对稳定。

③ 生理机能的自然性　在检测时，应防止仪器（探头）因接触而造成被测对象生理机能的变化，因为只有保证人体机能处于自然状态下，所测得的信息才是可靠的、准确的。如：当把传感器置于血管内测量血流信息时，若传感器体积较大，会使血管中流阻变大，这样测得的血流信号就不准确，不可靠。同样，若作长时间的测量，就必须充分考虑生物体的节律、内环境稳定性、适应性和新陈代谢过程的影响；若在麻醉状态下测量，还需要注意麻醉的深浅度对生理机能的影响。

为了防止人体机能的人为改变，可对人体作无损测量。一般是进行体表的间接测量或从体外输入载波信号，从体内对信号进行调制来取得信息。所以，无损测量可以较好地保持人体生理机能的自然性。

④ 接触界面的多样性　为了能测得人体的生物信号，必须使传感器（或电极）与被测对象间有一个合适的、接触良好的接触界面。但是，往往因传感器的实际尺寸较大，被测对象的部位太小而不能形成合适的界面；或者因人体出汗而引起皮肤与导引电极之间的接触不

良。接触不良、接触面积不好等构成接触界面的多样性对检测非常不利，于是人们想出各种办法来保证仪器与人体有一个合适稳定的接触界面。

⑤ 操作与安全性　在医学仪器的临床应用中，操作者为医生或医护人员，因此要求医学仪器的操作必须简单、方便、适用和可靠。

另外，医学仪器的作用对象是人体，应确保电气安全、辐射安全、热安全和机械安全，使得操作者和受检者均处于绝对安全的条件下。有时因误操作而危害作用对象也是不允许的，所以安全性与操作有内在关系。

(4) 医学仪器的工作方式

医学仪器的工作方式是指治疗或检测生物信号方法的不同而采用的直接的和间接的、实时的和延时的、间断的和连续的、模拟的和数字的各种工作方式。

仪器的直接和间接工作方式，其区别在于：直接工作方式是指仪器的治疗或检测对象容易接触或有可靠的探测方法，其传感器或电极能用检测对象本身的能量产生输出信号；而间接工作方式是指仪器的传感器或电极与被测对象不能或无法直接接触，需通过测量其他关系量间接获取欲测对象的量值。

仪器的实时和延时工作方式，是指在假设人体被测参数基本稳定不变的情况下，若能在一个极短的时间内输出、显示检测信号，则为实时的工作方式；若需经过一段时间才能输出所检测的信号，则为延时工作方式。

另外，由于人体系统内，有些生理参数变化缓慢，有些生理参数变化迅速，这就要求医学仪器选择与之变化相适应的工作方式，即检测变化缓慢的信息时采用间断的工作方式，而检测变化迅速的信息时采用连续的工作方式。

由此可见，若测量体温的变化时，可以采用直接的、实时的、间断的工作方式，而检测心电、脑电、肌电时，则需用直接的、实时的、连续的工作方式才能测出完整的波形图。

由于计算机在处理生物信号方面有突出的优点，使得医学仪器检测与处理生物信号的方式从模拟发展为模拟和数字两种。目前，传感器和电极均属模拟的工作方式，将模拟量进行A/D转换后再由计算机进行信息处理，然后再经D/A转换，输出所测信号，这样的仪器是数字的工作方式。数字的工作方式具有精度高、重复性好、稳定可靠、抗干扰能力强等特点。当然，模拟的工作方式因不需要进行两次变换而显得简单、方便。

2.2 主要技术指标

医用电子仪器所测量的生物信息基本上是物理量和化学量，故其技术性能的指标与普通测量仪器指标的含义相同；但是，医用电子仪器所作用的对象是有生命的生物体，主要是人体，对其生物信息测量时会有一些特殊的要求，因此，医用电子仪器的技术指标的重要程度、数据范围等方面有着显著特点。在普通测量仪器的运用技术指标中，对于医用电子仪器较重要的技术指标有灵敏度、精度、分辨力、输入输出阻抗、漏电流、频率特性、非线性度、漂移、信噪比、共模抑制比等。

(1) 灵敏度

仪器的灵敏度是指输出变化量与引起它变化的输入变化量之比。当输入为单位输入量时，则此时的输出量的大小即为灵敏度的量值。所以，灵敏度与被测参数的量值无关，当输出变化一定时，灵敏度愈高的仪器对微弱输入信号反应的能力愈强。灵敏度定义为

$$S=\frac{\Delta A_o}{\Delta A_i}$$

式中，S 为灵敏度；ΔA_o 和 ΔA_i 分别为输出量变化和输入量变化。

对于线性仪器，灵敏度为常数，并可用满量程的输出量与相应输入量之比计算。灵敏度是将仪器的输出量校正为输入量的依据，也是仪器测量微弱信号能力的反映。由于多数生物医学信号较微弱，故一般生物医学测量仪器的灵敏度要求较高。但是，在实际测量中，应根据被测信号的幅度范围和仪器抗噪声与干扰的能力，综合考虑并选择适宜的仪器灵敏度。仪器灵敏度愈高，愈有利于小信号的测量；但对于干扰信号也愈敏感，仪器的稳定性愈差。

(2) 精度

精度是衡量仪器测量系统误差的一个尺度。仪器的精度越高，说明它的测量值与理论值（或实际值、固有值）间的偏离越小。精度可理解为测量值与理论值之间的接近程度。所以，精度定义为

$$k\% = \frac{\Delta A}{A_{max} - A_{min}} \times 100\%$$

式中，ΔA 为仪器在满刻度范围内的最大绝对允许误差；A_{max} 和 A_{min} 分别为仪器上下限对应值。

精度等级代表的误差是指在规定的使用条件下，用该仪器测量的最大可能误差，即极限误差。影响精度的因素有以下几个方面。

① 电子元器件公差引起的误差。

② 由摩擦引起的机械误差。

③ 由漂移或温度变化引起的误差。

④ 有些仪器中，由于大气压或温度变化引起的误差。

⑤ 由频率响应范围差引起的误差。

⑥ 由视差或不适当照明或过宽的墨水描迹引起的读数误差等。

还有两个附加的误差源不应忽略，一个是仪器的零点校正，在大多数仪器中零点或基线都可能偏移，所以在每次使用仪器之前必须进行平衡或调零。另一个是仪器对被测参数的影响，在活体测量时更应注意。

(3) 分辨力

分辨力是指仪器分辨出最小的信息变化的能力。按被测信息的性质和仪器用途的不同，仪器分辨力分为幅度分辨力、频率分辨力、时间分辨力和空间分辨力等指标。幅度分辨力一般用仪器最小可分辨的输出信号幅度或大小与仪器满量程之比来表示，即

$$R = \frac{A_{min}}{H}$$

式中，R 为幅度分辨力，又称为分辨力；A_{min} 为仪器最小可分辨的输出信号幅值或大小；H 为仪器的满量程。R 愈小，仪器的幅度分辨力愈高。

频率、时间分辨力和空间分辨力一般分别用仪器可分辨的最小频率差、时间间隔和空间距离等量来表示。

对于一般模拟信号（如生物电等生理信号）的测量，往往要考虑仪器的幅度分辨力和时间分辨力；对于图像测量，空间分辨力是重要指标；对于能量（如光谱）测量，常要求一定的频率分辨力。在生物医学测量中，常常以特征鉴别为目的，因而分辨力是很重要的指标，应根据被测量的量的性质和测量的要求，在实际应用中选择分辨力指标适宜的仪器。

(4) 输入阻抗和输出阻抗

① 输入阻抗　指从一测量系统或线路环节的输入端测得的系统自身的阻抗，即

$$Z_i = \frac{V_i}{I_i}$$

式中，Z_i 为系统的输入阻抗；V_i 和 I_i 分别为从系统输入端测得的输入电压和输入电流。

输入阻抗反映一系统对其前一级系统的功率要求，输入阻抗愈高，它从前一级所吸取的电流愈小，因而愈容易与前一级系统相连接，不致引起前级输出信号的改变。生物电等许多生理信号都很微弱，不能向测量仪器提供较大的电流，否则将会引起被测生物信号发生变化（如幅度衰减），因此，用于生物医学测量的仪器大多具有很高的输入阻抗，例如生物电放大器的输入阻抗一般为 2～10MΩ，用于测量细胞电位的微电极放大器的输入阻抗高达数十至数百兆欧。

应用体表电极的仪器，要考虑到体电阻、电极-皮肤接触电阻、皮肤分泌液电阻、皮肤分泌液和角质层下低阻组织的电容、引线电阻和放大器保护电阻，以及电极极化电位等的影响。一般信号输入回路的阻抗主要取决于电极-皮肤接触电阻。接触电阻因人而异，与汗腺的分泌情况及皮肤的清洁程度等有关，一般在 2～150kΩ。引线和保护电阻一般为 10～30kΩ，在低频情况下，忽略电容的影响，则体表电极等效电阻可达 10～150kΩ。因此，生物电放大器的输入电阻应比它大 100 倍以上才能满足要求，一般为 1MΩ、5.1MΩ 或 10 MΩ。若用微电极测量细胞内电位时，因微电极阻抗高达数十兆欧至 200 MΩ，因此要求微电极放大器的输入阻抗应在 10^9Ω 以上才能满足要求。

② 输出阻抗　指从一测量系统或线路环节的输出端测得的系统自身的阻抗，即

$$Z_o=\frac{(V_o-V_h)Z_h}{V_h}$$

式中，Z_o 为系统的输出阻抗；Z_h 为输出端接入的负载阻抗；V_o 和 V_h 分别为系统输出端开路和接入负载阻抗时的输出电压。输出阻抗反映系统的输出端向后级系统提供电流的能力，输出阻抗愈低，向后级系统提供电流的能力愈强，它愈容易在确保输出信号无失真条件下与后级系统连接。

仪器系统的输入阻抗和输出阻抗直接影响测量系统同被测人体之间、测量系统的各环节之间、各不同仪器之间的连接和耦合。对于一般由电子线路组成的环节，通常要求其输入阻抗高些而输出阻抗低些。对于信号源的输出阻抗（又称内阻）或负载的阻抗变化的场合，往往要求后级系统的最低输入阻抗高于前级的最高输出阻抗的几十倍以上。在测量仪器同电极或传感器连接，或仪器同其他终端记录显示装置连接时，特别需注意相互间的阻抗匹配。

(5) 漏电流

医用电子仪器的电击危险主要来源于仪器系统的漏电流。由于许多生物医学测量仪器在测量过程中与人体有某种形式的连接，从而增加了仪器漏电流对人体造成电击的危险，因此，漏电流是生物医学测量仪器的主要电气安全性指标。生物医学仪器的漏电流主要有接地漏电流、机壳漏电流和病人漏电流三种。

① 接地漏电流　指在仪器的接地导线上通过的流入大地的电流，可在仪器的保护接地端与房间的地线端子之间连接电流表来测量。在接地良好（即接地导线的电阻低于 0.1Ω）的条件下，接地漏电流反映了仪器电源的漏电流大小。

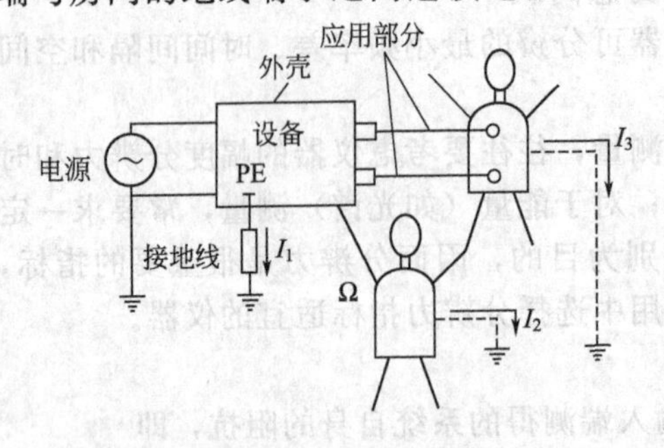

图 2-2　医用电子仪器的漏电流

I_1—接地漏电流；I_2—机壳漏电流；I_3—病人漏电流；PE—保护接地端子

② 机壳漏电流　指仪器的外壳通过外部导体流入大地或流向系统其他部分的电流。一般是在机壳的多个点与房间的地线端子之间串接电流表来测量。机壳漏电流反映机壳各点接地状态的良好程度，远离仪器保护接地端子的机壳各部位、机壳上有裸露导体的部位、与仪器底壳靠机械接触的机壳的其他部位（如上盖等）的机壳漏电流，尤需注意测量。当人体接触机壳某一点时，该电流将会通过人体流入大地，或流向仪器系统

的其他部分，如果该漏电流超过允许值则有电击的危险。

③ 病人漏电流　指经过连接病人身体的导线和被测病人的身体流入大地的电流，一般是在连接病人的导线与房间地线端子之间串接电流表来测量。病人漏电流产生电击的危险最大，它是生物医学仪器所特有的电气安全性指标。

医用电子仪器的漏电流如图 2-2 所示。

各种漏电流的允许值如表 2-1 所示。

表 2-1　漏电流允许值

mA

漏电流种类	B 型仪器		BF 型仪器		CF 型仪器	
	正常	单一故障	正常	单一故障	正常	单一故障
接地漏电流	0.5	1	0.5	1	0.5	1
机壳漏电流	0.1	0.5	0.1	0.5	0.1	0.5
病人漏电流	0.1	0.5	0.1	0.5	0.01	0.05

注：1. B 型仪器是只可在病人体表和体腔内使用而不可直接与心脏连接的仪器；BF 型仪器是在 B 型的基础上，增加了对与病人接触部分浮置绝缘的仪器；CF 型仪器是具有浮置绝缘并仅用于直接连接心脏场合的仪器。

2. 单一故障可用断开电源线的根火线的方法来模拟。

(6) 频率特性

频率特性是指仪器输出量和相位与输入正弦信号频率的关系。反映在输入信号幅度恒定条件下输出幅度与输入正弦信号频率关系的曲线称为幅频特性曲线；反映输出量与输入正弦信号间的相角与输入信号频率关系的曲线称为相频特性曲线。使仪器的输出幅度随频率的变化不超过规定值（如 3dB）的输入信号频率范围称为响应频率，又称为通频带。

任何一个复杂的波形都可用数学方法或频谱仪分解成一系列不同频率区间，称其为信号频率范围。生物医学测量中，生理信息往往是一些波形复杂而且随时间变化的量，要不失真地测量这些信息，就需要首先判定被测信号的频率范围，使之处于仪器的通频带内，从而保证信号中各有效频率成分的输出增益相同，防止产生输出幅度失真，同时应使被测信号处于仪器的相频特性曲线的线性范围，以防止产生输出相位失真。

表 2-2 是部分常见生理信号频率范围。

表 2-2　部分常见生理信号频率范围

生理信号	频率范围/Hz	生理信号	频率范围/Hz
心电	0.01～250	动脉血压	0～100
脑电	0～150	静脉血压	0～50
肌电	0～10000	脉搏波	0.1～50
眼电	0～50	心输出量	0～20
视网膜电	0～50	心音	2～2000
胃电	0.05～20	呼吸率	0.1～10
血流量	0～30		

(7) 非线性度

非线性度用实测值和与相应输入量成正比关系的理论值间最大偏差同满量程之比表示，即

$$E_L = \frac{|\Delta A_{Lmax}|}{H} \times 100\%$$

式中，E_L为仪器的线性度；ΔA_{Lmax}为全量程内的实测值与理论值间的最大偏差；H 为全量程，如图 2-3 所示。

非线性度反映仪器的输出量与输入量之间的实际关系偏离线性比例关系的程度，其值愈

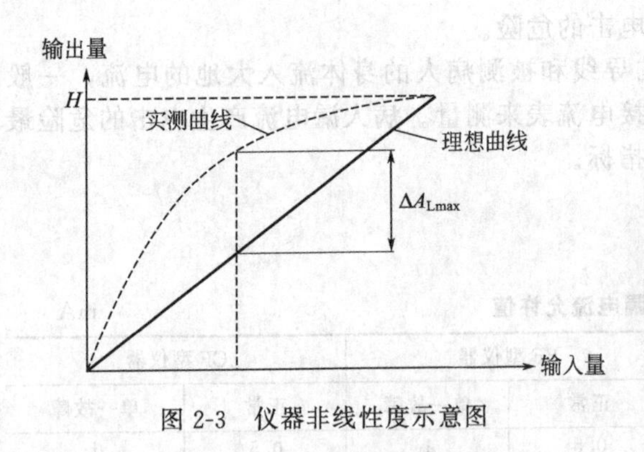

图 2-3　仪器非线性度示意图

小，线性愈好。在实际测量中，总是希望仪器的输出量与输入量之间成线性比例关系，即选用非线性度小的仪器。在非线性度计算中，一般是在对应输出满量程的范围内，适当实测若干点，按一定规则由这些点计算或画出输出量与输入量间的理想直线，进而计算全量程内实测值与理想直线间的最大偏差。仪器的非线性度常决定于传感器，因而，一方面应尽量选用线性的传感器，一方面是在仪器的信号处理部分作一定的线性化处理。

仪器的非线性度与测量范围有关，满足一定非线性度要求的测量范围被称为仪器的线性范围。因此，在设计和使用仪器时，应充分了解被测生物信号的幅度及其直流成分大小，以保证被测量处于仪器的线性范围内，否则，输出量将产生非线性失真，例如造成低幅度信号检测不出，而高幅度信号使传感器或电路饱和。

（8）漂移

漂移是指仪器的输出量随时间或外部环境变化而变化的程度，主要包括零点漂移、温度漂移和灵敏度温漂等指标。

① 零点漂移　用无输入信号和恒定环境条件下的仪器输出量在一定时间内的最大变化与满量程之比来表示，即

$$D_z=\frac{|\Delta A_{max}|}{H}\times 100\%$$

式中，D_z为零点漂移；ΔA_{max}为指定时间内在输入量为零时输出量的最大变化；H为仪器的满量程。

零点漂移反映仪器在无输入信号和环境温度等条件不变情况下，随时间变化所产生的测量误差，这是仪器总测量误差的组成部分。在仪器具有放大能力的情况下，零点漂移一般是通过除以系统的灵敏度而折算到输入端来确定的，以便排除系统灵敏度因素对计算和评价仪器零点漂移的影响。单方向变化的零点漂移有一定的规律，往往可在测量中校正，无定向的零点漂移没有明显的规律，在测量弱生理信号时应尽量避免其影响。

② 温度漂移（简称温漂）　用无输入信号条件下仪器的输出量随环境温度的变化与仪器的满量之比来表示，即

$$D_T=\frac{\Delta A_T}{H\Delta T}\times 100\%$$

式中，D_T为温度漂移；ΔA_T为环境温度变化ΔT时引起的仪器输出量的变化；H为仪器的满量程。

温度漂移反映环境温度对仪器零点的影响。

③ 灵敏度温漂　用一定环境温度变化范围内仪器灵敏度的最大相对变化量来表示，即

$$D_s=\frac{|\Delta S_{max}|}{S_o}\times 100\%$$

式中，D_s为灵敏度温漂；ΔS_{max}为一定温度变化范围内仪器灵敏度的最大变化；S_o为一定温度变化范围内仪器的灵敏度。

灵敏度温漂反映环境温度变化对测量的影响，在一些传感器中是很重要的指标。在温度测量中，常常需要采用温度补偿电路来减少温漂。在实际测量中，应当保持环境温度处在灵

敏度温漂的允许范围内。

(9) 信噪比

除被测信号之外的任何干扰都可称为噪声。这些噪声有来自仪器外部的，也有电路本身所固有的。外部噪声主要来自电磁场的干扰，内部噪声主要来自电子器件的热噪声、粒散噪声和 $1/f$ 噪声。

仪器中的噪声和信号是相对存在的。在具体讨论放大电路放大微弱信号的能力时，常用信噪比来描述在弱信号工作时的情况。信噪比定义为信号功率 P_s 与噪声功率 P_n 之比，即

$$\frac{S}{N}=\frac{P_s}{P_n}$$

检测生物信号的仪器，要求有较高的信噪比。为了便于对信噪比做定量比较，常以输入端短路时的内部噪声电压作为衡量信噪比的指标，即

$$U_{NI}=\frac{U_{NO}}{A_u}$$

式中，U_{NI}为输入端短路时的内部噪声电压；U_{NO}为输出端噪声电压；A_u为电压增益。常用对数形式来表示：

$$U_{NI}=20\lg\frac{U_{NO}}{A_{UI}}\ (\mathrm{dB})$$

由于放大器不仅放大信号源带来的噪声，也放大自身的固有噪声，这样输出端的信噪比就要小于输入端的信噪比。

(10) 共模抑制比

共模抑制比（CMRR）是衡量诸如心电、脑电、肌电等生物电放大器对共模干扰抑制能力的一个重要指标。因此，定义衡量放大差模信号和抑制共模信号的能力为共模抑制比，用下式表示：

$$\mathrm{CMRR}=\frac{A_d}{A_c}$$

式中，A_d为差模增益；A_c为共模增益。

共模抑制比主要由电路的对称程度决定，也是克服温度漂移的重要因素。在医学仪器中，经常将共模抑制比分为两部分分开考虑，即输入回路的共模抑制比和差分放大电路的共模抑制比。

2.3 信号的采集与检测

信号采集检测是医学仪器的信号源，包括被测对象、传感器或电极和附属电路。在生物体中，将需用仪器测量的物理（化学）量、特性和状态等称为被测对象，如生物电、生物磁、压力、流量、位移（速度、加速度和力）、阻抗、温度（热辐射）、器官结构等。这些量有的可直接测得，有的需间接测得，但它们都需通过传感器或电极来检测获得。

由于传感器是医用电子仪器系统的第一个环节，其采集的生理信号质量的好坏直接影响整机的性能，在整个系统中有举足轻重的作用，所以关于传感器的设计和选择至关重要，传感器技术也是医用电子仪器的核心技术和关键技术。

2.3.1 传感器

根据我国制订的国家标准“传感器通用术语”，对传感器的定义是“能感受（或响应）规定的被测量并按照一定规律转换成可用信号输出的器件或装置”，“传感器通常由直接响应被测量的敏感元件和产生可用信号输出的转换元件以及相应的电子线路所组成”。根据这个

定义，传感器包括如图 2-4 所示的三个组成部分。

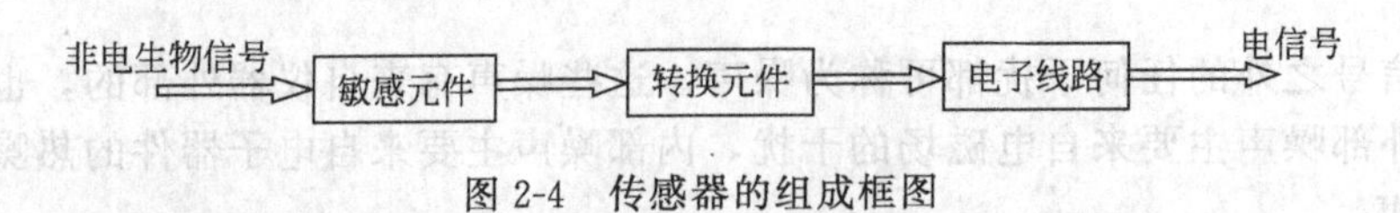

图 2-4　传感器的组成框图

信号采集检测由传感器来实现。传感器的作用是将反映人体机能状态信息的物理量或化学量转变或各种生理参数不失真地转换为电（或电磁）信号。医用电极的作用是直接从生物（人）体上提取电信号，它实质上是将人体内部的离子电流转换为仪器中的电子电流，因此也可以当做一种传感器。

人体内部有各种生物电信号，有血压、体温、呼吸等物理信号，也有离子浓度、血氧饱和度、氧分压、二氧化碳分压等化学量，还有 DNA、RNA 等生物量，因此医用电子仪器所用的传感器原理也各不相同。根据测量的参数的不同，可以将传感器分为物理传感器、化学传感器和生物传感器。

(1) 物理传感器

利用物理性质和物理效应制成的传感器。目前国内对物理传感器的分类见表 2-3。

表 2-3　物理传感器分类

分类根据	分类
按传感器测量的物理量分类	位移、力、速度、温度、流量、气体成分等传感器
按传感器工作原理分类	电阻、电容、电感、电压、霍尔、光电、光栅、热电偶等传感器
按传感器输出信号的性质分类	开关型传感器；模拟型传感器；脉冲或代码的数字型传感器

(2) 化学传感器

具有对待测化学物质的形状或分子结构选择性俘获的功能（接收器功能）和将俘获的化学量有效转换为电信号的功能（转换器功能）。分为接触式与非接触式化学传感器，主要用于气体、湿度、离子和生物等的传感与检测。

(3) 生物传感器

能对生物物质敏感并将其浓度转换为电信号进行检测。主要有葡萄糖、微生物、免疫、酶免疫、细胞器和场效应等生物传感器，用于临床诊断检查、治疗时实施监控、发酵工业、食品工业、环境和机器人等领域。

2.3.2　常用传感器

(1) 电阻式传感器

电阻式传感器利用一定的方式将被测量的变化转化为敏感元件电阻值的变化，进而通过电路变成电压或电流信号输出的一类传感器，通常用于各种机械量和热工量的检测，结构简单，性能稳定，成本低廉。常用的电阻传感器主要有电阻应变片、热电阻、光敏电阻、气敏电阻和湿敏电阻等几大类。

(2) 电容式传感器

利用电容器的原理，将非电量转化为电容量，进而实现非电量到电量的转化。电容式传感器结构简单、高分辨力、可非接触测量，并能在高温、辐射和强烈振动等恶劣条件下工作，它的这些独特的优点使它在位移、压力、物位、温度、振动、转速、流量及成分分析的测量等方面得到了广泛应用。

(3) 电感式传感器

利用线圈自感或互感的变化来实现测量的一种装置。可以用来测量位移、振动、压力、流量、重量、力矩、应变等多种物理量。有自感式传感器、差动变压器式传感器和涡流式传感器。

(4) 热电式传感器

利用某些材料或元件的物理特性与温度有关这一性质将温度变化转换成为电量变化的器件。常用的热电式传感器有热敏电阻、热电偶、PN结、石英晶体、热释电传感器等。

(5) 光电式传感器

将光信号转换成电信号的器件，它具有响应速度快、检测灵敏度高、可靠性好、抗干扰能力强及结构简单的特点。光电式传感器的工作原理是光电效应。

(6) CCD传感器

CCD是电荷耦合器（Charge Coupled Device）的简称，CCD传感器能将动态的光学图像转换成电信号。

(7) 生物医学电极

可以分为宏电极与微电极，而宏电极又可分为体表电极和体内电极，体内电极有皮下电极和植入电极两类。与宏电极不同，微电极尖端细小，机械性能好，能够监测细胞电活动。

2.3.3 信号采集检测的实现

人体生物信号非常微弱，采集检测必须用专门的电路来实现，最常用的电路就是各种电桥电路，包括直流和交流电桥电路。

如图2-5所示为最常用的电阻电桥，由四个电阻组成桥臂，一个对角接电源，另一个作为输出。

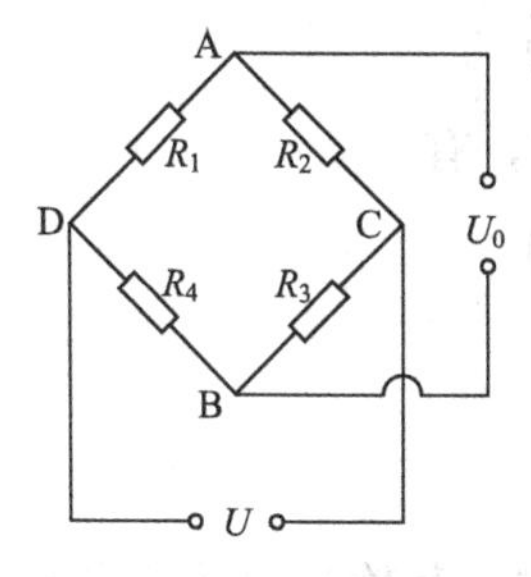

图2-5 电桥电路

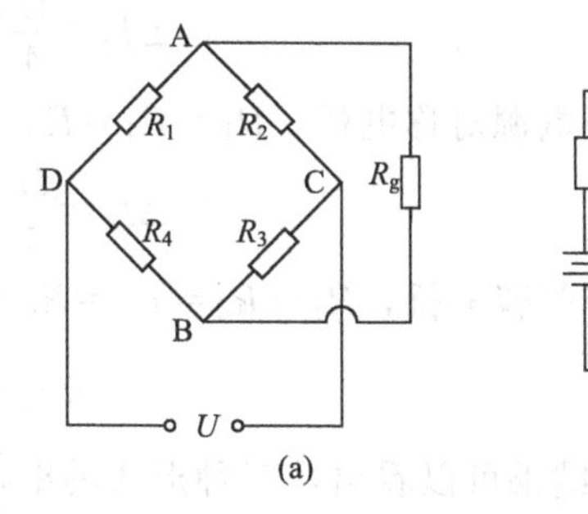

图2-6 电流输出型电桥电路

当四臂电阻$R_1=R_2=R_3=R_4=R$时，称为等臂电桥；当$R_1=R_2=R$，$R_3=R_4=R'\neq R$时，称为输出对称电桥；当$R_1=R_4=R$，$R_2=R_3=R'\neq R$时，称为电源对称电桥。

工作方式：电桥中只有一个臂接入被测量，其他三个臂采用固定电阻，称为单臂工作电桥；如果电桥两个臂接入被测量，另两个为固定电阻就称为双臂工作电桥，又称为半桥形式；如果四个桥臂都接入被测量则称为全桥形式。

电桥的输出方式有电流型和电压型两种，主要根据负载情况而定。

(1) 电流输出型

当电桥的输出信号较大，输出端又接入电阻值较小的负载如检流计或光线示波器进行测量时，电桥将以电流形式输出，如图2-6(a)所示，负载电阻为R_g。由图中可以得出：

$$U_{CA}=\frac{R_2}{R_1+R_2}U \quad U_{CB}=\frac{R_3}{R_1+R_2}U$$

所以电桥输出端的开路电压U_{AB}为

$$U_{AB}=U_{CB}-U_{CA}=\frac{R_1R_3-R_2R_4}{(R_1+R_2)(R_3+R_4)}U$$

应用有源端口网络定理，电流输出电桥可以简化成图 2-6(b) 所示的电路。图中 E' 相当于电桥输出端开路电压 U_{AB}，R' 为网络的入端电阻：

$$R'=\frac{R_1R_2}{R_1+R_2}+\frac{R_3R_4}{R_3+R_4}$$

由图 2-6(b) 可以知道，流过负载 R_g 的电流为

$$I_g=\frac{U_{AB}}{R'+R_g}=U\frac{R_1R_3-R_2R_4}{R_g(R_1+R_2)(R_3+R_4)+R_1R_2(R_3+R_4)+R_3R_4(R_1+R_2)}$$

当 $I_g=0$ 时，电桥平衡。故电桥平衡条件为

$$\frac{R_1}{R_2}=\frac{R_4}{R_3}$$

当电桥负载电阻 R_g 等于电桥输出电阻时，即阻抗匹配时，有

$$R_g=R'=\frac{R_1R_2}{R_1+R_2}+\frac{R_3R_4}{R_3+R_4}$$

这时电桥输出功率最大，电桥输出电流为

$$I_g=\frac{U}{2}\times\frac{R_1R_3-R_2R_4}{R_1R_2(R_3+R_4)+R_3R_4(R_1+R_2)}$$

输出电压为

$$U_g=I_gR_g=\frac{U}{2}\times\frac{R_1R_3-R_2R_4}{(R_1+R_2)(R_3+R_4)}$$

① 当桥臂 R_1 为与被测量有关的可变电阻，且有电阻增量 ΔR 时，略去分母中的 ΔR 项则对于输出对称电桥，$R_1=R_2=R$，$R_3=R_4=R$。有

$$\Delta I_g=\frac{U}{4}\times\frac{1}{R+R'}\times\left(\frac{\Delta R}{R}\right)$$

② 对于电源对称电桥，$R_1=R_4=R$，$R_2=R_3=R'\neq R$，有

$$\Delta I_g=\frac{U}{4}\times\frac{1}{R+R'}\times\left(\frac{\Delta R}{R}\right)$$

③ 对于等臂电桥，$R_1=R_2=R_3=R_4=R$，有

$$\Delta I_g=\frac{U}{8}\times\left(\frac{\Delta R}{R}\right)$$

由以上结果可以看出，三种形式的电桥，当 $\Delta R\ll R$ 时，其输出电流都与应变片的电阻变化率即应变成正比，它们之间呈线性关系。

(2) 电压输出型

当电桥输出端接有放大器时，由于放大器的输入阻抗很高，所以可以认为电桥的负载电阻为无穷大，这时电桥以电压的形式输出。输出电压即为电桥输出端的开路电压，其表达式为

$$U_o=\frac{R_1R_3-R_2R_4}{(R_1+R_2)(R_3+R_4)}U$$

设电桥为单臂工作状态，即 R_1 为应变片，其余桥臂均为固定电阻。当 R_1 感受被测量产生电阻增量 ΔR_1 时，由初始平衡条件 $R_1R_3=R_2R_4$ 可得电桥由于 ΔR_1 产生不平衡引起的输出电压为

$$U_o=\frac{R_2}{(R_1+R_2)^2}\Delta R_1U=\frac{R_1R_2}{(R_1+R_2)^2}\left(\frac{\Delta R_1}{R_1}\right)U$$

① 对于输出对称电桥，当 R_1 臂的电阻产生变化 $\Delta R_1=\Delta R$，输出电压为

$$U_o=U\frac{RR}{(R+R)^2}\left(\frac{\Delta R}{R}\right)=\frac{U}{4}\left(\frac{\Delta R}{R}\right)$$

② 对于电源对称电桥，$R_1=R_4=R$，$R_2=R_3=R'\neq R$。当 R_1 臂产生电阻增量 $\Delta R_1=$

ΔR 时，输出电压为

$$U_o=U\frac{RR'}{(R+R')^2}\left(\frac{\Delta R}{R}\right)$$

③ 对于等臂电桥 $R_1=R_2=R_3=R_4=R$，当 R_1 的电阻增量 $\Delta R_1=\Delta R$ 时，输出电压为

$$U_o=U\frac{RR}{(R+R)^2}\left(\frac{\Delta R}{R}\right)=\frac{U}{4}\left(\frac{\Delta R}{R}\right)$$

由上面三种结果可以看出，当桥臂应变片的电阻发生变化时，电桥的输出电压也随着变化。当 $\Delta R \ll R$ 时，电桥的输出电压与应变成线性关系。还可以看出在桥臂电阻产生相同变化的情况下，等臂电桥以及输出对称电桥的输出电压要比电源对称电桥的输出电压大，即它们的灵敏度要高。因此在使用中多采用等臂电桥或输出对称电桥。

在实际使用中为了进一步提高灵敏度，常采用等臂电桥（图 2-7 和图 2-8），四个被测信号接成两个差动对称的全桥工作形式，此时 $R_1=R+\Delta R$，$R_2=R-\Delta R$，$R_3=R+\Delta R$，$R_4=R-\Delta R$，电桥的输出电压为

$$U_o=4\left[\frac{U}{4}\left(\frac{\Delta R}{R}\right)\right]=U\left(\frac{\Delta R}{R}\right)$$

由于充分利用了双差动作用，电桥的输出电压为单臂工作时的 4 倍，所以大大提高了测量的灵敏度。

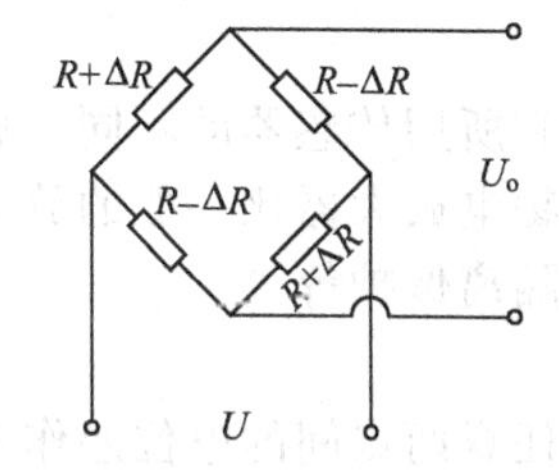

图 2-7　等臂电桥全桥工作方式

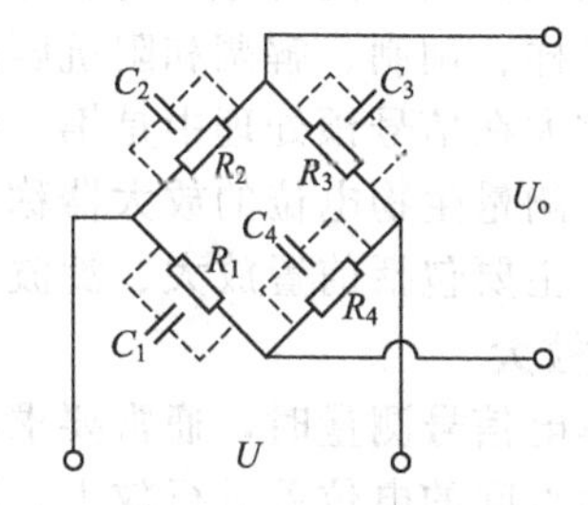

图 2-8　交流电桥

2.3.4　典型参数的传感器或电极

依据人体信息参数（幅度和频率）的不同，需选择和使用不同的传感器或电极。如表 2-4 所示是典型人体信号参数与使用传感器（电极）类型。

表 2-4　典型人体信号参数与使用传感器（电极）类型

典型参数	幅度范围	频率范围	使用传感器(电极)类型
心电(ECG)	0.01～5mV	0.05～100Hz	表面电极
脑电(EEG)	2～200μV	0.1～100Hz	帽状、表面或针状电极
肌电(EMG)	0.02～5mV	5～2000Hz	表面电极
胃电(EGG)	0.01～1mV	DC～1Hz	表面电极
心音(PCG)		0.05～2000Hz	心音传感器
血流(主动脉)	1～300mL/s	DC～20Hz	电磁超声血流计
输出量	4～25L/min	DC～20Hz	染料稀释法
心阻抗	15～500Ω	DC～60Hz	表面电极、针电极
体温	32～40℃	DC～0.1Hz	温度传感器

2.4　信号的处理

人们最早处理的信号局限于模拟信号，所使用的处理方法也是模拟信号处理方法。在用

模拟加工方法进行处理时，对“信号处理”技术没有太深刻的认识。这是因为在过去，信号处理和信息抽取是一个整体，所以从物理制约角度看，满足信息抽取的模拟处理受到了很大的限制。

随着数字计算机的飞速发展，信号处理的理论和方法也得以发展。在我们的面前出现了不受物理制约的纯数学的加工，即算法，并确立了信号处理的领域。现在，对于信号的处理，人们通常是先把模拟信号变成数字信号，然后利用高效的数字信号处理器（Digital Signal Processor，DSP）或计算机对其进行数字信号处理。因此，信号处理包括模拟信号处理和数字信号处理。

由于人体信号幅度和频率都比较低，很容易受到空间电磁波以及人体其他生理信号的干扰，因此在其变成数字信号之前进行一些必要的模拟信号处理，以保证测量结果的准确性和有效性。

2.4.1 模拟信号处理

医用电子仪器模拟信号处理主要在信号的预处理中完成，一般包括放大、滤波（识别）、降噪、调制/解调、阻抗匹配、隔离保护等。利用过压保护电路防止输入的高电压损坏仪器及利用高频滤波电路滤除空间电磁波及人体其他生理信号的干扰，但最主要的是将传感器获得的信号加以放大，同时减小噪声和干扰信号以提高信噪比，对有用的信号中感兴趣的部分，实现采样、调制、解调和阻抗匹配等。

信号放大在信号预处理中是第一位的。根据所测参数和所用传感器的不同，放大电路也不同。用于测量生物电位的放大器称为生物电放大器，生物电放大器比一般的放大器有更严格的要求，主要包括前置放大、滤波放大和低噪声放大及隔离保护等。

(1) 前置放大

对人体电信号测量时，通常要求在若干个测量点中对任意两点间的电位差作多种组合测量，即对两点间的电位差进行放大。因此，生物电放大器前置级通常采用差动电路结构。

① 基本要求　根据生物电信号的特点以及通过生物电极的提取方式，对生物电放大器前置级提出下述性能指标要求。各项要求的实际数值范围，由所测量的参数确定。

A. 高输入阻抗。生物电信号源本身是高内阻的微弱信号源，通过电极提取又呈现出不稳定的高内阻源性质。信号源阻抗不仅因人及生理状态而异，而且在测量时，与电极的安放位置、电极本身的物理状态都有密切关系。源阻抗的不稳定性，将使放大器电压增益不稳定，从而造成难以修正的测量误差。若放大器输入阻抗不够高（与源阻抗相比），则会造成信号低频分量的幅度减小，产生低频失真。

B. 高共模抑制比（CMRR）。为了抑制人体所携带的工频干扰以及所测量的参数外的其他生理作用的干扰，须选用差动放大形式。因此，CMRR值是放大器的主要技术指标。生物电放大器的CMRR值一般要求为60～80dB，高性能放大器的CMRR达100dB，这说明对于10mV的共模干扰和0.1μV的差模信号具有相同的输出。例如，在进行诱发脑电和体表希氏束电图的测量时，这一指标是必要的。

C. 低噪声、低漂移。相对于幅度仅在微伏、毫伏数量级的低频生物电信号而言，低噪声、低漂移是生物电前置放大器的重要要求。高阻抗源本身就带来相当可观的热噪声，输入信号的质量较差。所以，为了获得一定信噪比的输出信号，对放大器的低噪声性能有严格的要求。理想的生物电放大器，能够抑制外界干扰使其减弱到和放大器的固有噪声为同一数量级，这样，放大器内部噪声实际上使放大器能够放大的信号具有一个下限，也就是说，放大器的噪声电平成为放大器设计的限制性条件。

放大器的低噪声性能主要取决于前置级，正确设计放大器的增益分配，在前置级的噪声系数较小时，可以获得良好的低噪声性能。前置级的低噪声设计，是整个放大器设计的主要任务，除了按照低噪声设计的原则正确进行设计以外，常采用严格的装配工艺，对前置级电路加以特殊的保护。

除了肌电和神经动作电位外，绝大多数的生物电信号都具有十分低的频率成分，如心电、自发脑电、胃电、眼电、细胞内（外）电位等都具有1Hz以下的分量。但通常采用的直流放大器的零点漂移现象限制了直流放大器的输入范围，使得微弱的缓变信号无法被放大，尤其在进行较长时间的记录、观察、监护时，基线漂移对测量带来严重的影响，常使测量不能正常进行。因此，对放大器的零点漂移的限制措施应认真加以研究。采用差动输入电路形式，利用了电路的对称结构并对元器件参数进行严格挑选，所以能有效地抑制放大器的温度变化造成的零点漂移。

为了放大微伏数量级的直流信号，还用到调制式直流放大器，它把直流信号转变成交流信号，利用交流放大电路各级零点漂移不会逐级放大的基本思路进行设计，便能够有效地改善直流放大器的低漂移性能。

在生物电实际测量中，为了能够在一接通电源就进入正常的工作状态，或者在当放大器转换导联时发生瞬时过载的情况下，能够把输出显示的基线迅速归零，还须在前置级设置复零电路，以保持测量连续进行。

D. 设置保护电路。用作生物医学测量的生物电放大器，应在前置级设置保护电路，包括人体安全保护电路和放大器输入保护电路，保证通过电流保持在安全水平和放大器的正常工作。任何出现在放大器输入端的电流或电压，都可能影响生物电位，使人体遭受电击。在进行人体生物电测量时，应考虑到同时作用于人体的其他医学测量设备或可能存在的某种干扰对放大器的破坏作用。另外，应设有快速校准电路，以便及时地指示出被测信号的幅度。

② 典型应用电路

A. 同相并联结构前置放大电路。基本差动放大电路输入电阻不够高的根本原因在于差动输入电压是从放大器同相端和反相端两侧同时加入的。解决的方法：一种方法是把差动输入信号都从同相侧送入，则能大大提高电路的输入阻抗；另一种方案是，在差动放大电路前面增加一级缓冲级（同相电压跟随器），实现阻抗变换。这两种结构形式，是生物电放大器前置级经常采用的设计方案。

图 2-9 是一种同相并联结构的前置放大电路。

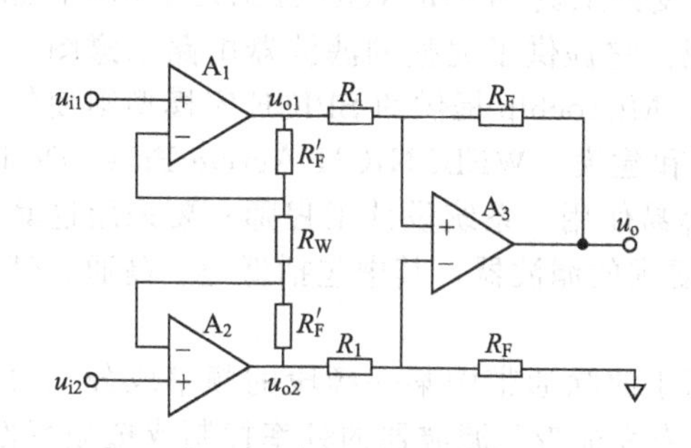

图 2-9　同相并联结构前置放大电路

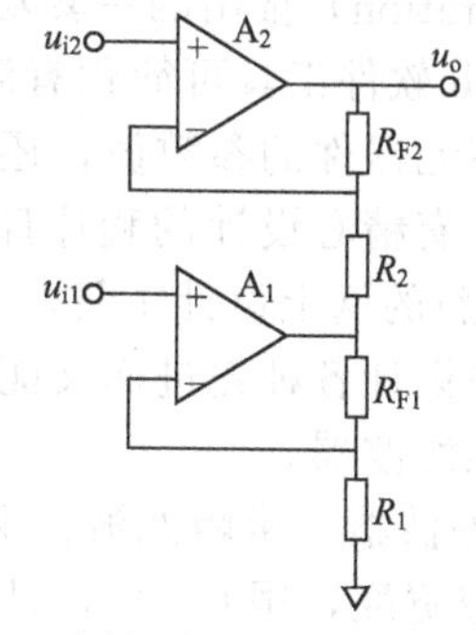

图 2-10　同相串联结构前置放大电路

A_1 和 A_2 组成同相并联输入第一级放大，以提高放大器的输入阻抗，可高达 10MΩ 以上。A_3 为差动放大，作为放大器第二级。

B. 同相串联结构的前置放大电路。为了获得高输入阻抗，并达到少用运放器件的目的，还可以采用同相串联结构形式的前置级放大。差动信号从两个运算放大器的同相端送入，从而获得很高的输入电阻。差动输入电阻近似为两个运算放大器的共模输入电阻之和。如果两个运算放大器共模输入电阻 r_c 相等，则此串联电路的差动输入电阻近似为 $r_c/2$，通常可高达几十兆欧姆，能完全满足生物电放大器的要求。

图 2-10 是一种同相串联结构的前置放大电路。

C. 专用仪器放大器组成的前置放大器。前述同相并联结构和同相串联结构的前置放大电路中，三运放结构的前置放大器的性能参数和构成三运放结构的运放本身性能参数匹配以及外围电阻的匹配精度等有直接关系，因此器件的挑选很繁杂。随着模拟集成技术的迅速发展，大规模专用仪表放大器应运而生。在生理信号前置放大电路的前端，几乎都可直接采用专用仪表用运算放大器（如 INA118、AD620 等）。

(2) 滤波放大

在生物医学测量中存在着各类干扰和噪声，信号滤波是消除干扰和噪声的最主要方法。在生物医学信号的提取、处理过程中，滤波器和放大器一样占有十分重要的地位。模拟滤波器在各种预处理电路中几乎是必不可少的，已成为生物医学仪器中的基本单元电路。

模拟滤波分为有源滤波和无源滤波。滤波电路通常采用由集成运算放大器和 RC 网络组成的有源滤波器，其实质是有源选频电路，它的功能是允许指定频段的信号通过，而将其余频段上的信号加以抑制或使其急剧衰减。由于运算放大器具有增益高、输入阻抗高与输出阻抗低等特点，由它来组成有源滤波器，比较容易实现滤波器间的阻抗匹配，便于用简单的单元滤波电路组成复杂的高阶滤波电路。

在生理信号的滤波放大电路中，较适合生理信号特征的有源滤波器有巴特沃兹（Butterworth）滤波器、贝塞尔（Bessel）滤波器、带通滤波器和带阻滤波器，其中巴特沃兹滤波器、贝塞尔滤波器等是模拟滤波器中最常见的滤波器形式。

① 有源滤波器　根据实际需要（滤波精度等），确定滤波器所能达到的滤波特性与理想特性之间的允许误差范围，即通带内允许的最大衰减，或阻带内允许的最小衰减和通带阻带之间的过渡区域。其次，在确定上述误差范围之后，寻求一个合适的、可实现的传递函数公式，该函数的特性应该符合所提出的要求。然后，选择合适的电路结构来实现所选定的传递函数。最后，根据传递函数公式计算电路中各器件的参数并选择合适的运算放大器。

随着计算机虚拟实现技术的发展，辅助设计包括滤波软件设计和网络在线设计工具，为滤波器的实现提供新的便利方法。目前，常用的有源滤波器设计软件和滤波器在线设计工具为 Microchip Technology Inc 公司的 FilterLlb 和美国国家半导体公司（National Semiconductor Corporation）推出的一套功能齐备的网上设计工具 WEBENCH Active Filter Designer。FilterLab 软件工具可简化有源滤渡器的实现，它提供了完整的滤波器电路示意图，并在图上标注各元器件的参数值，还显示频率响应。Microchip 提供的 SPICE 宏模型则使使用者能够利用多套精心设计的程序库进行模拟仿真和建模。WEBENICH Active Filter Designer 为一套全新的网上设计工具，其优点是非常容易使用。系统设计工程师只要采用这套工具，便能轻易设计各种先进而又能满足客户特殊要求的滤波器，其中包括低通、高通、带通及带阻等标准滤波器。

② 带阻滤波器　带阻滤波器又称陷波器，用于滤除通带中某一频段的频率成分，通常用 B 表示阻带宽度，用 Q 表示品质因数，分别用来表征带阻滤波器的频率抑制或选频特性。B 越小表示阻带越窄，即陷波器对阻带外的信号衰减越小；Q 越高，频率的选择性越好，但是 Q 值太高，滤波器的性能不稳定。

在生物电信号的提取、处理过程中，为了去除人体或测试系统中耦合的工频（我国为 50Hz）干扰，在常规滤波电路无能为力的情况下，常用工频陷波器予以抑制，常采用的陷波器结构有双 T 有源陷波器和文氏桥式陷波器。在生物电信号调理电路中，工频陷波器滤除 50Hz 干扰的同时，会使生物信号中 50Hz 频率成分也被滤除，使所检测的生理信号失真。

因此，一般采用模拟开关切换，在干扰不严重或干扰消失以后，则可将陷波器从电路中切除，以确保生理信号的完整性。

A. 双T有源陷波器。双T网络具有选频作用，原则上可以作为某一固定频率的陷波电路，但其陷波特性很差，必须由低阻信号源驱动，且没有带负载的能力。为实现一定的陷波特性，双T网络之前需加一级缓冲电路，双T网络之后需接一级运算放大器，从而构成双T有源陷波器。该滤波器的基本电路和频率响应如图2-11所示。

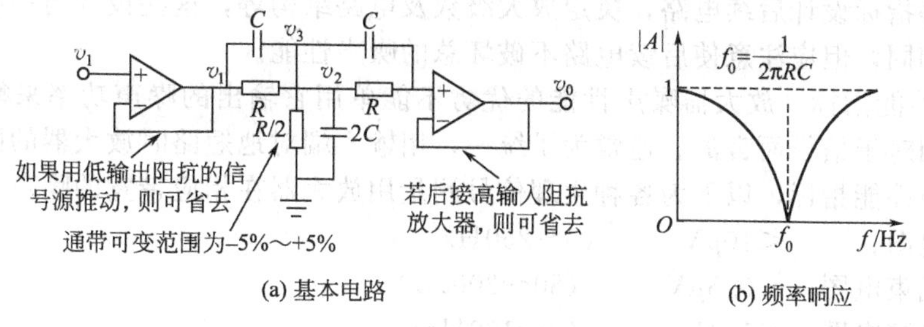

图 2-11　双T有源陷波器

双T有源陷波器的带阻特性主要取决于两支路的R、C对称程度，它决定双T陷波器的陷波点所能衰减到的最低限度。只有保持R、R和$R/2$之间以及C、C和$2C$之间的严格对称关系，才能使陷波点频率f_0处的信号相互抵消，衰减到零。

B. 文氏桥式陷波器。文氏桥式无源陷波器电路如图2-12所示，图中$R_1=2R_2$，$C_1=C_2=C$，$R_3=R_4=R$，此时电桥的抑制频率为$f_0=\frac{1}{2\pi RC}$，因为$R_1=2R$，对任一频率信号，$u_{AD}=u_i/3$，当输入信号频率$f=f_0$时，$u_{BD}=u_i/3$，则$u_{AB}=0$，此时电桥处于平衡状态，输出为零。当输入信号频率偏离f_0时，电桥失去平衡，电桥有电压输出。

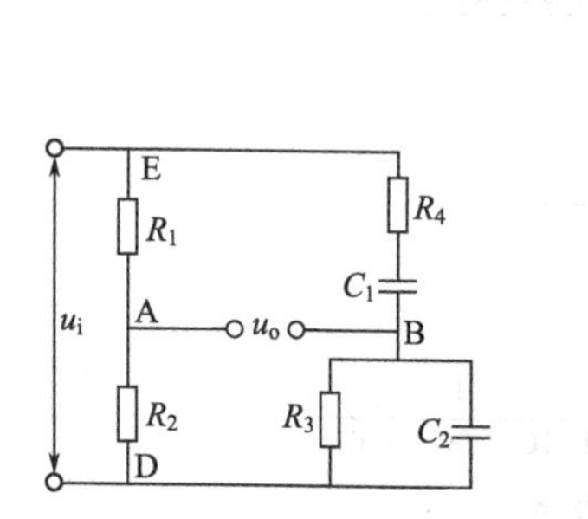

图 2-12　文氏桥式无源陷波器电路

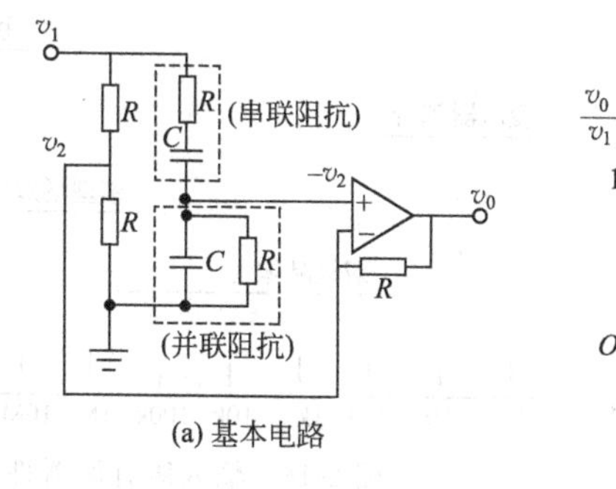

图 2-13　文氏桥式有源陷波器

由于文氏桥无源滤波器的频率选择性很差，为此需要对文氏电桥电路加接运算放大器电路来实现有源陷渡器（见图2-13）。在陷波频率f_0处，串联阻抗等于（数值和相位）并联分支阻抗的两倍，于是$u_2=v_i/3$。在反相端的电阻应该这样选择：使得反相端与同相端的增益（在f_0）配合适当，使输出电压v_0为零。应用时元件的精度要高，但数值并不要求太精确，因为在RC臂中加了个电阻，可以对陷波频率进行辅助性调整。改变接在反相端上的任一电阻，可以使在陷波频率上的输出非常接近零。

(3) 低噪声放大

为了使放大器具有良好的低噪声特性，除了严格选择组成放大器的各有源、无源器件外，尚需按照低噪声设计方法进行周密的设计，这样才能充分发挥优良的低噪声器件的应有作用。换言之，如果选用了昂贵的低噪声器件，而设计不尽合理，则仍然不能获得低噪声性能的放大器。

与普通放大器设计相比，低噪声放大器的设计特点是以低噪声为关键指标进行分析、计算和设计电路的，放大器的增益、频率响应等非噪声质量的指标，则可以在满足噪声要求的基础上进行调整。低噪声放大器设计的一般程序归纳为：首先根据噪声要求、源阻抗特性确定输入级电路（包括输入耦合网络）。设计内容包括选择电路结构形式，选用器件、确定低噪声工作点和进行噪声匹配等工作。然后，根据放大器要求的总增益、频率响应、动态范围、稳定性等指标设计后续电路，决定放大级数及电路结构等，这些设计与一般多级放大器的设计原则相同，但应注意使后续电路不破坏总的噪声性能。

① 噪声性能指标　放大器噪声性能的优劣不能单用它输出的噪声功率来衡量，噪声的有害影响是相对于信号而言的。通常为了统一，用输入端对地短路时放大器的固有噪声作为放大器的噪声性能指标，以下为各种生理信号测量用放大器在相应带宽的噪声指标。

体表心电图：　$<10\mu V$　(0～250Hz)

体表希氏束电图：$<0.5\mu V$　(80～300Hz)

头皮电极脑电图：$<1\mu V$　(0～100Hz)

针电极肌电图：$<1\mu V$　(2～1000Hz)

脑诱发电位：$<0.7\mu V$　(0～10kHz)

眼电生理信号：$<0.5\mu V$　(0～1kHz)

② 电路器件的选用　通过各种传感器提取生物信号时，传感器与前置放大器直接连接。由于各种传感器的阻抗不同，为了实现噪声匹配，应选择适当的器件作为前置放大器的输入级。

由图 2-14 可实现放大器的初步噪声匹配。

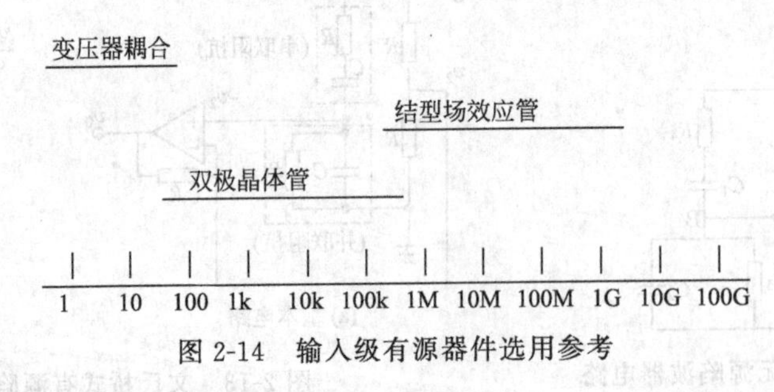

图 2-14　输入级有源器件选用参考

A. 当源电阻很小时，输入级须通过变压器耦合，达到低源电阻的噪声匹配。

B. 在几十欧姆至 1MΩ 范围，晶体管作为输入级是适宜的。PNP 管的基区电阻较小，热噪声电压小，更适用于源电阻小的场合；NPN 管在源电阻稍大时更为合适。

C. 在源电阻更高时，例如，通过电极提取生物电信号时，结型场效应管是理想的输入级器件。栅极电流 I_G 极小的绝缘栅场效应管虽然在高内阻源时有突出的优点，但是它的 $1/f$ 噪声比结型场效应管至少高一个数量级，不适于作为低噪声要求的前置级器件。

D. 集成运算放大器的噪声虽然相对较高，但其体积小，价格便宜，电路设计简单。

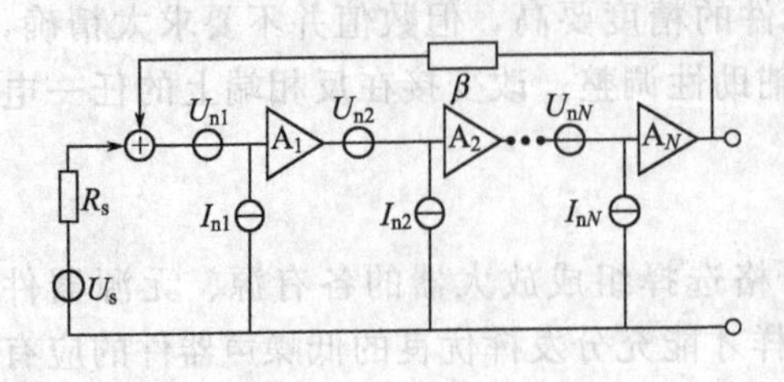

图 2-15　多级放大电路

③ 典型的低噪声放大电路　多级放大器各级

增益的分配是实现低噪声的一个重要考虑因素。在多级放大系统中（见图 2-15），第一级放大器的噪声是主要的，但后面各级也都贡献噪声。因此，多级放大必须严格考虑各级的噪声，包括偏置元件的噪声。在引入负反馈的电路中，负反馈并不改变各级的等效输入噪声，但负反馈网络的电阻要额外贡献热噪声和 $1/f$ 噪声。

生物放大器前置级经常采用的三运放差动放大电路（见图 2-16），A_1、A_2组成高差动输入阻抗的同相并联输入级，A_3为差动放大级。除有源器件以外，各外回路电阻均贡献噪声。电阻的噪声贡献与其在电路中的位置有关。与 A_1、A_2输入端相连接的R_F、R_W的噪声相对影响最大。在实际应用中，除了要认真选择低噪声类的电阻外，在有源器件负载允许的条件下，尽量选择低阻值的外回路电阻（尤其是输入级）成为一条基本原则。在图 2-16 中，前置级总等效输入噪声电压与（$1+2R_F/R_W$）成反比，适当加大R_F/R_W值，有利于降低噪声。实验表明，当（R_F/R_W）<5 时，噪声有明显的增加。

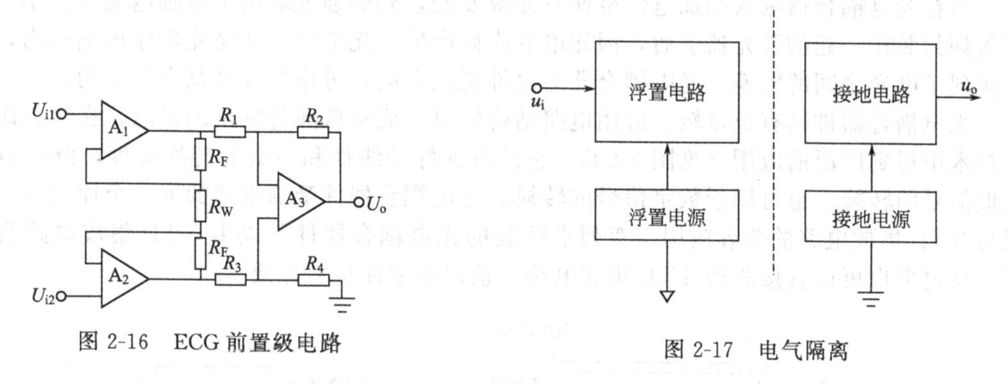

图 2-16 ECG 前置级电路

图 2-17 电气隔离

(4) 隔离保护

为确保医用电子仪器的使用安全，必须采取有效的安全保护措施，通常的生物电信号测量技术采用浮地形式，以便实现人体与电气的隔离。所谓浮地（或浮置），即信号在传递的过程中，不是利用一个公共的接地点逐级地往下面传送，如所熟知的阻容耦合、直接耦合等，而是利用诸如电磁耦合或光电耦合等隔离技术。信号从浮地部分传递到接地部分，两部分之间没有电路上的直接联系，通过地线构成的漏电流完全被抑制。因此，不但保障了人体的绝对安全，而且消除了地线中的干扰电流。

要实现医用电子仪器与人的电气隔离（见图 2-17），主要有两种方案：一是通过电磁耦合，经变压器传递信号；一是通过光电耦合，用光电器件传递信号。后者是目前采用最多的方案，经济实用，效果颇佳，具有广阔的应用发展前途。

① 电磁耦合　电磁耦合即变压器耦合，是发展较早、技术较成熟的耦合技术。但是，与光电耦合方式相比较，它工艺复杂，成本高，体积大，应用不便。

信号的电磁耦合原理框图如图 2-18 所示。因为变压器不可能传递低频、直流信号，所以必须首先通过调制电路，把低频信号调制在高频载波上，经过变压器耦合，再解调，恢复生物信号。

浮地放大器的直流电源由载波发生器（几十千赫至 100kHz）、隔离变压器隔离，通过整流滤波获得，调制器的激励源亦经隔离变压器从载波发生器得到。

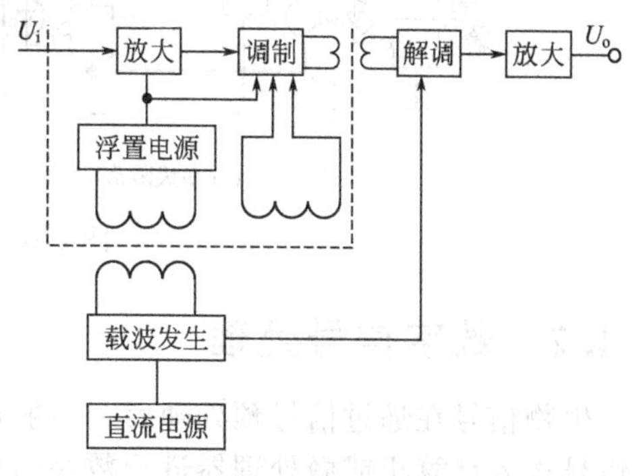

图 2-18 电磁耦合原理框图

变压器的隔离效果主要取决于变压器匝间的分布电容。由于振荡频率较高，变压器的体积较小，一次侧、二次侧线圈的匝数很少，分布电容能够小于100pF。

从所用的隔离器件可以看到，变压器隔离方式的线性度、共模抑制比都比光电耦合方式高，但是变压器耦合的频率响应不及光电耦合高。随着频率响应的改善、提高，变压器耦合器件的成本将增加很多，但变压器耦合的噪声性能相对比较好。

② 光电耦合　光电耦合器（见图 2-19）是以光为媒介传输电信号的一种电-光-电转换器件。它由发光源和受光器两部分组成。把发光源和受光器组装在同一密闭的壳体内，彼此间用透明绝缘体隔离。发光源的引脚为输入端，受光器的引脚为输出端，常见的发光源为发光二极管，受光器为光敏二极管、光敏三极管等。光电耦合器的种类较多，常见有光电二极管型、光电三极管型、光敏电阻型、光控晶闸管型、光电达林顿型、集成电路型等。

当在光电耦合器输入端加电信号使发光源发光，光的强度取决于激励电流的大小，此光照射到封装在一起的受光器上后，因光电效应而产生了光电流，从受光器输出端引出，这样就实现了电光之间的转换。光电耦合器共模抑制比很高，可作为线性耦合器使用。

光电耦合器件具有重量轻、应用电路结构简单、成本低廉等突出的优点，在生物医学电子技术中得到广泛的应用（见图 2-20）。它具有良好的线性和一定的转换速度，既可以用于模拟信号的转换，也可用于数字信号的转换。光电耦合器件受到欢迎的另一个原因是它能实现与 TTL 集成电路的兼容应用。双列直插装的光电耦合器件可以由 TTL 集成电路直接驱动，反过来也可以直接驱动 TTL 集成电路。接口电路简单、方便。

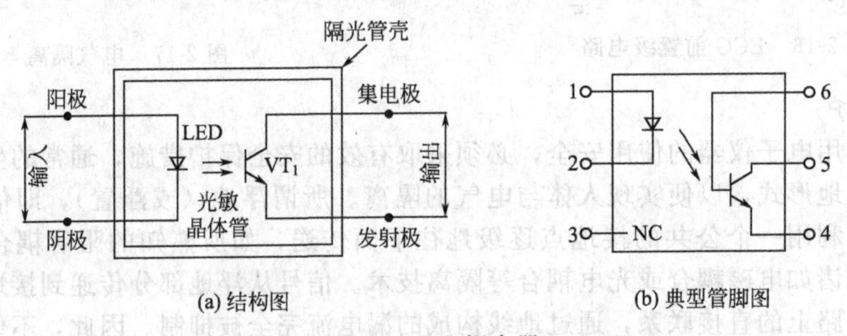

图 2-19　光电耦合器

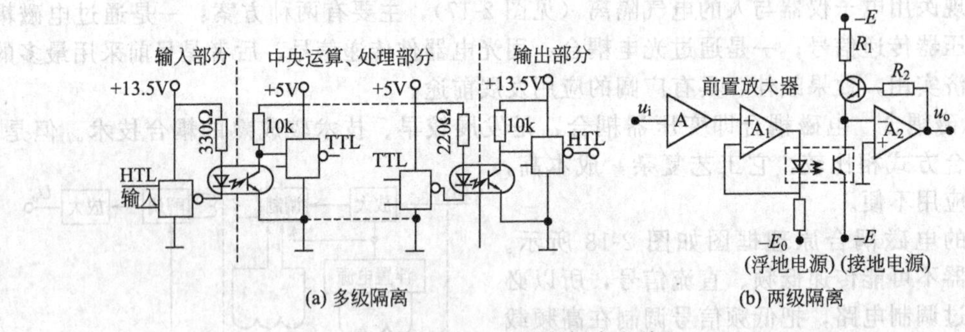

图 2-20　光隔离耦合电路

2.4.2　数字信号处理

生物信号在通过信号预处理后，一般通过 A/D 变换器将放大后的模拟信号转换成为数字信号送入计算机或微处理器进行数字信号处理，并完成包括信号的运算、分析、诊断、存储等功能。是医用电子仪器的核心所在，亦是仪器性能优劣、精度高低、功能多少的决定因素。可以说信息处理系统（见图 2-21）技术的进步决定着医学仪器自动化、智能化的发展程度。

图 2-21 信息处理系统组成

数字信号处理通过利用计算机或专用处理设备如数字信号处理器（DSP）和专用集成电路（ASIC）等，达到对连续模拟信号进行测量或滤波，具有灵活、精确、抗干扰强、设备尺寸小、造价低、速度快等突出优点，这些都是模拟信号处理技术与设备所无法比拟的。在进行数字信号处理之前需要将信号从模拟域转换到数字域，这通常通过模数转换器实现。而数字信号处理的输出经常也要变换到模拟域，这是通过数模转换器实现的。因此，数字信号处理涉及三个步骤：模数转换（A/D 转换）、数字信号处理（DSP）和数模转换（D/A 转换）。结构组成如图 2-22 所示。

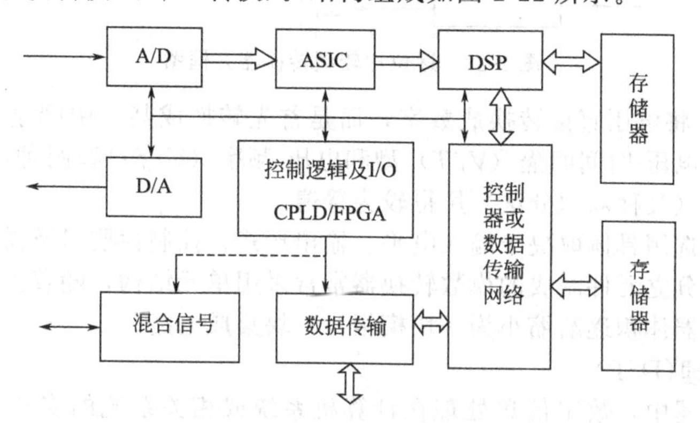

图 2-22 数字信号处理结构组成

(1) 模数转换（A /D 转换）

把经过与标准量（或参考量）比较处理后的模拟量转换成以二进制数值表示的离散信号的转换器，称为模数转换器，简称 ADC 或 A/D 转换器。转换器的输入量一般为直流电流或电压，输出量为二进制数码的逻辑电平（+5V 和 0V）。例如，将过程变量（温度、压力、流量、力等）或声音信号经过传感器变为模拟量电信号，然后由模数转换器变换为适于数字处理的形式（二进制数码），送入计算机、数字存储设备、数据传输设备处理或存储，或以数字或图形方式显示。

由于数字信号本身不具有实际意义，仅仅表示一个相对大小。故任何一个模数转换器都需要一个参考模拟量作为转换的标准，比较常见的参考标准为最大的可转换信号大小。而输出的数字量则表示输入信号相对于参考信号的大小。

模数转换器最重要的参数是转换精度，通常用输出的数字信号的位数的多少表示。转换器能够准确输出的数字信号的位数越多，表示转换器能够分辨输入信号的能力越强，转换器的性能也就越好。

A/D 转换一般要经过采样、保持、量化及编码 4 个过程。在实际电路中，有些过程是合并进行的，如采样和保持，量化和编码在转换过程中是同时实现的。

模数转换过程包括量化和编码。量化是将模拟信号量程分成许多离散量级，并确定输入信号所属的量级。编码是对每一量级分配唯一的数字码，并确定与输入信号相对应的代码。最普通的码制是二进制，它有 $2n$ 个量级（n 为位数），可依次逐个编号。模数转换的方法很多，从转换原理来分可分为直接法和间接法两大类。

① 直接法　是直接将电压转换成数字量。它用数模网络输出的一套基准电压，从高位起逐位与被测电压反复比较，直到二者达到或接近平衡。图 2-23 是一种直接逐位比较型（又称反馈比较型）转换器，属一种高速的数模转换电路，转换精度很高，但对干扰的抑制能力较差，常用提高数据放大器性能的方法来弥补。它在计算机接口电路中用得最普遍。

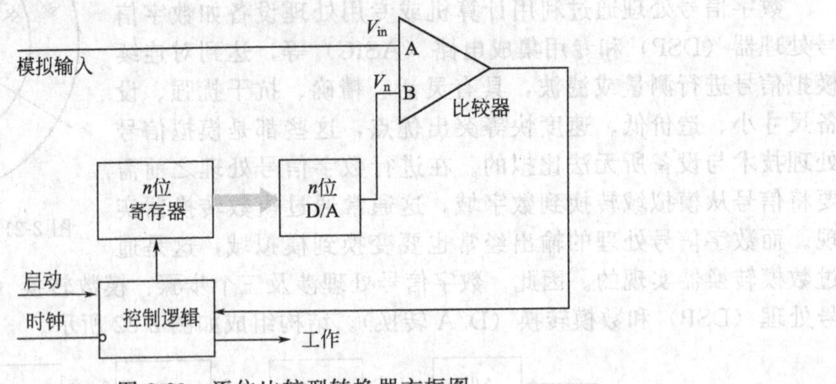

图 2-23　逐位比较型转换器方框图

② 间接法　不将电压直接转换成数字，而是首先转换成某一中间量，再由中间量转换成数字。常用的有电压-时间间隔（V/T）型和电压-频率（V/f）型两种，其中电压-时间间隔型中的双斜率法（又称双积分法）用得较为普遍。

模数转换器的选用具体取决于输入电平、输出形式、控制性质以及需要的速度、分辨率和精度。用半导体分立元件制成的模数转换器常常采用单元结构，随着大规模集成电路技术的发展，模数转换器体积逐渐缩小为一块模板、一块集成电路。

（2）数字信号处理(DSP)

在医用电子仪器中，数字信息处理在计算机系统或相关系统的支持下，主要完成如下工作。

计算：如在体积阻抗法中由体积阻抗求差、求导最后求出心输出量。

叠加：以排除干扰，取得有用的信号。

变换：主要是时域与频域的变换。

建立生理系统的数学模型：以规定分析的过程和指标，使仪器对病人的状态进行自动分析和判断。

做更多更复杂的运算和判断：例如对心电信号的自动分析和诊断，消除各种干扰和假象，识别出心电信号中的 P 波、QRS 波、T 波等，确定基线，区别心动过速、心动过缓、早搏、漏搏、二连脉、三连脉等。

存储：将被测生理量的数字信号存储在仪器内置的存储器中，可以随时调阅、分析、输出。

要完成相应的任务和实现相关的功能，在处理中通常要应用各种技术和算法，其中核心算法是离散傅里叶变换（DFT）。DFT 使信号在数字域和频域都实现了离散化，从而可以用通用计算机来处理；而使数字信号处理从理论走向实用的是快速傅里叶变换（FFT），FFT 的出现大大减少了 DFT 的运算量，使实时的数字信号处理成为可能，极大促进了技术的发展与应用。

① 傅里叶变换　傅里叶变换能将满足一定条件的某个函数表示成三角函数（正弦和/或余弦函数）或者它们的积分的线性组合。傅里叶变换属于谐波分析，具有线性、平移、微分、卷积和帕塞瓦尔定理（能量守恒定理）等性质。傅里叶变换具有多种不同的变体形式，包括连续傅里叶变换、傅里叶级数、离散时间傅里叶变换、离散傅里叶变换和时频分析变

换等。

当时间域的函数 $f(t)$ 满足傅里叶积分定理条件时，利用傅里叶变换成频率域的函数$F(\omega)$：

$$F(\omega)=\int_{-\infty}^{+\infty} f(t)\mathrm{e}^{-\mathrm{j}\omega t}\mathrm{d}t$$

当频率域函数 $F(\omega)$ 通过积分运算获得时间域函数 $f(t)$，称为傅里叶逆变换：

$$f(t)=\frac{1}{2\pi}\int_{-\infty}^{+\infty} F(\omega)\mathrm{e}^{\mathrm{j}\omega t}\mathrm{d}\omega$$

$F(\omega)$ 叫做 $f(t)$ 的象函数，$f(t)$ 叫做 $F(\omega)$ 的象原函数，构成一个傅里叶变换对。

傅里叶变换是一种特殊的积分变换，开创了信号频谱分析的先河，从而使人们能够透过信号幅值和均值等表象，深入地抓住信号变化的本质，在实际应用中往往比时域分析更为有效。

② 离散傅里叶变换　对于时间连续信号，可利用傅里叶变换获得其频谱函数，或由其频谱函数通过反变换得到原时间函数。在离散信号处理中，应将傅里叶变换的积分形式改变为离散傅里叶变换的求和形式，把连续傅里叶变换的积分区间化成离散傅里叶变换的求和区间。

A. 基本特点。非周期时间信号的频谱是连续的和非周期的。时间信号抽样之后成为离散时间信号，它的频谱就变为周期性的连续谱。对频谱函数进行抽样，则对应的时间函数就变为周期性的连续信号。同时对时间信号和相应的频谱函数进行抽样，则得到离散的和周期的时间信号函数和频谱函数，这样就构成了离散傅里叶变换对。

离散傅里叶变换特点如下。

线性：若组合信号为几个时域信号之和，其离散傅里叶变换等于各个信号的离散傅里叶变换之和。

选择性：离散傅里叶变换的算法可以等效为一个线性系统的作用，对频率具有选择性。

循环移位性：有限长度的序列可以扩展为周期序列，这种序列的移位称为循环移位或圆周移位。

B. 作用。离散傅里叶变换有与傅里叶变换相类似的作用和性质，在离散信号分析和数字系统综合中占有极其重要的地位。它不仅建立了离散时域与离散频域之间的联系，而且由于它存在周期性，还兼有连续时域中傅里叶级数的作用，与离散傅里叶级数有着密切联系。

在计算速度方面，已研究出各种快速计算的算法，使离散傅里叶变换的应用更为普遍，在实现各种数字信号处理系统中起着核心的作用。例如，通过计算信号序列的离散傅里叶变换可以直接分析它的数字频谱；在有限冲激响应数字滤波器的设计中，要从冲激响应 $h(n)$ 求频率抽样值 $H(k)$，以及进行它们之间的反运算等。

③ 快速傅里叶变换　计算离散傅里叶变换的一种快速算法，简称 FFT。采用这种算法能使计算机计算离散傅里叶变换所需要的乘法次数大为减少，特别是被变换的抽样点数 N 越多，FFT 算法计算量的节省就越显著。

快速傅里叶变换有按时间抽取的 FFT 算法和按频率抽取的 FFT 算法。

A. 时间抽取 FFT 算法。在一个抽样点数为 N 的信号序列 $x(n)$ 的离散傅里叶变换，可以由两个 $N/2$ 抽样点序列的离散傅里叶变换求出。依此类推，这种按时间抽取算法是将输入信号序列分成越来越小的子序列进行离散傅里叶变换计算，最后合成为 N 点的离散傅里叶变换。

B. 频率抽取 FFT 算法。按频率抽取的 FFT 算法是将频域信号序列 $X(k)$ 分解为奇偶两部分，但算法仍是由时域信号序列开始逐级运算，同样是把 N 点分成 $N/2$ 点计算 FFT，可以把直接计算离散傅里叶变换所需的 N^2 次乘法缩减到 $\frac{N}{2}\log_2 N$ 次。

除了基 2 的 FFT 算法之外，还有基 4、基 8 等高基数的 FFT 算法及以任意数为基数的 FFT 算法。

④ 拉普拉斯变换　为简化计算而建立的实变量函数和复变量函数间的一种函数变换。对一个实变量函数作拉普拉斯变换，并在复数域中作各种运算，再将运算结果作拉普拉斯反变换来求得实数域中的相应结果，往往比直接在实数域中求出同样的结果在计算上容易得多。拉普拉斯变换的这种运算步骤对于求解线性微分方程尤为有效，它可把微分方程化为容易求解的代数方程来处理，从而使计算简化。

对控制系统的分析和综合，都是建立在拉普拉斯变换的基础上的。通过拉普拉斯变换可采用传递函数代替微分方程来描述系统的特性，这就为采用直观和简便的图解方法来确定控制系统的整个特性、分析控制系统的运动过程，以及综合控制系统的校正装置提供了可能性。

利用定义积分，很容易建立起原函数 $f(t)$ 和象函数 $F(s)$ 间的变换对，以及 $f(t)$ 在实数域内的运算与 $F(s)$ 在复数域内的运算间的对应关系。同时拉普拉斯变换具有可逆性。由复数表达式 $F(s)$ 来定出实数表达式 $f(t)$ 的运算称为反变换。

⑤ Z 变换　由函数序列确定对应象函数的变换过程，称为 Z 正变换，简称 Z 变换。Z 变换是对离散序列进行的一种数学变换，常用以求线性时不变差分方程的解。它在离散时间系统中的地位，如同拉普拉斯变换在连续时间系统中的地位。这一方法（即离散时间信号的 Z 变换）已成为分析线性时不变离散时间系统问题的重要工具。在数字信号处理、计算机控制系统等领域有广泛的应用。

对任一函数序列 $x(kT)$，只要 Z 变换定义式右端的无穷级数收敛，象函数 $X(z)$ 就必定存在，并具有如下性质：线性、移位、时域卷积、求和、频移、调制 、微分以及乘 a^n。这些性质对于解决实际问题非常有用。

(3) 数模转换（D/A 转换）

一种将二进制数字量形式的离散信号转换成以标准量（或参考量）为基准的模拟量的转换器，称为数模转换器，简称 DAC 或 D/A 转换器，是模数转换（A/D 转换）逆过程。在医用电子仪器领域，这一步并不是必须的。

D/A 转换器基本上由 4 个部分组成，即权电阻网络、运算放大器、基准电源和模拟开关。最常见的数模转换器是将并行二进制的数字量转换为直流电压或直流电流，它常用作过程控制计算机系统的输出通道，与执行器相连，实现对目标的自动控制。数模转换器电路还用在利用反馈技术的模数转换器设计中。

数模转换有两种转换方式：并行数模转换和串行数模转换。

① 并行数模转换　图 2-24 是典型的并行数模转换器，虚线框内的数码操作开关和电阻网络是基本部件。图中装置通过一个模拟量参考电压和一个电阻梯形网络产生以参考量为基准的分数值的权电流或权电压；而用由数码输入量控制的一组开关决定哪一些电流或电压相加起来形成输出量。

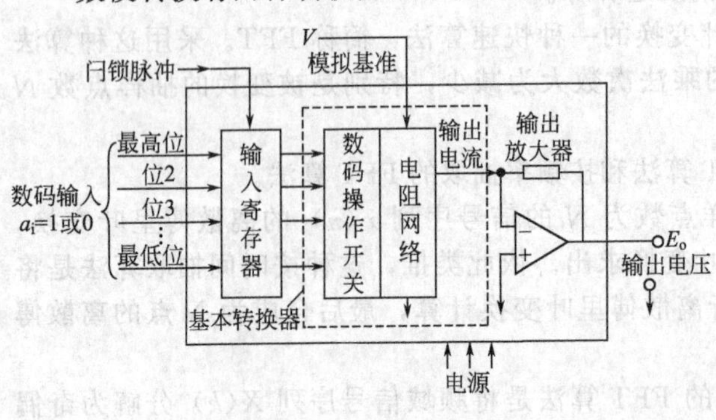

图 2-24　典型数模转换器

② 串行数模转换　串行数模转换是将数字量转换成脉冲序列的数目，

一个脉冲相当于数字量的一个单位，然后将每个脉冲变为单位模拟量，并将所有的单位模拟量相加，就得到与数字量成正比的模拟量输出，从而实现数字量与模拟量的转换。

数字信号处理（DSP）已广泛应用于医学仪器之中，成功例子有很多，如脑电或心电的自动分析系统、断层成像技术等。断层成像技术是诊断学领域中的重大发明，如医用CT断层成像扫描仪针对生物体的各个部位对X射线吸收率不同的现象，经过接收、恢复或重建，取得实体的断层信息，利用各个方向扫描的投影数据再构造出检测体剖面图像。这种仪器中FFT（快速傅里叶变换）起到了快速计算的作用，并相继研制出采用正电子的CT机和基于核磁共振的CT机等仪器，为医学领域作出了很大的贡献。

2.5 信号的输出与显示

医用电子仪器的输出方式多种多样，从用途上来分有两种：一种是将处理后的生物信息变为可供人们直接观察的一维、二维和多维信息形式，并有对应的记录/显示系统。另一种输出适合某种治疗的介质或能量，要求其技术和性能指标符合相关标准的要求，相关内容在以后的有关章节中进行叙述。

医用电子仪器在对信息的记录/显示时要求：记录/显示的效果明显、清晰，便于观察和分析，正确反映输入信号的变化情况，故障少，寿命长，与其他部分有较好的匹配连接。

(1) 信息的输出形式

根据生物体内信息的特点和不同的观测目的，生物体内的信息处理后可形成一维、二维和多维信息，同时其测量方法可分为一维信息测量、二维信息测量和多维信息测量。

① 一维信息测量　一维信息广泛指反映生物体功能活动的各种变量和成分。一维信息测量中，一般是对被测信息在一定空间内取样（包括离体取样和在体取样），然后予以定量测定，并常常测量或显示被测参量随时间变化的过程。

一般的生理测量和生化分析多为一维信息测量，其特点是测量精确度高，动态和实时特性好，测量设备较简单，测量速度快；但这种测量受取样方式的制约，或者只反映生物体内特定部位的信息而不能反映信息的空间分布差异，或者是反映较大取样空间的平均信息而非精细部位的信息状态。

② 二维和多维信息测量　二维和多维信息往往指生物体结构和功能的二维与三维空间分布的信息。测量中，一般是对被测信息在一定空间的多个位置上同时多点采样，或利用探测装置在一定空间范围内顺序扫描，依次获得多个空间位置上的同一信息，然后将信息的空间分布用二维或多维显示方法予以记录。

二维和多维信息的测量多采用成像技术，如X射线摄像、超声成像、核素成像、磁共振成像、热成像、生物电阻抗成像以及显微镜和内镜成像等。也有采用多道测量并经数据处理后以图形反映生理信息的空间分布的方法，如心电体表等电位分布（又称心电体表电位地形图，ECG mapping），它不属于成像技术，但属于二维测量。

二维和多维信息测量的特点是能反映生物信息的空间分布，特别是便于反映生物体的结构形态（如细胞形态、肿瘤和病理变化等）及功能活动的空间过程（如心脏和大血管中的血流状态），因而在医学诊断中有极高的价值，在临床中应用非常广泛。

二维和多维信息测量的局限性在于，受成像速度制约而动态测量性能较差，定量精确度低，一般设备较复杂，测量速度慢。但随着成像技术的不断进步，多维信息测量的速度、动态性和定量性在不断提高，因而会不断扩展其应用范围，显示出极好的发展前景。

(2) 记录与显示

按其工作原理不同，可以分为直接描记式记录器、存储记录器、数字式显示器。

① 直接描记式记录器　主要用来记录各种生理参数随时间变化的模拟量，可分为描笔偏转式和自动平衡式两种类型。

描笔偏转式记录器结构简单、成本低，在心电图机、脑电图机及心音图机中得到广泛使用。其工作原理是利用永久磁铁形成固定磁场，磁场内放置有上下轴支撑的线圈。当有信号电流流过线圈时，线圈受到电磁力矩作用而偏转，并带动与它同轴连接的描笔发生偏转，在记录纸上描出波形图。螺旋形弹簧亦称盘香弹簧，其作用是形成与使线圈偏转的电磁力矩相反的力矩，维持描笔平稳地描记下各种波形。

自动平衡式记录器结构复杂，频响范围窄。其优点是记录幅度大、精度高、可与计算机连接。一般用于记录体温、血压、脉搏等监护仪器上。它可分为电桥式、电位差式和X-Y记录仪三种类型。其描笔的移动距离亦正比于记录信号的大小。

直接描记式记录器在记录时，都是记录在描笔下做匀速直线运动，因此都配有记录纸传动装置。另外，描记笔分为墨水笔和热笔两种。热笔是利用笔芯发热，在热笔与记录纸接触处熔掉记录纸面膜，露出记录纸的黑底色，形成波形曲线图。

② 存储记录器　现代医学电子仪器，特别是生理参数测量仪器，随着智能化程度的提高，大量的数据需要保存；随着网络技术的高度发展，测量数据的共享也越来越普遍，因此，现代数据存储技术和数据传输技术在医学电子仪器中得到了广泛应用。医学电子仪器中的数据存储技术随着计算机存储技术的发展而发展，从磁带记录到磁盘记录，PCMCIA卡到FLASHRAM卡，从硬盘和磁盘阵列（RAID）到现在的网络存储技术，大量的数据经存储装置保留后，既方便诊断和研究，又可重复使用。

③ 数字式显示器　数字式显示器是一种将信号以数字形式显示供观察的器件，一般由计数器、译码器、驱动器和数码管（显示器）等组成。其中显示器有荧光数码管、LED数码管和液晶显示器（屏）等。

A. 荧光数码管。荧光数码管外形与电子管相似的电真空器件。荧光数码管的结构及原理如图2-25所示。图（a）为外形图，图（b）为管脚排列图，图（c）为发光原理图。

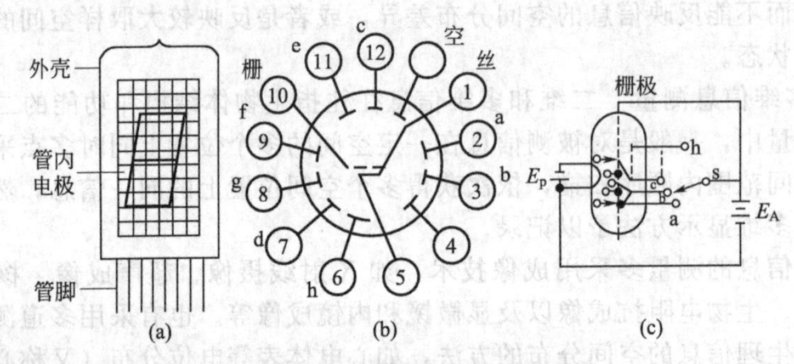

图2-25　荧光数码管的结构及原理

当灯丝通电后，阴极（灯丝兼作阴极）被加热而发射电子，电子受栅极正电位吸引，加速穿过网状栅极向阳极运动，若阳极b接有高电位，则这些电子以高速轰击该阳极。因阳极表面涂有一层荧光粉（如氧化锌），在高速电子的轰击下，此阳极便发光，其他未加高电位的阳极因无电子轰击而不发光。对这种七段式数码管，可以排列出不同发光段的多种组合，显示出0～9的数字。

B. LED数码管。LED数码管（见图2-26）由7个发光管（段）组成8字形显示阵列，加上小数点共8个（见图2-27），这些段分别用字母a、b、c、d、e、f、g和dp来表示。当数码管特定的段加上电压后，这些特定的段就会发亮，点亮相应的发光管可形成数字0、1、

2、3、4、5、6、7、8、9 和字符 A、B、C、D、E、F。如：显示一个“2”字，应点亮 a、b、g、e 和 d，而 f、c、dp 则不亮。

图 2-26 LED 数码管

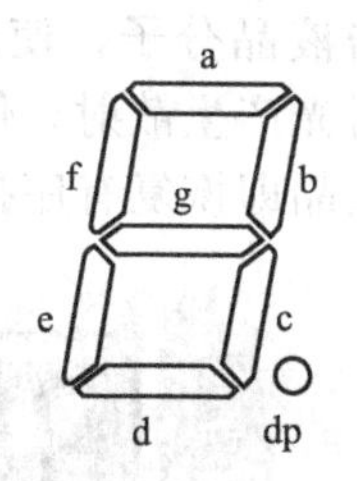

图 2-27 LED 数码管结构图

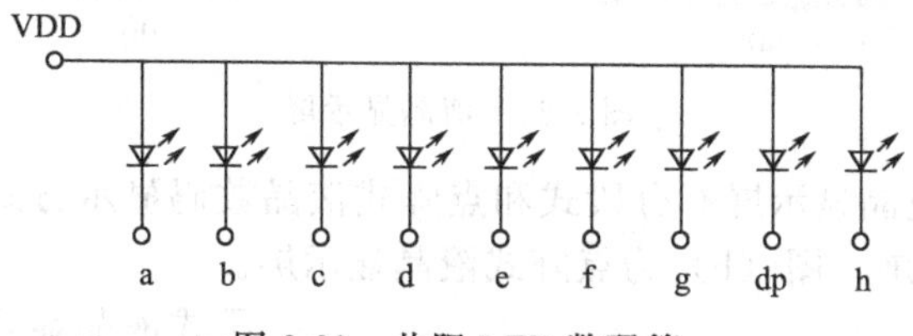

图 2-28 共阳 LED 数码管

LED 数码管有共阳和共阴两种类型：发光二极管的阳极连接到一起连接到电源正极的称为共阳数码管（见图 2-28）；发光二极管的阴极连接到一起连接到电源负极的称为共阴数码管（见图 2-29）。

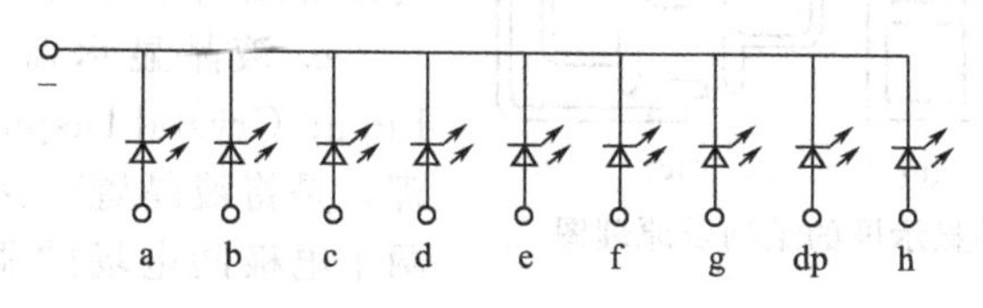

图 2-29 共阴 LED 数码管

LED 数码管有多种颜色、不同亮度和大小之分。常用的颜色有红、绿、黄；亮度有一般亮度和超亮；大小有 0.5 寸、1 寸等不同的尺寸。小尺寸数码管的显示笔划常用一个发光二极管组成，而大尺寸的数码管由 2 个或多个发光二极管组成，一般情况下，单个发光二极管的管压降为 1.8V 左右，电流不超过 30mA。

C. 液晶显示器（屏）。

a. 液晶。液晶是一种有机化合物，在一定温度内，液晶既具有液体的流动性，又具有晶体的某些光学特性，其透明度和颜色随电场、磁场、光、温度等外界条件的变化而改变。液晶的特性如图 2-30 所示。

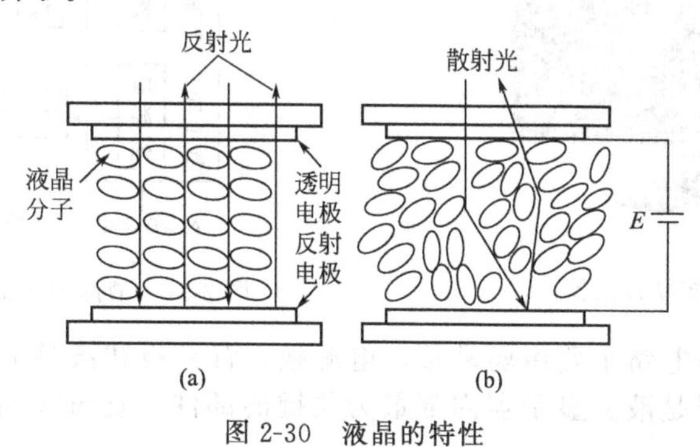

图 2-30 液晶的特性

在两电极间夹持一薄层液晶，液晶分子在没有外电场作用时呈有序排列，如图 2-30(a) 所示，此时液晶对入射光无散射作用为透明色。当两电极间加上外电场时，由于杂质离子的运动而不断撞击液晶分子，使原来有序列的液晶分子变成无序的紊乱状态，如图 2-30(b) 所示，则对入射光产生散射，使原来透明的液晶呈现颜色（白或绿等色）。当去掉两电极上所加电场后，液晶即恢复有序排列状态。

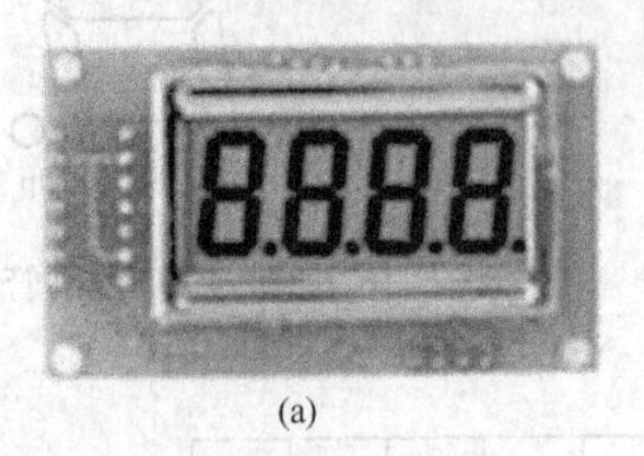

(a)

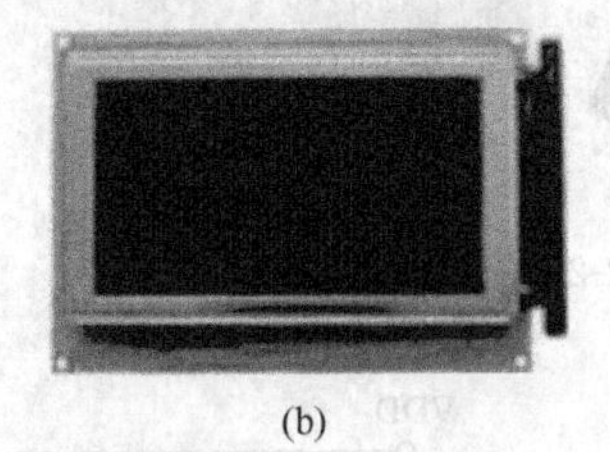

(b)

图 2-31　液晶显示屏

b. 液晶显示屏。液晶显示屏有分段式和点阵式液晶数码显示方式，如图 2-31 所示。图（a）为分段式液晶显示屏，图（b）为点阵式液晶显示屏。

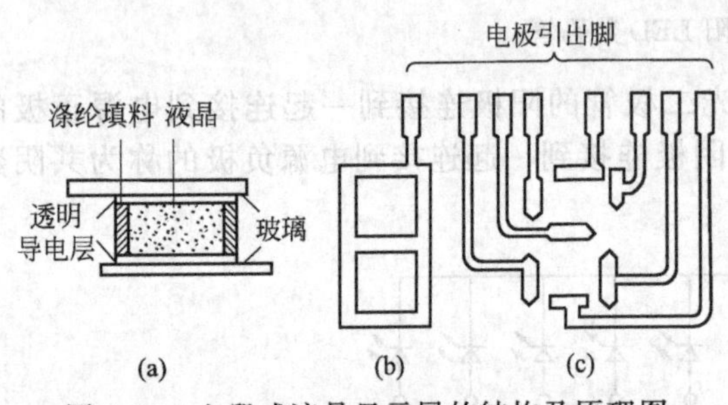

图 2-32　七段式液晶显示屏的结构及原理图

七段式液晶显示屏结构及原理如图 2-32 所示。图（a）为截面图，图（b）为反面电极图，图（c）为正面电极图。利用给正面电极与反面电极加上电压的不同组合，可以显示出相应数字。

c. 液晶显示器。液晶显示器（LCD，Liquid Crystal Display，图 2-33）的显像原理，是将液晶置于两片导电玻璃之间，靠两个电极间电场的驱动，引起液晶分子扭曲向列的电场效应，以控制光源透射或遮蔽功能，在电源关开之间产生明暗变化，从而将影像显示出来。若加上彩色滤光片，则可显示彩色影像。在两片玻璃基板上装有配向膜，液晶会沿着沟槽配向，由于玻璃基板配向膜沟槽偏离 90°，所以液晶分子成为扭转型，当玻璃基板没有加入电场时，光线透过偏光板跟着液晶做 90°扭转，通过下方偏光板，液晶面板显示白色；当玻璃基板加入电场时，液晶分子产生配列变化，光线通过液晶分子空隙维持原方向，被下方偏光板遮蔽，光线被吸收无法透出，液晶面板显示黑色。液晶显示器便是根据此电压有无，使面板达到显示效果。

图 2-33　液晶显示器

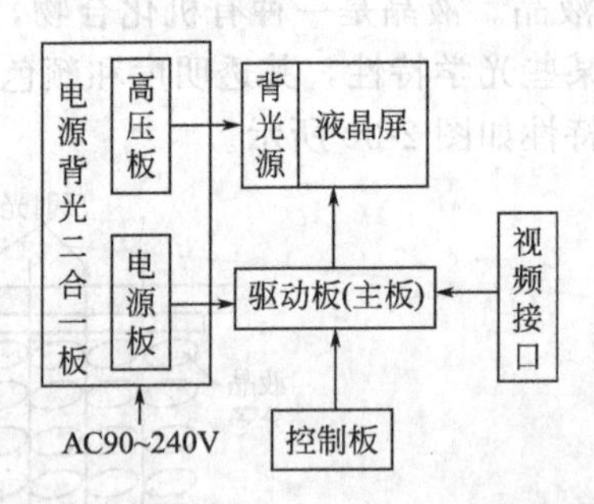

图 2-34　液晶显示器内部电路结构图

液晶显示器的内部电路主要由驱动板、电源板、背光板和液晶屏组成，其结构图如图 2-34 所示，其中液晶屏是液晶显示器内部最为关键的部件，它对液晶显示器的性能和价格具有决定性的作用。

驱动板（主板）：主要用来接收、除了从外部送进来的模拟视频（VGA）或数字(DVI) 信号，并通过屏线送出信号去控制液晶屏（PANEL）正常工作。驱动板上含有MCU单元，是液晶显示器的检测控制中心和大脑。

电源板：用于将 90～240V 的交流电压转变为 12V、5V、3V 等直流电压，供显示器工作。

背光板（高压板）：用于将主板或电源板输出的 12V 直流电压转变成 PANEL 需要的高频高压（1500～1800V）交流电，用于点亮 PANEL 的背光灯。电源板和背光板有时会做在一起成电源背光二合一板。

液晶屏：液晶显示模块，是显示器的核心部件，包括液晶板和驱动电路。

目前的液晶显示器可分成扭曲向列型（Twisted Nematic，TN）、超扭曲向列型（Super Twisted Nematic，STN）和彩色薄膜型（薄膜晶体管，Thin Film Transistors，TFT）三大种类，具有轻薄小巧、低压低功耗、无辐射无污染、显示信息量大、稳定不闪烁等优点，但也存在显示视角小、响应速度慢等缺点。

④ CRT（阴极射线管）显示器　CRT(阴极射线管）显示器（见图 2-35）的核心部件是CRT 显像管，阴极射线管主要由五部分组成：电子枪（Electron Gun)，偏转线圈（Defiection coils)，荫罩（Shadow mask)，荧光粉层（Phosphor）及玻璃外壳。CRT 显像管使用电子枪发射高速电子，经过垂直和水平的偏转线圈控制高速电子的偏转角度，最后高速电子击打屏幕上的荧光物质使其发光，通过电压来调节电子束的功率，就会在屏幕上形成明暗不同的光点，形成各种图案和文字。

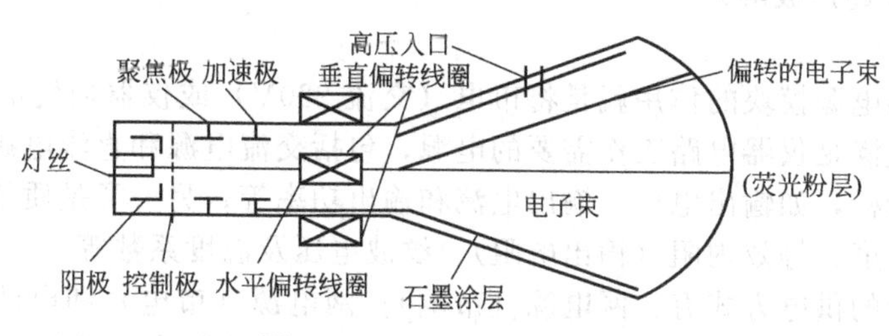

图 2-35　CRT 显示器结构图

CRT 显示器有单色和彩色两种。彩色显像管屏幕上的每一个像素点都由红、绿、蓝三种涂料组合而成，由三束电子束分别激活这三种颜色的荧光涂料，以不同强度的电子束调节三种颜色的明暗程度就可得到所需的颜色。

CRT 显示器是目前应用最广泛的显示器之一，CRT 纯平显示器具有可视角度大、无坏点、色彩还原度高、色度均匀、可调节的多分辨率模式、响应时间极短等 LCD 显示器难以超过的优点，而且现在的 CRT 显示器价格要比 LCD 显示器便宜不少，但体积大、笨重、有辐射。

2.6　辅助系统

辅助系统的配置、复杂程度及结构均随仪器的用途和性能而变化。对仪器的功能、精度和自动化程度要求越高，辅助系统应越齐备。辅助系统一般包括控制和反馈、数据传输、标准信号产生和外加能量源等部分。

(1) 反馈控制

在医用电子仪器，控制和反馈的应用分为开环和闭环两种调节控制系统：手动控制、时间程序控制均属开环控制；通过反馈回路对控制对象进行调节的自动控制系统为闭环控制系统。

例如，利用测量到的脑电等生理参数转变为激励刺激信号，反馈到人体进行睡眠等治疗的反馈治疗仪；按需式心脏起搏器根据检测到的心电 R 波是否存在决定是否产生刺激脉冲作用到心脏，是一种典型的同时具备测量和治疗功能的闭环反馈控制系统。

(2) 刺激激励

一般测量的心电信号、脑电信号等生理信号都是人体自发的信号，这种情况不需要外加刺激。但是有时给人体外加一定的刺激以后，这些刺激会产生一些诱发信号，这种诱发信号在临床疾病的诊断治疗上有非常重要的作用。如测量运动神经传导速度、测量视觉神经功能等，就需要给病人施加刺激。

另外有些参数的测量需要外加一些刺激才能进行，例如测量血压时需要通过袖带给病人肱动脉加上一定压力，才能检测血压大小，因此此时也需要有刺激激励部分。

(3) 远程数据传输

为了远距离也能调用存储记录器中的数据，还需要有数据传输设备，这可以设专用线路，也可利用其他传输线路兼顾。无线传输和网络传输技术在医学电子仪器中得到了广泛的使用。

(4) 标准信号源

医用电子仪器通常备有标准信号源（校准信号），以便适时校正仪器的自身特性，确保检测结果准确无误。在治疗类仪器中都备有外加能量源，外加能量源是指仪器向人体施加的能量（如 X 射线、超声波等）。

(5) 电源模块

医用电子仪器电源模块的作用就是将市电（交流 220V）或仪器内置的电池电压经过系列转换处理后变成满足仪器电路工作需要的电源，包括交流电源和直流电源。其指标包括两类：一类是特性指标，如输出电压、输出电流和输出功率等；另一类是质量指标，反映电源的优劣，包括稳定度、等效内阻（输出电阻）、纹波电压及温度系数等。

医用电子仪器的供电方式有：网电源（市电）；网电源（市电）和电池；电池。其中大多数采用网电源（市电）供电。电源模块更多的是提供电子电路和系统工作所需的直流电源，主要由变压器、整流电路、滤波电路和稳压电路等组成：变压器把市电交流电压变为所需要的低压交流电；整流电路把交流电变为直流电；经滤波电路处理后，稳压电路再把不稳定的直流电压变为稳定的直流电压输出。要求稳定性好、输出电阻小、温度系数小和输出纹波电压小。

思考题

1. 用框图说明医用电子仪器的基本结构并简要说明各部分的功能。
2. 医学仪器有哪些特殊性？
3. 医用电子仪器的主要技术指标是什么？
4. 传感器的作用是什么？常用的传感器有哪些种类？怎样用传感器采集生物信号？
5. 应用电桥电路技术，设计一种脉搏波信号采集电路。
6. 如图 2-36 所示，*RC* 低通滤波器的接入是为了减小公共阻抗产生的干扰。说明其抑制干扰的原理。
7. 某放大器输入回路采取（A、B）两点接地，A 点和 B 点之间有 1Ω 电阻。现有一个 150W 电灯错误地连接到电源电路中，亦即电源电路里的中心线是断开的，因此有电流从接地点 B 到接地点 A 通过接地电路流回。这样在放大器输入端造成最大共模干扰电压是

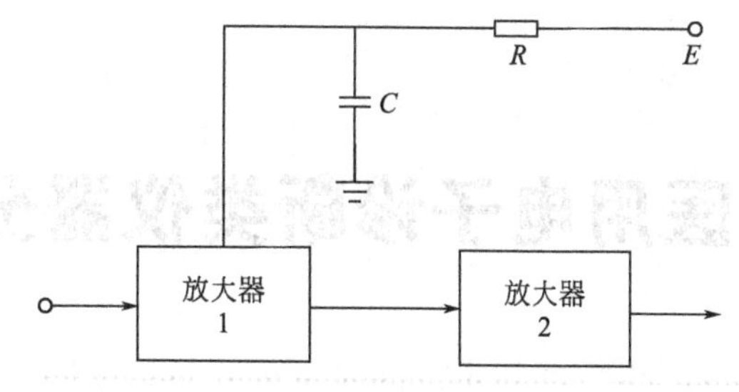

图 2-36　思考题 6

多少？对于心电放大器而言，若限制心电图上的干扰最大不超过 50μV，那么要求其共模增益是多少？

8. 一个测量系统中，信号已被完全淹没，如何判断是由于外界存在的干扰还是系统内部的固有噪声？
9. 心脏监视器上发现有峰-峰值为 1mV 的 50Hz 的干扰，用什么简单方法可区分是由于容性耦合造成的还是由于感性耦台造成的？
10. 计算图 2-9 中的输出电压 U_0。
11. 如何测量生物电放大器的输入阻抗？
12. 常用的生物信号滤波器有哪些？并作说明。
13. 设计一个差动增益为 20，差动输入阻抗大于 20kΩ 的基本放大器，并按照共模抑制比 CMRR＝80dB 确定各电阻的公差。
14. 在医学仪器中，常用的隔离保护方法有哪几种？并作阐述。
15. 说明数字信号处理所涉及的主要技术内容。在计算机处理中，常用的算法和变化有哪些？
16. 阐述 LED、LCD 和 CRT 显示技术及其优缺点。
17. 用 LED 数码管设计一个带驱动的三位显示器，并分别列出显示数字 0～9 的编码。
18. 如何构建一个闭环系统？
19. 设计一个有±12V 和±5V 输出的电源模块框图，并对各部分进行说明。
20. 一多级放大器在无反馈的情况下，当输入信号电压为 V_s＝0.025V 时，其基波输出分量为 30V，带有 10％的二次谐波分量。

    (1) 若将输出电压的 2.0％回送到输入端组成电压串联负反馈电路，则输出电压为多少？

    (2) 若基波输出保持为 30V，而二次谐波分量减小至 1％，则输入电压应为多少？

3 医用电子诊断类仪器分析

学习指南：本章首先介绍了医用电子诊断类仪器的定义和生物电位的基础知识，然后分类讲述了心电图机、脑电图机、肌电图机等典型医用电子诊断类仪器的工作原理和电路结构，在此基础上，用大量的案例讲述了医用电子诊断类仪器的常见维修方法。本章的重点在于掌握医用电子诊断类仪器的工作原理，难点在于仪器的维修方法和维修思路。本章的学习方法是在掌握仪器原理的基础上，参照书上给出的实训指导进行实践训练，理论和实践相结合可以顺利掌握本类仪器的原理和维修方法。

医用电子诊断类仪器是将人体各种生理信息通过各种传感器转换成电信号或直接由电极提取生物电信号，经放大与处理后，由终端输出设备显示和记录的仪器，对临床上有着重要的意义。

生理信息诊查是指对人体的心电、脑电、肌电等电生理信息，以及体温、血压、呼吸、脉搏、血氧等非电生理信息进行检测、记录、分析，以对人体进行医学诊断、疾病救治和健康状况识别。生理信息诊查类产品主要指为面向临床应用、疾病防控、健康普查和家庭保健开发的，测量和检测各种生理参数的多少，又可分为单参数测量（监护）类和多参数监护（测量）类。单参数类包括心电图机，电子体温计、电子血压计、血氧饱和度计、血糖计、微循环血流量计等；多参数类则根据具体应用的需要，以单参数模块为基础构成多参数监护系统，如危重病人监护系统，手术室监护系统，胎儿或新生儿监护系统，睡眠呼吸系统和麻醉深度监护系统等。

生理信息诊查类产品也称为医用电子诊断类仪器，在现代临床医疗、卫生防疫及健康管理领域有着十分重要的基础性作用。同样，生理信息诊查器械、仪器、设备在医疗器械产业中也占有十分重要的地位，随着科学技术不断进步和医疗卫生事业的迅速发展，生理信息诊查产品将继续发挥更加重要的作用，已成为现代医学的重要组成部分。

各类医用电子诊断仪器用以解决和协助进行医学临床诊断、治疗、检验、监护、抢救等工作。相关技术的发明和应用，推动着现代医学的发展，有些技术的应用还具有里程碑性的重要意义。

3.1 生物电位的基础知识

兴奋通常是活组织在刺激作用下发生的一种可以传播的、伴有特殊电现象并能引起某种效应的反应过程，研究各种组织器官活动过程中产生的电子现象就能了解该组织器官活动的情况。人们根据这个思路研究了心电、脑电、肌电、眼电、胃电等各种生物电信号，并应用于疾病的诊断治疗。

(1) 静息电位产生的 K^+ 离子机制

神经和肌肉细胞在静息情况下细胞膜内侧的电位较外侧为负，细胞在静息状态下膜内外两侧的电位差称为静息电位，有时也叫膜电位，此时细胞膜内外侧分布着极性不同的电荷，因此也称为处于极化状态。

造成静息电位产生的直接原因有两个：一是细胞膜内外离子浓度的不同，二是细胞膜对不同离子的选择通透性不同。

在静息状态下，细胞膜内的K^+离子和有机负离子浓度高于细胞膜外，细胞膜外的Na^+离子浓度高于细胞膜内。而在静息状态下，细胞膜对K^+离子的通透性较高，而对Na^+离子及细胞内有机负离子的通透性很低。因此由细胞内扩散到细胞外的K^+离子数量将超过由细胞外进入细胞内的Na^+离子及由细胞内扩散到细胞外的有机负离子数量，这样就形成了细胞带正电的状况，这就是静息电位的来源。

已扩散出细胞外的K^+离子建立了膜外侧的正电位。细胞膜内外形成的电场力是排斥K^+离子外流的，而细胞内外的K^+离子浓度梯度形成的扩散力则是促使K^+离子外流的。如果电场力小于扩散力，则K^+离子继续外流；如果电场力大于扩散力，则驱使K^+离子内流；如果两者相等，则K^+离子的净流动等于零，处于动态状态，此时膜内外的电位就是静息电位。从物理化学的角度来看，静息电位就是K^+离子的平衡电位。

安静时细胞对Cl^-也有一定的通透性，但通常认为Cl^-的平衡电位与静息电位相等，它是在已建立膜电位的基础上Cl^-在细胞膜内、外被动分布的结果。

(2) 动作电位的产生及传输机理

① 动作电位产生的Na^+离子机制　神经或肌肉兴奋时发生的可传播的电变化称为动作电位，包括迅速的去极化和复极化过程。如前所述，细胞处于静息状态时，细胞外电位大于细胞膜内电位，称为极化状态。当给细胞一个刺激时，膜内电位迅速升高，并很快超过膜外电位，这个过程称为去极化。事实上去极化不仅把原来的极化状态加以取消，而且还暂时建立起一种相反的极化状态，即细胞膜外为负，细胞膜内为正，这个过程称为超射。经过短暂的超射后，细胞膜又很快恢复到原来的极化状态，这一过程称为复极化。动作电位的幅度为静息电位加超射部分，枪乌贼巨大神经纤维静息电位和动作电位示意图如图3-1所示。

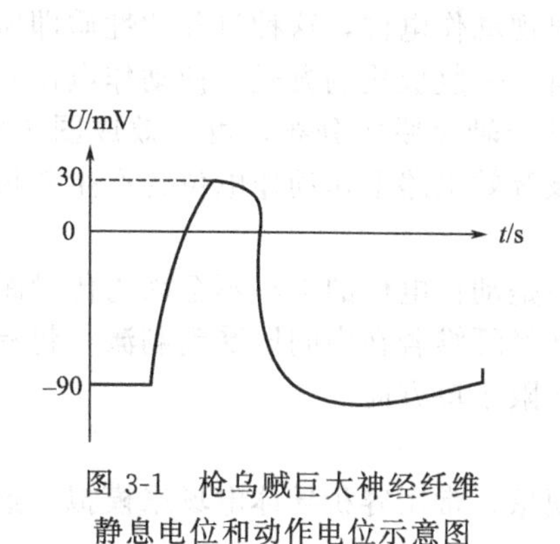

图3-1　枪乌贼巨大神经纤维静息电位和动作电位示意图

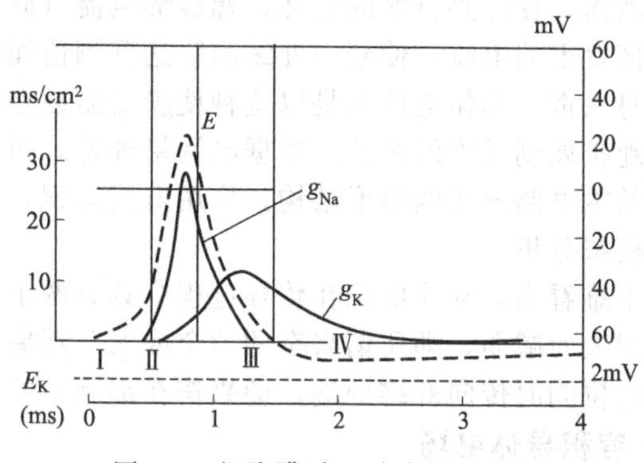

图3-2　细胞膜对Na^+离子和K^+离子通透性的变化

E—基于Nernst公式的细胞膜内外的平衡电位；E_K—K^+的平衡电位；g_{Na}—Na^+的通透性；g_K—K^+的通透性

动作电位既然是细胞膜的迅速去极化和超射，那就只能由细胞膜外的正离子迅速内流引起。实验证明，神经纤维兴奋时细胞膜对Na^+离子的通透性突然增大，当其通透性超过K^+离子的通透性时，即产生去极化过程。在动作电位的上升支，Na^+离子通透性迅速增加，大量Na^+离子内流，细胞膜内的电位升高，造成去极化过程，而且进一步形成超射，肌细胞膜外负内正。由于细胞外面的Na^+离子浓度高于细胞膜内部的Na^+离子浓度，因此必须达

到 Na^+ 离子平衡电位时，Na^+ 离子内流才会停止，所以超射的电位值就是 Na^+ 离子的平衡电位。细胞膜对 Na^+ 离子和 K^+ 离子通透性的变化如图 3-2 所示。

由于 Na^+ 离子通透性的增加是暂时性的，随着时间的推移，Na^+ 离子通透性降低，K^+ 离子通透性增加，K^+ 离子外流增加，抵消了 Na^+ 离子内流形成的去极化势头，这就是复极化过程。当 K^+ 离子通透性大大超过 Na^+ 离子通透性时，细胞膜就恢复到原来的极化状态。

② 钠泵的作用 每次动作电位过后，都会有一些 Na^+ 离子流入细胞膜内，一些 K^+ 离子流到细胞膜外。这种 Na^+ 离子、K^+ 离子交换的总量，与原来细胞外的 Na^+ 离子、K^+ 离子的总量相比是非常小的。但是在动作电位发生过后的恢复期，这种离子数量的变动也要恢复过来，这就需要钠泵的作用。

钠泵能够把流入细胞膜内的 Na^+ 离子逆着浓度差泵出细胞膜外，同时把流出的 K^+ 离子带进细胞内，这个过程需要消耗能量，这些能量由普通的细胞能源（三磷酸腺苷）提供。正是由于钠泵的存在，才能够建立并维持细胞膜内外的离子浓度差；而这个离子浓度差与细胞膜特定的选择通透性结合，建立了静息电位；静息电位的存在，则为动作电位的产生提供了基础。

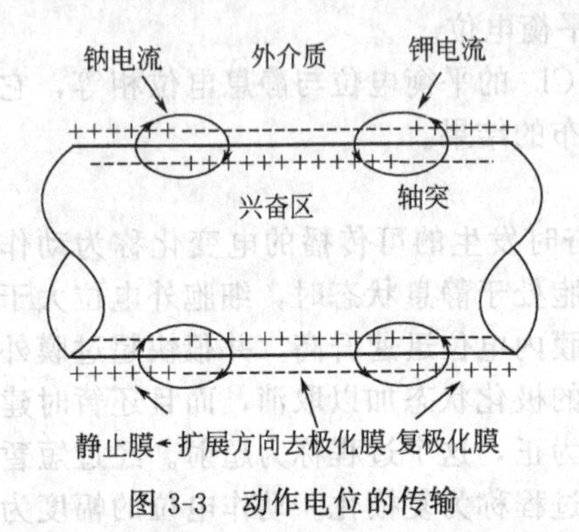

图 3-3 动作电位的传输

③ 动作电位的传输 动作电位的传输如图 3-3 所示。在已兴奋部分的前端，细胞膜呈极化状态，与静息状态时一样。在已兴奋区域，由于膜的去极化，膜电位复变为外负内正，极性反转。已兴奋区后部的细胞膜是复极化膜。由图还可以清楚地看到，在已兴奋区的前部，即在未兴奋与已兴奋区交接处，由于螺线形电流（钠电流）在未兴奋区由内向外透过膜，使这部分膜电位值下降而去极化。当此部位膜电位降到阈值时，则在此新部位就出现动作电位，而成为新兴奋区。然而，在已兴奋区的后部，螺线形电流（此时为钾电流）使此部分膜复极化。上述这种兴奋区发出的电流，使新一处细胞膜达到阈值而兴奋，出现动作电位，这种过程的性质即所谓自身兴奋。动作电位就是以这种使膜沿途逐点出现兴奋——复极化的方式，使动作电位不衰减地扩展到纤维的全长。根据电网络理论，对于整条神经轴突膜的分布，可等效成图 3-3 所示基本电路形式的链形结构。应用电路知识，亦可在该等效电路上作动作电位的产生与传输的模拟分析。

不难看出，动作电位在传导过程中具有两个特点：一是动作电位的大小不会因为传导距离的增大而减弱，即所谓兴奋的“全或无”现象；二是神经纤维若在中间段受到刺激，将有动作电位同时传向纤维两端，即兴奋在细胞上的传导，不限于单方向。

(3) 容积导体电场

为了能方便地直接解释在人体表面所记录的生物电现象，常用容积导体电场来模拟，这里包括生物电信号源的形成及其浸溶的周围介质。

在一个盛满稀释食盐溶液的容器中放入一对由等值而异号的电荷组成的电偶极子，则容器内各处都会有一定的电位。在电偶极子的位置、方向和强度都不变的情况下，电场的分布是恒定的，电流充满整个溶液，将这种导电的方式称为容积导电，容器中的食盐溶液称为容积导体，其间分布的电场称为容积导体电场。

人体组织内存在大量体液可视为电解质溶液，因此人体就是一个容积导体。而人体的细胞、纤维等就浸溶在这些体液中，兴奋细胞相对一对电偶极子而构成生物电信号源，这样就可视人体内为一个容积导体电场。

若电偶极子的方向和强度呈规律性，则整个容积导体内的电场分布也将作相应的变化。

对比细胞膜因去极和复极过程形成的膜表面电荷变化，恰可看成这样一对电偶极子。因此，在分析生物电（如心电、脑电、肌电等）信号时，就可以将其归结为讨论容积导体电场问题。

可以说兴奋细胞就是生物电信号源，其作用近似于一个恒流信号源将其电流输送给浸溶介质。假设生物电信号源是单一的兴奋神经纤维，容积导体是无限大的范围（即比神经纤维周围的电场范围大得多），则源发于兴奋纤维的电流，进入电阻系数为 ρ 的浸溶介质中，其电流流动的形式与电荷分布相一致。

设想动作电位在神经纤维中，是以等速传导方式传导，则其瞬时波形 $V(t)$ 可以很方便地变换为立体分布 $V(z)$（z 是沿神经纤维的轴距）。单一纤维细胞外介质的电位，随离开纤维的径向距离增加而降低。如果其电阻系数 ρ 增大，则电场各点的电位就增加。若用有活动性的神经干作为信号源，则神经干的成千条组合神经纤维同时激活后，在一个巨大的均匀浸溶介质中，所显示出的细胞外电场，与一个单一纤维所显示的完全一样。细胞外电场的电位是由神经干内组合信号源的叠加电场所形成的信号。同样，如果增大浸溶介质的电阻系数 ρ，或减小容积导体，或者两者都改变，必将产生较大的细胞外电位。

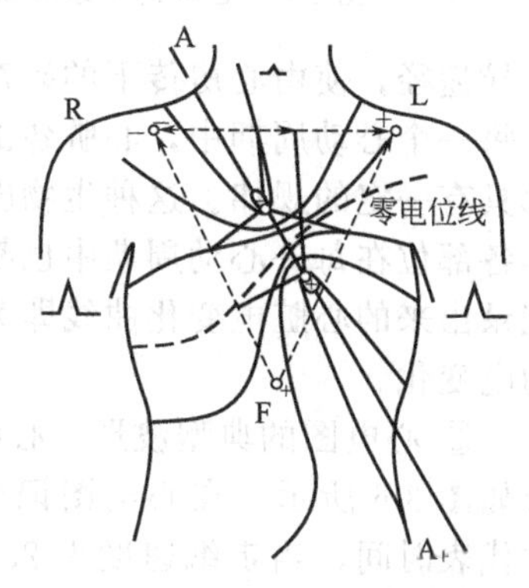

图 3-4　心电电偶导电场模型

人体的实际情况要比理想模型复杂得多，因为人体组织导电性能的不均匀，人体几何形状的不规则，都会导致人体电位分布的复杂化。尽管如此，运用容积导体电场来分析人体生物电产生机理，还是比较直观易被人们接受。心电电偶导电场模型如图 3-4 所示。人体心电电偶容积导体所建立的导电场模型，与物理学中的导电场相似，心电信号源导电场的电位图中，电力线和等电位面交叉成直角。值得注意的是，从图上可见，任何两点测得的信号电压的大小都与被测系统的集合形状有关。

3.2　医用电子诊断仪器原理

3.2.1　心电图机

根据生物电位产生的机理，心脏的活动伴随着电位变化。由于人体的导电性能，心脏的电位变化能够传到身体表面，因此在人体表面适当位置放置电极就可以记录心脏活动的电位变化。心电图就是通过在体表放置电极记录下来的心脏活动过程电位变化的图形，用来记录心电图的仪器称为心电图机。

1903 年威廉·爱因霍文（Willam·Einthoven）应用弦线电流计，第一次将体表心电图记录在感光片上，在 1906 年首次在临床上用于抢救心脏病人，成为世界上第一张从病人身上记录下来的心电图，轰动了当时医学界。从此人们将这台重约 300kg，需要 5 个人远距离共同操作的仪器称为心电图机。1924 年威廉·爱因霍文被授予生理学及医学诺贝尔奖。心电图机在发展过程中，技术不断进步，性能不断提高，临床诊断标准也已经非常成熟，现在心电图机已经是临床诊断中必不可少的仪器，在现代医学中具有举足轻重的地位。

(1) 心电图基础知识

① 心电图产生机理　心脏是人体血液循环系统中的重要器官，依靠心脏的节律性收缩和舒张，血液才能够在封闭的循环系统中不停的流动，将氧气输送到全身各部分组织器官，将二氧化碳排出人体，使生命活动得以维持。

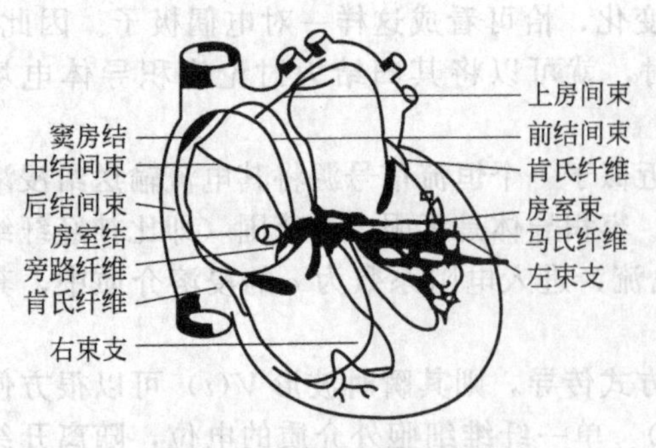

图 3-5　心脏传导系统模式

为了分析心电信号产生的机理，首先需要介绍一下心脏活动的过程。心脏传导系统的模式见图 3-5。正常人体内，窦房结发出一个兴奋，按照一定的途径和时程，依次传向心房和心室，引起整个心脏的兴奋。具体来讲，窦房结发出的兴奋首先传到右心房，使右心房开始收缩，同时兴奋经过房间束传到左心房，引起左心房的收缩。兴奋随后沿着结间束传到房室结，再由房室结通过房室束及其左右分支浦氏纤维传导到心室。由于从心房到心室具有特殊传导途径，使由心房传下的兴奋能够在较短时间内到达心室各部分，引起心室的激动。因此在每一个心动周期中，心脏各部分兴奋过程中出现的电信号变化的方向、途径、次序和时间都具有一定的规律。这种生物电变化通过心脏周围的导电组织和体液传导到身体表面，使身体各部位在每一心动周期中也都发生有规律的电变化。把测量电极放置在人体表面适当部位记录出来的心脏电变化曲线即为临床常规心电图，反映了心脏兴奋的产生、传导和恢复过程的电变化。

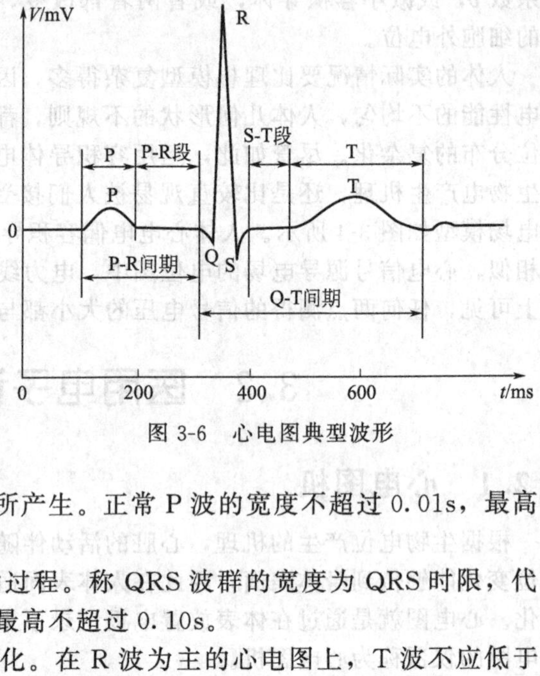

② 心电图的典型波形　心电图典型波形如图 3-6 所示。在心电图记录纸上，横轴代表时间，当走纸速度为 25mm/s 时每 1mm 代表 0.04s，当走纸速度为 50mm/s 时每 1mm 代表 0.02s。纵坐标代表波形电压幅度，当灵敏度为 10mm/mV 时每 1mm 代表 0.1mV，当灵敏度为 20mm/mV 时每 1mm 代表 0.05mV，当灵敏度为 5mm/mV 时每 1mm 代表 0.2mV。

图 3-6　心电图典型波形

A. 心电图的典型波形。典型的心电图信号主要包括以下几个波形。

P 波：由心房的激动所产生，前一半主要由右心房所产生，后一半主要由左心房所产生。正常 P 波的宽度不超过 0.01s，最高幅度不超过 2.5mm。

QRS 复合波：反映左、右心室的电激动过程。称 QRS 波群的宽度为 QRS 时限，代表全部心室肌激动过程所需要的时间，正常人最高不超过 0.10s。

T 波：代表心室肌复极化过程的电位变化。在 R 波为主的心电图上，T 波不应低于 R 波的 1/10。

U 波：位于 T 波之后，可能是反映激动后电位的变化，人们对它的认识仍在探讨之中。

B. 心电图的典型间期和典型段。

P-R 段：从 P 波后半部分起始端至 QRS 波群起点。同样，这一段正常人也是接近于基线的。

P-R 间期：是从 P 波起点到 QRS 波群起点的相隔时间，代表从心房开始兴奋到心室开始兴奋的时间，即兴奋通过心房、房室结和房室束的传导时间。这一期间随着年龄的增长而有加长的趋势。

QRS 间期：从 R(Q) 波开始至 S 波终了的时间间隔。代表两侧心室肌（包括心室间隔肌）的电激动过程。

S-T段：从QRS复合波的终点到T波起点的一段，代表心室肌复极化缓慢进行的阶段。正常人的S-T段是接近基线的，与基线间的距离一般不超过0.05mm。

Q-T间期：从Q波开始到T波结束的时间，代表心室去极化和复极化总共经历的时间，一般小于0.4s，受心率的影响较大。

C. 正常人的心电图典型值范围。表3-1给出了正常人心电图各个波形的时间和幅度的典型值范围。

表3-1 心电图各个波形的时间和幅度的典型值范围

波形名称	电压幅度/mV	时间/s	波形名称	电压幅度/mV	时间/s
P波	0.05～0.25	0.06～0.11	P-R段	与基线同一水平	0.06～0.14
Q波	<R波的1/4	<0.03～0.04	P-R间期		0.12～0.20
R波	0.5～2.0		ST段	水平线	0.05～0.15
S波		0.06～0.11	Q-T间期		<0.4
T波	0.1～1.5	0.05～0.25			

③ 心电图的临床应用 心脏生理功能与心电图存在着密切的联系，许多心脏生理功能失常可以从心电图波形的改变中反映出来，经过100多年的发展，心电图在临床疾病的诊断中得到了广泛的应用，具有非常重要的作用。

A. 分析和鉴别各种心律失常。心电图能精确的诊查心律失常，在第Ⅰ度房室传导阻滞及束支传导阻滞上，心电图是必须的诊断方法。

B. 部分冠状动脉循环功能障碍引起的心肌病变。这种病例在心脏体征方面无明显异常，而心电图的改变可能为心脏损害的唯一明确的客观病征，并可通过心电图来观察心肌梗塞部位及其发展过程。

C. 判断心脏药物治疗或其他疾病的药物治疗对心脏功能的影响。

D. 指示心脏房室肥大情况，从而协助各种心脏疾病的诊断，如高血压性和肺原性心脏病及先天性心脏病、心瓣膜病等。

E. 在心包炎、黏液性水肿、电解质紊乱、血钾过低或过高等疾病中，不仅用作诊断而且可追随疾病发展情况，对治疗过程有极重要的参考价值。

F. 在心脏手术及心导管检查时，进行心电图的直接描记以便及时了解心律和心肌功能，指导手术的进行并提醒进行必要的药物处理，对冠心病、急性心肌梗塞连续的心电图观察，可及时发现并处理心律失常。

G. 心电图与其他生理参数一起检查心脏机械功能情况。

H. 心电图还是生理和病理研究时重要的参考资料。

（2）心电图导联

在人体体表记录心电图时，必须解决两个问题：一是电极的放置位置，二是电极与放大器的连接形式。临床上为了统一和便于比较所获得的心电图波形，对记录心电图时的电极位置和引线与放大器的连接方式进行了严格的规定。在心电图的专业术语中，将记录心电图时电极在人体体表的放置位置及电极与放大器的连接方式称为心电图的导联。

目前广泛应用的是国际标准十二导联体系，分别记为Ⅰ、Ⅱ、Ⅲ、aVR、aVL、aVF、V_1～V_6。Ⅰ、Ⅱ、Ⅲ导联为双极导联，aVR、aVL、aVF、V_1～V_6为单极导联。下面详细介绍国际标准十二导联体系的具体连接方式。

① 电极安放位置 在国际标准十二导联体系中，需要在人体放置10个电极，分别位于左臂（LA）、右臂（RA）、左腿（LL）、右腿（RL）以及胸部6个电极（V_1～V_6）。在记录心电图时，右腿电极一般为参考电极，其余9个电极作为心电电极。肢体电极采用的是平板式电极，胸电极采用吸附式电极。

② 标准导联 标准Ⅰ、Ⅱ、Ⅲ导联由爱因霍文于 1903 年发明，又称为标准肢体导联，简称标准导联。它是以两肢体间的电位差为所获取的体表心电。

A. 标准导联的理论基础。标准导联的理论基础是爱因霍文原理，其主要内容如下。

a. 人体的左肩、右肩及臀部三点与心脏距离相等，构成等边三角形的三个顶点，心脏产生的电流均匀地传播于体腔，四肢仅作为导体，肢体上任何一点的电位等于该肢体与体腔连接处的电位。

b. 等边三角形的中心为心脏，并与三角形在同一平面上。

c. 体腔是一个均匀导电的、相对心脏来说是很大的球形容积导体。心脏的电活动过程为一对电偶，位于容积导体的中央，其偶极矩的方向斜向左下方并与水平线成一角度，叫作心电轴，如图 3-7 所示。

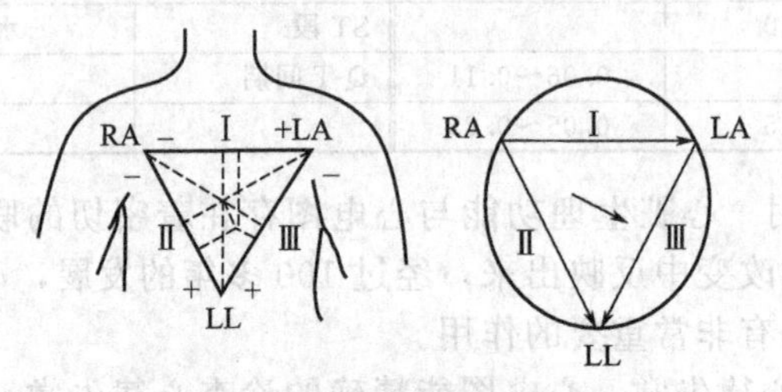

图 3-7 爱因霍文三角形示意图

由于人体不是一个均匀导体，因此爱因霍文原理是一个近似的模拟方法。

B. 标准导联的连接方式。三种双极标准导联如图 3-8 所示，图中 A 为放大器，ACM 为右腿驱动电路。电极安放位置以及与放大器的连接如下。

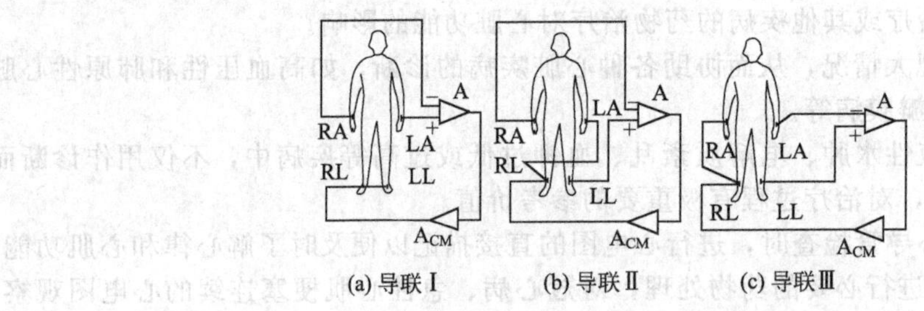

(a) 导联Ⅰ (b) 导联Ⅱ (c) 导联Ⅲ

图 3-8 标准导联Ⅰ、Ⅱ、Ⅲ

Ⅰ导联：左上肢（LA）接放大器正输入端，右上肢（RA）接放大器负输入端。

Ⅱ导联：左下肢（LL）接放大器正输入端，右上肢（RA）接放大器负输入端。

Ⅲ导联：左下肢（LL）接放大器正输入端，左上肢（LA）接放大器负输入端。标准导联时，右下肢（RL）始终接 ACM 输出端，间接接地。

以 V_L、V_R、V_F 分别表示左上肢、右上肢、左下肢的电位值，则

$$V_{\text{I}}=V_L-V_R,\ V_{\text{II}}=V_F-V_R,\ V_{\text{III}}=V_F-V_L$$

每一瞬间都有

$$V_{\text{II}}=V_{\text{I}}+V_{\text{III}}$$

标准导联的特点是能比较广泛地反映出心脏的大概情况，如后壁心肌梗塞、心律失常等，在Ⅱ导联或Ⅲ导联中可记录到清晰的波形改变。但是，标准导联只能说明两肢间的电位差，不能记录到单个电极处的电位变化。

③ 单极肢体导联 单极理论由威尔逊（Wilson）于 1940 年提出，他认为单极导联可以更准确的反映探查电极下局部心肌的电位变化情况，因此提出了单极肢体导联的连接方式。

记录单极肢体导联方式的心电图时，将一个电极安放在左臂、右臂或者左腿，称为探查电极，另一个电极放置在零电位点，称为参考电极，探查电极所在部位电位的变化即为心脏局部电位的变化。

从实验中发现，当人的皮肤涂上导电膏后，右上肢、左上肢和左下肢之间的平均电阻分别为：1.5kΩ、2kΩ、2.5kΩ，如果将这三个肢体连成一点作为参考电极点，在心脏电活动过程中，这一点的电位并不正好为零。首先由威尔逊提出在三个肢体上各串联一只5kΩ的电阻（可在5～300kΩ之间选，称为平衡电阻），使三个肢端与心脏间的电阻数值互相接近，因而把它们连接起来获得一个接近零值的电极电位端，称它为威尔逊中心电端，如图3-9所示。这样在每一个心动周期的每一瞬间，中心电端的电位都为零。将放大器的负输入端接到中心电端，正输入端分别接到左上肢LA、右上肢RA、左下肢LL（或记为F)，便构成单极肢体导联的三种方式，记为V_R、V_L、V_F，如图3-10所示。

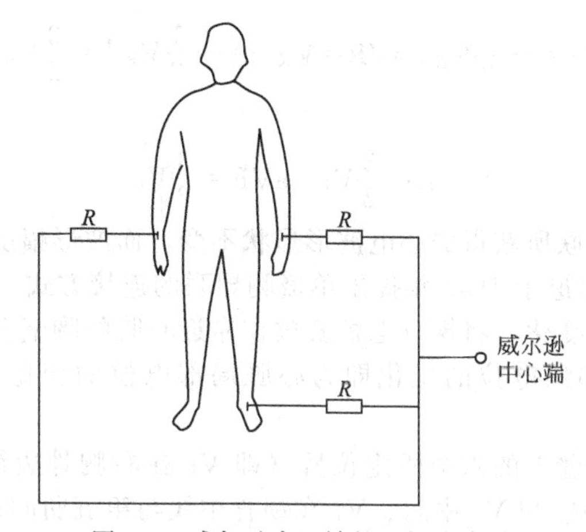

图3-9 威尔逊中心端的电极连接图

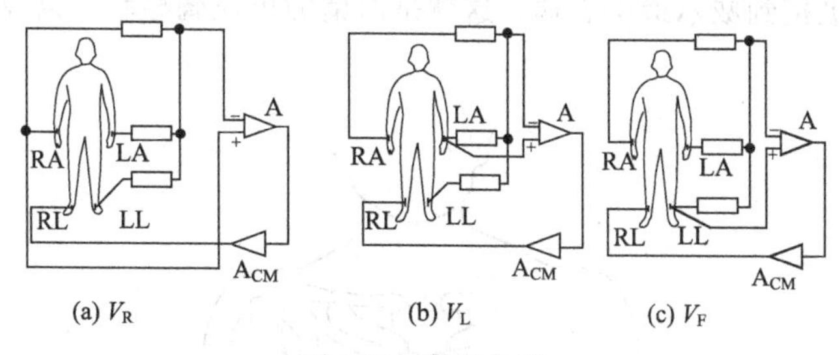

(a) V_R (b) V_L (c) V_F

图3-10 单极导联

④ 加压单极肢体导联 由于电阻R能够对探查电极所在肢体的信号进行分流，因此单极肢体导联获得的心电信号幅度较小，不便于进行测量分析。Goldberger于1942年对威尔逊提出的单极肢体导联进行了一定的改进，提出了加压单极肢体导联的概念，并得到了广泛的认可和应用。

在单极导联基础上，当记录某一肢体单极导联心电波形时，将该肢体与中心电端之间所接的平衡电阻断开，改进成增加电压幅度的导联形式，称为单极皮肤加压导联，简称加压导联。连接方式如图3-11所示。

加压导联获得的电压分别记为aVR、aVL、aVF。设威尔逊中心电端电位实际为V_C，则aVR、aVL、aVF与V_R、V_L、V_F之间的关系为

$$aVR=V_R-V_C \qquad V_C=(V_F+V_L)/2$$

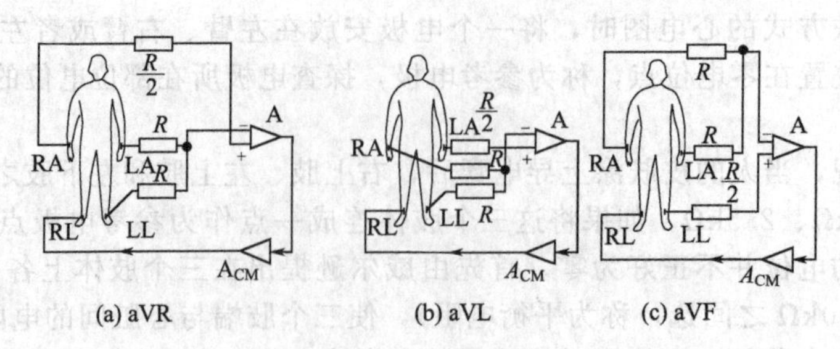

图 3-11 加压导联

因为向量和为零，即

$$V_L + V_R + V_F = 0, \quad 或\ V_F + V_L = -V_R$$

所以

$$V_C = -\frac{1}{2}V_R, \ aVR = V_R - \left(-\frac{1}{2}V_R\right) = \frac{3}{2}V_R$$

同理

$$aVL = \frac{3}{2}V_L, \ aVF = \frac{3}{2}V_F$$

由计算结果可知，加压导联所获得的心电波形形状不变，而波形幅度增加 50%。

⑤ 单极胸导联 威尔逊于 1942 年提出单极胸导联的连接方式，测量心电图时，为了探测心脏某一局部区域电位变化，将探查电极安放在靠近心脏的胸壁上，参考电极置于威尔逊中心端，探查电极所在部位电位的变化即为心脏局部电位的变化，这种导联称为单极胸导联。

探查电极安放在前胸壁上的六个固定位置（即 V_1 在右胸骨边缘第四肋间、V_2 在左胸骨边缘第四肋间、V_3 在 V_2 和 V_4 中间、V_4 在锁骨中线与第五肋间的交点、V_5 为腋下线前与 V_4 同水平、V_6 在腋下线上与 V_4 同水平），将心电信号送入放大器正输入端，放大器负输入端通过参考电极接到威尔逊中心端，这就是所谓的单极胸导联，以 $V_1 \sim V_6$ 表示，如图 3-12 所示。

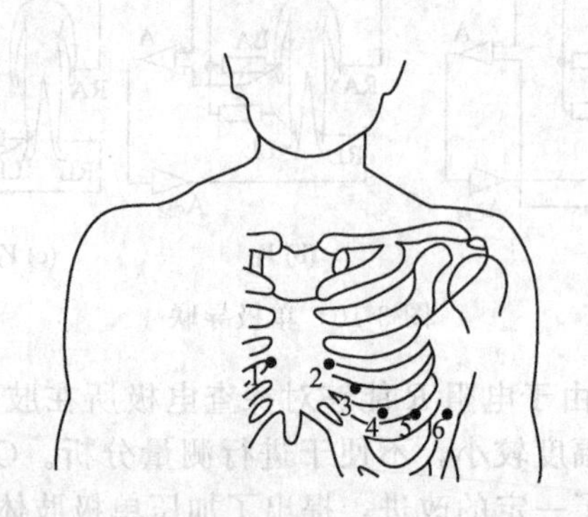

图 3-12 单极胸导联 $V_1 \sim V_6$ 电极位置

⑥ 双极胸导联 除了标准十二导联之外，还有一种双极胸导联。双极胸导联心电图是测定人体胸部特定部位与三个肢体之间的心电电位差，即探查电极放置于胸部六个特定点，参考电极分别接到三个肢体上。以 CR、CL、CF 表示。CR 为胸部与右手之间的心电电位差，CL 为胸部与左手之间的心电电位差，CF 为胸部与左脚之间的心电电位差，其组合原理由下式来表达：

$$CR = U_{cn} - U_R \qquad CL = U_{cn} - U_L \qquad CF = U_{cn} - U_F$$

其中 U_{cn} 为胸部电极 $V_1 \sim V_6$ 的心电电位。

双极胸导联在临床诊断上应用较少，这种导联法的临床意义还有待于医务工作者探索和研究。临床上常用的是单极胸导联。

(3) 心电图机的结构和技术指标

① 心电图机结构　心电图机从最早的弦线电流计式发展到现在的微处理器控制式，经历了电子技术飞跃变革的几个阶段，但是心电图机的基本结构没有改变。同样，现在广泛应用的心电图机，虽然种类和型号繁多，但其基本结构仍由五大部分组成，如图 3-13 所示。

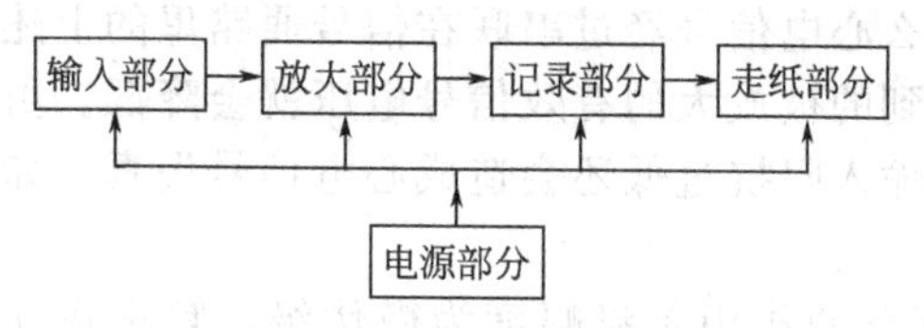

图 3-13　心电图机的基本结构

A. 输入部分。输入部分包括电极、导联线、导联选择器、过压保护及高频滤波器等，主要作用是从人体提取心电信号，并按照要求组合导联，将选定导联的心电信号送入后级放大器，同时滤除空间电磁波的干扰，防止高电压损坏仪器。

a. 导联线。由它将电极上获得的心电信号送到放大器的输入端。电极部位、电极符号及相连的导联线的颜色，均有统一规定，见表 3-2。

表 3-2　电极部位、符号、导联线颜色的规定

电极部位	左臂	右臂	左腿	右腿	胸
符号	LA 或 L	RA 或	LL 或 F	RL	CH 或 V
导联线颜色	黄	红	蓝	黑	白

四个肢体各有一根导联线，胸部有六根导联线。因为电极获取的心电信号仅有几毫伏，为了消除空间电磁波对心电信号的干扰且便于使用，一般需要给导联线外加屏蔽层，屏蔽层接地。导联线的芯线和屏蔽线之间有分布电容存在（约 100pF/m），对于 1m 长的导联线，其分布电容的容抗可以到达兆欧级，而这些分布电容又与放大器输入阻抗并联，因此会影响心电信号的记录。为了克服导联线分布电容的影响，一般需要采用屏蔽驱动电路，在消除空间电磁波干扰的同时保证良好的记录效果，下一节将详细讲解屏蔽驱动电路的原理，这里就不赘述了。导联线应柔软耐折、各接插头的连接牢靠。

b. 导联选择器。由于单导心电图机同时只能记录一个导联的心电信号，因此需要有一个装置对人体上放置的 10 个电极进行组合，构成需要的国际标准十二导联，这个装置就是导联选择器。

导联选择器的结构形式，已从较早的圆形波段开关或琴键开关直接式导联选择电路，发展到现在的带有缓冲放大器及威尔逊网络的导联选择电路和自动导联选择电路。每切换一次导联都需按顺序进行，不能跳换。

c. 过压保护。使用心电图机记录病人心电图时，往往会通过电极和导联线窜入一些高压信号，如记录心电图时同时进行除颤治疗，这样高电压的除颤脉冲就会进入心电图机。为了防止这些高压信号损坏心电图机，必须通过过压保护电路消除高压信号的影响。一般根据过压保护电路的限幅电压，将过压保护电路分为高压保护电路、中压保护电路和低压保护电路。

d. 高频滤波器。空间电磁场中存在大量的高频信号，同时在心电图室周围也可能存在一些大功率用电设备，这些高频的信号通过电极输入心电图机以后会直接影响心电图的描记，因此在输入部分采用 RC 低通滤波电路组成高频滤波器，滤波器的截止频率选为 10kHz 左右。滤去不需要的高频信号（如电器、电焊的火花发出的电磁波）以减少高频干扰而确保心电信号的通过。

e. 缓冲放大器。由电极拾取的心电信号，通过导联线首先传输到心电图机的第一级放大器即输入缓冲放大器。缓冲放大器的目的主要是为了提高电路的输入阻抗，减少心电信号衰减和匹配失真，一般采用电压跟随器实现。心电信号由人体传导到心电图机的输入电路，其中要经过人体内阻、电极与皮肤接触电阻以及输入电路的平衡电阻等因素的衰减。如果放大器的输入阻抗很低，那么心电信号经过串联在信号通路里的上述几种电阻衰减之后，最后在放大器的输入阻抗上得到的被放大的有效信号电压就会降低。由于人体电阻和皮肤与电极的接触电阻分散性很大，输入阻抗过低还会造成心电信号失真。如果输入阻抗较高，就会避免上述因素的不良影响。

B. 放大部分。放大部分的作用是将幅度为微伏级、频率在 0.05～100Hz 的心电信号，放大到可以观察和记录的水平。由于从人体表面提取的心电信号混入了其他一些干扰信号，因此在放大部不但要对心电信号进行放大，还要滤除其他的干扰信号，因此心电图机的放大部分不能采用简单的单级放大电路，一般采用多级放大。心电图机放大部分主要包括前置放大器、中间放大器和功率放大器，此外还有 1mV 标准信号发生器、起搏脉冲抑制器、时间常数电路、高频滤波电路、50Hz 滤波电路以及其他的一些辅助电路。

a. 前置放大器。前置放大器是对心电信号进行放大的第一级放大器，由于其输入的心电信号幅度非常小，且混杂了一些其他的干扰信号，因此前置放大器的主要功能是滤除一些共模干扰信号，同时对心电信号进行有限度的放大。为了实现这个目的，对于前置放大器有一些特殊的要求。

高输入阻抗：由于心电信号很微弱，在体表拾取到的信号仅为 1～2mV，而且人体作为心电信号的信号源来说，其内阻是比较大的。所以就要求前置放大器具有高输入电阻，否则所测信号就会产生较大的误差，同时也降低了抗干扰能力。因此，通常选用场效应管作为前置放大器的输入级。

高共模抑制比：因心电图机是一个高灵敏度、高输入阻抗的放大装置，容易受到外界各种电磁信号的干扰，尤其是 50Hz 交流电的干扰，因为它的频率在心电图机放大器的频率范围之内，而且交流电引起的干扰往往要比微弱的心电信号大许多。若把心电信号和交流干扰信号同时放大，心电信号将会叠加上严重的干扰。由于电磁干扰信号为共模信号，因此，前置放大器必须具有很高的共摸抑制比，才能具有很强的抗干扰能力，把干扰信号抑制掉。

低零点漂移：心电图机要工作在不同的环境中，环境温度变化较大。为了得到准确的记录波形，要求心电图机各路的工作点要稳定。前置放大器的零点漂移主要由温度引起，这种漂移经中间级、功率级放大后会被放大，严重影响记录，因此要求前置放大器的零点漂移越小越好。

低噪声：噪声是放大电路中各元器件内部带电粒子的不规则运动造成的。在多级放大器中，第一级产生的噪声在整机中的影响最大，因此要求前置放大电路晶体管或电子管的噪声要低。

宽的线性工作范围：由于存在比较大的电极电压，导致工作点产生漂移。为使其不致偏移出放大器的线性工作区，要求前置放大器有宽的线性工作范围，以使心电信号不发生波形失真。

随着新的电子器件高性能集成电路的应用，使得具有以上这些特性的放大器已不再成为问题。

b. 1mV 定标信号发生器。为了衡量描记的心电图波形幅度，校准心电图机的灵敏度，通常需要给前置放大器的输入端输入1mV的矩形波信号。例如当选择心电图机的灵敏度为10mm/mV时，如果给前置放大器输入1mV矩形波信号，记录纸上就应该描记出10mm的矩形波。如果记录纸上描记的波形幅度与10mm有偏差，则说明整机的灵敏度有误差，需要调整，这个过程就称为定标。另外1mV的矩形波信号还可用于时间常数的测量和阻尼的检测。

心电图机均备有1mV定标信号发生器，它产生的幅度为1mV的标准电压信号，作为衡量所描记的心电图波形幅度的标准。

一般在使用心电图机之前，都要对定标进行检查。通过微调，在前置放大器输入1mV定标信号时，使记录器上描记出幅度为10mm高的标准波形（即标准灵敏度）。这样，当有心电波形描记在记录器上时，即可对比测量出心电信号各波的幅度值。

1mV标准信号发生器有标准电池分压、机内稳压电源分压和自动1mV定标产生器等方式。

c. 时间常数电路。前置放大器输出的信号要送入中间放大器进行进一步的电压放大，由于使用的心电电极具有一定的直流极化电压，如果该极化电压直接送入中间放大器，将会使中间放大器的静态工作点发生偏移，放大器有可能偏出放大区，造成描记信号的失真。为了解决极化电压的问题，在前置放大器与中间放大器之间设计了一个*RC*滤波网络，称为时间常数电路。其原理是利用电容“隔直”的特性，将极化电压在前置放大器输出端滤除，而允许心电信号通过，这样就消除了极化电压对后级电路的影响。由于该电路利用的是*RC*阻容网络充放电的原理，其截止频率取决于充放电的时间常数，因此该电路称为时间常数电路。

d. 中间放大器。中间放大器在时间常数电路之后，称为直流放大器。由于它不受极化电压的影响，增益可以较大，一般由多级直流电压放大器组成。其主要作用是对心电信号进行电压放大，一般均采用差分式放大电路。心电图机的一些辅助电路（如增益调节、闭锁电路、50Hz干扰和肌电干扰抑制电路等）都设置在这里。

e. 功率放大器。功率放大器的作用是将中间放大器送来的心电信号电压进行功率放大，以便有足够的电流去推动记录器工作，把心电信号波形描记在记录纸上，获得所需的心电图。因此，功率放大器亦称驱动放大器。

功率放大器采用对称互补级输出的单端推挽电路比较多。

C. 记录器部分。这部分包括记录器、热描记器（简称热笔）及热笔温控电路。

记录器是将心电信号的电流变化转换为机械（记录笔）移动的装置。

热笔固定在记录器的转轴上，随着输入的心电信号的变化而偏转。同时由热笔温控电路负责给热笔加热并控制热笔的温度。热笔记录器采用的是热敏记录纸，当热笔发热以后与记录纸接触，记录纸上的热敏材料就会变黑，从而可以描记出心电图。

记录器上的转轴随心电信号的变化而产生偏移，固定在转轴上的记录笔也随之偏移，便可在记录纸上描记下心电信号各波的幅度值。当记录纸移动后，就能呈现出心电图。现在常用的有动圈式记录器和位置反馈式记录器。

D. 走纸部分。带动记录纸并使它沿着一个方向做匀速运动的机构称为走纸传动装置，它包括电机与减速装置及齿轮传动机构。它的作用是使记录纸按规定速度随时间做匀速移动，记录笔随心电信号变化的幅度值，便被“拉”开描记出心电图。

走纸速度规定为25mm/s和50mm/s两种。两种速度的转换，若采用直流电机，则通过改变它的工作电流来实现；如用交流电机则通过倒换齿轮转向来实现。

为了准确的描记心电图，要求走纸速度稳定、速度转换迅速可靠。一般设有稳速和调速电路，需要时可随时校准速度。

E. 控制部分。目前绝大多数心电图机尤其是多导同步记录心电图机都采用微处理器控制。控制部分的核心是微处理器，负责整机各部分电路的控制，如信号采集、放大、A/D变换、存储、分析、显示、记录等。另外微处理器周围还配有必要的外围部件如ROM、RAM、FPGA等，实现整机的控制。

F. 电源部分。心电图机一般都采用交直流两用供电模式。

当采用交流电源供电时，输入的220V/50Hz交流电首先通过变压器进行降压，然后通过整流滤波电路转换为低压直流电源，最后该低压直流电信号输入DC-DC变换器，得到各部分电路需要的直流稳压电源信号。

当采用直流电源供电时，心电图机一般配备蓄电池或干电池，当仪器处于待机状态时，通过交流电源对蓄电池进行充电，当交流电源断开或者没有交流电源时，仪器可以自动切换到蓄电池供电方式，保证心电图机的正常使用。为适应不同需要，电源部分还有充电及充电保护电路、蓄电池过放电保护电路、交流供电自动转换蓄电池供电电路、定时关机电路及电池电压指示等。

② 心电图机的技术指标　心电图机所记录的心电图，必须将心动电流的变化，不失真地放大出来以供医务人员诊断心脏机能的好坏。心电图机的性能如有失常，会引起临床诊断中的差错。鉴别心电图机性能的好坏，常以其技术指标来表示。熟悉技术指标，并理解其内涵，对设计、使用、调整、维修心电图机是很必要的。下面简单介绍心电图机主要技术指标的意义和检测方法。

A. 输入电阻。心电图机的输入电阻即为前置放大器的输入电阻，一般要求大于2MΩ。输入电阻愈大，因电极接触电阻不同而引起的波形失真越小，共模抑制比就越高。

B. 灵敏度。心电图机的灵敏度是指输入1mV电压时，描笔偏转的幅度，通常用mm/mV表示，它反映了整机放大器放大倍数的大小。一般将心电图机的灵敏度分为三挡(5mm/mV、10mm/mV、20mm/mV)，且分挡可调。心电图机的标准灵敏度为10mm/mV，规定标准灵敏度的目的是为了便于对各种心电图进行比较。在有的导联出现R波特别高或S波特别低时，也可以采用5mm/mV的灵敏度挡位。有的心电波电压比较微弱，也可采用比标准灵敏度更高的灵敏度如20mm/mV，以方便对心电图波形的诊断。为了能迅速准确地选择灵敏度，在仪器面板上装有灵敏度选择开关。为了使机器的灵敏度能够连续可调，在机器面板上还设有增益调节电位器。

判断心电图机的灵敏度是否正常，检测方法为：导联选择开关置于“Test”位（有的标注为“1mV”），灵敏度选择开关置于“1”挡（10mm/mV），将工作开关置“观察”位，利用本机内的1mV标准信号，不断地打出矩形波，在走纸过程中，记录下矩形波的幅度。调节增益电位器，使描记幅度正好为10mm。改变灵敏度选择开关的位置，给出1mV标准信号时，应能得到成比例变化的矩形波信号。

C. 噪声和漂移。噪声指的是心电图机内部元器件工作时，由于电子热运动等产生的噪声，不是因使用不当、外来干扰形成的噪声，这种噪声使心电图机在没有输入信号时仍有微小杂乱波输出，这种噪声如果过大，不但影响图形美观，而且还影响心电波的正常性，因此要求噪声越小越好，在描记的曲线中应看不出噪声波形。噪声的大小可以用折合到输入端的作用大小来计算，一般要求低于相当于输入端加入几微伏至几十微伏以下信号的作用。国际上规定≤15μV。

漂移是指输出电压偏离原来起始点而上下漂动缓慢变化的现象。心电图机采用了将直流信号或变化极缓慢的信号进行放大的直流放大器，级间采用直接耦合的方式，当放大器的输入端短路时，输出端也有缓慢变化的电压产生，这种现象叫做漂移，也叫零点漂移。一般情况下，放大器的级数越多，零点漂移越严重，当漂移电压的大小可以和心电信号电压相比时，就会造成分辨困难。

零点漂移的主要原因是晶体管参数随温度的变化而产生的；放大器电源电压的波动也会引起静态工作点产生变化，以致产生漂移；电路元件老化，其参数随着使用时间的延长而改变，也会引起零点漂移。

检测方法：机器接通电源，导联选择开关置于“Test”位（1mV位），增益调节器置最大，有笔迹宽度调节的机器，将笔迹调到最细，走纸，观察记录笔迹应是一条很平稳光滑的直线。若笔迹有微小抖动，则是噪声所致。若基线位置缓慢移动，则是漂移的原因。

D. 时间常数。若给 RC 串联电路接通直流电压 E 后，电容器的充电电流并不是一个常量，而是时间 t 的函数。表达式为

$$i_c(t)=\frac{E}{R}e^{-\tau/RC}$$

式中 τ——时间常数；

$i_c(t)$——t 时刻电容两端的充电电流。

该式说明电容器的充电电流 i_c 由初始值 E/R 开始，随着时间的延长，按指数规律衰减，当 t 等于时间常数 τ 时，其值衰减到初始值的 1/e，即 36.8%。

基于上述原理，心电图机的时间常数 τ 的数值，是指在直流输入时，心电图机描记出的信号幅度将随时间的增加而逐渐下降，输出幅度自 100%下降到 37%左右所需的时间。这个指标一般要求大于 3.2s，若过小，幅值就下降过快，甚至会使输入信号为方波信号时输出信号变成尖峰波，这就不能反映心电波形的真实情况。

心电图机工作在标准灵敏度。导联选择开关置于“Test”位（1mV位），将描笔基线调到记录纸中心线上，走纸，按下 1mV 定标电压开关，直到记录笔回到记录纸中心线再松开，停止走纸。计算波幅从 10mm 下降到 3.7mm 时所经过的时间，就是该机的时间常数，见图 3-14。

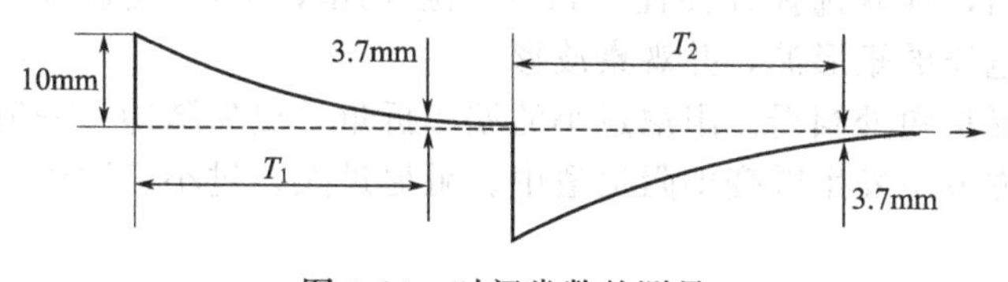

图 3-14　时间常数的测量

在走纸速度为 25mm/s 时，心电图记录纸每一小格代表时间 0.04s，将波幅自 10mm 下降到 3.7mm 所经过的格数 x 乘以 0.04s，即得出时间常数

$$\tau=0.04x$$

E. 线性。心电图机的线性包括两方面。

a. 移位非线性：心电图机的描笔在描记宽度允许的范围内，处于任何位置时，输入相同幅度的信号，描笔偏转的幅度若相同，则此心电图机的线性良好，描笔偏转的幅度若不同，则此心电机线性不好。线性不好的心电图机在描记心电图波形时会产生失真。

影响心电图机线性指标的因素较多。如晶体管的输入特性、输出特性，差动放大器电路的对称性，以及放大器工作点的设置等，都影响整机的线性。

将机器接通电源，导联选择开关置“Test”位（1mV），将描笔基线调到记录纸的下沿处，灵敏度选择开关置 10mm/mV，走纸，并不断给出 1mV 标压信号，同时调节基线电位器，改变描笔在记录纸上的基线位置，这样得出如图 3-15 所示的波形。通过比较各个位置上矩形波的幅度，来判断整机的线性。

b. 测量电压的线性：线性好的心电图机，在输入信号幅度变化时，输出信号应与输入

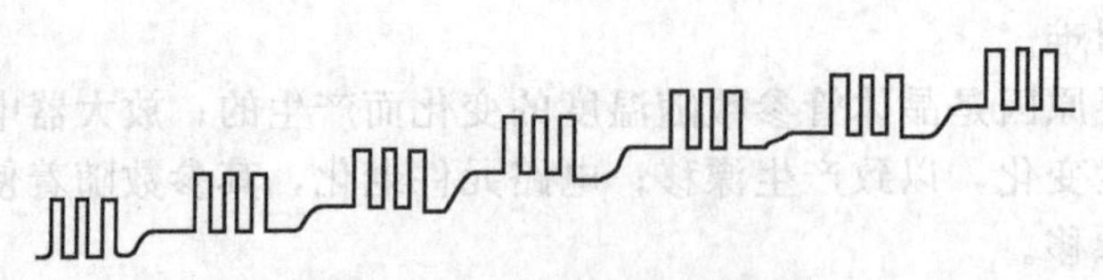

图 3-15 线性检测波形

信号成正比变化，如当心电图机处于 10mm/mV 标准灵敏度情况时，给心电图机分别输入 0.1mV，0.2mV，0.3mV，…，不同的幅值信号时，如果输出描记下来的信号高度分别为 1mm，2mm，3mm，…，则说明心电图机线性好，线性误差为零。实际上由于心电放大器非线性失真等原因，心电图总是存在一定线性误差，线性误差越小，说明非线性失真越好。当工作频率在 0.05～100Hz 范围内时，要求描笔记录幅度在±20mm 之内，线性误差应小于 10％。

F. 耐极化电压。皮肤和表皮电极之间会因极化而产生极化电压。这主要是由于心动电流流过后形成的电压滞留现象，极化电压对心电图测量的影响很大，会产生基线漂移等现象。极化电压最高时可达数十毫伏乃至上百毫伏。处理不好极化电压，产生的干扰将是很严重的。

尽管心电图机使用的电极已经采用了特殊材料，但是由于温度的变化以及电场和磁场的影响，电极仍产生极化电压，一般在 200～300mV，这样就要求心电图机要有一个不受极化电压影响的放大器和记录装置。

G. 阻尼。心电图机的阻尼是指抑制记录器产生自激振荡的能力，调节适当就可防止记录器按固有频率振荡运动。心电图机的阻尼过大时，心电图上微小的波形幅值降低，严重时甚至描记不出来。而阻尼过小时，心电图上的尖峰波（如 R 波、S 波等）幅值会增加。故需将其调至适中状态，以保持不失真的记录波形。

机器接通电源后，导联选择开关置“Test”位（1mV 位），灵敏度调于 10mm/mV，走纸，不断打出标准电压的矩形波，并观察波形。

阻尼过大的波形折角处圆滑。阻尼过小的波形折角处出尖脉冲。一般用定标波形检验阻尼状况，定标波形方波不发生畸变即阻尼适中。阻尼过大、过小、适中三种情况下描记的定标波形如图 3-16 所示。

图 3-16 心电图机描记阻尼大、小及正常波形

H. 频率响应特性。人体心电波形并不是单一频率的，而是可以分解成不同频率、不同比例的正弦波成分，也就是说心电信号含有丰富的高次谐波。若心电图机对不同频率的信号有相同的增益，则描记出来的波形就不会失真。但是放大器对不同频率的信号的放大能力并不是完全一样的。心电图机输入相同幅值、不同频率信号时，其输出信号幅度随频率变化的关系称为频率响应。心电图机的频率响应主要取决于放大器和记录器的频率响应。频率响应越宽越好，一般心电放大器比较容易满足频宽要求，而记录器是决定频响的主要因素。

选用低频信号发生器提供 1～70Hz 的正弦波信号。通过导联线将振荡信号输入到心电图机中。导联线的左手电极（黄色线）接信号发生器的输出端，右手电极（红色线）与右腿电极（黑色线）短路后接信号发生器的接地端。心电图机工作在标准灵敏度状态，将阻尼调节正常。导联选择开关置于标准“Ⅰ”导联。选定信号发生器的工作频率为 10Hz，调节信号发生器的输出强度，使心电图机描记幅度达到10mm，走纸，记录下这个波形。固定信号发生器的输出强度（必要时，用数字电压表监视信号发生器的输出幅度，保持其不变），改变信号发生器的工作频率，观察并让心电图机分别记录下波形。以工作频率为横坐标，信号波幅值为纵坐标，将上述记录情况描绘出一条曲线，即心电图机的频率响应特性曲线。

I. 共模抑制比。心电图机一般都采用差动式电路。这种电路对于同相信号（又称共模信号，例如周围电磁场所产生的干扰信号）有抑制作用，对异相信号（又称差模信号，欲描记的心电信号就是异相信号）有放大作用。共模抑制比（CMRR）指心电图机的差模信号（心电信号）放大倍数 A_d 与共模信号（干扰和噪声）放大倍数 A_c 之比，表示抗干扰能力的大小。

准备一个矩形波发生器，如图 3-17 所示。图中 E 是 1.5V 电源（可用普通干电池），K 是微动开关，R 是防止电源短路的电阻，数值没有严格限制，一般选为 10kΩ。将此矩形波发生器的输出一端与导联线中的右腿电极（黑色线）相接，另一端与左、右手电极（黄色线和红色线）接到一起，导联线与心电图机接好后，心电图机置标准灵敏度，导联选择置标准“Ⅰ”导联，按下矩形波发生器的微动开关 K，记录下此时信号波形幅度。若信号波形幅度为 x，则共模抑制比

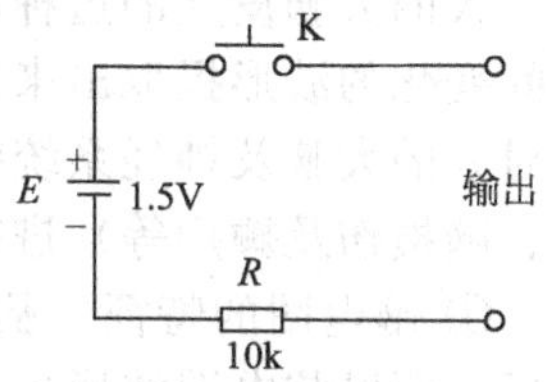

图 3-17　共模抑制比测试电路

$$\mathrm{CMRR}=\frac{A_d}{A_c}=\frac{10\mathrm{mm}/1\mathrm{mV}}{x\mathrm{mm}/1.5\mathrm{V}}=\frac{15000}{x}$$

若测得 $x=5$mm，那么，该机的共模抑制比为 3000∶1。

J. 走纸速度。在心电图机记录纸上，横坐标代表时间，因此走纸速度的准确性就直接影响到所测量心电图波形的时间间隔的准确性，这就要求走纸速度均匀。常用的走纸速度有 25mm/s 和 50mm/s 两挡。

心电图机置于“Test”位（1mV 位），通电走纸，观察秒表指针，在开始计时的瞬间，记录一个 1mV 标准矩形波，经过时间 t 后，再记录一个矩形波，然后数出两个矩形波前沿（走纸记录始、终点标志）之间的小格数 x，一个小格的间距是 1mm，所以，走纸速度

$$v=x/t$$

例如，记录时间 $t=10$s，两个矩形波前沿间距共 250 个小格，那么记录速度就是 25mm/s。

K. 绝缘性能。为了保证医务人员和患者的安全，心电图机应具有良好的绝缘性。绝缘性常用电源对机壳的电阻来表示，有时也用机壳的漏电流表示。一般要求电源对机壳的绝缘电阻不小于 20MΩ，或漏电流应小于 100μA。为此，心电图机通常采用“浮地技术”。

所谓浮地技术就是指将与病人直接相连的电路（如输入部分、前置放大部分路）的地线悬空，与后级主放大电路、记录器驱动电路及走纸部分的地线隔离，以保证病人与大地之间绝缘，地线悬空的电路称为浮地电路。为了实现浮地电路与后级接地电路在电气上的隔离同时又能将心电信号传到后级，一般采用光电耦合电路进行信号传递，同时在电源部分也必须通过变压器实现接地与浮地的隔离。

3.2.2　脑电图机

人的一切活动都是受中枢神经系统控制和支配的，中枢神经系统是由脑和脊髓所组成的。而人脑是中枢神经中高度分化和扩大的部分。在中枢神经系统中，有上行（感觉）神经通路和下行（运动）神经通路。依靠这两条传导通路，大脑不仅能接收周围事件的信息，而且能修改由环境刺激所引起的脊髓反射的反应。脑和脊髓一样，都被浸浴在特殊的细胞外液

（脑脊髓）中与其他浸浴导体一样，这些神经的电活动可被等效为一个偶极子。如果每一小单位体积被等效为一个偶极子，整个脑的总和等效偶极子即是全部偶极子的向量和。对应着这个偶极子，必定存在着一定的脑电场分布。通过测定脑容积导体电场电位的变化，可以了解脑电的活动情况，进而了解脑的机能状态。

由于大脑皮层的神经元具有这种自发生物电活动，因此可将大脑皮层经常具有的、持续的节律性电位变化，称为自发脑电活动。临床上用双极或单极记录方法在头皮上观察大脑皮层的电位变化，记录到的脑电波称为脑电图。目前脑电图不仅用于神经学学科，而且应用于内科学、药理学、电生理学及运动医学等领域。

（1）脑电图的基础知识

在人的大脑皮层中存在着频繁的电活动，而人正是通过这些电活动来完成各种生理机能的。人的大脑皮层的这种电活动是自发的，其电位可随时间发生变化，用电极将这种电位随时间变化的波形提取出来并加以记录，就可以得到脑电图。通过检测并记录人的脑电图就可以对人的大脑及神经系统疾病（如急性中枢神经系统感染、颅内肿瘤占位性病变、脑血管疾病、脑损伤及癫痫等）进行诊断和治疗，所以很有必要对人的脑电图进行研究。

① 脑电图的特征　脑电图虽然不是正弦波，但可以作为一种以正弦波为主波的波形来分析。所以脑电图波形也可以用周期、振幅和相位等参数来描述。周期、振幅、相位是脑电图的基本特征。

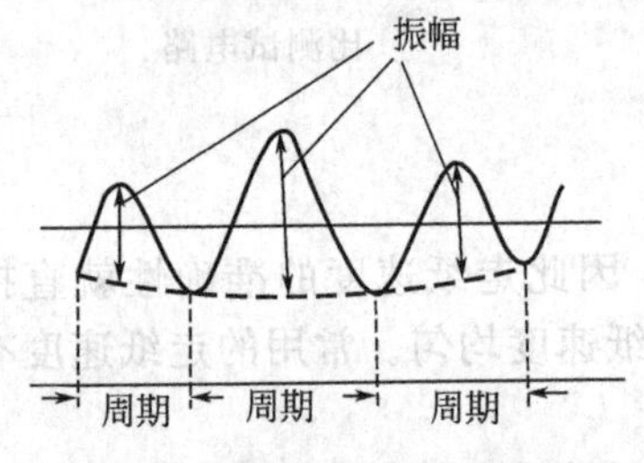

图 3-18　脑电图的周期和振幅

周期：脑电图的周期指由一个波谷到下一个波谷的时间间距或由一个波峰到下一个波峰的时间间距在基线上的投影，如图 3-18 所示。通常把单位时间内出现的正弦波波数（频率）的倒数称为平均周期，正常人脑电频率主要在 8～12Hz 范围内。

振幅：在脑电图中通常从波峰划一直线使其垂直于基线，由这条直线与前后两个波底连线的交点到波峰的距离称为脑电图的平均振幅。

相位：脑电图的相位有正相与负相之分，以基线为准，波峰朝上者为负相波，波峰朝下者为正相波。另外，在记录两个部位的脑电波时，其相位差也应予以考虑。当两个波的相位相差 180°时称为相位倒转，如果其相位相差为零，则称为同相。其相位差一般不用度数表示，而把其转换成时间轴距离，以 ms 为单位。

② 脑电信号的分类　现代脑电图学中，根据频率与振幅的不同将脑电波分 α 波、β 波、θ 波和 δ 波，如图 3-19 所示。

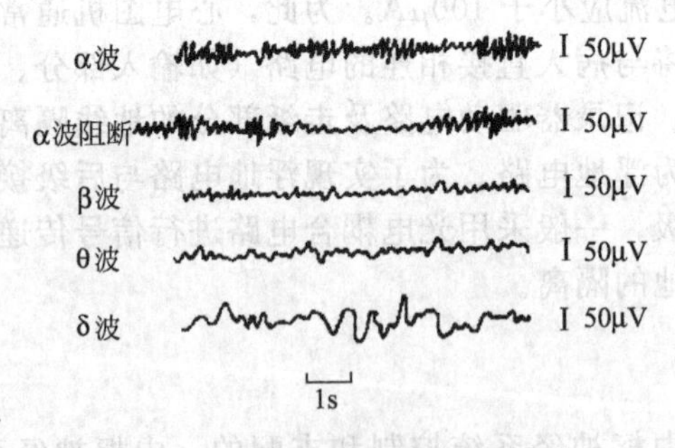

图 3-19　脑电图的四种基本波形

α 波：可在头颅枕部检测到，频率为 8～13Hz，振幅为 20～100μV，它是节律性脑电波中最明显的波，整个皮层均可产生 α 波。α 波在清醒、安静、闭眼时即可出现，波幅由小到大，再由大到小作规律性变化，呈棱状图形。

β波：β波在额部和颞部最为明显，频率约为18～30Hz，振幅约为5～20μV，是一种快波，β波的出现一般意味着大脑比较兴奋。

θ波：θ波频率为4～7Hz，振幅约为10～50μV，它是在困倦时，中枢神经系统处于抑制状态时所记录的波形。

δ波：在睡眠、深度麻醉、缺氧或大脑有器质性病变时出现，频率为1～3.5Hz，振幅为20～200μV。

脑电图的波形随生理情况的变化而变化，一般来说，当脑电图由高振幅的慢波变为低振幅的快波时，兴奋过程加强；反过来讲，当低振幅快波转化为高振幅的慢波时，则意味着抑制过程进一步发展。

正常的成年人、儿童、老年人的脑电图均有自己的特点，清醒和睡眠时的脑电图不同，不同疾病患者的脑电图也各不相同，现代脑电图学已经建立起了正常人的脑电图诊断标准和异常脑电图诊断标准。因此，脑电图在临床诊断上有极为重要的价值。

③ 诱发电位基础知识　在上面讲过，脑电图记录的是人大脑自发的电位活动，这种自发的脑电信号在临床诊断上有重要的意义。除此之外，如果给机体以某种刺激，也会导致脑电信号的改变，这种电位称为脑诱发电位。根据脑电与刺激之间的时间关系，可将电位分为特异性诱发电位和非特异性诱发电位，所谓非特异性诱发电位是指给予不同刺激时产生的相同的反应，这是一种普通的和暂时的情况；而特异性诱发电位是指在给予刺激后经过一定的潜伏期，在脑的特定区域出现的电位反应，其特点是诱发电位与刺激信号之间有严格的时间关系。非特异性诱发电位幅度比较高，在脑电图记录中即可发现。特异性诱发电位较小，完全淹没在自发脑电信号中。从其概念可知，非特异诱发电位没有任何特定意义，因此在临床诊断中不具有诊断价值，而特异性诱发电位的形成和出现与特定的刺激有严格的对应关系，因此通过诱发电位可以反映出神经系统的功能与病变。所以在临床上只进行特异性诱发电位的检查，通常把特异性诱发电位简称为诱发电位（Evoked Potential，EP)。诱发电位是指中枢神经系统在感受外在或内在刺激过程中产生的生物电活动，是代表中枢神经系统在特定功能状态下的生物电活动的变化。目前临床上常用的诱发电位有模式翻转视觉诱发电位(Pattern Reversal Visual Evoked Potential，PR-VEP)；脑干听觉诱发电位（Brainstem Auditory Evoked Potential，BAEP）和短潜伏期体感诱发电位（Short-Latency Somatosensory Evoked Potential，SLSEP)。

A. 视觉诱发电位。视觉诱发电位是指向视网膜给予视觉刺激时，在两侧后头部所记录到的由视觉通路产生的电位变化，其刺激方式是电视机显示的黑白棋盘格翻转刺激，方格大小为30°视角，对比度至少大于50%，全视野大小应小于8°，眼睛固定注视中心，刺激频率为1～2Hz。

B. 听觉诱发电位。听觉诱发电位是指给予声音刺激，从头皮上记录到的由听觉通路产生的电位活动，因其电位源于脑干听觉通路，故又称为脑干听觉诱发电位。其刺激源为脉宽200μs的方波电信号，经过换能器转换成短声，其极性依其耳机振动膜片的方向而定，当耳机膜片靠向患者鼓膜时，该刺激为密波短声，反之为疏波短声。临床神经学研究中，常用疏波短声为刺激声，刺激频率为10～15Hz，强度高于听力阈60dB。BAEP的神经学检查主要采用单耳刺激，这样可避免产生假阴性结果。所谓单耳刺激是指对健耳给予白噪声刺激，以消除骨传导的影响，通常给予对侧掩耳以小于同侧耳刺激声30～40dB的白噪声刺激强度。

C. 体感诱发电位。体感诱发电位是指躯体感觉系统在受外界某一特定刺激（通常是脉冲电流）后的一种生物电活动，它能反映出躯体感觉传导通路神经结构的功能。其刺激方式有恒压器和恒流器两种，恒压刺激器的范围在0～1V，恒流刺激器的输出范围为0～

100mA。刺激强度通常选用感觉阈上 4 倍或运动阈上 2 倍，方波宽度为 100～500μs。

(2) 脑电图导联

与心电图记录一样，记录脑电信号首先必须解决电极在大脑表面的放置以及电极与脑电放大器输入端的连接问题，即解释所谓的脑电图导联问题。由于脑电图信号较为复杂，需要采用多个电极进行检测，而是为了消除其他生物电信号的干扰，必须将数量较多的电极集中放置在大脑表面一个较小的区域内，因此脑电图的导联比心电图要复杂得多。而且由于脑电信号的复杂性以及人类对大脑活动认识的不足，目前还没有一个公认的脑电图导联标准，各个厂家都是按照自己的方案设置一些固定的脑电图导联，同时为了给医生提供较高的灵活性，各厂家的脑电图机一般都提供自选导联模式，由医生根据病人的实际情况设置导联的连接。

虽然脑电图导联还没有统一的标准，但是脑电电极的放置却有相对比较统一的方案，这就是所谓的 10-20 系统电极法。

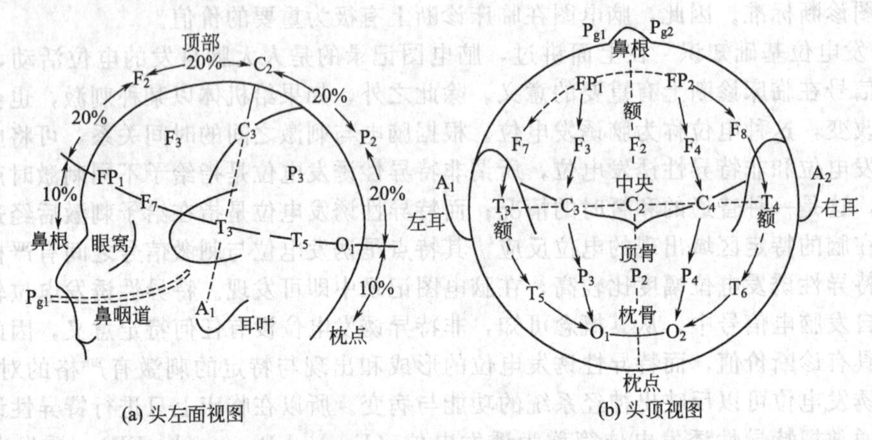

图 3-20　10-20 系统电极

① 10-20 系统电极法　目前，国际上已广泛采用 10-20 系统电极法，其前后方向的测量是以鼻根到枕骨粗隆连成的正中线为准，在此线左右等距的相应部位定出左右前额点（FP_1,FP_2）、额点（F_3,F_4）、中央点（C_3,C_4）、顶点（P_3,P_4）和枕点（O_1,O_2），前额点的位置在鼻根上相当于鼻根至枕骨粗隆的 10%处，额点在前额点之后相当于鼻根至前额点距离的 2 倍即鼻根正中线距离 20%处，向后中央、顶、枕诸点的间隔均为 20%，10-20 系统电极的命名即源于此。

图 3-20 为 10-20 系统电极在一个平面上示出的所有电极和外侧裂、中央的位置。

为了区分电极和两大脑半球的关系，通常右侧用偶数，左侧用奇数。从鼻根至枕骨粗隆连一正中矢状线，再从两瞳孔向上、向后与正中矢状线等距的平行线顺延至枕骨粗隆称左右瞳枕线，如图 3-21 所示。

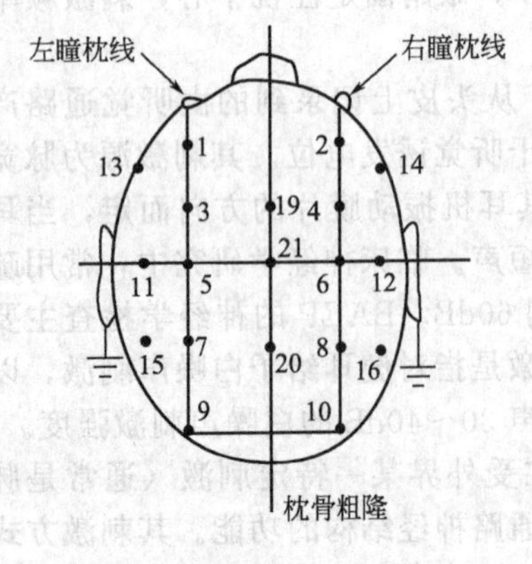

图 3-21　脑电电极安放位置

从枕骨粗隆向上约 2cm，左右旁开 3cm 与左右瞳枕线相交处为左右枕极（9、10）。

沿瞳枕线入发际约 1cm 处为左右额前极（1、2）。

左右外耳道连线与左右瞳枕线相交处为左右中央极（5、6）。

左右额前极与中央极的中点处为左右额极（3、4）。

左右中央极与枕极的中点处为左右顶极（7、8）。

左右中央极与外耳道的中点处为左右颞中极（11、12）。

左右瞳孔与外耳道中点处为左右颞前极（13、14）。

左右乳突上发际内约 1cm 处为左右颞后极（15、16）。

② 脑电图机的导联　前面提过，脑电图就是要描记头皮上两电极间电位差的波形，因此每一导联必须有两个电极，其中的一个电极连接在脑电图机放大器的一个输入端，另一个电极连接放大器的另一个输入端。如果人体上存在零电位点，放在这个点上的电极和放在头皮上的另一个电极之间的电位差，就是后一个电极处电位变化的绝对值。把放于零电位点的电极称为参考电极或无关电极；把放于非零电位的电极称为作用电极或活动电极。因此，脑电图的导联方法分为两类：单极导联法（一个极为参考电极，另一个为作用电极）和双极导联法（两个极均为作用电极）。

人体上的零电位点应当怎样选取呢？理论上规定位于电解质液中的机体，以距离该机体很远处的点为零电位点。这种点是难以利用的，只能在人体上找一个距离脑尽可能远的点定为零电位点，合乎"远距离"标准的，首先是四肢，但是不能选用，因为那将在脑电图中混进心电图（心电图幅度一般比脑电图幅度大两个数量级），因而只能在头部选择离头应尽可能远的点为零电位点，现在临床中一般选取耳垂。

A. 单极导联法。单极导联法是将作用电极（活动电极）置于头皮上，参考电极（无关电极）置于耳垂。通过导联选择器的开关分别与前置放大器的两个输入端 G_1 和 G_2 相连。

作用电极与参考电极之间有以下三种连接形式。

a. 一侧作用电极与同侧参考电极相连接[图3-22(a)]；

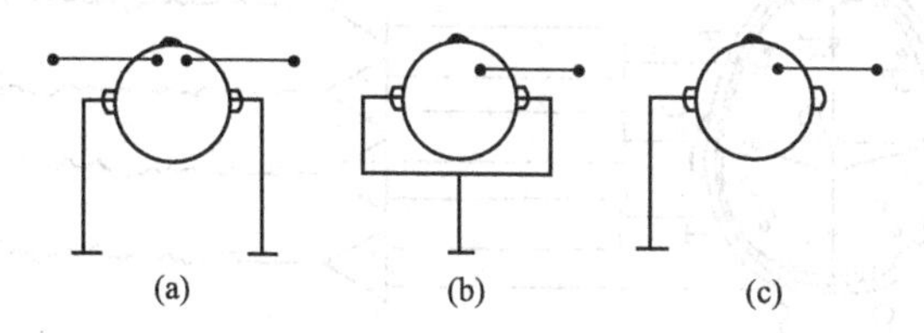

图 3-22　作用电极与参考电极的连接

b. 两侧的参考电极连在一起再与各作用电极相连接[图3-22(b)]；

c. 左侧的参考电极与右侧作用电极相连接，右侧参考电极与左侧作用电极相连接[图3-22(c)]。

B. 平均导联法。平均导联法实际上属于单极导联的一种，由于单极导联中的参考电极不能保持零电位，易混进其他生物电的干扰。为了克服这个缺点，即将头皮上多个作用电极各通过 1.5MΩ 的电阻后连接在一起的点作为参考电极，称之为平均参考电极。将作用电极与平均参考电极之间的连接方式称为平均导联。

C. 双极导联法。双极导联法只使用头皮上的两个作用电极而不使用参考电极，所记录的波形是两个电极部位脑电变化的电位差值。双极导联法的优点就在于干扰可以大大减少，并可以排除无关电极引起的误差。但其波幅较低，也不够恒定，两作用电极间的距离又不宜太近，以免电位差值互相抵消，一般应在 3～6cm 以上。

三种电极连接方式的示意图见图 3-23。

③ 脑电图机的结构

脑电图机与心电图机的工作原理基本相同，都是将微弱的生物电信号通过电极拾取、放大器进行放大后通过记录器绘出图形的过程。所以，脑电图机的结构也是由以下几部分组成：输入部分、脑电放大器、调节网络、记录控制部分、传动走纸部分以及各种电源。

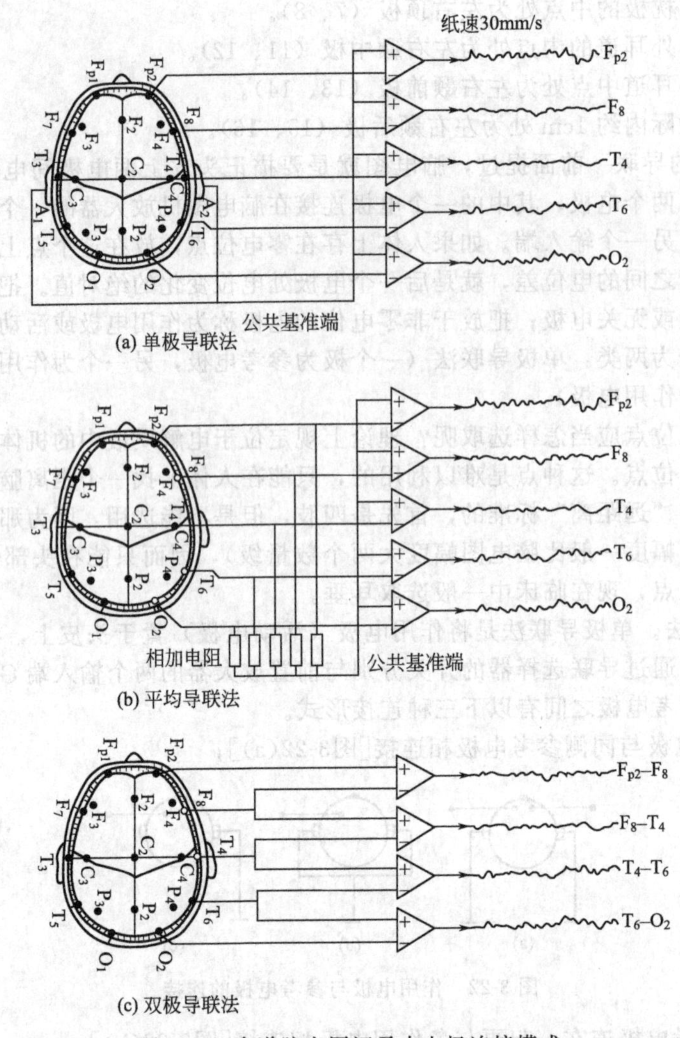

图 3-23 多道脑电图记录中电极连接模式

脑电图机的原理框图如图 3-24 所示。

A. 输入部分。

a. 电极盒。电极盒也称作分线盒，它是一个金属屏蔽盒，壳体接地，盒上有许多插孔。安放在人脑部的头皮电极通过连接导线末端的插头插入电极盒相应的插孔中，插孔的号码与导联选择器（电极选择器）的号码相一致。电极盒的信号连接电缆与脑电图机的放大器相连，将头皮电极检测到的脑电信号进行传送。有的电极盒还带有电极电阻测量装置，便于操作者及时了解头皮电极的接触状况。

b. 导联选择器。脑电信号由电极拾取通过电极盒送到主机以后，还需经导联选择器才能分别送入相应的各放大器进行放大。导联选择器是从与电极盒插孔有联系的多个头皮电极中任意选出一对连接到放大器的两个输入端。导联选择有两种导联开关：固定导联开关和自由导联开关。

固定导联是由厂家设定，一般有 4～7 种，每种导联的电极连接方式已在机器内部设定好，可以直接进行测量。

自由导联由用户自己设定，可任意选择脑电极的连接方式，组成所需要的导联输入到各放大器。

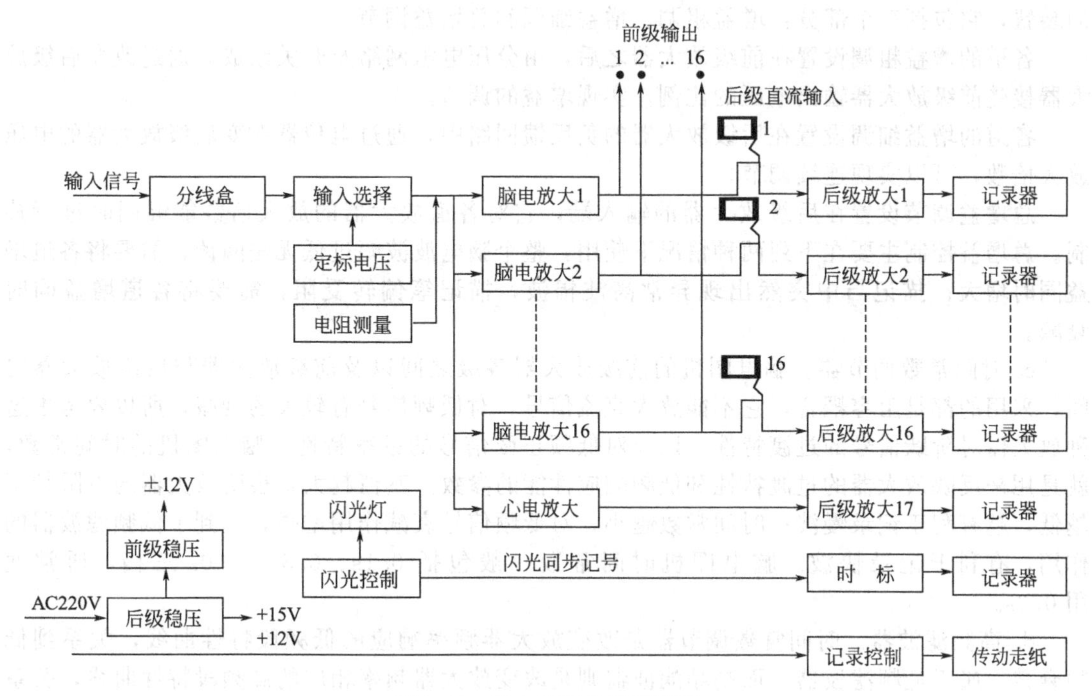

图 3-24 脑电图机的原理框图

脑电图机上有时还设有耳垂电极选择器。把耳垂电极插在电极盒固定的号码插孔上，通过耳垂电极选择器，可使左右耳垂电极连接在一起或连在一起并接地。此外，也可选择左耳接地或右耳接地方式。

c. 电极电阻检测装置。电极与皮肤接触电阻的大小，直接关系到脑电图的记录质量，所以脑电图机都设有皮肤电阻检测装置。在脑电信号记录之前，首先对每个电极与头皮的接触电阻进行检测，看是否满足要求。电极与皮肤接触电阻一般在 10～50kΩ 之间。如果某一道的电极皮肤接触电阻超过了 50kΩ，就会有相应的显示指示，提示对电极进行处理。这种装置有时设在脑电图机的电极盒上，有时设在主机的放大通道上。可用直流电作为检测电极电阻的电源（干电池或交流电经过整流后提供的直流电），也可用交流电作为电源。

d. 标准电压信号发生装置。脑电图机在描记脑电图之前需要进行定标，使各道描记笔的灵敏度相同。这样才能对以后所描记下来的各个部位脑电图的幅度进行测定和相互比较。因此每个脑电图机都设置标准电压信号发生装置，与心电图机的 1mV 定标电压相比，它有多个幅值和多种波形（方波和正弦波）。

标准电压信号的产生类似于心电图机的 1mV 定标电压，由输入电压经电阻分压器后，可获得 1mV、500μV、200μV、100μV、50μV、20μV 的各级电压，通过标准电压开关输送到放大器的输入端。该装置的输入电压可以由稳压电源供给，也可以由干电池供电与电阻分压器产生直流定标电压，但干电池随着时间的延长，电压会降低，所以要注意及时更换。

B. 放大电路部分。脑电波经输入部分输送到放大电路的输入端，由于脑电波属于低频（一般为 0.5～60Hz）、小幅值（5～100μV）的生物电信号，要想用描记笔把它记录下来，这就要求放大电路要有足够高的电压增益。因而脑电图机的放大器应当是具有高电压增益、高共摸抑制比、低漂移、低噪声的低频放大器。

a. 前置放大电路。前置放大电路多采用结型场效应管构成的差分式放大器，提高了电路的输入阻抗和共模抑制比。

b. 增益调节器。增益调节器是调节放大倍数的装置，也就是用来调节脑电图机灵敏度的装置，它包括三个部分：增益粗调、增益细调和总增益调节。

各道的增益粗调设置在前级放大器之后，由分压电阻网络及开关组成，通过改变后级放大器接受前级放大器输出电压的比例，实现增益的调节。

各道的增益细调设置在后级放大器的负反馈回路中，通过电位器改变后级放大器的电压放大倍数，可以实现连续调节。

总增益调节设置在后级放大器的输入端，它对各道放大器的放大倍数能够同时进行控制。总增益控制主要在下列两种情况下使用：整个脑电波波幅过低无法阅读，需要将各道增益同时增大；描记当中突然出现异常高波幅波，描记笔偏转受阻，需要将各道增益同时衰减。

c. 时间常数调节器。脑电图机的前级放大器各级之间以及前级放大器与后级放大器之间，采用的都是阻容耦合，它不能放大直流信号，对低频信号有较大的衰减，所以要考虑这种放大器对阶跃信号的过渡特性，以及对低频正弦信号的频率特性。脑电图机的时间常数，就是用来反映放大器的过渡特性和低频响应性能的参数。其值越大，表明放大器的下限频率越低，越有利于记录慢波；时间常数越小，对低频信号衰减作用增强，起到了低频滤波器的作用，有利于记录快波。脑电图机时间常数一般包括 0.1s、0.3s、1.0s 三挡，通常使用 0.3s。

d. 高频滤波器。时间常数调节器是改变放大器频率响应的低频段特性曲线，关系到低频衰减，属于低频滤波器，而高频滤波器则是改变放大器频率相应的高频段特性曲线，关系到高频衰减。通常分 15Hz、30Hz、60Hz(75Hz) 和“关”四挡，记录脑电时选 60Hz (75Hz)；记录心电时选“关”。

e. 后级电压放大器。前级放大电路的输出信号经过时间常数、高频滤波、增益调节等调节网络处理后，还需送入后级放大电路进一步增幅。前级电压放大器和后级电压放大器合称前置放大电路，它的输出电压幅度应能驱动末级功率放大器输出足够大的功率。

f. 功率放大电路。脑电信号经前置放大，高、低通滤波器，最后加到功率放大器，以推动记录器偏转。有时除记录脑电信号外，还需和其他生理参数一同记录，如心电信号、肌电信号等，或者是把脑电记录到磁带上，有的还可以输出到计算机进行处理后再送回主机进行记录。功率放大电路部分应设有数据输入及输出插口。

功率放大电路还可通过记录器的速率反馈线圈引入负反馈，改变记录器的阻尼，同时引进电流负反馈，用来减少记录器线圈电阻的变化对于记录灵敏度的影响。例如，当线圈发热时其电阻加大，线圈电流减少，描记笔的摆幅就要变小，由于电流负反馈的存在，随着负反馈信号的减小，功率放大器输出电压将增大，弥补一些线圈电流的损失，以至于描记笔的摆幅下降甚微。

C. 记录部分。脑电图机的记录方式与心电图的记录相比要丰富得多，有记录笔通过记录纸记录、磁带记录、计算机存储记录、还有较复杂的拍摄记录等。较高级的新型脑电图机可同时设有几种记录方式。目前常用的仍然是笔式记录。

笔式记录装置主要由两部分组成：记录笔和记录电流计。

a. 记录笔。记录笔有墨水笔式、热笔式和喷笔式等形式。最常用的是墨水笔式。它的缺点是不能记录较高频率波形，但由于脑电信号属于低频信号，墨水笔式记录完全可以满足要求，加上该种记录方式所使用的记录纸成本较低，所以，目前临床中仍然在广泛使用。热笔式记录由热笔和热敏纸组成，该种记录方式所记录的脑电图曲线清晰，不会产生波形失真，是当前心电图记录中最普遍采用的方式，但由于脑电图记录纸宽，记录笔数目多，记录时间长，这样造成脑电图记录的成本太高，限制了它的使用。喷笔式记录方式需用尖笔和复写纸，这种尖笔制造工艺复杂，尚未推广，该方式的优点是喷笔和纸之间不产生摩擦，适于记录高频波形。

b. 记录电流计。记录电流计控制记录笔的动作，它也有多种形式。目前与墨水笔式和热笔式记录笔相配用的大都是动圈式电流计。动圈式电流计主要由三部分组成：永久磁铁、动铁芯（起增强磁场的作用）、线圈。永久磁铁构成固定磁场，线圈是套在动铁芯上面的，当线圈有电流通过时便产生了磁场，该磁场的强弱和方向由线圈中电流的大小和方向来决定。线圈磁场与固定磁场相互作用产生力矩推动动铁芯转动，安装在动铁芯顶部的记录笔也就随之转动，便可把脑电信号描记在记录纸上。

D. 电源部分。脑电图机的各部分电路均以稳压电源供电，以减小电网电压波动和温度变化对电子电路工作状态的影响，这是保证整机能够正常工作的基础。脑电图机一般有多组直流稳压电源，供给电路各部分。

E. 脑电图机的辅助部分。脑电图机所描绘的都是人体自发的脑神经电活动信号，临床上有时需要用刺激的方法来引起大脑皮层局部区域对外界刺激的反映，产生电活动，称之为诱发电位。根据刺激类型不同，有视觉诱发电位、听觉诱发电位、体感诱发电位，它们分别由光刺激、声刺激、躯体感觉刺激引起。检测人体神经系统各类诱发电位的仪器称为诱发电位仪，本书不再介绍。目前，大部分脑电图机也都配有光刺激器，可进行简单的视觉诱发电位的检测。光刺激器产生的光刺激，由前面板即可调节其输出频率（一般在 1～30Hz 之间）、刺激时间（5～15s）、刺激间隔时间（5～15s）、刺激方式（手动和自动）、刺激开始与停止等。使用时，将闪光灯正对患者眼睛，距离约 30cm，选择适当的频率和时间，然后按下启动按钮，即可发出所需要的光。在闪光的同时，记录笔会自动记下闪光同步信号，以便分析波形时进行对照。

④ 脑电图机的性能指标及检测　同所有的诊断设备一样，脑电图机所记录的脑电图应能真实地反映人体脑神经生物电活动的状态，以便使医务人员做出正确的诊断与治疗。脑电图机性能的优劣，取决于几项主要技术参数。因此，了解脑电图机的主要性能参数及其检测方法，对于正确的使用及维护脑电图机是非常重要的。下面简单介绍脑电图机技术指标的意义和检测方法。

A. 最大灵敏度。脑电图机的灵敏度是指输入一定数值的电压以后，记录笔偏转的幅度。它与放大器电压放大倍数直接相关。由于脑电信号较复杂，幅度变化范围很大，所以，一般脑电图机设有多个增益挡，如：1/4、1/2、$1/\sqrt{2}$、1、$\sqrt{2}$、4、10 等。而且各道同时转换。

测量最大灵敏度时将增益控制器都调到最大，选择某一挡的定标电压，观察记录笔的偏转幅度，例如输入 10μV 的方波定标电压，在灵敏度为 10mm/10μV 挡，记录笔偏转幅度应在 10mm。

B. 噪声电平。脑电图机的噪声电平是指整机电路自身产生的噪声折合到放大器输入端的等效值。一般脑电图机的噪声指标为 2～3μV。当有噪声存在时，记录笔的笔迹会有微小的抖动。噪声电平会随着正常的脑电信号一同放大，当其达到一定数值，会掩盖脑电信号，引起脑电图记录的误差。

测试时，应将时间常数置于最小挡，一般取 0.3s；滤波置于 60Hz，使频带最宽；走纸速度置于 30mm/s 或 15mm/s；定标电压选 10μV，灵敏度置 10mm/10μV；调整记录笔偏转幅度至 10mm(调节增益细调)，记录波形，然后观察其抖动幅度范围。若最大抖幅小于 2～3mm，便是合乎要求的。

C. 时间常数。脑电图机的时间常数与心电图机的时间常数其含义和测试方法都相同。

在脑电图机中，时间常数这一指标反映了脑电图机的低频性能。在放大器输入端加入一阶跃变化的信号（使用某一挡的方波定标电压信号），放大器各级间的阻容耦合部分就有一个充放电的过程，记录笔先是有一个大的摆幅，然后随着时间的延长，其偏转幅度逐渐降低，出现一个类似于电容放电的波形，当记录幅度从100%降到37%时，所走过的时间即为仪器的时间常数。

检测时，将脑电图机的滤波选为60Hz，走纸速度任选（如30mm/s），选定某一挡定标电压（如50μV），调节增益使记录笔的记录幅度达到10mm，时间常数任选一挡（如0.3s），测量时使用手动定标记录波形，选择方波定标信号，按下定标键并持续一段时间，直至记录笔记录幅度低于37%以下再松开，记录纸上会得到如图3-25所示波形。

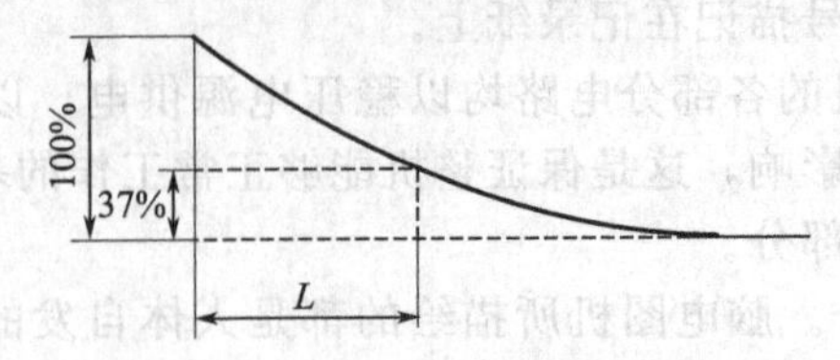

图3-25　测量时间常数记录波形

在记录纸上测量幅度由10mm下降至3.7mm之间的横向走纸距离L，根据所选取的走纸速度v来求出时间常数τ，

$$\tau=L/v$$

D. 共模抑制比。与心电图机相同，共模抑制比同样反映了脑电图机的抗干扰能力。

检测共模抑制比时，首先调节好差模电压增益，即校正灵敏度。方法是选定50μV挡的定标电压，调节放大器增益，使记录波形幅度达到10mm，保持这一灵敏度不变，把定标电压开关旋转到平衡位置，即放大器输入50mV的共模信号，记录此时的波形幅度，即可计算出共模增益，差模增益与共模增益之比即共模抑制比。如果此时记录的共模信号幅度为1mm，则共模抑制比为

$$\frac{10\text{mm}/50\mu\text{V}}{10\text{mm}/50\text{mV}}=10^4=80\text{dB}$$

脑电图机的共模抑制比要求为10000∶1(80dB)，即各道记录笔偏转幅度小于1mm算合格。

E. 阻尼。阻尼是指记录器的活动部分在转动过程中所遇到的阻力。阻力来自两个方面：一是记录器活动部分切割了恒磁场磁力线而引起的感应电流所形成的阻力，即电阻尼；另一个是活动部分受到的轴承的阻力，即机械阻尼。在脑电图的记录中要求有适当的阻尼，阻尼不足或过大都可影响记录器的频率响应，从而产生波形失真。

检测方法：将脑电图机时间常数选为0.3s或1.0s，关断滤波器，选用50μV的方波定标电压，调节增益灵敏度，使记录幅度达到10mm。记录波形，矩形波上升或下降的过冲量不超过5%，即波形幅度不超过10.5mm，说明阻尼适中；若过冲量超过此值，说明频响范围太宽，矩形波高频分量多，属于欠阻尼状态；若矩形波上升或下降沿出现了圆角，说明频带过窄，高频分量衰减过大，属于过阻尼状态。三种情况下的定标波形如图3-26所示。

F. 滤波。脑电图机的滤波指的是高频滤波，用来改变放大通道的高频特性，滤掉不需要的高频信号，如肌电干扰、环境的高频干扰等，以达到良好的描记效果。

检测方法：将时间常数选为0.3s或1.0s，走纸速度为30mm/s，定标电压为50μV，调节增益使记录幅度为10mm。首先使滤波器处于关断位置，观察正常阻尼时记录的波形。以此为标准，分别将滤波器开关置于60Hz、30Hz、15Hz，随着频带的变窄，高频分量逐步衰减，矩形波前后沿逐渐由尖角变为圆角。这是正常的变化。不同滤波频率下矩形波的变化趋势见图3-27。

G. 频率响应。频率响应是指输入相同幅值的信号时，输出波形的幅值随输入信号频率变化而变化的曲线。它主要取决于脑电放大器和记录器的频响性能。其中记录器的频响影响

更大。

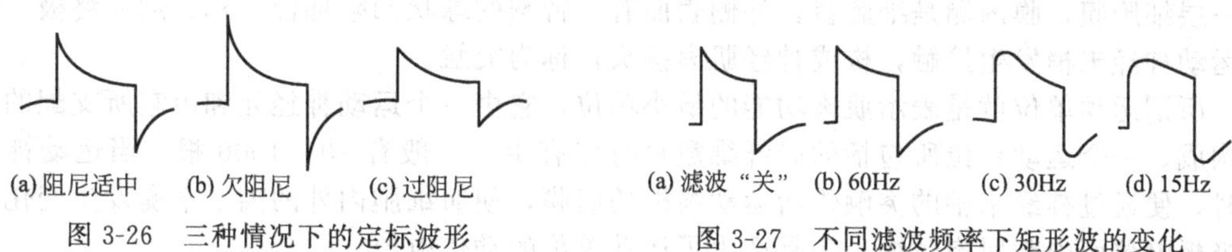

图 3-26 三种情况下的定标波形　　图 3-27 不同滤波频率下矩形波的变化

检测方法：滤波器关断，时间常数取 0.3s，定标电压选 100μV、10Hz 的正弦波信号，调节灵敏度，使记录波形幅度为 10mm，观察记录波形，调节记录笔阻尼，使之处于适中状态。然后，改变正弦波的频率，检测不同频率下所记录的波形幅度，即可得出频率响应曲线。要求正弦波记录幅度变化不超过 10%，即误差不大于 1mm。

H. 线性。同心电图机的线性解释相同，脑电图机的线性也有两种含义。

移位非线性：指记录笔在规定的偏转范围内，使之处于不同的记录位置，输入相同幅值的信号，记录笔在不同位置处记录波形幅度的变化。如果脑电图机线性良好，其不同位置处记录波形的幅度误差应小于 10%；否则即是线性较差，将会导致脑电信号记录的失真。

测量电压线性：指脑电图机的输入信号与输出信号之间所具有的线性关系，即在脑电图机的设置不变的情况下，改变输入信号的幅度，记录波形的幅度应随之改变，而且应满足线性关系。

检测方法较简单，可参照心电图机的线性检测进行，这里不再赘述。

I. 灵敏阈。脑电图机所能记录的最小信号的幅度称为灵敏阈。

检测方法：首先给脑电图机加 100μV 的定标电压信号，设定好时间常数、阻尼、增益等各项参数，使描记波形幅度为 10mm。然后将定标电压的幅值减小为 20μV，调节增益的挡级为原来的 1/4，此时要求记录波形应有可以观察到的 0.5mm 的波动。

J. 放大器的对称性。脑电图机对于幅值相同的正、负信号的放大倍数应该是相等的。通常把脑电图机放大器对等幅正、负信号的放大倍数的比值，称为脑电图机的对称性。该比值越靠近 1，表明对称性越好。

检测方法：将灵敏度选择为 5mm/50μV，利用手动定标打出定标电压波形，当按下定标电压按钮时，记录笔向上绘出波形后不要松开，待记录笔返回到原来基线位置时再放手，于是记录笔又向下绘出波形，待又回到基线位置时停止走纸。测出上、下波形的幅值即可算出对称性。同理可检测记录笔处于不同位置时的对称性。一台对称性好的脑电图机，不仅记录笔在零位时对称性好，记录笔在偏离零位不同位置时，对称性都应该好。

3.2.3 肌电图机

肌肉是人体的重要组成部分，人体共有 434 块肌肉，每块肌肉通过神经末梢与运动神经连接在一起，肌肉的收缩是在运动神经支配下进行的。

肌电图是检测肌肉生物电活动，借以判断神经肌肉系统机能及形态变化，并有助于神经肌肉系统的研究或提供临床诊断的科学。肌电图机在肌肉和神经电生理研究方面具有非常重要的作用，为人体运动系统疾病的诊断和治疗提供了一个重要的工具，目前，在各级医院得到了广泛应用。

本部分首先简单介绍肌电图的产生机理，重点介绍肌电图机的结构、工作原理以及维修。

① 运动单位与肌电位

A. 运动单位概念。每块肌肉都是由许多细胞（又称肌纤维）组成，而每一个肌细胞都有一层细胞膜，膜内侧是细胞核，外侧表面有一特殊的球状凹陷部位，称为运动终极。此处与运动神经末梢发生接触，构成神经肌肉接头，称为突触。

所谓运动单位就是表示肌肉功能的最小单位，它由一个运动神经元和由它所支配的肌纤维构成。一个运动单位所包括的肌纤维数目有多有少，一般有 10～1000 根。当运动神经兴奋时，便通过神经末梢的突触传给运动终极的肌膜，使肌细胞内外的离子平衡发生变化，产生极板电位而引起肌肉收缩，于是产生了运动单位的动作电位。

B. 肌电位的形成机理。运动神经没有兴奋时，肌肉是静息的，此时肌肉内外的离子趋于平衡状态，无电位产生。当运动神经把兴奋传递到运动终极时，这种兴奋的总支便使肌膜对离子的通透性增加，膜外的离子先受到激发，迅速转入膜内，膜内离子剧增而引起放电，产生了动作电位。但在膜外离子大量转入膜内的同时，膜内原来的离子也要转到膜外，以便使膜内外离子达到新的平衡，这个过程就形成一个单相的肌电位。一般情况下，过程还要继续下去，膜内外离子的交换还在进行，膜外离子又摄入膜内，膜内的离子又转到膜外，重新回到原来静息时的平衡状态，如此便产生一个双相肌电位。也有少数人，这种离子转换过程要反复多次，形成了多相电位，这种过程是在终极兴奋时开始的，然后在各种物质调节下进行的复杂变化过程。

因此，肌肉的动作电位是在运动神经末梢传递神经冲动到达突触时产生的终极电位（这种冲动可能是神经中枢传来的信息，也可能是人为给予的刺激），引起肌纤维去极化、电位扩散及一系列的生物物理和化学变化过程。运动单位为肌肉活动的最小单位，实际看到的肌肉收缩，是众多运动单位共同参加活动的结果。

② 常规肌电图检查方法　肌电图是反映肌肉-神经系统的生物电活动的波形图。从肌细胞外用电极导出肌肉运动单位的动作电位，并送入肌电图加以记录，便可获得肌电图。其振幅为 20～50μV，频率范围为 20～5000Hz。

临床肌电图检查的三态，是指骨骼肌松弛状态，骨骼肌轻度及用力收缩状态与被动牵张状态的肌电图。

A. 插入电位。是指电极插入、移动和叩击时，电极针尖对肌纤维的机械刺激所诱发的动作电位。正常肌肉此瞬间放电持续约 100ms，不超过 1s，转为静息电位。

B. 静息电位。当电极插入完全松弛状态下的肌肉内时，电极下的肌纤维无动作电位出现，荧光屏上表现为一条直线。

C. 运动单位电位（MUP）。正常运动单位电位有以下特征。

a. 波形。分段正常肌肉的动作电位，用单极同心针电极引导，由离开基线偏转的位相来决定，根据偏转次数的多少分为单相、双相、三相、四相或多相。一般单相、双相或三相多见；双相、三相者约占 80%；达四相者在 10%以内；五相者极少；五相以上者定为病理或异常多相电位，波形相位图如图 3-28 所示。

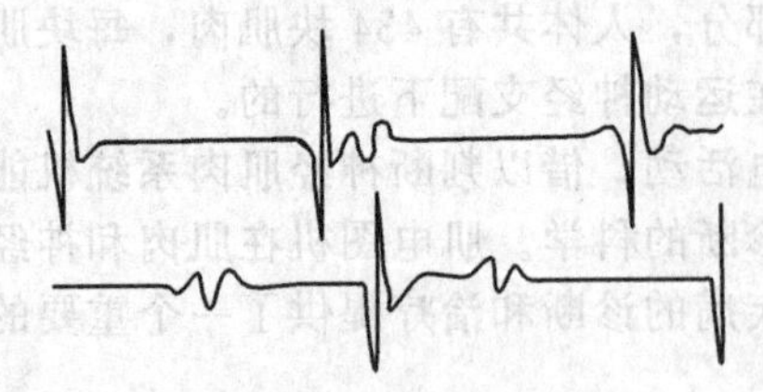

图 3-28　波形相位图

b. 时程（时限）。指运动单位电位从离开基线的偏转起，到返回基线所经历的时间。运动单位电位时程变动范围较大，一般在 3～15ms 范围。运动单位时限的测量如图 3-29 所示。

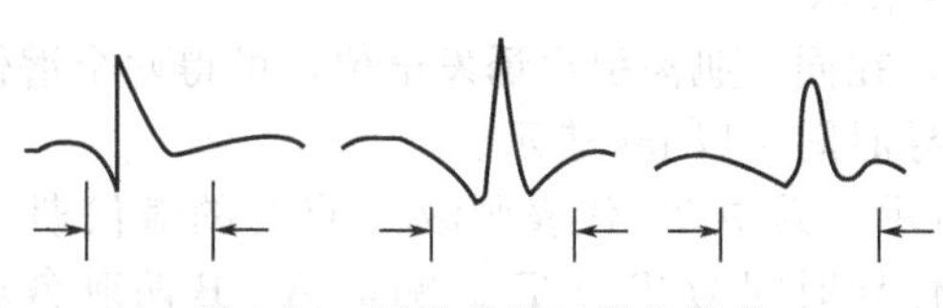
图 3-29 运动单位时限的测量

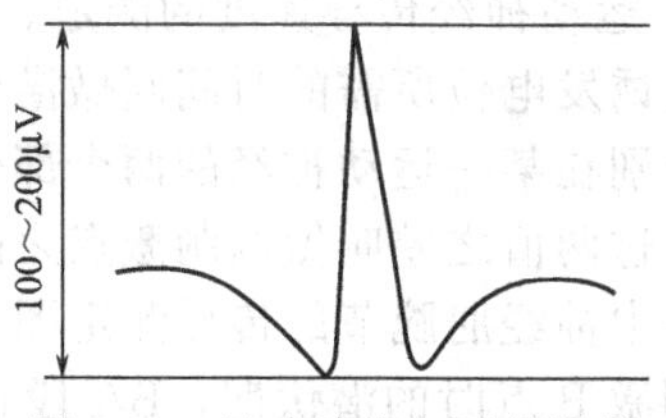

图 3-30 运动单位电压的测量

c. 电压。正常肌肉运动单位电压是亚运动肌纤维兴奋时动作电位的综合电位，是正、负波最高偏转点的差。一般为 100～2000μV，最高电压不超过 5mV。运动单位电压的测量如图 3-30 所示。

正常肌肉的运动电位波形、电压及时程变异较大，原因是不同肌肉或同一肌肉的不同点运动单位的神经支配比例不同，年龄差异、记录电极的位置都是影响变异的因素。因此若要确定上述参数的平均值，应在一块肌肉几个点做多次检查，因此细心检查是非常必要的。以前的仪器由医生人工寻找 MUP，是费力费时的工作。日前，很多新型的肌电图机具有自动寻找 MUP 的功能。

D. 被动牵动时的肌电变化。肌肉放松时使关节被动运动，观察运动单位电位出现的数量，了解肌张力亢进状况。

E. 不同程度随意收缩时肌电相。骨骼肌在轻度、中度或最大用力收缩时，参加活动的运动单位增多。正常肌肉不同程序收缩时的肌电波形如图 3-31 所示。包括单纯相、混合相和干扰相。

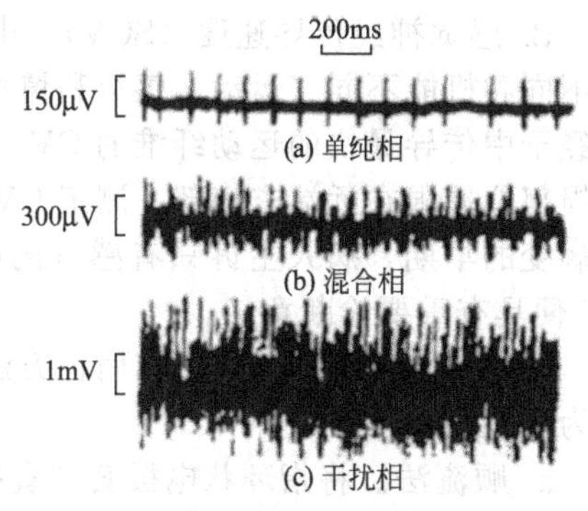

图 3-31 正常肌肉不同程序收缩时的肌电波形

以上为通常临床肌电检查常规。有时为了定位诊断，需要检查肌肉数量较多，或对肌肉不同部位多次插针检查，对以上检查除目测和通过喇叭听肌音外，可在必要时照相、录音或直接描记。现代肌电图机通常具有先进的计算机系统，用计算机对结果进行处理，并通过打印机或绘图机给出波形及计算结果，也可以把波形存入磁盘中，以便以后分析时再调出来。

③ 诱发肌电图　肌肉的活动是受周围神经直接支配的，因此可以用各种方法刺激周围神经，引起神经兴奋，神经再把这种兴奋传递给终板，使肌肉收缩，产生动作电位，可以测定神经的传导速度和各种反射以及神经兴奋性和肌肉的兴奋反应，临床上常用：运动神经传导速度（MCV）；感觉神经传导速度（SCV）；F 波（FWV）；H 反射（H-R）；连续电刺激也称重复电刺激（RS）。这些测定从广义上说，都可称为诱发肌电图，也称为神经电图（ENG）。诱发肌电图在了解周围神经肌肉装置的机能状态，了解脊髓、脑干、大脑中枢的机能状态以及诊断周围神经疾病和中枢疾病上具有重要意义。

A. 运动神经传导速度（MCV）。

a. 运动神经传导速度的检查。神经传导速度是研究神经在传递冲动过程中的生物电活动。利用一定强度和形态（矩形）的脉冲电刺激神经干，在该神经支配的肌肉上，用同心针电极或皮肤电极记录所诱发的动作电位（M 波），然后根据刺激点与记录电极之间的距离、发生肌收缩反应与脉冲刺激后间隔的潜伏时间来推算在该段距离内运动神经的传导速度。这是一个比较客观的定量检查神经功能的方法。神经冲动按一定方向传导，感觉神经将兴奋传向中枢，即向心传导，而运动神经则将兴奋传向远端肌肉，即离心传导。

b. 运动神经传导速度的测定。某运动神经把在近端受刺激的冲动传向远端，使受控肌肉产生诱发电位所需的时间叫做潜伏期，以 ms 表示。

分别在某一运动神经的两个部分施加刺激，在同一肌肉引出诱发电位，可得两个潜伏期数值，这两值之差叫做两刺激点之间的神经传导时间，以 ms 表示。

正中神经肘腕节的传导测定图如图 3-32 所示。其中 T_1 代表刺激 A 点时的潜伏期，T_2 代表刺激 B 点时的潜伏期，BA 段正中神经的传导时间为 T_2-T_1。测量 A、B 两刺激点之间体表距离 L，以 mm 表示，该运动神经传导速度等于两刺激点间的体表距离除以两点间的传导时间。

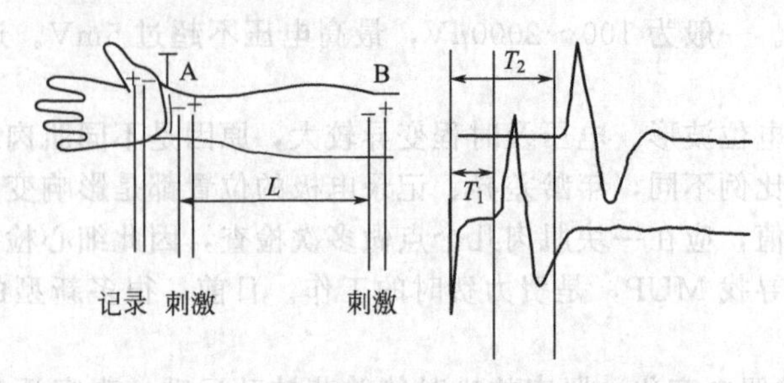

图 3-32 正中神经肘腕节的传导速度测定图

$$\mathrm{MCV}=\frac{L}{T_2-T_1}\ (\mathrm{m/s})$$

B. 感觉神经传导速度（SCV）。由于周围神经干是混合神经，包括有直径不同、传导速度不同和机能不同（运动、感觉和植物神经）的纤维，一般测定运动神经 CV 时，又是测定神经干中传导最快的运动纤维的 CV，因此只有当快传导纤维损伤时才有 CV 的改变。如果受损部位局限在远端末梢部，测定 CV 可以正常，因而掩盖病变的存在。临床发现，周围神经病变的早期，病人主诉只有感觉的障碍，而无运动的障碍和肌萎缩，这时测定感觉神经 CV 便具有重要诊断意义。

测定感觉神经传导速度有两种方法：顺流法和逆流法或称为正流法和反流法。以正中神经为例说明。

a. 顺流法。将指环状电极套在食指上作为刺激电极，并在神经干一点或两点上记录神经的诱发电位。用此法测得的感觉神经的电位比较小，一般不易测得，常需用叠加法才能得到。正中神经感觉传导速度顺流法测定图如图 3-33 所示。

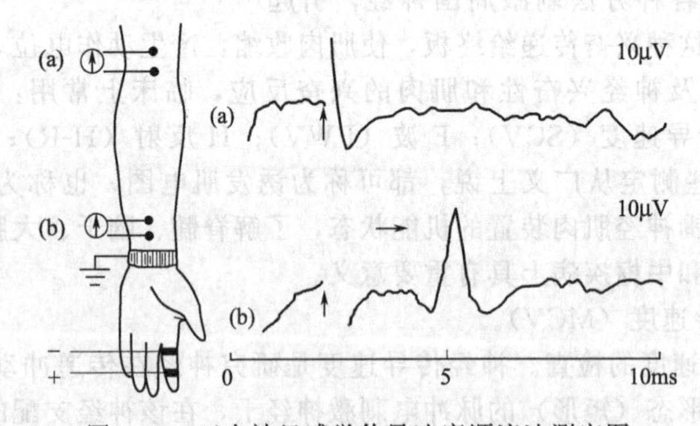

图 3-33 正中神经感觉传导速度顺流法测定图

b. 逆流法。电极安放同顺流法，但以神经干上的两对电极作为刺激电极，而以食指或小指上的环状电极作为记录电极。用此法测得的感觉神经的电位较高，一般容易得到。

在这里需要说明的是：测定运动神经传导速度时，是记录肌肉的活动电位：测定感觉神经传导速度时，是记录神经的活动电位。两者相比，神经活动电位比肌肉活动电位小得多，直接引入放大器进行测定比较困难，一般采用叠加方法来测定。

C. H反射（H-R）。电刺激外周神经干时，在肌电波出现诱发M波之后可出现H波，该波为反射波，为刺激感觉神经后通过脊髓引起的单突触反射的肌电波。M波之后的H波为检查脊髓前角细胞兴奋的重要指标，H反射测定示意图如图3-34所示。

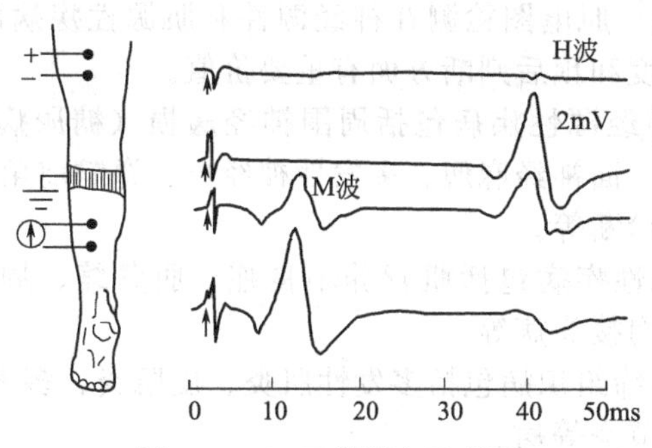

图3-34　H反射测定示意图

电刺激胫后神经引起其支配的腓肠肌、比目鱼肌的诱发电位称为M波，它是直接刺激运动神经纤维的反应。在此反应后，经过一定的潜伏期又出现第二个诱发电位，是刺激感觉神经，冲动进入脊髓后产生的反射性肌肉收缩，该反射因由Hoffman(1918)首先报道，故称H反射。它是一个低阈值反射，即当用弱电流刺激胫后神经时，首先出现H波，而无M波，随着刺激的逐渐增强，H波振幅逐渐增大，达一定水平，再增加刺激强度时，H波便逐渐减小，而M波则逐渐增大，达到最强刺激时M波幅为最大，而H波消失。

主要指标有：

H反射潜伏期，从刺激开始到H反射出现的时间，单位为ms；

H波最大振幅与M波最大振幅之比值，正常应大于1。

D. F反射（FWV）。腕部刺激正中神经诱发的F波如图3-35所示，这是一种多突触脊髓反射。用弱电流刺激周围神经干时，常见在肘部或腕部用脉冲电刺激尺神经或正中神经引导出所支配肌的诱发动作电位M波，约经20～30ms的潜伏期，又可出现第二个较M波小的诱发电位，称F波。切断脊髓后根仍有F波，所以它是由电刺激运动神经纤维产生的逆行冲动到达脊髓所引起的一种反射。在神经干远端点刺激时，诱发的M波的潜伏期比近端点刺激诱发的M波短，F波的潜伏期延长。F波的波幅不随刺激强度改变而改变，但过强刺激时，F波消失。

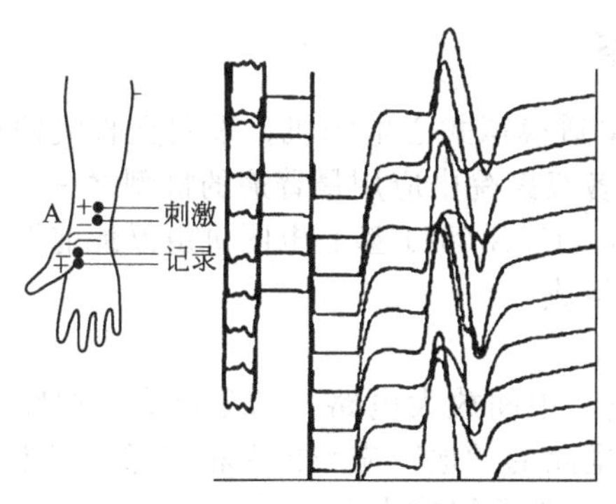

图3-35　腕部刺激正中神经诱发的F波

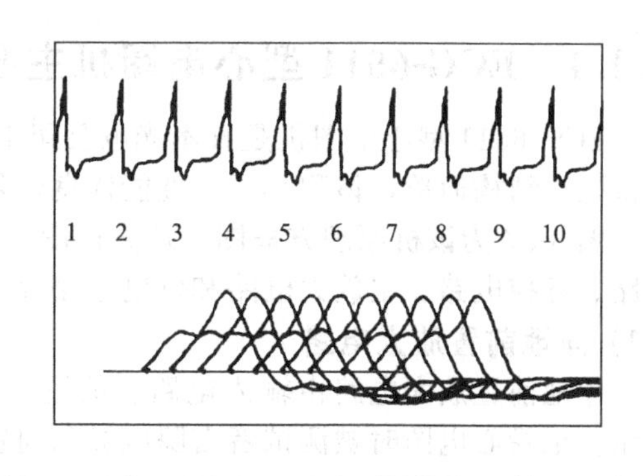

图3-36　重复电刺激波形

E. 重复电刺激（RS）。当有神经肌肉疾患时，用不同频率的电脉冲重复刺激周围神经并记录肌肉的动作电位，是最常用的方法。重复电刺激健康人的周围神经干时，随刺激频率的不同肌电反应有一定的规律性。低频刺激，诱发肌动作电位的振幅不衰减。用每秒 20 次以下频率刺激神经干，短时间不发生疲劳现象。而重症肌无力症患者，用每秒 10 次以下的频率连续刺激，则诱发肌肉的动作电位会进行衰减。重复电刺激波形如图 3-36 所示，这是正常大鱼肌重复电刺激波形图。

④ 肌电图的临床应用　肌电图检测在神经源性和肌源性疾病的鉴别诊断方面，以及对神经病变的定位、损害程度和预后判断方面有重要价值。

A. 神经源性疾病。神经源性疾病包括周围神经病损（糖尿病、酒精中毒、尿毒症等）颈椎病、单瘫运动元性病、面神经麻痹、多发性神经炎、脊髓前角病损、脱髓鞘病、交叉瘫以及神经源性功能障碍的诊断等。

B. 肌源性疾病。肌源性疾病包括肌营养不良症、肌萎缩、周期性麻痹、重症肌无力、肌强直综合征、神经与肌肉接头病等。

C. 结缔组织疾病。结缔组织病包括多发性肌炎、皮肌炎、多发性硬化病、红斑狼疮病、废用性肌萎缩、风湿性关节炎等病。

⑤ 诱发肌电图的临床应用　临床上，诱发电位可用来协助确定中枢神经系统的可疑病变，检出亚临床病灶，帮助病损定位，监护感觉系统的功能状态。尤其在儿科的应用具有重要的临床意义。包括脑干听觉诱发电位（AEP)、视觉诱发电位（VEP）和体感诱发电位（SEP)，以及运动诱发电位和事件相关电位等。

A. 脑干听觉诱发电位。用于婴幼儿听力功能检查、成人听力障碍检查、听神经瘤筛选、脑干病损和机能障碍及脑死亡、麻醉检测，以及各种顽固性眩晕的鉴别诊断。另外，结合耳蜗电图可对梅尼埃病和各种突发性耳聋做出鉴别。

B. 体感诱发电位。诊断周围神经损伤、多发性神经炎、臂丛、腰丛、骶丛外伤病损、多发性硬化、脑干和大脑病变、共济失调等。

C. 视觉诱发电位。用于诊断视觉功能的测定、各种视神经和视网膜损伤、多发性硬化、视神经炎、球后视神经炎、帕金森病等。

D. 运动诱发电位。用于诊断多发性硬化与脑白质营养不良、脑血管病、运动神经元病、外伤性脊髓病、周围神经病和颅神经病损、癫痫、脊髓空洞症、排尿及性功能障碍等病。

3.3　典型医用电子诊断类仪器电路分析

3.3.1　ECG-6511 型心电图机主要电路

ECG-6511 型心电图机是日本光电公司生产的单道模拟式心电图机，采用交直流两用电源供电，结构简单，体积小巧，性能优良，是我国各级医院中应用最普遍的机型之一。

图 3-37 为该机原理方框图，从方框图可以看出，ECG-6511 型心电图机由浮地前置放大电路、键控电路、主放大电路和供电电路等四部分组成。

(1) 浮地前置放大电路

浮地前置放大电路由输入电路、前置放大电路、中间放大电路三部分组成，如图 3-38 所示。记录心电图时被测试者右腿电极和前置放大电路的“地”应与机壳相绝缘，即不与机壳的地相接，故称前者为“浮地”，因此称这部分为浮地前置放大电路。

① 输入电路　输入电路包括输入缓冲放大器、导联选择电路、屏蔽驱动电路和威尔逊网络。

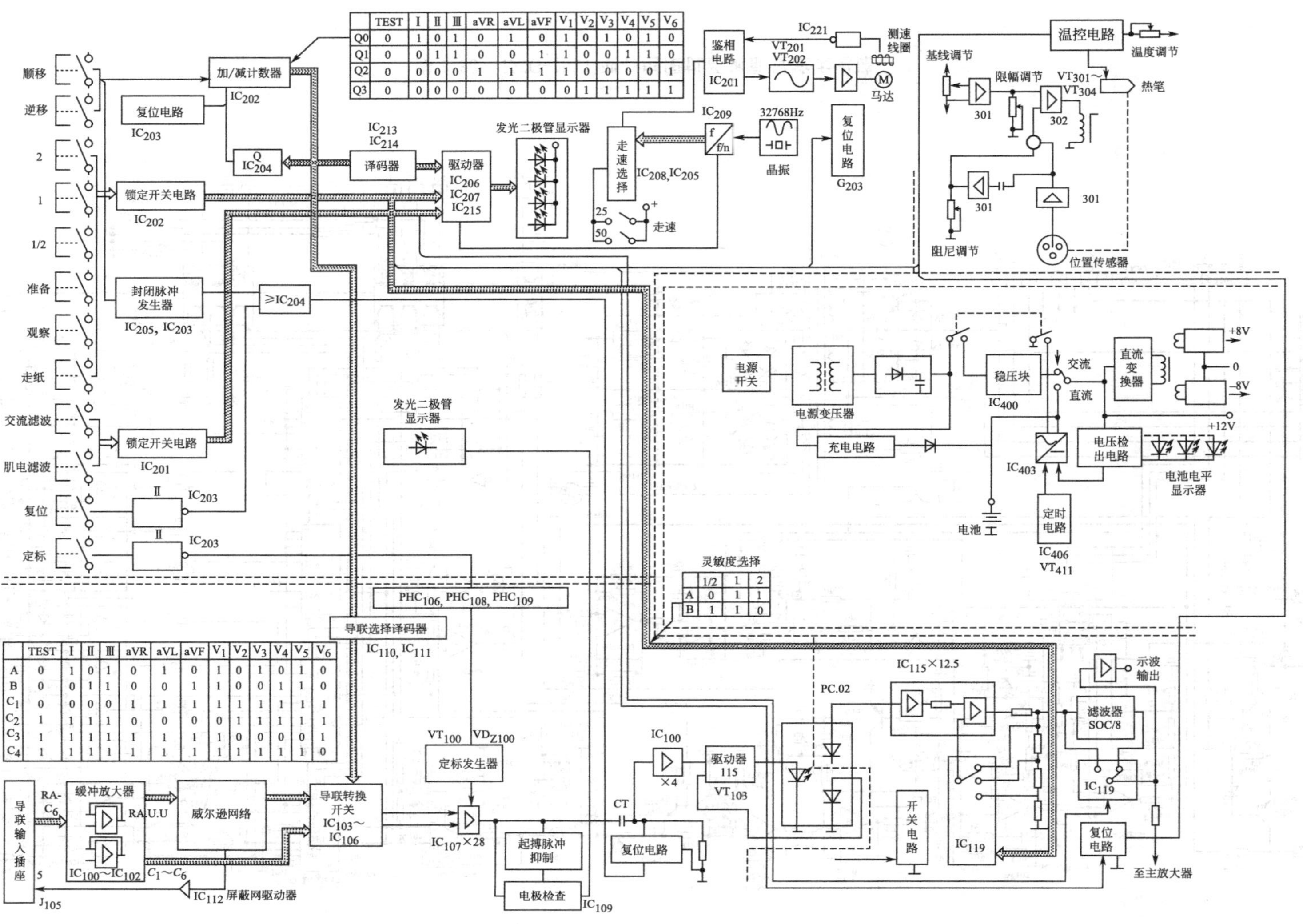

图 3-37 ECG-6511 型心电图机原理框图

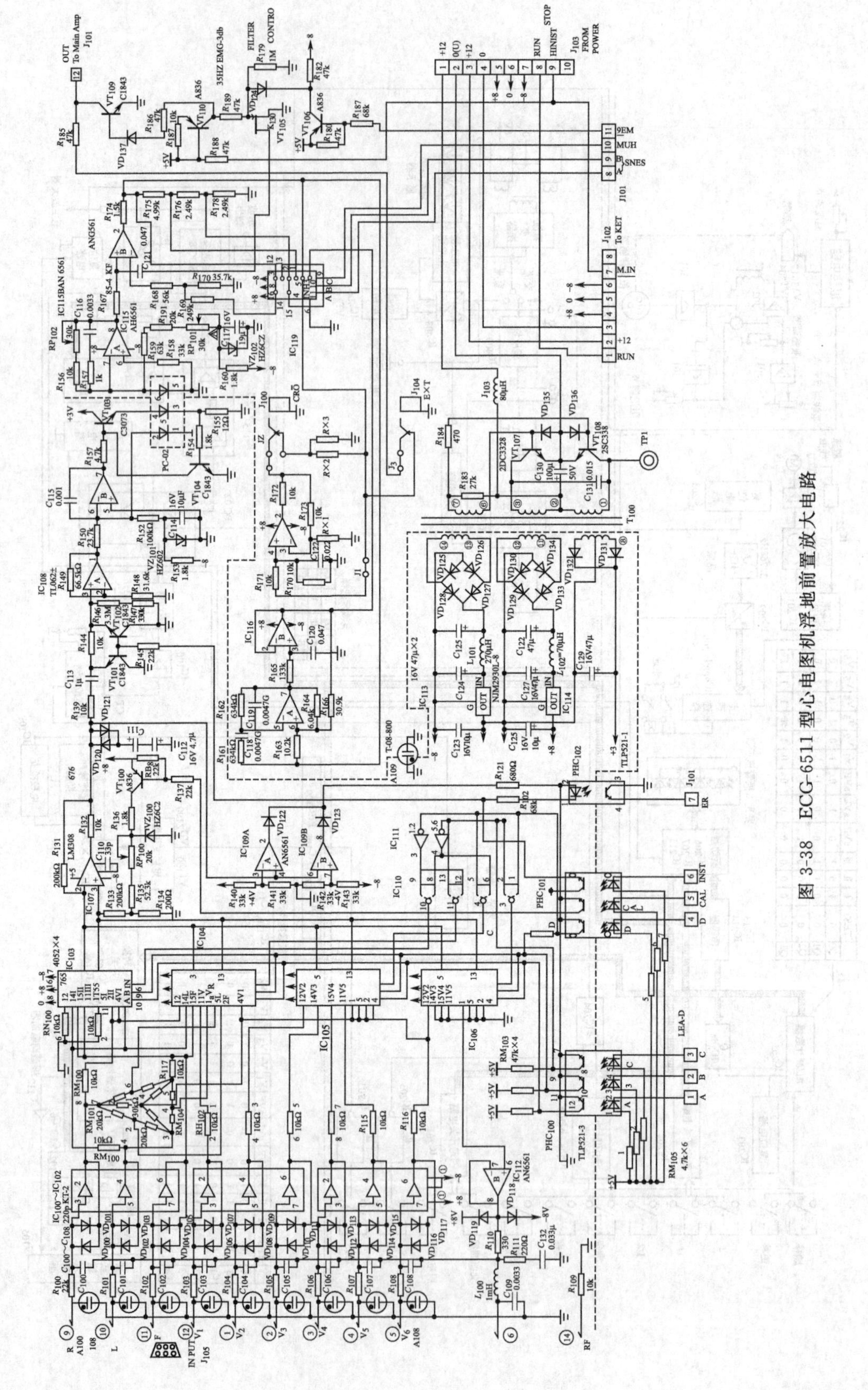

图 3-38　ECG-6511 型心电图机浮地前置放大电路

A. 输入缓冲放大器。从导联电极检测到的心电信号，经导联线送到输入电路的输入端。再经过输入平衡电阻 R_{100}～R_{108}送到专用缓冲放大集成电路 IC_{100}～IC_{102}。IC_{100}～IC_{102}采用 KT-2 集成电路，为电压跟随器电路，该电路输入阻抗很高（可达 100MΩ），而输出阻抗很低，便于和后级放大器匹配。输入保护二极管 VD_{100}～VD_{117}跨接在缓冲放大器的输入输出端。在正常工作时，心电信号只有几毫伏，二极管不导通，因此对心电信号没有影响。当干扰信号大于 0.6V 时，输入保护二极管开始导通，相当于将缓冲放大器输入输出端短路，输入阻抗不再由缓冲放大集成电路来决定，而是取决于威尔逊网络的输入阻抗。因为威尔逊网络的输入阻抗很低，这样干扰信号经过皮肤与电极的接触电阻和输入平衡电阻的分压衰减很大，起到对强干扰信号的抑制作用，从而保护心电信号的正常通过。如图 3-39 所示。

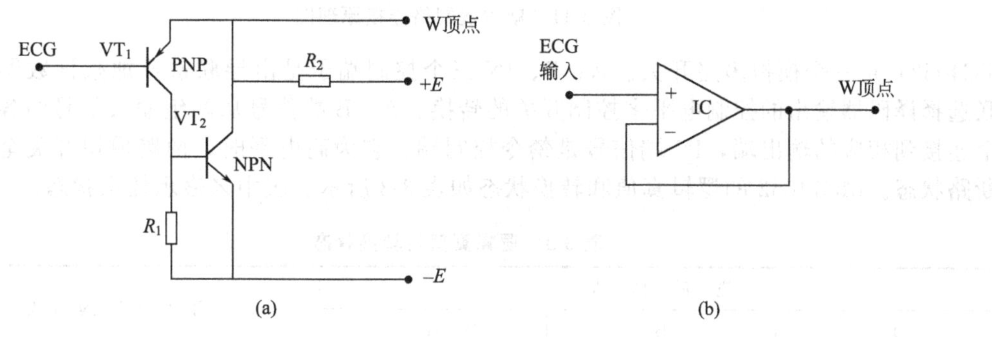

图 3-39 输入缓冲放大器

B. 威尔逊网络的连接。威尔逊网络是由 9 个电阻组成的平衡电阻网络，6 个 20kΩ 电阻组成三角形，3 个 30kΩ 电阻组成星形，如图 3-40 所示。

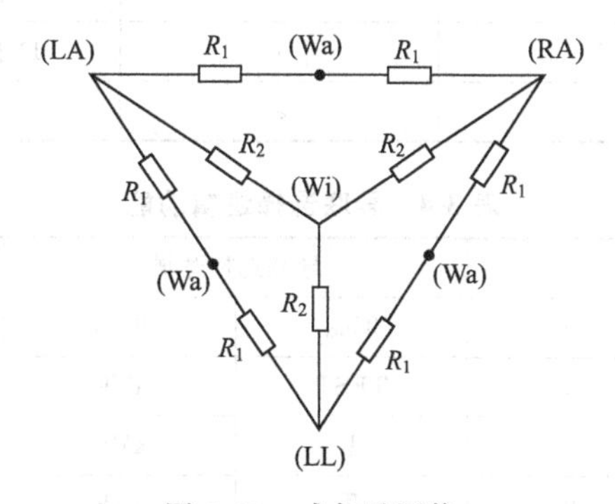

图 3-40 威尔逊网络

网络的 3 个顶点通过缓冲放大器分别与左臂（LA）、右臂（RA）、左腿（LL）电极相接，三角形各边的中点（Wa）是加压肢体导联的相应参考点，星形的中点（Wi）是威尔逊网络中心端。

用威尔逊网络配合导联选择，既可减小均压电阻对心电信号的衰减，又不影响放大器的输入阻抗。通过电位分析可知，威尔逊网络的中心端（Wi）的电位与人体电偶中心点的电位相等，即均可视为零电位。

威尔逊网络的构成及作用前已叙述。心电信号从输入缓冲放大器到导联选择电路，中间要经过威尔逊网络，其连接原理如图 3-41 所示。

C. 导联选择电路。导联选择电路采用模拟电子开关集成电路，可以自动或手动选择各导联。它由 4 个编码控制的电子开关 IC_{103}～IC_{106}所组成，应用的集成电路 MC14052(或

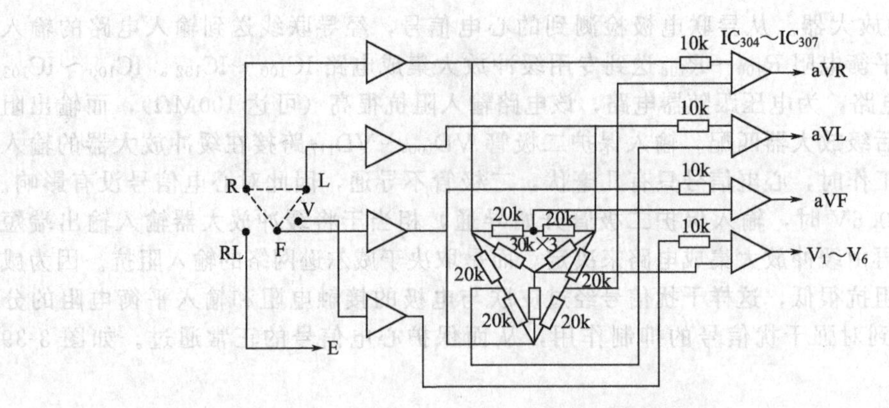

图 3-41　威尔逊网络连接原理图

TC4052）是一个模拟多路开关。A、B、IN 三个控制端子是由导联选择加减计数器通过导联选择译码器输出的控制电平来控制开关的转换。A、B 端信号从两组输入信号中各选出一个连接到相应的输出端，IN 端信号是禁令控制端，它为高电平时，两路模拟开关全部处于断路状态。MC14052 的逻辑真值和转换状态如表 3-3 所示。表中×表示任意状态。

表 3-3　逻辑真值与转换状态

逻辑真值			开关选通的状态	
IN	B	A		
0	0	0	12 接 13 脚	1 接 3 脚
0	0	1	14 接 13 脚	5 接 3 脚
0	1	0	15 接 13 脚	2 接 3 脚
0	1	1	11 接 13 脚	4 接 3 脚
1	×	×	开路	开路

表 3-4　导联选择逻辑功能

输入编码			导联选择逻辑		功能	
IN	B	A	IC_{103}	IC_{104}	IC_{105}	IC_{106}
0	0	0	TEST	aVR	V_2	V_6
0	0	1	Ⅰ	aVL	V_3	闲置
0	1	0	Ⅱ	aVF	V_4	闲置
0	1	1	Ⅲ	V_1	V_5	闲置
1	×	×	不工作	不工作	不工作	不工作

从电路原理图中可见，IC_{103} 选择定标（TEST）和Ⅰ、Ⅱ、Ⅲ导联，IC_{104} 选择 aVR、aVL、aVF 和 V_1 导联，IC_{105} 选择 V_2、V_3、V_4、V_5 导联，IC_{106} 选择 V_6。导联选择逻辑功能如表 3-4 所示。

D. 屏蔽驱动电路。获取心电信号的电极与心电图机的缓冲放大器之间是由一条长约 1.5～2m 的导联线（多股带屏蔽层的电缆）相连接。导联线的输入线（芯线）与屏蔽层之间存在着一定数量的分布电容（约每米有 100pF），为了消除干扰，均将屏蔽层良好接地。

在 50Hz 时，屏蔽层分布电容（约为 200pF）的容抗可达几兆欧，与前置放大器的输入阻抗差不多，由于两者并联，就降低了心电图的输入阻抗。同时各股芯线的屏蔽分布电容值不完全相同，又造成前置放大器两端的输入阻抗不平衡，导致心电图机的共模抑制比（CMRR）下降。其等效电路如图 3-42 所示。此时屏蔽地即是信号地。屏蔽驱动电路可以消除屏蔽分布电容的影响，因为它实际上是一个电压跟随器（增益为 $A_P \approx 1$），其输入阻抗很高。它的同相输入端接威尔逊网络的中心点，即信号地，而输出端接屏蔽层的地。这样既保证了屏蔽层的地与信号地之间是等电位，又可以将屏蔽地与信号地隔离开来，保持了输入电路的高输入阻抗，其等效电路原理如图 3-42(b) 所示。在图 3-38 中 IC_{112}、VD_{118}、VD_{119}、R_{110}、R_{111}、L_{100}、C_{132} 构成屏蔽驱动电路，IC_{112} 采用 AN6561 集成电路，接成电压跟随器电路。

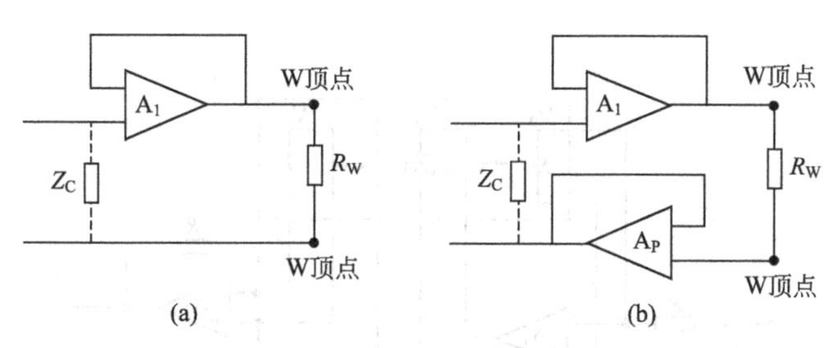

图 3-42　屏蔽驱器等效电路

② 浮地前置放大电路

A. 前置放大器。它是由 IC_{107}、IC_{108A} 组成的。IC_{107} 采用 LM308 集成电路，为差分放大器，增益为 20 倍。它的作用是抑制静电耦合引起的 50Hz 交流干扰和电磁感应引起的共模干扰信号，并放大经导联选择后的心电信号。IC_{108A} 采用 TL062 集成电路，为同相输入负反馈放大器，增益为 4 倍，心电信号被放大后送到光电耦合驱动电路。

B. 1mV 定标电路。由 VT_{100}、VZ_{100}、RP_{100} 和分压电阻 R_{135}、R_{134} 组成 1mV 定标信号发生器。由 SW_{204} 和 IC_{203E} 组成 1mV 定标电压控制电路（该电路见键控电路）。

当按下 SW_{204} 时，便给出一个负脉冲，经 J101 5 脚和 PHC_{101} 耦合，送到 VT_{100} 的基极并使其导通。这样＋8V 电压便通过 VT_{100} 和 R_{136} 在稳压管 VZ_{100} 上得到一个稳定的＋6V 电压，经 R_{135}、R_{134}、RP_{100} 分压，在 R_{134} 上得到 1mV 电压。1mV 标准电压通过 R_{133} 加到 IC_{107} 的同相输入端 3 脚，经放大后用于标定心电信号的幅度。

C. 起搏脉冲抑制电路。起搏脉冲抑制电路的作用是降低起搏脉冲的幅度。它是一个具有限幅作用的高频电路，因此也称为起搏脉冲抑制器。它的限幅电压约为 0.7V，正常心电信号由差分放大后幅度较小，所以对心电信号没有影响。对滤波电容充电后其幅度被压缩展宽，从而将起搏脉冲消除掉。

由 VD_{120}、VD_{121}、C_{111}、C_{112} 组成起搏脉抑制电路。因为装有起搏器的病人做心电图时，其起搏脉冲信号（脉宽 1～3ms、重复频率约 1Hz）和心电信号同时输入心电图机，引起放大器阻塞和基线漂移，造成无法描记心电图。

起搏脉冲使 VD_{120}、VD_{121} 瞬时导通并给 C_{111}、C_{112} 充电，使其幅度被减小并展宽，不影响心电图的描记。

D. 闭锁电路。闭锁电路的作用，一是在导联转换的瞬间，短路（接地）前置放大器的输入端，使放大器停止工作；二是当工作状态开关在“停止”位置时，将直流放大器短路（接地），避免在停止记录时有干扰输入。

导联转换的瞬间，由于各电极与皮肤之间的极化电压互不相等，在前置放大器输入端形成极化电位差值的阶跃信号，使描笔偏移到正常记录范围之外，需要很长时间（与时间常数有关）描笔基线才能恢复到零位，这样就影响后一导联的记录，严重时要损坏记录器和驱动电路。闭锁电路能及时将前置放大器输出端短路，使描笔直接回到零位。

由 VT_{101}、VT_{102} 等组成闭锁电路（即 INST 或 RESET 电路），其中 C_{113} 及 R_{146}、R_{147} 组成时间常数为 3.3s 的时间常数电路。

当按下 SW_{203} 键或转换导联时，键控电路给 VT_{101}、VT_{102} 基极加上一个高电平，使其导通，将前置放大器输出端接地，基线立即回到初始位置。

E. 光电耦合电路。心电图机的漏电流会使做心电图检查的患者受到电击。为确保安全，必须采取隔离措施，即将与受检者相连接的输入部分和前置放大部分的地线同整机的地线相隔离，称这种隔离为“浮地”，被隔离的部分电路，称为“浮地部分”。

光电耦合器是完成隔离的理想器件，效果比其他隔离措施要好，其电路原理如图 3-43 所示。

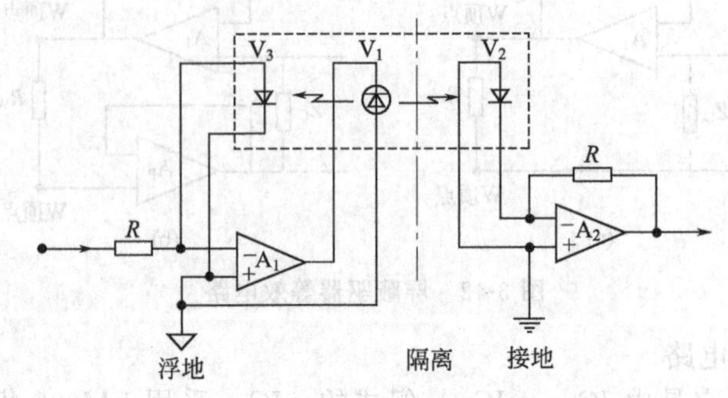

图 3-43　光电耦合器

V_1 是发光二极管，V_2 和 V_3 是两个性能相同的光电二极管，它们之间有良好的绝缘而且封装在一起，构成光电耦合器。传输的电信号经 A_1 放大驱动 V_1 转换成光信号，V_2 将获得的光信号转换恢复为电信号，经放大器 A_2 输出被传输的电信号。V_3 起负反馈作用，以改善传输转换过程的线性。这样既完成了电信号的传输，又隔离开传输通道上的电气连接。

ECG-6511 型心电图机的光电耦合电路由 IC_{108}、VT_{103}、VT_{104}、PC-02 组成，其中 IC_{108B} 和 VT_{103} 构成光电耦合驱动器，作用是将放大后的心电电压信号转变为电流信号，驱动光电耦合器。PC-02 是光电耦合隔离器件，其中：1、2 是负反馈端，外接光敏反馈器件，反馈电压信号由 2 端送入 IC_{108B} 的反相输入端，起稳定 IC_{108B} 工作点的作用。3、4 端接发光二极管，5、6 端是输出端。光电耦合隔离器件将接收的心电信号耦合到非浮地放大电路，并送到直流放大器 IC_{115A} 的输入端。由于光电耦合器件的发光强度和电流关系曲线在低电流时的线性差，因此要预置一定的工作电流，以避开工作在线性差的区域，R_{153}、R_{152}、R_{159}、R_{191} 和 RP_{101} 就是为预置起始工作电流用，以确保光电耦合器工作在线性区。RP_{101} 是基线置零调节电位器，调节它可以使前置放大电路的输出在无信号时直流电压为零伏。VT_{104} 和 R_{155} 组成光电耦合器的保护电路。当发光管中的电流过大（R_{155} 上的压降大于 0.7V），VT_{104} 导通，将 VT_{103} 的基极电流对地短路，保护光电耦合器的发光二极管。

③ 中间放大电路

A. 增益调节放大器。由 IC_{115A}、RP_{102} 等组成。IC_{115} 为 AH6561 集成运放，RP_{102} 是增益调节电位器，调节它可以改变前置放大电路的总增益。正常情况下，调节 RP_{102} 应使 1mV 标压信号在前置放大电路的输出为 0.5V。在标准灵敏度时，该级增益为 16 倍。

B. 高频滤波电路。因为心电的频谱很宽，经过光电耦合后的心电信号中高频干扰成分增多。由 R_{157}、C_{116} 组成的高频负反馈网络，可以滤除高频干扰。

C. 灵敏度/滤波选择电路。由 IC_{115B}、R_{175}、R_{176}、R_{178} 和负反馈电阻 R_{169} 组成负反馈放大器，和模拟开关集成电路 IC_{119} 等构成灵敏度/滤波选择电路。

根据 A、B、C 三个输入端的来自键控电路的输入编码决定选通状况。灵敏度和滤波

(ON/OFF) 的选择功能与编码关系，如表 3-5 所示。心电信号经选择及放大后，送到主放大电路。当灵敏度选择为"1"时，该级增益为 16 倍。

表 3-5 选择功能与编码关系

输入编码真值	选择功能	输入编码真值	选择功能
C B A	灵敏度	× 0 1	× 2
× 0 0	×1/2	0 × ×	滤波 OFF
× 1 1	× 1	1 × ×	滤波 ON

D. 交流/肌电滤波电路。由 IC_{116A}、IC_{116B} 和 R_{161}～R_{166}、C_{118}～C_{120} 组成有源陷波网络的交流滤波电路，抑制 50Hz 交流干扰并将其衰减为原振幅的 1/8。

由 R_{167}、C_{121} 组成肌电干扰滤波电路，用驱动器 VT_{105}、VT_{106} 来控制，抑制 35Hz 肌电干扰并将其衰减 3dB。

E. 比例运算放大器。IC_{117} 为同相输入比例运算放大器，当需要从前置放大器输出端引出心电信号（通过 J_{100} 插口）时，该级才起放大作用。

经过灵敏度/滤波选择后的心电信号，要再经过外部输入信号插座（J_{104}）的常开接点（J_3）后，由 J_{101} 插座的 12 脚送到主放大器电路。

F. 基线置零电路。由 VT_{109}、VT_{110} 组成基线置零电路。当工作方式选择在"STOP"位置时，由键控电路板送来的低电平使 VT_{110}、VT_{109} 导通。VT_{109} 相当于一个控制开关，它导通，使前置放大电路输出的信号对地短路，从而使基线回到位置。

G. 电极脱落检测电路。由 IC_{109}、VD_{122}、VD_{123} 和 R_{140}～R_{143} 组成该机特有的电极脱落检测电路。

IC_{109} 为比较器电路，采用 AN6561 集成电路。R_{140}、R_{141} 和 R_{142}、R_{143} 为分压器，将 ±8V电源电压分压为±4V 的参考电压，分别加到比较器 IC_{109A} 的反相（3 脚）和 IC_{109B} 的同相（6 脚）输入端上。由前置放大器 IC_{107} 输出的信号分别加到 IC_{109A} 的 4 脚和 IC_{109B} 的 7 脚输入端上。在正常情况下，IC_{109A} 和 IC_{109B} 输出低电平，VD_{122} 和 VD_{123} 不导通。当电极与皮肤接触不良或电极脱落时，有±200mV 或更大的干扰信号通过导联线加在 IC_{107} 的输入端，经放大后，幅度大于±4V 的干扰信号加到比较器 IC_{109} 上，不论其正负，总会使其输出一个高电平，VD_{122} 或 VD_{123} 导通。该高电平通过光电耦合器 PHC_{102}，驱动键控电路板上的电极监测发光二极管 LED_{217} 发光报警，表示电极已经脱落。

(2) 键控电路

由 14 个功能控制按键（SW_{201}～SW_{214}）、电子开关电路、INST 控制电路、上升/下降编码电路、译码电路、电机转速控制电路等组成键控电路，如图 3-44 所示。该机是依靠逻辑电路实现控制的。

① 功能选择按键 14 个功能选择按键（SW_{201}～SW_{214}）的功能依次为：上升（前进）键（ADV）、下降（后退）键（REV）、闭锁键（RESET）、1mV 定标键、启动（START）、观察（CHECK）、停止（STOP）、灵敏度选择开关（×2、×1、×1/2）、肌电干扰抑制（EMG）、交流干扰抑制（HUM）、纸速转换（25、50）。

② 电子开关电路 IC_{201} 采用 TC9130P 集成电路，IC_{202} 采用 TC9135P 集成电路，组成电子开关电路。

由于工作状态（STOP、CHECK、START）和灵敏度分别只能同时选择一项，因此这些按键的控制采用一种双路互锁式电子开关集成电路 IC_{202}。IC_{202} 内部有两组电子开关，其中 IN_1～IN_3 对应 OUT_1～OUT_3 为第一组，担负对工作状态（STOP、CHECK、START）的选择；IN_4～IN_6 对应 OUT_4～OUT_6 为第二组，担负对灵敏度（×1/2、×1、×2）的选

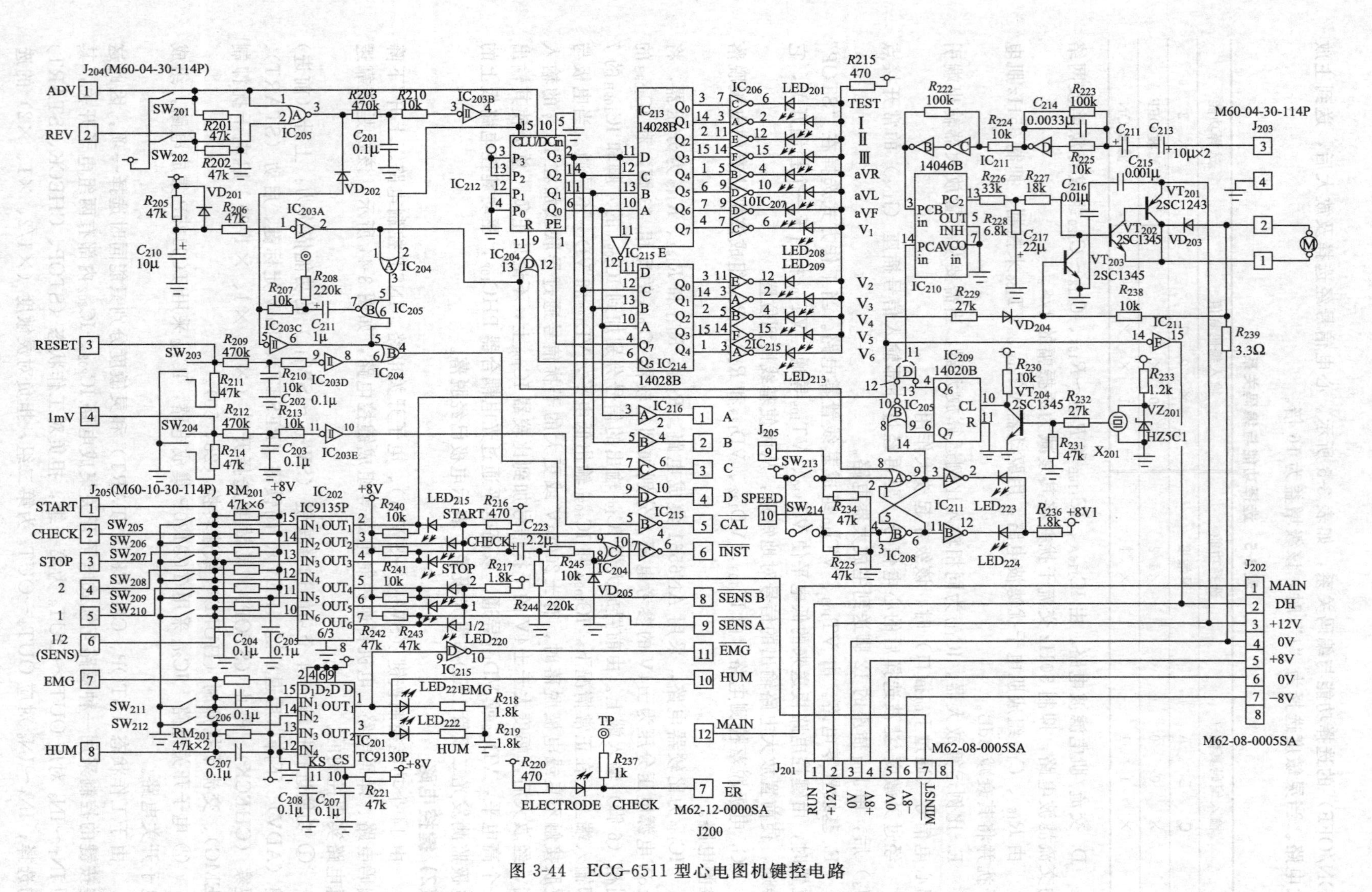

图 3-44 ECG-6511 型心电图机键控电路

择。两组开关各允许选通一个开关，不允许一个以上的开关同时选通。IN 端输入为低电平时开关选通，并输出低电平。输出的低电平分为两路，一路控制功能电路，完成相应的工作状态及灵敏度转换；另一路点亮对应的发光二极管，指示按键动作的完成，采用 LED_{215}～LED_{220} 分别作为六项功能的选通指示。

IC_{201} 是一种循环自锁式电子开关。两组开关可同时工作，亦可单独工作。由于肌电滤波和交流感染抑制互不相关，因此这种循环自锁式电子开关适合于滤波功能的控制。IN_1 用于控制肌电干扰抑制，IN_2 用于控制交流干扰抑制。当 IN_1 输入为低电平时开关接通，OUT_1 输出高电平打开肌电滤波器，同时点亮 LED_{221} 和指示肌电滤波器工作。当 IN_2 输入为低电平时开关接通，OUT_2 输出高电平打开交流干扰滤波器，同时点亮 LED_{222} 和指示交流干扰滤波器工作。

③ 闭锁（INST）控制电路　闭锁控制电路（即 RESET 或 INST 电路）由初始置零电路和基线置零控制电路组成。

A. 初始置零电路。由 R_{205}、C_{210} 和 IC_{203A} 组成。它的作用是当电源接通的瞬间输出一个正脉冲，使编码器（IC_{212}）的输出端全部置零。

因为接通电源时，C_{210} 两端电压不能突变，IC_{203A} 输入为零电平，输出即为高电平。由于充电 C_{210} 上电压达到逻辑电路的驱动值时，IC_{203A} 的输出由高电平变为低电平，即接通电源的瞬间产生一个正脉冲输出。

B. 基线置零控制电路。由 SW_{203}、IC_{203D} 组成。按下 SW_{203} 时，IC_{203D} 便输出一个高电平，并通过 IC_{204D} 和 IC_{204C} 两个正或门及 IC_{215C} 非门反相输出一个负脉冲，送到前置放大电路去启动 INST 电路。

另外，由初始置零电路和转换导联开关所产生的两种控制信号，经过由 IC_{203C} 和 IC_{205B} 组成的单稳电路后，输出一个正脉冲。用它启动 INST 电路，使开启电源瞬间或转换导联期间，将干扰信号对地短路及基线置零。

当工作方式转到 STOP 状态时，从 IC_{202} 的 4 脚输出一个由正变零的跳变，经 C_{223} 在 R_{244} 上产生一个正脉冲，再经 IC_{204C} 和 IC_{215}，亦作为 INST 电路的启动脉冲。同时 IC_{202} 的 4 脚输出的零电平，仍作为主置零（MINST，即 MAININST）控制信号，分别送到前置放大电路和电源电路去。

④ 上升/下降编码电路

A. 编码器。上升/下降编码器 IC_{212} 是一种加减计数器，它有预置计数和加减计数两种工作方式。

5 脚为总控制端，高电平时不允许计数，若接地则两种工作方式均可以。1 脚为计数方式控制端，高电平时为预置计数，低电平时为加减计数。10 脚为加减计数控制端，高电平时作加法计数，低电平作减法计数。9 脚是复位控制端，低电平时计数，高电平时将输出端全部置零。第 4、12、13、3 脚是编码数据输入端，第 6、11、14、2 脚是数据输出端。输入控制逻辑真值与计数功能对应关系如表 3-6 所示。

表 3-6　逻辑真值与计数功能关系

控制端第 5 脚	加减控制第 10 脚	计数方式第 1 脚	复位控制第 9 脚	计数功能
1	×	0	0	不计数
0	1	0	0	加法
0	0	0	0	减法
×	×	1	0	预置计数
×	×	×	1	输出置零

B. 键控编码电路。由 IC_{205A}、IC_{203B}、IC_{212} 和 SW_{201}、SW_{202} 等组成键控编码电路，完成导联选择上升（ADV）或下降（REV）的功能。

⑤ 译码电路 开机接通电源，由于初始置零电路的作用，使 IC_{212} 的输出置零。当按下 SW_{201} 键时，有一个高电平加在 10 脚上，编码器上升计数。同时，该正脉冲通过 IC_{205A}、R_{203} 和 C_{201} 的延迟电路及 IC_{203B} 反相门，送到 IC_{212} 的 15 脚计数时钟输入端，使输出编码加 1。如原状态是"0000"，加 1 后变成"0001"，即导联前进一步。当按下 SW_{202} 键时，10 脚通过 R_{201} 接地，输入低电平，编码器作下降（减法）计数。同样给 15 脚一个正脉冲，使输出端编码减 1。如原状态是"1100"，减 1 后变成"1011"，即导联从 V_6 选择降为 V_5。

IC_{212} 输出端 Q_3～Q_0 的编码与导联选择状态的关系如表 3-7 所示。

表 3-7 Q_3～Q_0 输出编码与导联选择状态的关系

导联选择状态	IC_{212} Q_3～Q_0 输出编码			
	D	C	B	A
TEST	0	0	0	0
Ⅰ	0	0	0	1
Ⅱ	0	0	1	0
Ⅲ	0	0	1	1
aVR	0	1	0	0
aVL	0	1	0	1
aVF	0	1	1	0
V_1	0	1	1	1
V_2	1	0	0	0
V_3	1	0	0	1
V_4	1	0	1	0
V_5	1	0	1	1
V_6	1	1	0	0

由 IC_{213} 和 IC_{214} 组成，该译码集成电路是将四位二进制数据变为十进制数据的译码器，它的 11、12、13、10 脚为输入端（D、C、B、A），Q_0～Q_9 为十个输出端，这里只用 Q_0～Q_7。

从 IC_{212} 输出的 BCD 码加到 IC_{213}、IC_{214} 上，当编码从"0000"变化到"1001"时，输出端 Q_0～Q_9 将随着输入编码加"1"而依次输出一个高电平，对应看作为十进制的 0～9。

IC_{213} 和 IC_{214} 的接法，使其成为一个 0～15 的计数器。当 IC_{212} 输出端编码达到"1100"时，IC_{214} 的 Q_4 输出一个高电平，导联选择指示在 V_6。若再按一下 SW_{201} 键，IC_{212} 输出"1101"，IC_{214} 的 Q_5 输出一个高电平，通过 IC_{204D} 启动 IC_{212} 的复位控制端，将 IC_{212} 输出全部置零，使导联选择状态又回到 TEST 位置。

当 IC_{212} 输出为"0000"时，IC_{213} 的 Q_0 输出高电平，导联选择状态设置为 TEST，此时如果按下 SW_{202} 键，则 IC_{212} 输出为"1111"，IC_{214} 的 Q_7 输出一个高电平，加到 IC_{212} 的 PE 端，将 IC_{212} 输出设置为"1100"，IC_{214} 的 Q_4 输出一个高电平，导联选择指示在 V_6。

译码电路输出的信号，通过 IC_{206}、IC_{207}、IC_{215A} 的非门，驱动发光二极管，显示所选择的导联。同时，通过 IC_{216} 驱动门后，送到导联转换模拟电子开关的控制端上，控制导联的选择。

⑥ **电机转速控制电路** 现在心电图机大都采用锁相环技术控制传动走纸电机的稳速和调速。图3-45所示为其原理框图。

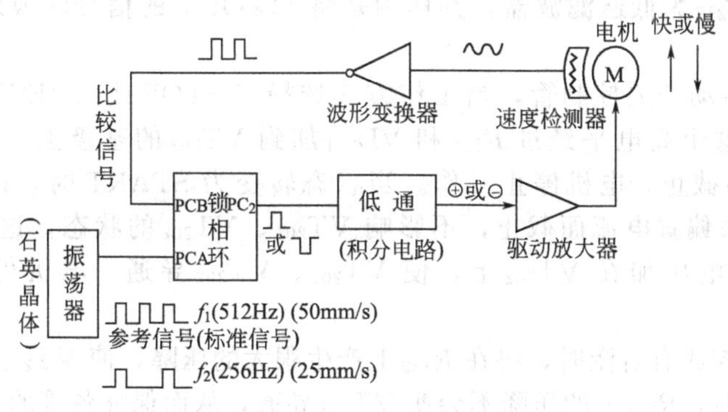

图3-45 锁相环控制稳速、调速电路

稳速与调速电路是由振荡器、锁相环专用集成电路（相位比较器）、低通滤波器、驱动放大器、电机、速度检测器、波形变换器等组成的。

当电机转速下降时，速度检测器从电机转轴上得到感应信号，产生频率正比于电机转速的交流电压，经波形变换器将其变换成同频率的脉冲信号。该信号送到相位比较器的比较信号（PCB）端，比较信号的频率随电机转速下降而下降。此时与参考信号（PCA）相比，相位落后，经相位比较器的比较有正脉冲信号输出（PC_2），脉冲宽度正比于相位落后时间。该信号经过低通滤波器（积分电路），成为直流正电平的电压信号，其电压大小正比于脉冲宽度，加到驱动放大器后，驱动放大器的输出电压上升，使电机速度由慢加快（反之亦然），实现稳速。

若改变振荡器参考信号的频率，从上述稳速工作过程可知，亦能达到改变电机转速的目的。因此，对应电机的两挡转速（25mm/s、50mm/s）的参考信号频率可选为某两个固定频率，如25mm/s选对应参考信号电压频率为256Hz；50mm/s对应参考信号电压频率为512Hz，则在此额定频率时，可相应将电机稳定在该对应转速上。所以，调速是通过改变振荡器的参考信号频率实现的。

采用锁相环技术的稳速与调速电路，其精密度取决于振荡器的频率稳定性，一般采用石英晶体振荡器即可以满足要求。

A. 基准频率产生电路。由石英晶振X_{201}产生32.768kHz的标准振荡信号，稳压管VZ_{201}和R_{233}为X_{201}提供恒定电压，以稳定频率。经分频器IC_{209} 64分频，从Q_6输出512Hz基准频率，作为50mm/s走纸速度的控制信号；经128分频，从Q_7输出256Hz基准频率，作25mm/s走纸速度的控制信号。

B. 走纸速度选择控制电路。由SW_{213}、SW_{214}和R-S触发器IC_{208A}、IC_{208B}以及控制门IC_{205B}、IC_{205D}等组成。

当按下SW_{213}键时，IC_{208}的6脚输出高电平，经IC_{211B}反相后点亮LED_{224}，指示走纸速度为25mm/s，同时9脚输出低电平加到IC_{205B}的8脚，使IC_{209} Q_7端输出的256Hz信号输入通过IC_{205B}与Q_6端输出的512Hz信号相与，从IC_{205D}的11脚输出256Hz信号作为25mm/s纸速的基准频率加到锁相块的PCA端。

当按下SW_{214}键时，IC_{208}的6脚输出低电平，9脚输出高电平，9脚输出的高电平一路通过IC_{211A}反相后点亮LED_{223}，指示走纸速度为50mm/s，另一路加到IC_{205B}的8脚，使IC_{205B}关闭，IC_{209} Q_7端输出的256Hz信号无法通过IC_{205B}。IC_{209}的Q_6端输出的512Hz信号作为50mm/s纸速的基准频率通过IC_{205B}加到锁相块的PCA端。

C. 锁相环控制稳速电路。由锁相环 IC_{210}、电机伺服控制管 VT_{201} 和 VT_{202}、速度检测和波形整形电路 IC_{211}、R_{222}～R_{225}、C_{212}～C_{214}、开关控制管 VT_{203}、速度检测器等组成。R_{226}～R_{228}、C_{217} 为低通滤波器，其作用是将 PC_2OUT 的信号转换成为相应值的直流电平。

VT_{203} 为电机启动开关控制管，当工作方式选择在 STOP 或 CHECK 状态时，IC_{202} 的 2 脚输出高电平。这个高电平经过 R_{229} 和 VD_{204} 加到 VT_{203} 的基极上，使 VT_{203} 导通，从而使 VT_{201}、VT_{202} 截止，电机停止工作。当状态转变为 START 时，IC_{202} 的 2 脚输出低电平，VT_{203} 因失去偏置电流而截止，不影响 VT_{201}、VT_{202} 的状态，这时由 IC_{201} 13 脚输出的电机启动工作电压加在 VT_{202} 上，使 VT_{201}、VT_{202} 导通，电机得到驱动电流正常工作。

当电机转速失控或有自激时，将在 R_{239} 上产生很大的压降，使 VT_{203} 导通，停止电机工作。而在正常工作时，R_{239} 上的压降不会使 VT_{203} 导通，从而保证各管的正常工作。

整个电路的工作原理是：由 IC_{205} 送来的电机转速控制信号加到相位比较器 IC_{210} 的 PCA 端，而由电机转速传感器检测到的转速反馈信号，经 IC_{211}、C_{214}、R_{222}、R_{223} 放大整形为 256Hz 或 512Hz 的脉冲比较信号，加到 IC_{210} 的 PCB 端，当电机实际转速加快或减慢时，反馈到 PCB 的脉冲频率会相应的比预设的基准频率增大或减小。此时输入端的脉冲相位就会产生相位差，经相位比较器比较后，将相位差转换为输出端直流电平的变化。当电机转速提高时，使输出直流电平降低，反之增高。当比较信号与基准信号相同时，相位差为零，相位比较器输出的直流电平不变，保证电机转速稳定。

IC_{210} 13 脚输出电平的典型值在纸速为 25mm/s 时为 2.8V，纸速为 50mm/s 时为 4.7V。

(3) 主放大电路

主放大电路由心电信号放大集成电路 IC_{301}、IC_{302}，晶体管功率放大器 VT_{301}～VT_{304}，热笔加温控制集成电路 IC_{303}、位置反馈记录器等组成，如图 3-46 所示。

① 主放大器　IC_{301} 是多功能放大器，设有供调节用的增益电位器 RP_{301}、基线零位电位器 RP_{302}、极限电位器 RP_{303}、阻尼电位器 RP_{304}、基线位置电位器 RP_{306}。

从浮地前置放大电路的 J_{101} 12 脚送来的心电信号通过增益微调电位器 RP_{301} 加到 IC_{301} 的输入端 12 脚，位置传感器检测的正比于热笔转角的电位，加到 IC_{301} 的另一输入端 3 脚。当检测到的反馈电压与心电信号电压相位相同、幅度相等，比较差值为零，热笔停止工作，当比较信号的差值不为零时，由 15 脚输出，再经 IC_{302} 和 VT_{301}～VT_{304} 放大，驱动笔电动机带动热笔在记录纸上描记出心电图。

IC_{301} 的 2 脚是限幅放大器的限幅范围控制端，接极限调节电位器 RP_{303}，以调节记录笔的上下极限位置，即限幅放大器的限幅范围。

IC_{301} 的 1 脚是阻尼控制放大器的增益控制端，接阻尼调节电位器 RP_{304}，以改变反馈信号中的高频信号分量的增益，即改变记录器的阻尼范围。

IC_{302} 是激励放大器，供给功放管 VT_{301}～VT_{304} 激励电流，最后由功放级输出推动热笔描记的驱动电流。

② 位置反馈式记录器　心电图的描记常用动圈式记录器。心电信号以电流形式通过记录器线圈，线圈中电流增大，通过线圈在磁场里产生的转动力矩也大，线圈的偏转角即增大，与线圈相固定的描记笔亦随之移动，便实现心电波形的记录。维持线圈及时回到偏转前的基线位置，需用机械盘香状的弹簧对线圈施加平衡反力矩。位置反馈记录器的特性制约记录器，代替盘香弹簧的作用，因此称位置反馈记录器为“电子弹簧”。

位置反馈记录器是由位置信号检测器、位移（检波）放大器、微分放大器、功率放大器等组成的，工作原理框图如图 3-47 所示。

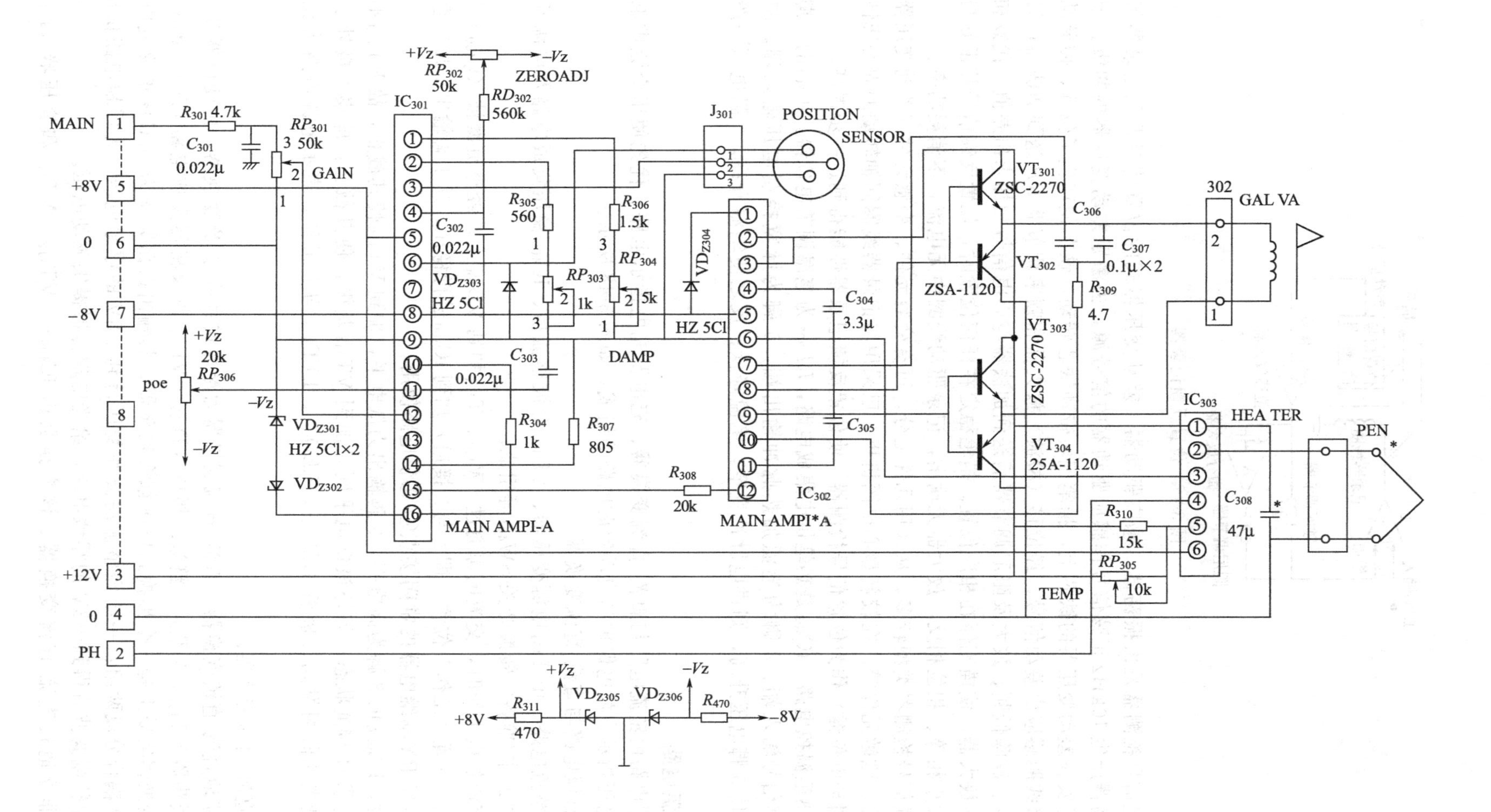

图 3-46　ECG-6511 主放大器电路图

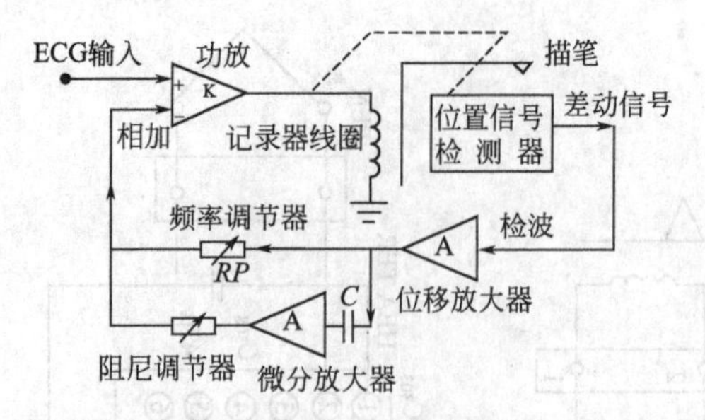

图 3-47　位置反馈记录器

位置信号检测器是由振荡器、感应驱动器、差动变压器式的位置传感器及记录器组成的。振荡器产生 10kHz 正弦信号作感应驱动器的信号源，去激励差动变压器的初级。记录器的描笔安在差动变压器的铁芯上，描笔偏转带动铁芯转动，铁芯便产生了位移，使差动变压器次级线圈感应出差动信号，经位移（检波）放大器和频率调节器 *RP* 送到加法器；另一路经微分、滤除低频、放大及阻尼调节器后送到加法器与心电信号相加求出差值（代数和），送入功率放大器，使描笔停在相应位置。描笔稳定在任何位置时，位置反馈信号都正好与输入信号大小相等、相位相反，放大器无输出，记录驱动线圈中无电流，不消耗功率。

位置信号检测器类型较多，从采用元件上分，可有变容元件、变感元件（差动变压器）、变阻元件、磁敏元件等。在较新型心电图机里，已采用与记录器线圈同轴转动的固态线性电位器（同轴电位器）作为位置信号检测器，使位置反馈记录器性能得到进一步提高。

③ 热笔温控电路　IC_{303}是热笔供电集成电路，RP_{305}为笔温调节电位器。IC_{303}的 4 脚为笔温控制信号输入端、2 脚为笔温加热脉冲输出端，5 脚为脉宽控制电压输入端。调节 RP_{305}，使 5 脚电压升高，则供电脉冲变窄，笔温降低；反之使笔温升高。5 脚电压一般为 4～5V。

(4) 电源电路

电源电路由整流电路与直流-直流变换器、充电及充电指示电路、优先使用交流供电与蓄电池电压指示、放电保护与自动定时电路等组成，如图 3-48 所示。

① 整流电路与直流-直流变换器

A. 整流电路。由 T_{401}电源变压器、VD_{400}全波整流桥、IC_{400}稳压集成电路及电源开关 SW_{400}、“工作/准备”转换开关 SW_{401}等组成。

当交流供电工作时，交流电源通过 SW_{400}、T_{401}加到 VD_{400}上。经整流滤波（C_{400}）后，再经 SW_{401}（置“工作”位置，即 1 与 2 接通）加到 IC_{400}进行稳压，从 1 脚输出＋12V 直流电压，再经 RY_{400}继电器的常闭接点④-①供电路使用。

此时，IC_{403A}的 8 脚为高电平，9 脚输出为低电平，加到 VT_{400}使其截止，故 RY_{400}不工作，维持④-①接通状态；另外该低电平同时加到 VT_{414}基极，使其截止，即集电极处于高电平，则电池监测发光二极管 LED_{400}、LED_{401}、LED_{403}均不工作，表示电源电路为交流供电。

B. 直流-直流变换器。

a. 浮地直流-直流变换器。直流-直流变换器为浮地式直流-直流变换器，由变压器 T_{100}、晶体管振荡器 VT_{107}、VT_{108}、整流二极管 VD_{125}～VD_{134}以及稳压集成电路 IC_{113}、IC_{114}组成。该变换器实质上是一个推挽式电感耦合振荡器，其输出振荡频率为 20kHz 的交变电压经变压器耦合分成两组：一组经整流滤波和稳压得到±8V 的浮地电压，为浮地电路供电；另一组经整流滤波后得到＋3V 的浮地电压，给光电耦合器提供驱动电压。

b. 非浮地式直流-直流变换器。该变换器由 IC_{406A}、VT_{412}、VT_{413}和变压器 T_{402}组

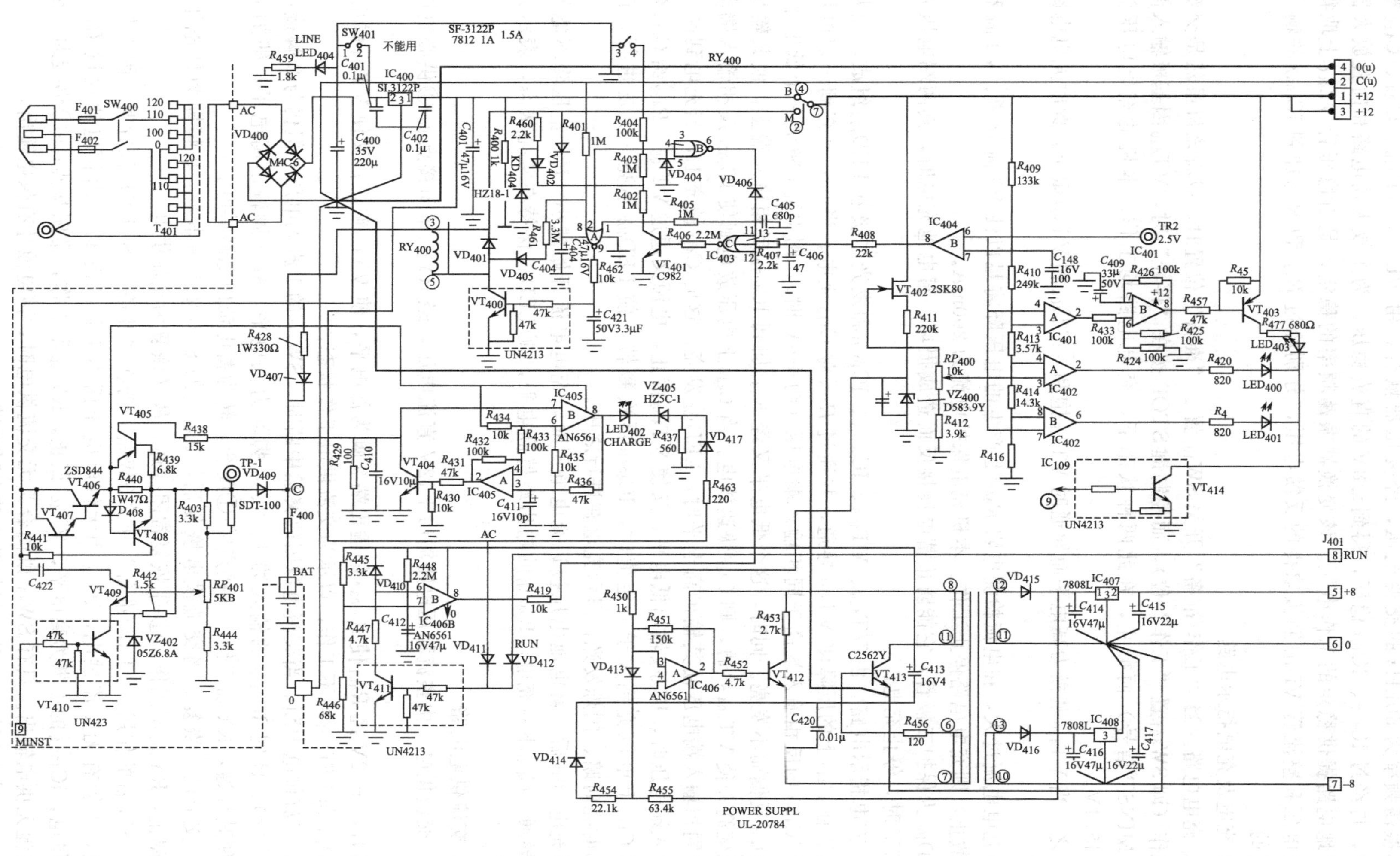

图 3-48 ECG-6511 型心电图机电源电路

成，其振荡频率为50kHz的交变电压，经变压器耦合，由VD_{415}、VD_{416}、C_{414}、C_{416}整流滤波，再经过IC_{407}、IC_{408}稳压，得到±8V的直流稳压，为主放大器电路和前置放大器的非浮地电路提供稳定的工作电压。该变换器振荡频率的稳定，是由稳压管VZ_{400}上取得的稳定电压和整流管VD_{415}阴极取得的反馈电压，分别经过R_{450}和R_{455}加到IC_{406A}的输入端决定的。

② 充电及充电指示电路

A. 充电电路。当“工作/准备”开关SW_{401}置于“准备”位置时，或者该机虽然是交流供电工作（即SW_{401}置“工作”位），而控制键STOP按在“停止”时，VT_{410}因基极输入低电平（MINST信号）而截止，在此两种状态下，充电电路均工作。本机的充电电压为15.3～15.4V。

反之，当VT_{410}基极为高电平而导通时VT_{409}饱和，VT_{406}和VT_{407}截止，此时充电电路不工作。

若充电电流过大，在电流检测电阻R_{440}上产生的电压降将足以使VT_{408}导通、VT_{406}和VT_{407}截止，则充电电路停止工作。本机充电保护电流为200mA。

VD_{409}为保护二极管，它能防止蓄电池接反而造成损坏。蓄电池充电时，其两端电压升至14.7V时，停止充电。

B. 充电指示电路。由VT_{404}、VT_{405}、IC_{405A}、IC_{405B}和发光二极管LED_{402}组成。正常充电电流在R_{440}上的压降使VT_{405}导通，并通过R_{438}对C_{410}充电。当C_{410}上充到一定电压值，即IC_{405B}的反相输入端高于同相输入端电压（约+6V时），则IC_{405B}输出一个低电平，使LED_{402}反偏而不发亮。同时，这个低电平又经R_{436}加到IC_{405A}反相输入端上，使其输出端由低变高并使VT_{404}导通，则C_{410}快速放电。当C_{410}上电压放电到使IC_{405B}反相输入端电压低于同相输入端电压使其输出高电平时，LED_{402}发亮。这时C_{411}被充电，当充电到高于同相输入端电压时，IC_{405A}输出低电平，又使VT_{404}截止，电源又通过VT_{405}、R_{438}给C_{410}充电。当C_{410}上电压充到大于一定值时，IC_{405B}再次翻转，使LED_{402}不亮。反复进行，使LED_{402}时亮时暗、闪烁发光，显示充电在进行之中。

当充电10h后，蓄电池电压接近充电电压时，充电电流开始减小，R_{440}上压降不能使VT_{405}导通，C_{410}不被充电，IC_{405B}的输出维持高电平，则LED_{402}保持在常亮状态，表示充电完毕。

③ 交流供电电路

A. 交流供电。由整流稳压电路输出+12V直流电压，经RY_{400}常闭接点①-④供心电图机工作。

同时，+12V经R_{401}使IC_{403A}的输出端9脚为低电平，使VT_{400}截止；又使VT_{414}截止，令LED_{400}和LED_{401}均不工作，以示为交流供电工作状态。

B. 交流供电中断。当交流电源因故突然中断时，SW_{401}的1脚无电压，但仍与2脚接通（工作位置），此时IC_{403A}的输入端1、2、8脚均为低电平，故9脚输出高电平，即加到VT_{400}使其导通，RY_{400}工作，使接点②-①闭合，转为蓄电池向电路供电。

C. 交流供电恢复。当交流供电恢复后，IC_{403A}的8脚又为高电平，9脚即为低电平，VT_{400}截止，RY_{400}不工作，④-①恢复常闭接通，故又恢复为交流供电。

D. SW_{401}的作用。“工作/准备”开关SW_{401}，若在“准备”（STBY）位置时，因1与2没接通，不管有无交流供电，IC_{400}因无供电电压而不工作。而IC_{403}由蓄电池通过R_{460}、VD_{402}供电，IC_{403A}的1脚为高电平，VT_{400}截止，RY_{400}不工作，常闭接点④-①仍接通，因此蓄电池无供电输出。只有SW_{401}既闭合又无交流供电时，蓄电池才有供电输出。

④ 蓄电池电压指示、放电保护及自动定时电路

A. 蓄电池电压指示电路。由 IC_{401A}、IC_{401B} 和 LED_{403}，IC_{402A} 和 LED_{400}，IC_{402B} 和 LED_{401} 组成蓄电池电压指示电路。蓄电池的电压充足时三只指示灯（发光二极管）全亮，电压下降后两只指示灯亮，降至需充电时则只有一只指示灯闪烁，形成三级电压指示。

电路中，VT_{414} 起控制作用。交流供电时，因基极为低电平而截止，三只指示灯负端无通路而不工作；蓄电池供电时，VT_{414} 导通使三支指示灯负端接地，形成工作通路。VT_{402} 为恒流源，与 VZ_{400} 组成稳压电路。经 R_{412} 和 RP_{400} 分压，从电位器中心抽头送出＋2.5V 作为电压比较器的参考电压。R_{409}、R_{410}、R_{413}、R_{414}、R_{416} 为精密电阻，构成四级分压器。

当电池电压＞＋12V，即蓄电池电压充足时，分压器加在 IC_{404B} 反相输入端 7 脚的电压高于 6 脚电压（即＞＋2.5V），IC_{404B} 输出为低电平，使 IC_{403C} 输出为高电平，加到 VT_{401} 基极并使其导通，又使 IC_{403A} 输出为高电平，加到 VT_{414} 基极并使其导通，三支指示灯形成工作通路。此时，由分压器加在 IC_{402A}、IC_{402B} 的同相输入端 4、6 脚电压＞＋2.5V 高于反相输入端电压，使其输出均为高电平，所以 LED_{400}、LED_{401} 工作发亮。同时，分压器加在 IC_{401A} 的反相输入端 3 脚电压＞＋2.5V，高于同相输入端电压，使输出为低电平，VT_{403} 导通，LED_{403} 工作发亮。三支指示灯全亮，表明蓄电池电压充足。

当电池电压＜＋12V，即使用时间长而使电池电压降低时，分压器加在 IC_{402B} 的 6 脚的电压首先降低到＜＋2.5V，其输出由高电平变为低电平，LED_{401} 因失去工作电压而停止发亮。

当电池电压＜＋11.7V，因电池电压继续降低，使分压器加在 IC_{402A} 的 4 脚的电压＜＋2.5V，其输出也由高电平变为低电平，LED_{400} 也停止发亮。

当电池电压＜＋10.7V 时，分压器加在 IC_{401A} 的 3 脚的电压降低，其输出为高电平使 IC_{401B} 输出也为高电平，VT_{403} 截止，LED_{403} 停止发亮。但此高电平通过反馈电阻 R_{426} 给 C_{409} 充电，充至 7 脚电压高于 6 脚电压时，IC_{401B} 翻转，又输出低电平，使 VT_{403} 又导通，LED_{403} 又发亮。同时，C_{409} 通过 R_{426} 向输出端放电，而 IC_{401A} 输出端恒为高电平，放电至 7 脚低于 6 脚电压时，IC_{401B} 又翻转，VT_{403} 截止，LED_{403} 停止发亮。而 C_{409} 又重新充电，周而复始地进行充放电循环，令 LED_{403} 闪烁发光，提醒使用者，蓄电池该进行充电了。

B. 蓄电池过放电保护电路。当电池电压＜＋10V 时，分压器使 IC_{404B} 的 7 脚电压＜＋2.5V，低于同相输入端电压，其输出为高电平，使 IC_{403C} 输出低电平，VT_{401} 截止。VT_{401} 集电极电位由低电平变为高电平，使 IC_{403A} 的 9 脚为低电平，VT_{400} 截止，RY_{400} 停止工作，接点①-②断开，即蓄电池停止供电。起到防止蓄电池过放电的保护作用。

C. 自动定时断电保护电路。由 R_{445}～R_{448}、C_{412}、VD_{410} 和 IC_{406} 组成。R_{448} 与 C_{412} 的时间常数决定自动定时的控制时间。当用蓄电池供电工作，打开电源开关又不立即按 START 键做心电记录时，则过 1～4min 后就自动断开蓄电池供电，以减少电池损耗。

当工作方式选在 STOP 或 CHECK 位置时，＋12V 电压通过 R_{448} 向 C_{412} 充电，充电到使 IC_{406B} 的 6 脚高于 7 脚电压时，输出高电平并加到 IC_{403C} 的 12 脚上，使其输出低电平，VT_{401} 截止，IC_{403A} 输出低电平，VT_{400} 截止，RY_{400} 释放，接点①-②断开，切断蓄电池供电，起到自动定时断电的作用，延长蓄电池的使用寿命。

该定时器在交流供电状态或记录工作状态（RUN）时，失去定时控制功能。此时，VD_{411} 或 VD_{412} 均获高电平使 VT_{411} 导通，R_{447} 即 C_{412} 上的电压下降至低于 IC_{406B} 的 7 脚上电压，IC_{406B} 输出低电平。该低电平通过 IC_{403C}、VT_{401}、IC_{403A} 和 VT_{400} 控制 RY_{400} 工作，把蓄电池与电路接通，这样就保证了心电图机正常工作。

3.3.2 典型脑电图机电路分析

脑电图机是一部精密的记录脑电波形的医用电子仪器，它由六部分组成：输入选择电路、放大电路、时标电路、电阻测量电路、定标电压电路和稳压电源电路。如图 3-49 所示，现分述如下。

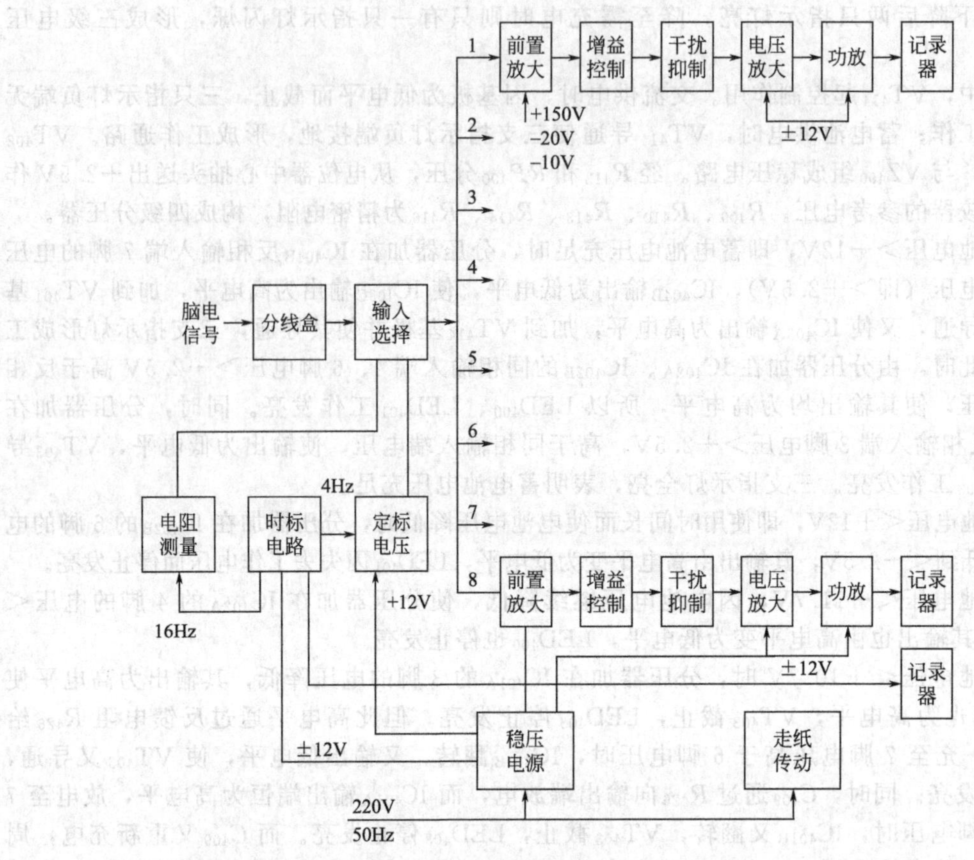

图 3-49 典型的脑电图机方框图

① 输入选择电路 脑电信号的输入选择由两部分组成：总导联选择和分道选择。分道选择开关 K_1 是一单刀 23 位套轴波段开关，其外轴是放大器负输入端（电子管 G_1）的选择开关；其内轴为正输入端（电子管 G_2）的选择开关；整个脑电图机共有 8 个这种开关，每道一个。当总导联开关 K_2 位于“分道”位置时，输入信号就由这个分道选择开关 K_1 进行选择。总导联开关 K_2 是一个八挡按键开关。每挡具有 20 刀双位。其中 1～16 刀分别控制 1～8 道放大器的输入，其余 4 刀控制导联标记的波形。

② 放大电路 放大器包括前置放大、电压放大、功率放大、时间常数、滤波和增益控制电路以及干扰抑制电路。

A. 前置放大器。由电子管 G_1 和 G_2（6N4）组成两级差分放大器，如图 3-50 所示。两级差分放大之间采用阻容耦合，一般时间常数为 2s，电路中晶体管 VT_1、VT_3 组成两个恒流源，分别用以提高两级差分放大器的共模抑制比。结型场效应管 VT_3 组成共模负反馈电路，即从电子管 G_2 公共阴极取出共模信号，将其反馈到晶体管 VT_1 的基极，而结型场效应管在这里用作源极跟随器，起到阻抗隔离的作用，避免降低电子管 G_2 的阴极动态电阻。电路中 R_1、R_2、C_1 组成低通滤波器，用以消除外界的高频干扰。

B. 电压放大器。如图 3-51 所示，由结型场效应管 VT_7、VT_8 和晶体管 VT_9、VT_{10} 组成两级差分放大器，晶体管 VT_{11} 组成射极输出器，电阻 R_{43}、R_{44}、R_{45} 和电位器 RP_4 组成反馈网络，将输出电压反馈到结型场效应管 VT_8 的栅极，调节 RP_4 可以改变反馈量的大

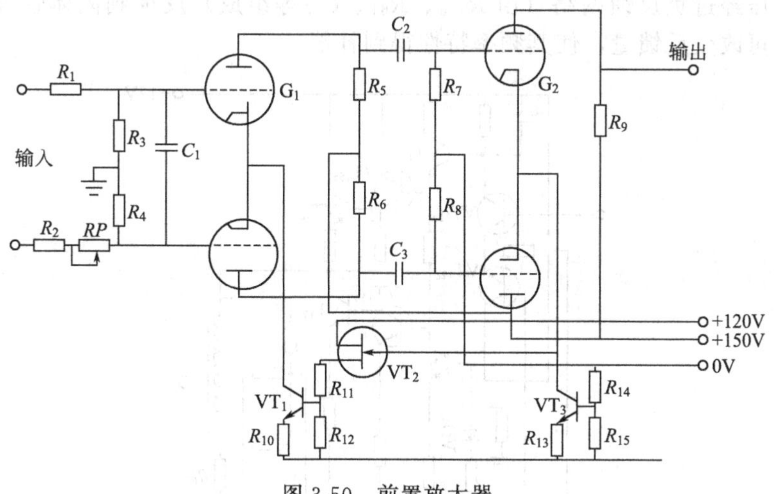

图 3-50 前置放大器

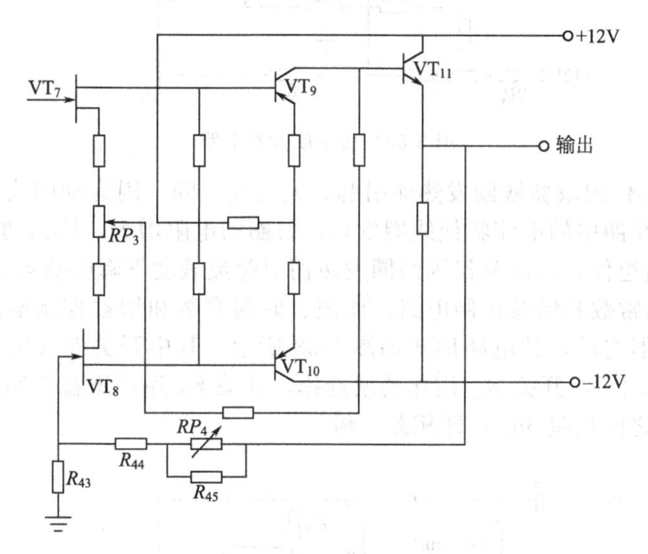

图 3-51 电压放大器

小，用作增益细调。电位器 RP_3 用作平衡调节。

C. 功率放大器。功率放大器电路如图 3-52 所示，采用双三极管 VT_{12a}、VT_{12b} 组成一级单端输出的差分放大器电路，电路有两个输入端，其中一个输入端加入信号，另一个输入端加上一个直流移位电压；通过电位器 RP_6 的调整，可以改变直流移位电压的数值，使基线的零位可以上下移动。晶体管 VT_{13} 和 VT_{14} 组成一级放大器。晶体管 VT_{14} 在这一级可以看作一个恒流源，因为其集电极的输出阻抗可以作为晶体管 VT_{13} 的集电极负载阻抗，使该级增益得到提高。晶体管 VT_{15} 也是一个双三极管，其中两个管子分别和晶体管 VT_{16}、VT_{17} 组成复合管，即复合管 VT_{15a}-VT_{16} 和 VT_{15b}-VT_{17}。由这两个复合管再组成互补复合电路，从而构成一个单端推挽电路，用作功率输出级。

其动圈式记录器的线圈即是单端推挽电路的负载。电路中要求双晶体三极管 VT_{15} 是由一对对称的三极管 PNP 和 NPN 组成，以便组成上述互补复合电路。晶体二极管 VD_{38} 用作对晶体管 VT_{14} 进行温度特性补偿，改善温度特性。

为了补偿记录器的频率特性，使其高频端特性得到扩展，可采用负反馈原理。即将记录器线圈上的电压经过负反馈网络（由 RP_6、R_{64}、C_{17} 等组成）反馈到晶体管 VT_{12b} 的基极，调节电位器即可改变反馈量，使其频率特性得到补偿。

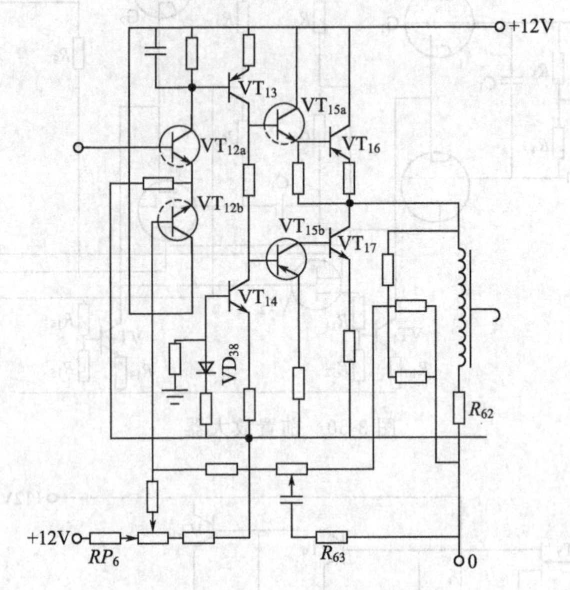

图 3-52 功率放大器电路

电阻 R_{62} 用作补偿记录器线圈发热而引起的灵敏度下降。因为动圈式记录器的线圈有一定的电阻，工作时线圈中的电流将使线圈发热，线圈的电阻增大，输出功率下降。利用电阻 R_{62} 作为电流负反馈组件，可以补偿因线圈发热而引起灵敏度下降的缺点。

D. 滤波、时间常数和增益控制电路。滤波、时间常数和增益控制电路位于前置放大电路和两级差分放大器之后，其电路形式如图 3-53 所示。其中开关 K_{3A} 用于选择不同的时间常数（1s、0.3s、0.1s），开关 K_{3B} 用作滤波选择，开关 K_4 用作增益控制调整，利用电阻分压，使其相邻两挡之间相差 6dB，即相差一倍。

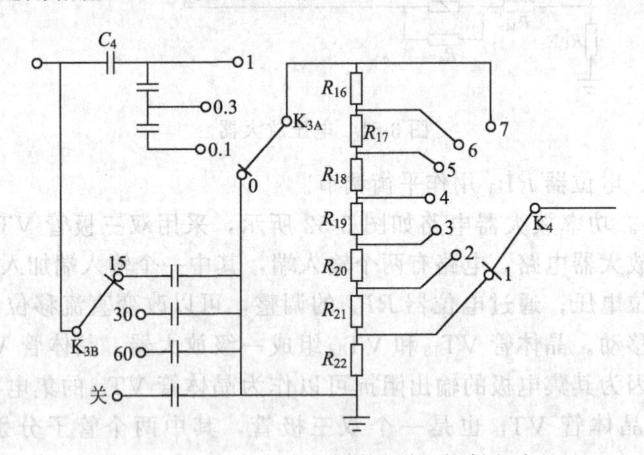

图 3-53 滤波、时间常数和增益控制电路

E. 干扰抑制电路。干扰抑制电路如图 3-54 所示。该电路位于滤波、时间常数和增益控制电路之后。它是一个典型的有源双 T 滤波电路。其中 R_{23}、R_{24}、R_{25} 和 C_{11}、C_{12}、C_{13} 组成双 T 对称电桥，是一个具有选频特性的滤波网络。其谐振频率 $f_0=\frac{1}{2\pi RC}$，电路中的 $R=R_{23}=R_{24}=14.5\text{k}\Omega$，$C=C_{11}=C_{12}=0.22\mu\text{F}$，所以 $f_0=50\text{Hz}$。有源双 T 滤波电路比双 T 滤

波电路的幅频特性更尖锐，如图 3-55 所示，其滤波效果更好。即在抑制 50Hz 干扰的同时不会把有用的信号也滤掉，故这种有源双 T 滤波电路在脑电图机中得到广泛应用。

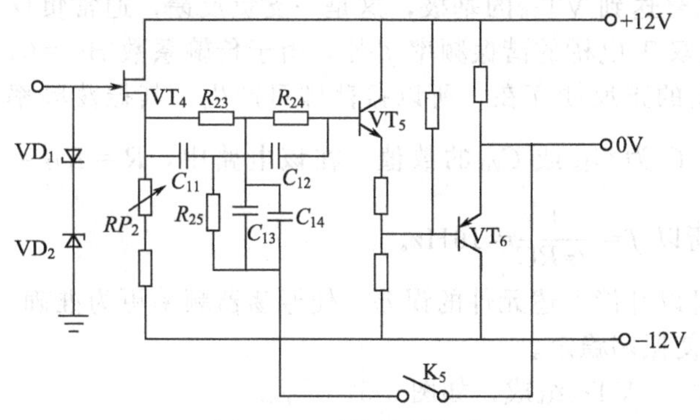

图 3-54　干扰抑制电路

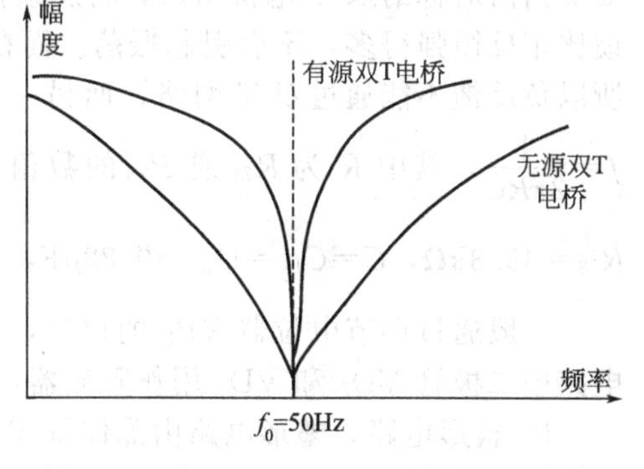

图 3-55　有源和无源双 T 电桥的幅频特性

电源中场效应管 VT_4 组成源极跟随器，提高双 T 电路的输入阻抗，在场效应管 VT_4 的输入回路中接入稳压二极管 VD_1、VD_2，可将 VT_4 的栅极输入电压限制在±6V 之内，对场效应管 VT_4 起保护作用。晶体管 VT_5、VT_6 组成两级串联的射极输出器。采用二级串联可以提高 VT_5 基极对地的输入阻抗，提高电路对信号的传输能力。

电路中 K_5 为干扰抑制开关，当需要抑制 50Hz 干扰时，即可将 K_5 闭合，此时反馈信号送到双 T 电桥。由于双 T 电桥具有对 50Hz 尖锐的衰减特性，使 50Hz 的干扰得到极大地抑制，而且有用信号仍然得到正常传输，从而实现了对 50Hz 干扰的抑制作用。

电路中电位器 RP_2，用以调节输出直流电平，使其维持在 0V，使描笔基线稳定。

③ 时标电路　时标电路包括：16Hz 振荡器、整形电路、分频电路、“与”门电路、“或”门电路和继电器动作电路。现分别叙述如下。

A. 16Hz 振荡器。由晶体管 VT_{18}、VT_{19}、VT_{20} 和 VT_{21} 组成 16Hz 振荡器。其电路形式如图 3-56 所示。

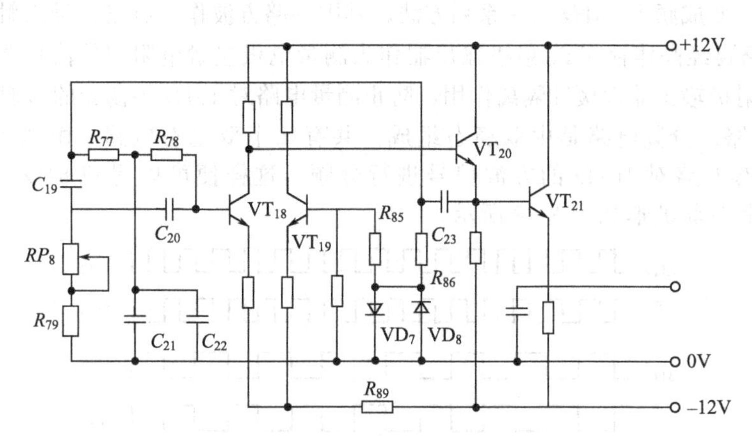

图 3-56　16Hz 振荡器电路

其中晶体管 VT_{18} 和 VT_{19} 组成差分放大电路，晶体管 VT_{20} 和 VT_{21} 组成串联的射极输出器。电路中电阻 R_{77}、R_{78} 和 R_{79}、电位器 RP_8、电容 C_{19}、C_{20}、C_{21} 组成一个对称的双 T 电桥，作为选频网络，其谐振频率为 f_0。在谐振频率时，其传输系数为 $\beta_T=0$。16Hz 振荡器的工作原理可以概述如下：即当电路接通时，由晶体管 VT_{18}、VT_{19} 所组成的差分放大电路将有一个输出电压送到晶体管 VT_{20} 的基极。当差分电路输出电压送到 VT_{20} 的基极之后，从

VT_{20}的发射极经耦合电容C_{23}有两个反馈支路，分别将反馈信号反馈到VT_{18}和VT_{19}的基极上，其中R_{85}、R_{86}组成反馈支路，分别将信号送到VT_{19}的基极，这是一支正反馈；另一反馈支路由对称的双T电桥组成，将反馈信号送到VT_{18}的基极，这是一支负反馈，通常负反馈比正反馈强得多，不会引起振荡。而在双T电桥的谐振频率f处，由于传输系数$B_T=0$，所以负反馈不能通过双T网络，而另一支的正反馈存在，所以振荡即可产生，其振荡频率$f=\frac{1}{2\pi RC}$，其中R为R_{77}或R_{78}的数值，C为C_{19}或C_{20}的数值。在该电路中，$R=R_{77}=R_{78}=45.3\text{k}\Omega$，$C=C_{19}=C_{20}=0.22\mu\text{F}$，所以$f=\frac{1}{2\pi RC}=16\text{Hz}$。

一般通过调节电位器RP_8的位置，可以补偿上述元件的误差，使振荡器频率更为准确。电路中二极管VD_7和VD_8用作限幅器，使振荡稳定。

B. 整形电路。整形电路由晶体管VT_{22}、VT_{23}组成，如图3-57所示。

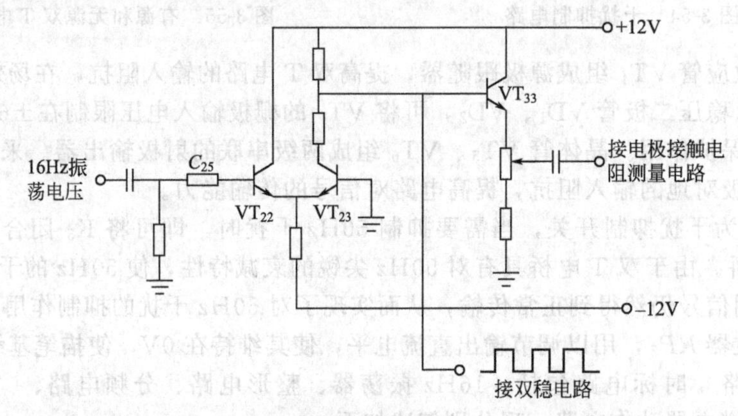

图3-57　整形电路

由16Hz振荡器送来的正弦振荡电压，经耦合电容C_{25}送到VT_{22}的基极，经晶体管VT_{22}、VT_{23}进行整形，变成频率16Hz的一系列方波，其中一路方波作为触发信号去触发后级的双稳态电路；另一路再经晶体管VT_{33}射极输出器作为测量电极接触电阻用的信号源。这里晶体管VT_{33}所组成的射极输出器起缓冲隔离作用，防止测量电路对16Hz振荡器的影响。

C. 分频电路。分频电路是由双稳态组成，共有四个双稳态电路，由八个晶体管组成。利用四组双稳态电路对16Hz的方波信号进行分频，这样便可以得到8Hz、4Hz、2Hz和1Hz的方波。其分频波形如图3-58所示。

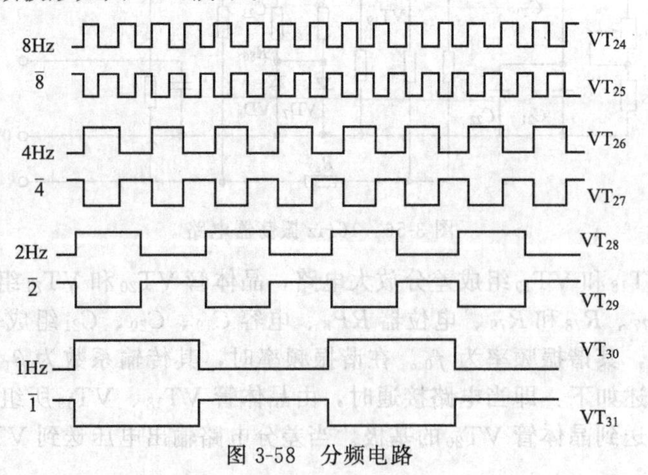

图3-58　分频电路

D.“与”门电路。“与”门电路也由四组电路组成。分别由四个二极管和一个电阻组成，分别用 A、B、C、D 标记。以上四组“与”门电路的波形如图 3-59 所示。

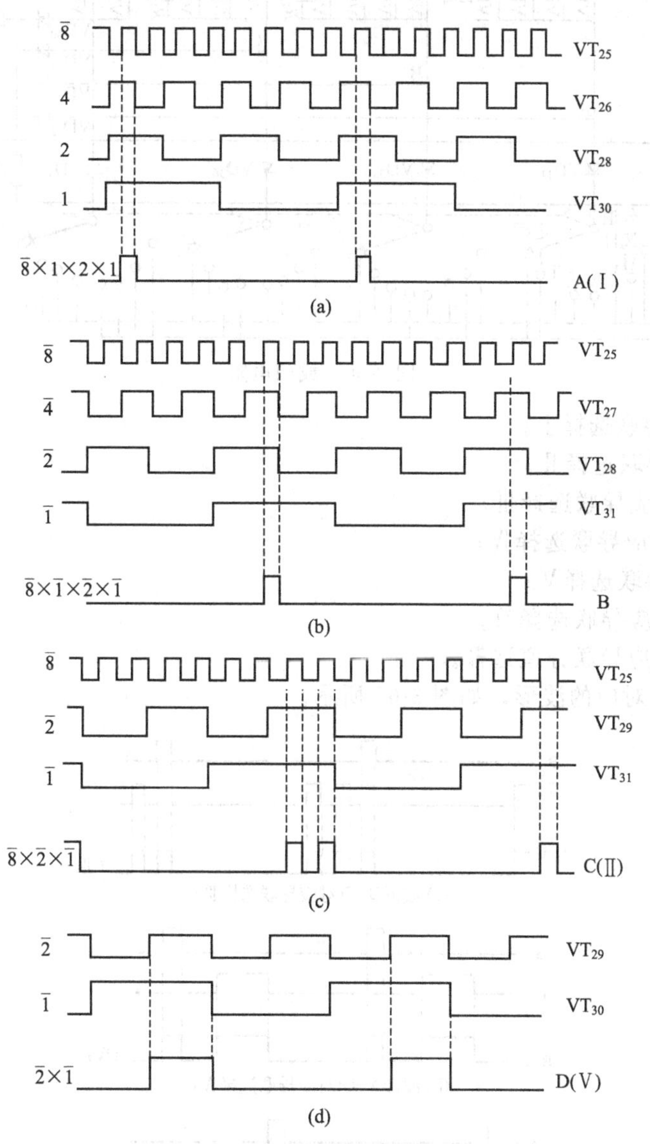

图 3-59 四组“与”门电路的波形

E.“或”门电路。“或”门电路由四个二极管 VD_{30}、VD_{31}、VD_{32}、VD_{33} 和电阻 R_{134} 组成。如图 3-60 所示，共有四个输入端，分别和“与”门电路产生的输出波形 A、B、C、D 相连接，其中 A 组波形与 VD_{33} 相连接、B 组与 VD_{32} 相连接、C 组与 VD_{31} 相连接、D 组与 VD_{30} 相连接。A、B、C、D 四组信号不是同时加到“或”门电路，而是受总导联开关 K_2 的四个刀来进行选择；当信号“A”经二极管 VD_{34} 接到总导联开关 K_2 的一个刀上，若这个刀接的是零电位，则信号 A 就不能加到“或”门；若这个刀接的是高电位（+12V），则信号“A”就加到二极管 VD_{33} 上。

按照同样的道理，经过总导联开关 K_2 的选择，可得到四种波形：B+C、A+D、B+D 和 C+D；另外还有原来的三种波形 A、C、D；二者合起来总共有七个波形，分别与总导联开关选择相对应，即：

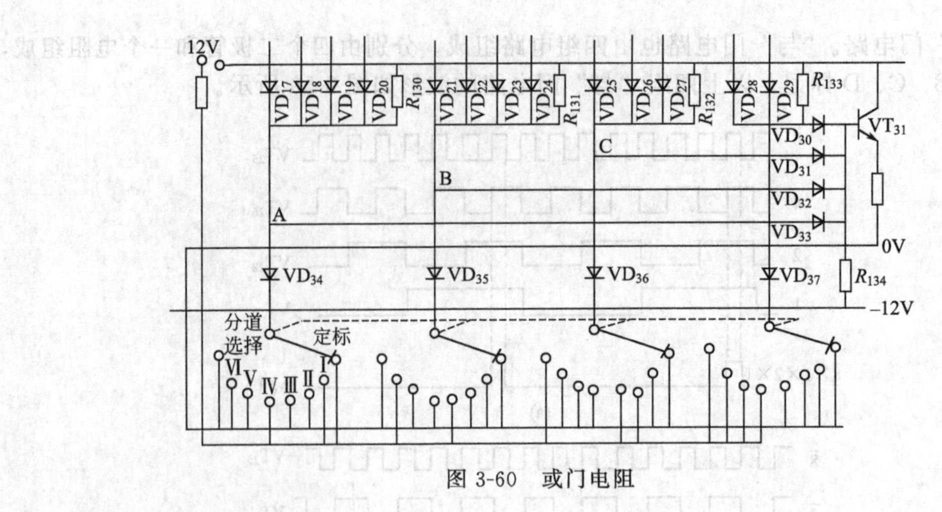

图 3-60　或门电阻

波形 A 对应导联选择Ⅰ；
波形 C 对应导联选择Ⅱ；
波形 B+C 对应导联选择Ⅲ；
波形 A+D 对应导联选择Ⅳ；
波形 D 对应导联选择Ⅴ；
波形 B+D 对应导联选择Ⅵ；
波形 C+D 对应导联分道选择。
各导联选择时对应的波形，如图 3-61 所示。

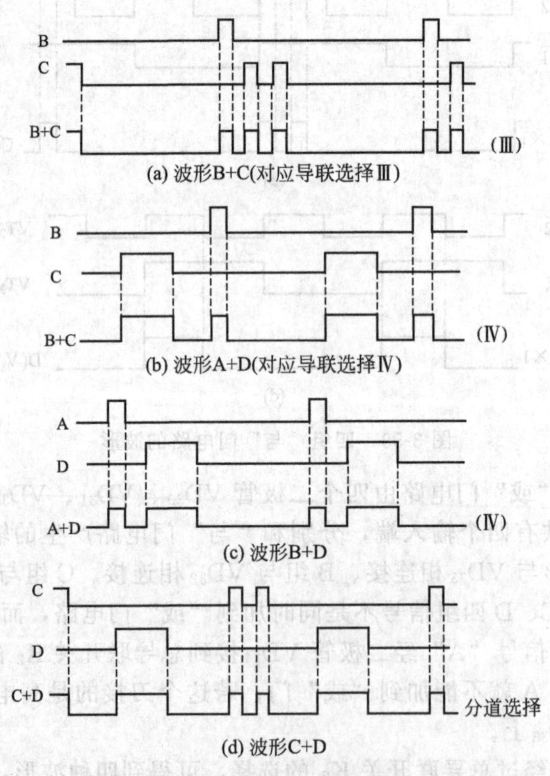

图 3-61　A、B、C、D 四组波形组合图

F. 继电器动作电路。继电器动作电路，如图 3-62 所示，图中晶体管 VT_{34} 组成射极输

出器，晶体管 VT_{35} 和 VT_{36} 是两个开关管，组成开关电路。当开关管 VT_{36} 导通时，VT_{36} 的集电极电流流过继电器（JRX-11）的线圈，使之吸合并带动记录笔进行波形描记。电路中电阻 R_{140} 和电容 C_{35} 可以用来减少继电器线圈两端所感应的反电势。

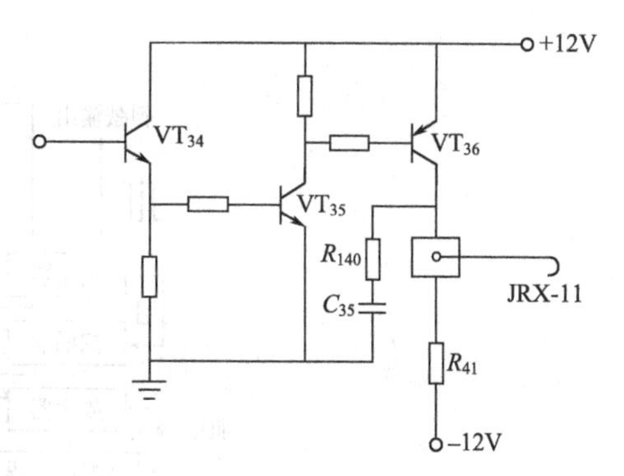

图 3-62　继电器动作电路原理图

④ 电阻测量电路　电阻测量电路如图 3-63 所示，电路取 16Hz 振荡器作为测量电阻电路的交流信号源。采用 16Hz 振荡作为交流信号源，可以避免电流通过电极时所引起的极化现象。若采用直流电源，将会由于电极的极化而引入很大的测量误差。电阻测量电路的工作原理很简单，即根据欧姆定律，电阻越大，电流越小，所以用一个电流表就可以进行测量。

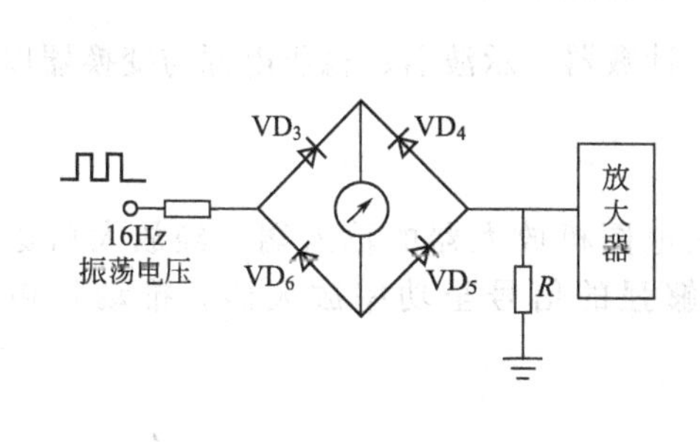

图 3-63　电阻测量电路

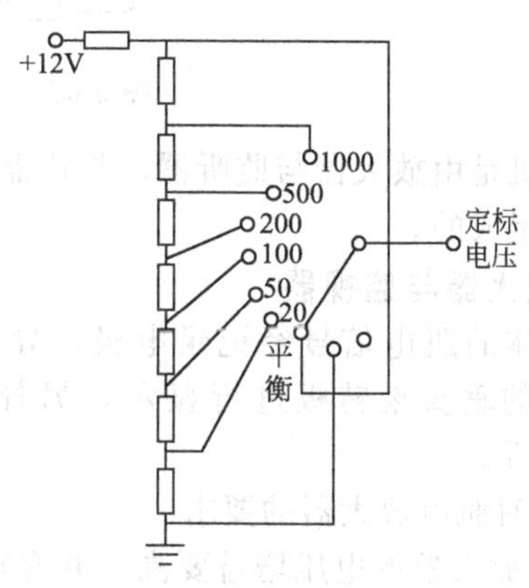

图 3-64　定标电压电路

⑤ 定标电压电路　定标电压电路如图 3-64 所示。定标电压采用电阻分压原理，+12V 为稳压电源。该电路在定标时，单端输入到放大器；在平衡位置时，电压为 50μV，作为共模电压输入到放大器。在实际线路中还有自动定标装置，它是利用晶体管的开关作用来代替手动的板键，频率为每秒 4 次。

⑥ 稳压电源　稳压电源一般采用电子线路中常见的稳压线路，共产生±12V、−10V、+150V 和+20V 的稳压电压，分别供给放大器级、时标电路、前置放大器和电子管的灯丝电压。

3.3.3　典型肌电图机电路分析

用肌电图进行神经肌肉电生理研究从 20 世纪 30 年代就开始了，第二次世界大战后，电子工业的发展使用于肌电图测定的专用仪器日益完善。20 世纪 50 年代已应用于临床。我国也有不少生理学者和医学科研人员早已开始了肌电图的研究，到今天已比较广泛的应用于临床检查，并不断地扩大应用。上海医用电子仪器厂先后生产出 JD-1 型和 JD-2 型肌电图机，为医学科学研究和临床诊断提供了现代化工具。肌电图机在神经料、伤骨科、五官科、手外科、手术室都得到应用。

下面将以 JD-2 型肌电图机为例，介绍肌电图机的工作原理和各单元电路。

(1) 肌电图机的结构

图 3-65 示出了 JD-2 型肌电图机的整机方框图。

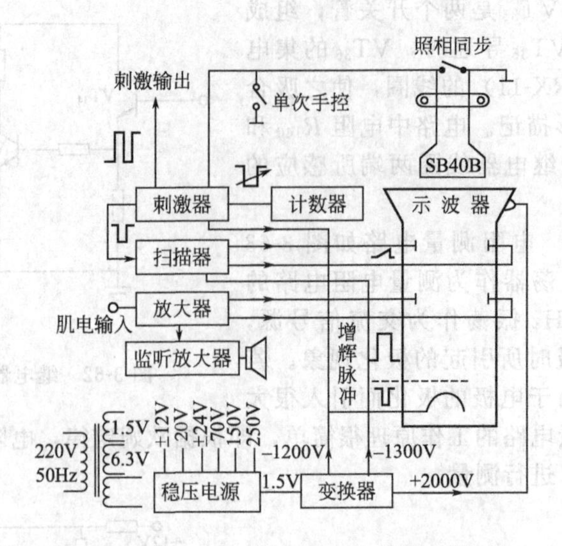

图 3-65 JD-2 型肌电图机整机方框图

全机是由放大器与监听器、扫描器、刺激器、计数器、示波器、稳压电源与变换器以及照相机组成的。

(2) 放大器与监视器

人体的肌电信号经记录电极、导线引导至肌电图机放大器的输入端，经放大后送到示波器的垂直偏转板进行显示，另外还送出足够强的信号至功率放大器，推动扬声器以供监听。

① 对肌电放大器的要求

A. 放大器的电压增益要高，并有较宽的调节范围，在肌电信号中不仅有运动单位的动作电位而且还有神经电位。动作电位的幅度在几十微伏到几毫伏范围内，约有 60dB 的变化。神经电位比较微弱。可达 1μV 以下，因此放大器的增益必须与这种情况相适应，JD-2 型肌电图机放大器的电压增益为 120dB。

B. 放大器的通频带较宽，肌电信号的频谱很丰富。低限频率到 2Hz，高限频率可达 10kHz。

C. 放大机的输入阻抗要高，并呈现双端输入，要引出肌纤维的动作电位只能用针形电极插入肌肉组织内，电极与肌纤维的接触面积仅有 0.07mm^2 左右，接触电阻很高有时大于 1MΩ，这就要放大器有更高的输入阻抗。

D. 放大器的噪声要低，漂移要小，放大器包括前级放大，中间级放大、后级放大、监听放大，频率与增益选择以及干扰抑制网络。放大器的方框图如图 3-66 所示。

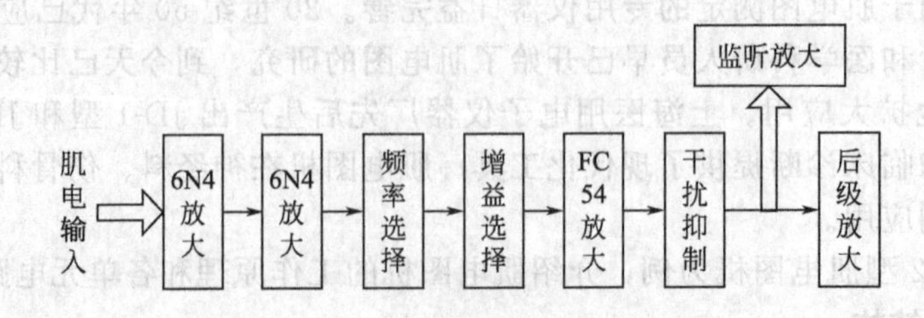

图 3-66 JD-2 型肌电放大器方框图

② 前级放大电路　电路由两只低噪声电子管构成两级双端输入、双端输出长尾式差动放大电路，两级间采用阻容耦合，并有共模负反馈。

③ 频率选择与增益选择　频率的选择是通过不同的高频和低频滤波电路来完成，采用电容组成的滤波网络。

前级放大电路承担 60dB 的电压增益，中间级和后级放大电路共承担 60dB 的电压增益，整个放大器的增益调节利用增益衰减来实现，开关及电阻组成电阻分压式衰减器。在中间级和后级放大电路也设有增益微调电位器。

④ 中间放大器　中间放大器由场效应管、晶体管及运算放大器组成，具有双端输入，单端输出，输入阻抗高，输出电压稳定性好的特点。

输出电压稳定性好是由于自运算放大器输出端经电阻网络向晶体管的基极引回电压负反馈，静态输出零点和动态时的输出电压起到了稳定作用。例如，由于某种原因输出电压增加了，经反馈电阻也导致晶体管的基极电位上升，其集电极电位下降，场效应管的源极电位也随之下降，漏极电压进一步下降，此变化量抵达运算放大器同相输入端，从而减小了输出电压的上升。

当中间放大级输入差动信号时，反馈电阻的阻值变化会改变中间级的电压增益。当输入共模信号时，两只场效应管的漏极电位变化相同，运算放大器不会产生输出，所以中间放大级有很高的共模抑制比。

⑤ 干扰抑制器　运算放大器与电阻电容网络构成了文氏电桥陷波器，用以抑制干扰。运算放大器经电阻向同相端引回正反馈，经 RC 串并联支路向反相端引回负反馈，对某一频率 f_0 信号，恰好输出电压抵消到零。而高于 f_0 的频率信号由于负反馈的加深，沿反相端到达输出的分量要下降，输出不再为零。通过这样粗略的分析，该电路是 f_0 频率陷波器。一般 f_0 是设计成 50Hz，也可以通过开关的转换来调节这一频率，这是为了跟踪电网频率而采用的。

电位器可以调整正反馈量，用来调节 f_0 频率时输出电压的最小值。

⑥ 后级放大电路　后级放大电路由三级构成：单管倒相放大电路，差动放大电路，末级差放电路。

自差动放大电路集电极向前级放大第二级电子管的阴极引回电压串联负反馈，提高了电压增益的稳定性。

末级差动放大管采用了 3DA87D，允许采用 250V 的集电极电源，因而末级的动态范围较大，线性也好，可输出较大的电压到示波器的垂直偏转板 Y_1、Y_2 上（输出 220V 时失真很小）。

后级放大电路同样可采用电位器来调节电压增益。

⑦ 监听放大器　监听放大器便于医生用耳诊断病情。它把取自主放大器的肌电信号进行功率放大，除输入端射极跟随器外，整个放大电路为直接耦合，并加适当反馈，因此失真小，如图 3-67 为其简化等效电路。

当 $5RP_9$ 动端上移时，高音提升。因 $5RP_9$ 的阻值远大于 $5R_{92}$，$5RP_9$、$5C_{27}$ 支路可视为开路，由图 3-67(a) 电路可见，随频率升高，$5C_{28}$ 容抗下降，$5R_{92}$ 的输出在升高；当 $5RP_9$ 动端下移时，$5RP_9$、$5C_{28}$ 支路相当于开路，随频率升高 $5C_{27}$ 容抗下降，输出下降，这便是高音衰减。

当 $5RP_{10}$ 动端上移时，低音提升。因 $5RP_{10}$ 上部分电阻较小，$5C_{29}$ 的作用不大，随着频率的下降，$5C_{30}$ 的容抗在上升，图 3-67(b) 电路输出上升，$5RP_{10}$ 动端下移时，$5C_{30}$ 的作用便减小了，随着频率下降，$5C_{29}$ 的容抗上升，输出减小，形成低音衰减。

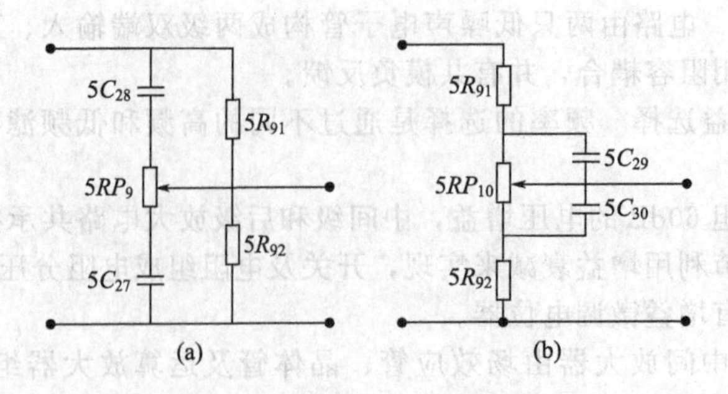

图 3-67 监听放大器等效电路

衰减型 RC 音响调节网络的输出，经过场效应管的源极输出器，隔离输出至晶体管构成的电压放大器。功率级工作在接近于乙类状态的甲乙类状态，保证了一定的效率又不产生交越失真。

功率级是互补对称 OTL 电路，电源为 24V，则集电极-发射极间电压为 12V。自输出向晶体管引回交、直流电压负反馈，以稳定工作点，降低噪声，减小失真。利用可调电位器可以调整功率级的静态电流（25mA 左右）。

（3）扫描发生器

示波器的 X 偏转板需要加一随时间线性增长的电压，以便把 Y 偏转板输入的肌电信号随时间变化的波形显示在示波器的荧光屏上。扫描发生器的任务就是产生一个线性良好的锯齿波电压和增辉脉冲，提供所需的各种扫描速度。扫描发生器的方框图如图 3-68 所示。

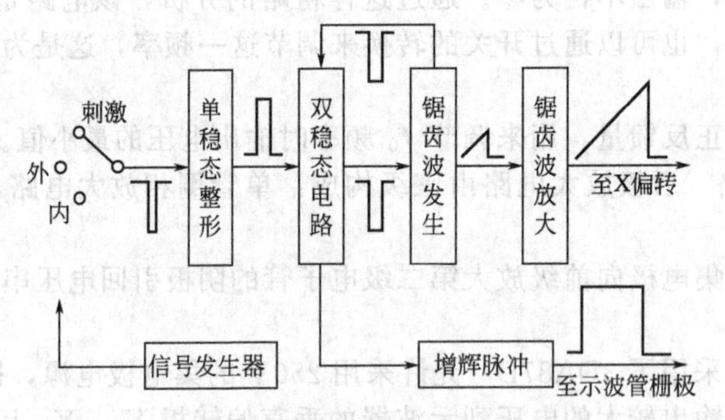

图 3-68 扫描发生器方框图

扫描器输入一个触发脉冲便产生一个锯齿波，触发脉冲可来自内部（重复信号发生器的第 19 脚）、外部以及刺激器（刺激器板的第 6 脚），由 $3K_3$ 触发方式开关进行选择。

在锯齿波电压出现的同时扫描器还输出一个宽度与锯齿波宽度相同的正矩形脉冲至示波管栅极，以达到增加辉度的目的。

扫描发生器的电路原理图如图 3-69 所示。

① 触发信号整形电路 由 $3V_{36}$、$3V_{38}$ 所组成的单稳态触发器作为触发信号整形电路，即不管触发脉冲的幅度、宽度、边沿有哪些不同，整形器总是输出幅度一定、宽度一定、前后边沿陡峭的矩形脉冲。

单稳态触发器与双稳态触发器不同，它只有一个稳定状态（$3V_{36}$ 饱和导通，$3V_{38}$ 截止的状态），在触发脉冲的作用下翻转成暂稳态，触发脉冲结束后，经过一段时间（输出矩形脉冲宽度）再翻转回稳态。

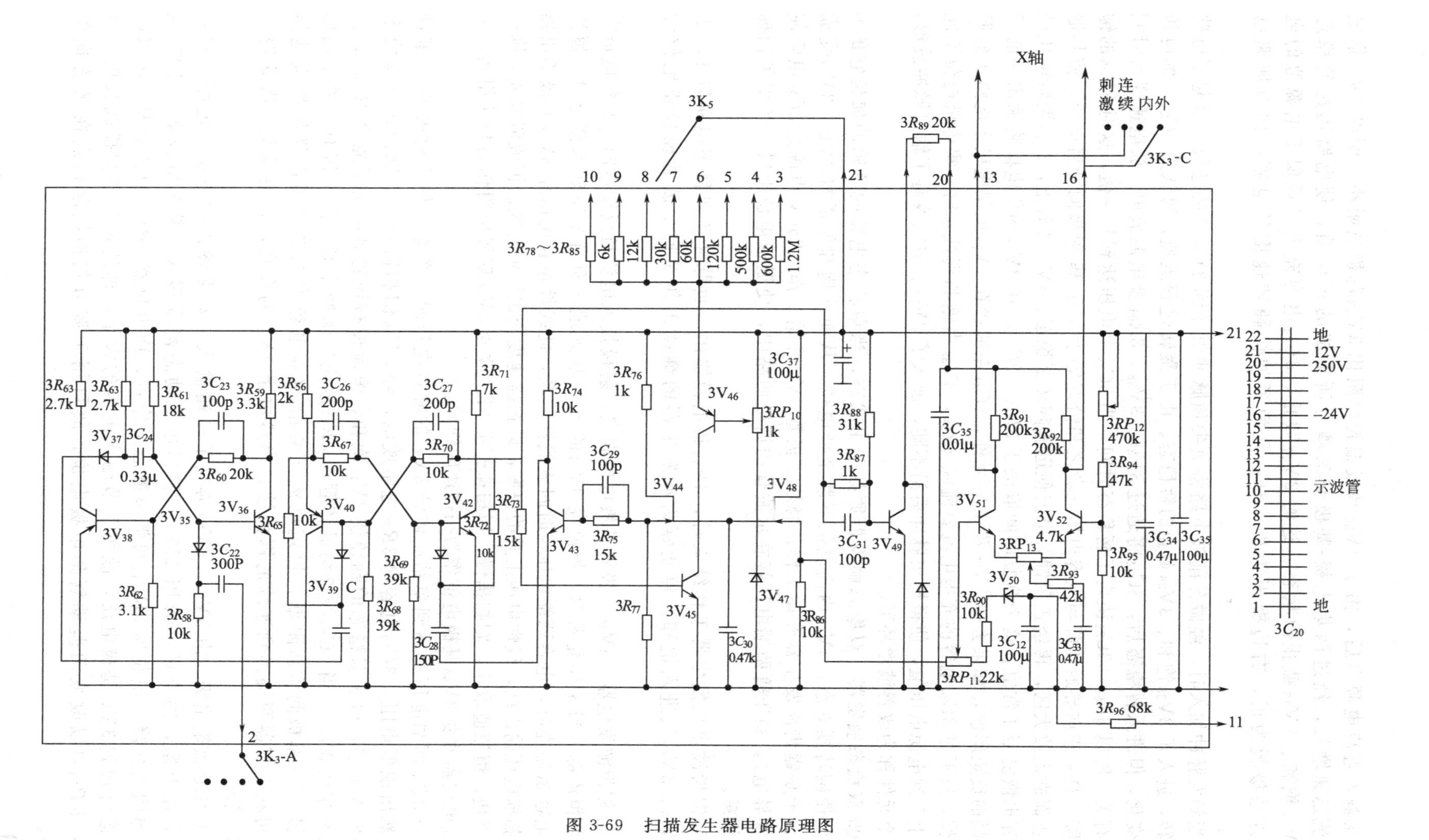

图 3-69 扫描发生器电路原理图

在输入直流电源以后，由于$3V_{36}$基极偏置电阻比$3V_{38}$基极电阻小，所以$3V_{36}$集电极电流迅速增长，经过两集电极-基极交叉耦合所形成的正反馈，使电路迅速的稳定在$3V_{36}$饱和、$3V_{38}$截止的状态。这时$3V_{37}$截止、$3C_{24}$电容充上了近似于电源值的电压，左边极板为正，右边极板为负。$3C_{23}$是为了加快翻转速度的电容，称为加速电容器。

当触发脉冲加入时，经微分削波电路将负尖顶脉冲引导到$3V_{36}$管的基极，引起了电路的翻转，进入了$3V_{38}$饱和、$3V_{36}$截止的暂稳态。由于翻转过程迅速，可认为$3C_{24}$上的电压没有变化，但进入暂稳态后，$3C_{24}$将通过$3V_{37}$、$3V_{38}$、$3R_{61}$及电源放电，放电速度与时间常数有关，所以$3R_{61}$、$3C_{24}$决定了暂稳态时间。当$3C_{24}$上电压达到某一值，这时$3V_{38}$的饱和压降、$3V_{37}$正向导通压降与电容电压三者之和恰好等于$3V_{36}$基-射极间开启电压，使其退出截止而进入放大区，再经正反馈，电流便迅速翻转至稳态。$3V_{37}$又截止，$3C_{24}$两端电压经$3R_{63}$充电恢复至正常值，这个恢复时间取决于$3R_{63}$、$3C_{24}$。在$3V_{38}$的集电极将输出一前后沿陡峭的负矩形波，如果去掉$3V_{37}$及$3R_{63}$元件，$3C_{24}$左端接在$3V_{38}$的集电极上电路仍然照常工作，只不过$3C_{24}$电容的充电电流要流经$3R_{64}$，$3V_{38}$由饱和到截止时，集电极电位不能立即上升到电源电压值，使得输出脉冲后沿不陡，加入了$3V_{37}$、$3R_{63}$改善了输出脉冲波形，这两个元件称为改善波形环节。

② 双稳态触发器　双稳态触发器原处于1状态，当单稳态电路的负脉冲加到它的0时，它便翻转到0态，$3V_{42}$内高电位下跳至低电位，从而使饱和导通的$3V_{45}$、$3V_{49}$变成截止。于是锯齿波发生器开始工作；稳压二极管$3V_{50}$开始工作（250V电源经$3R_{89}$电阻使其击穿导电），稳压管两端电压接在示波管的栅极回路中，使栅极电位上跳，产生了扫描线的增辉。

当锯齿波电压发生器工作结束时，$3V_{43}$集电极输出一负脉冲使双稳态电路置1，于是$3V_{45}$、$3V_{49}$又进入饱和，停止锯齿波发生器的继续工作及向示波管栅极正电位的提供。

③ 锯齿波发生器　$3V_{46}$三极管基极电位固定，射极接入电流负反馈电阻，其集电极电流可作恒流源。当$3V_{45}$饱和时，恒流经$3V_{45}$的c、e极入地，而当$3V_{45}$转入截止时，恒流便对电容$3C_{30}$充电，电容两端电压与时间成线性关系，此线性增长电压经$3V_{48}$源极输出器送至扫描电压输出级，线性电压上升的快慢，即扫描速度与恒流值有关。恒流值取大，则扫描速度快，恒流值取小，则扫描慢，用扫速开关$3K_5$改变$3V_{46}$射极电阻作为扫速粗调，用$3RP_{10}$电位器改变$3V_{46}$基极电位作为扫描速度细调。

当$3C_{30}$两端电压升高到单结晶体管$3V_{44}$的峰点电压时，单结晶体管射极-第一基极间突然出现低电阻，$3C_{30}$电容向$3R_{77}$电阻放电，经$3V_{46}$倒相器将一负脉冲送至双稳态电路的置1端，由于双稳态的翻转使$3V_{45}$饱和，恒流便被该管旁路而不能给$3C_{30}$充电，如果不存在$3V_{45}$，当$3C_{30}$经单结晶体管向$3R_{77}$放电电流减小到谷点电流时，单结晶体管射极-第一基极间重新阻断，恒定电流又会给$3C_{30}$电容充电形成周而复始的张弛振荡。可在电容器两端得到连续的锯齿波。当然由于$3V_{45}$的存在，只能触发一次获得一个锯齿波。

④ 锯齿波输出级　由$3V_{51}$、$3V_{52}$构成了单端输入，双端输出的差动式电路，$3R_{93}$是其长尾电阻，集电极电源用250V，输出电压动态范围很大。基极电源取于12V及$3R_{86}$电阻的压降，电位器$3RP_{12}$可调节静态工作点，而电位器$3RP_{11}$阻值的改变可以改变动态时加到$3V_{51}$基极电压，故可调节输出电压的大小，即所谓调节扫描线长度。电位器$3RP_{13}$可以改变两差动管集电极电位，故可用于调节扫描线起始点在X方向的位移。

(4) 刺激器

刺激器是肌电图机向人体送入电信号的电子电路，它有两路输出，可输出0～600V的双向脉冲，脉冲宽度可在0.1～1ms范围内调节，刺激器还供给扫描器一个触发信号以求同步。刺激器还包括了测取神经传导时间的电路，整个刺激器的方框图如图3-70所示。

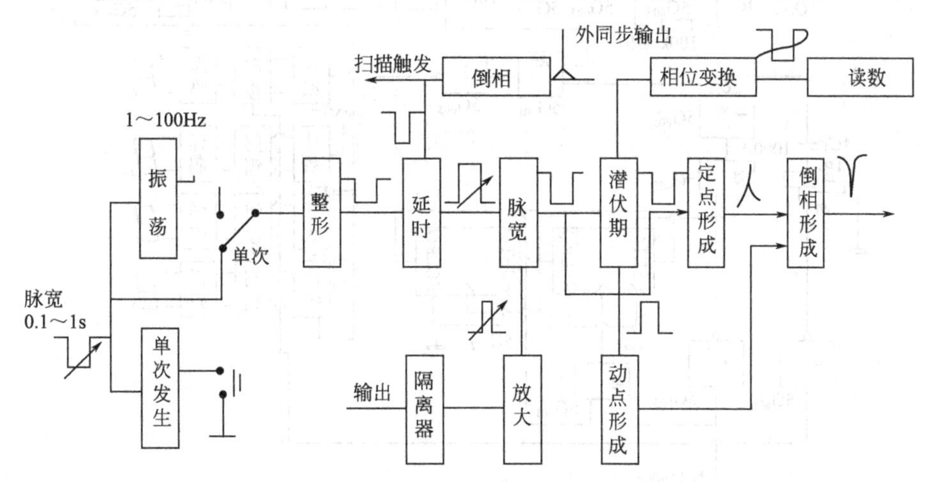

图3-70 刺激器的方框图

(5) 计时器（传导时间计数器）

由潜伏期光点电路板$3V_{58}$晶体管集电极输出的负脉冲，送到计时器的输入端，计时器将显示出该脉冲宽度的毫秒数。

计时器的方框图如图3-71所示，电路原理图如图3-72所示。

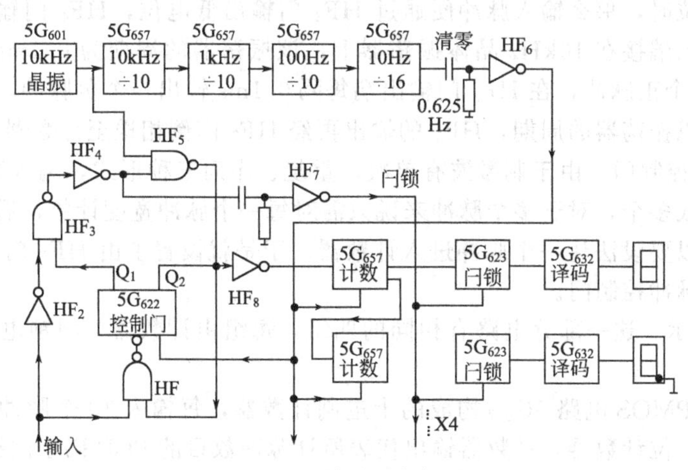

图3-71 计时器方框图

① 输入脉冲宽度转换　输入脉冲宽度要转换成脉冲个数，宽度变化脉冲个数与之成比例变化，而且令一个脉冲代表一定时间，如0.1ms，那么当一个脉宽转换成10个脉冲时该脉宽即为1ms，这部分电路在图3-71中由HF_2、HF_3、HF_4、HF_5、HF_8五个与非门组成。

此处的与非门即为与门和非门的级联，与门的输出作为非门的输入，与非门的逻辑关系等于与逻辑关系再非一次。一个与非门有若干输入端，只有当各输入端皆为高电位时，输出才可能为低电位；若输入端中有一个为低电位输出便为高电位，这时其他输入端即使有电位变化，输出总保持高电位，也就是说，当有一个输入为低电位，它就使该门封闭，其他输入端即使电位变化也传不到门的输出端，当门的输入端皆为高电位时，该门称作开着的，因为

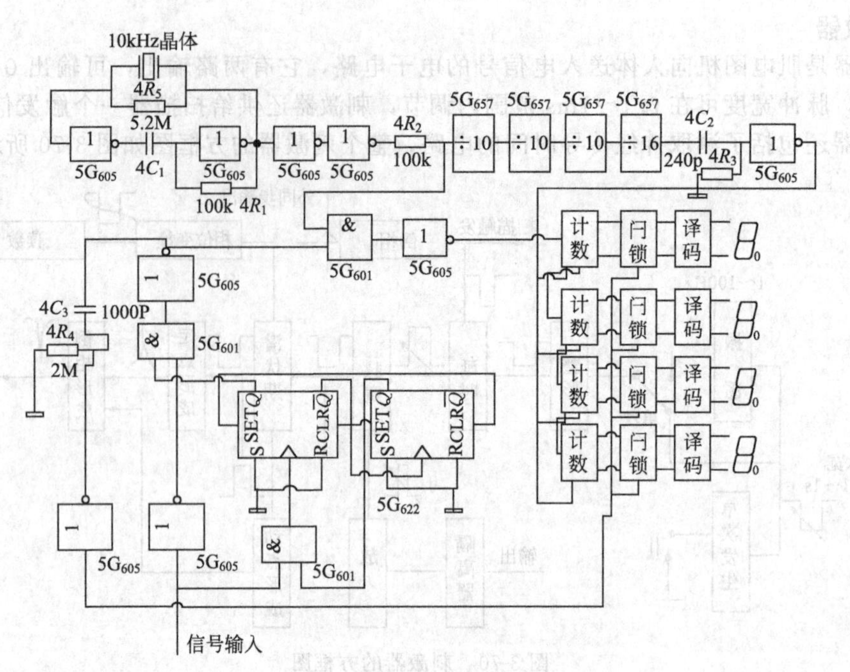

图 3-72　计时器电路原理图

输入端中任一个由高电位变为低电位时，门的输出电位要随之变动，即把输入变化传到了输出端。

宽度代表潜伏期的负脉冲输入时经 HF_2 门变为低电位，若 HF_2 接在控制门 Q_1 端的那个输入端为高电位时，那么输入脉冲便通过 HF_3 门输出低电位，HF_4 门输出高电位，HF_5 与门的另一个输入端接在 10kHz 晶体振荡器上，该振荡器的周期为 0.1ms，即每经 0.1ms 向 HF_5 门输入一个正脉冲，在 HF_5 门输出端每隔 0.1ms 输出一个负脉冲，脉冲的个数等于输入脉冲宽度除以振荡器的周期，HF_5 的输出再经 HF_8 门倒相送至计数器计数。

② 输入脉冲控制门　由于刺激波有单次、重复、序列三种形式，输入到 HF_2 门的负脉冲也相应有一个或多个，对于多个脉冲来说只需对每一个脉冲宽度计数，后边脉冲的到来还会影响计数，所以要设法让一个脉冲进入计数器，于是就设置了由 HF_1 门和 $5G_{622}$ 双 JK 触发器构成的输入脉冲控制门。

③ 计数与显示　这一部分电路有相同的四组，每组由计数器、闩锁电路、译码器及显示器件组成。

计数器是由 PMOS 电路 $5G_{657}$ 构成的十进制计数器，每输入 10 个脉冲便复零并产生一个进位脉冲至高一位计数器，计数器输出代表所计脉冲数目的 BCD 码至闩锁电路。

闩锁电路是由 PMOS 电路 $5G_{623}$ 构成的，它的四根输入线与计数器输出相连，四条输出线与译码器相连，从分频电路输出的正脉冲可同时使输入脉冲控制门回到初始状态和计数器计数，与此同时，HF_4 门输出端由高到低所产生的负脉冲经微分和 HF_7 门倒相后的正尖顶脉冲传送到闩锁电路，作为寄存指令，闩锁电路接受到寄存指令便接受了计数器的输出，一方面寄存其中，一方面输送出去，寄存指令去除后，计数器有变动时，闩锁电路寄存的数码不变，直至下一个寄存指令输入时，才接收新的输入并冲掉原数码。这样就避免了在计数过程中显示管数码跳动所引起的观察者的不适感，闩锁电路各位是同时进入的又是同时输出的，因而称为并行输入、并行输出的寄存器。

译码器是由 PMOS 电路 $5G_{632}$ 构成的，$5G_{632}$ 是 2-10 进制 8 段荧光数码管译码器，它的四个输入端来自闩锁电路，八条输出线送至荧光数码管的八个阳极上，这八个阳极分别用 a、b、c、d、e、f、g、h 来表示，译码器输入-输出电平关系列于表 3-8 中。

表 3-8　译码器输入-输出电平

发光数字		1	2	3	4	5	6	7	8	9	0
输入	D_{IN}	0	0	0	0	0	0	0	1	1	0
	C_{IN}	0	0	0	1	1	1	1	0	0	0
	B_{IN}	0	1	1	0	0	1	1	0	0	0
	A_{IN}	1	0	1	0	1	0	1	0	1	0
输出	a	0	1	1	0	1	1	1	1	1	1
	b	0	0	0	1	1	1	0	1	1	1
	c	1	1	1	1	0	0	1	1	1	1
	d	0	1	1	1	1	1	0	1	1	0
	e	0	1	0	0	0	1	0	1	0	1
	f	1	0	1	1	1	1	1	1	1	1
	g	0	1	1	0	1	1	0	1	1	1
	h	0	0	0	0	0	0	0	0	0	0

输入端 A_{IN}、B_{IN}、C_{IN}、D_{IN} 为 0 时（低电平）均代表十进制数的 0，而当它们为 1 时，代表十进制数的值就不同了，A_{IN} 表示 1，B_{IN} 表示 2，C_{IN} 表示 4，D_{IN} 表示 8，这 8、4、2 便称作每一位的权，如十进制的 7，就由 $A_{IN}=1$、$B_{IN}=1$、$C_{IN}=1$、$D_{IN}=0$ 四位来表示即 0111，考虑每一位的权，展开相加可得 7 这个值。即

$$0+4\times1+2\times1+1\times1=7$$

对应十进制的 5，译码器的四个输入端应当是 0101，如此等等，以二进制数可表示十进制数。

译码器的输出端子高低电平不表示数，高电平只是使得它对应的荧光数码的那个阳极发光，低电平时不发光，由各发光电极组成的字形应能代表相应的阿拉伯数字 1、2、3、4、5、6、7、8、9、0，如图 3-73 所示。

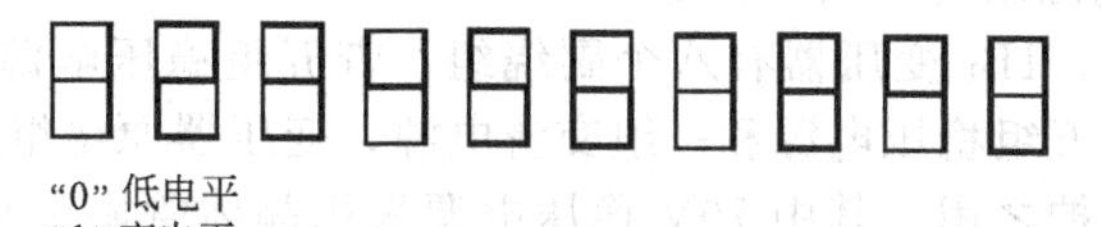
“0” 低电平
“1” 高电平

图 3-73　八段荧光数码管

例如，对应十进制的 7，译码器的输入为 0111，而输出 a、c、f 为 1（高电平），参见表 3-8，荧光数码管这三个电极发光便组成一个“7”字形。

荧光数码管是一种电真空器，在作用上是阴极射线管的一种，在结构上的特征是厚膜电路在真空器件中的应用。荧光管的阴极是钨芯丝上涂复碳酸盐而成，用支架绷紧，不用镍套管，不含激活剂，所用碳酸盐与普通收讯管所用的不同。根据字码的大小，采用 1～4 根灯丝。栅极使用薄金属片通过光刻工艺制成网状，根据驱动电路不同，各栅极可以连成一体的，也可以是每字一栅的。每一组阳极由七段组成，可根据电极的输入信号形成 0～9 的十个数字，在比一般阴极射线管低得多的工作电压下，受电子轰击便发出较强的绿光。荧光管的基板上除了有阳极字段外，还有采用厚膜技术印刷而成的各种导线，各阳极字段即通过这

些导线引至管外。

④ 振荡器与分频器　在图 3-72 中石英晶体与两个非门，以及 $4C_1$、$4R_1$ 组成多谐振荡器，首先考虑在石英晶体两端并联一短接线（即石英晶体及 $4R_5$ 都不存在的情况），这里若右边非门输出低电平，经短路线传输到左边非门输入端，该门输出端为高电平，此高电位给电容 $4C_1$ 充电，充电电流在 $4R_1$ 上产生的压降，维持右边门输入端为高电位，于是振荡器处于一个稳态，随着充电电流的减小，$4R_1$ 上压降在下降，直至 $4R_1$ 压降小到不能维持右边门开启时，该门输出端便由低电平上跳至高电平，左边门输入端为高电位，输出便下跳至低电平，电容器 $4C_1$ 便放电，放电电流自右边非门输出端流出经 $4R_1$、$4C_1$ 流入左边非门输出端，也就是给 $4C_1$ 进行反向充电，这时振荡器处在另一个暂稳态，随着放电高于非门的开启电压时，非门便又输出低电平，如此循环往复，在右边非门输出端出现周期性矩形脉冲，脉冲的极性为正，一周期内高电平时间与低电平时间不相同，因为两个暂稳态时间不仅和 RC 时间常数有关，而且也和充电电压值、放电回路总电压值有关，本电路的充放电时间常数相同、但充电回路的电压是非门输出的高电位，而放电回路的电源几乎是这一电位的 2 倍，所以这种电路是非对称的多谐振荡器。

当去掉前面假设的短路线时，石英晶体及电阻 $4R_5$ 被接入电路中，选择晶体的串联谐振频率与电路的振荡频率相一致，这时石英晶体几乎呈现零电阻，与前述连接短路线情况相当，当电源、温度、电容、电阻值、非门电平等有变化以致引起振荡频率偏移时，石英晶体将呈现大阻抗并产生相位移，以使得石英晶体串联谐振频率以外的频率都不能存在，存在着的只能等于晶体串联谐振频率，石英晶体起了稳频作用。

振荡器工作于 10kHz，经过两个非门将周期为 0.1ms 的正脉冲送至与非门输入端，振荡器的另一路输出送至分频电路。

十分频电路、十六分频电路以及计数器都选用了 $5G_{657}$ 集成块，$5G_{657}$ 叫做 N 进制非同计数器，它可以组成 N 进制计数器和 N 分频电路，N 可以是 3、5、6、9、10、…，当需要 N 为某一值时，只要按照手册中规定去连接 $5G_{657}$ 的管脚即可实现，如需要组成十进制计数器或十分频电路，则应将 3-2、5-11、7-15、1-12 管脚相连，以 7 脚作 CP 输入端，以 17 端作为输出，如需要组成十六进制计数器或十六分频器，则应将 2-16、4-13、3-11、6-9 管脚连接起来，以 7 脚为 CP 输入端，以 17 脚为输出端。

(6) 电源

JD-2 型肌电图机电源系统如图 3-74 所示。

有两组电源变压器，$1B_1$ 变压器有八个副绕组，带五组稳压电源和两组交流电源，$1B_2$ 变压器有七个副绕组带五组稳压电源和一组交流电源，变压器原绕组及稳压电源输出端接有熔断器，以作为过流保护之用，其中 70V 稳压电源采用晶体管限流型保护电路作为过流或短路保护，因为该组电源是供刺激器用的，在操作过程中出现临时性短路可得到阻流，短路解除后可以自动恢复正常工作，如果采用熔断器就需要进行更换，显得麻烦。

限流型保护电路是由晶体管 $1V_3$ 及电阻 $1R_1$、$1R_4$、$1R_5$ 构成的，$1R_5$ 称为过流取样电阻，$1R_5$ 阻值只有 0.31Ω，流过正常的负载电流时，其上压降不大于 $1V_3$ 基射极的死区电压，$1V_3$ 处于截至状态。当过载或短路发生后，$1R_5$ 电阻上压降突然增大，可使 $1V_3$ 导通，$1R_1$ 电阻要流过 $1V_3$ 的集电极电流，致使调整管基极电位下降，基极电流减小，使得调整管的射极被限制，过载、短路故障解除后，$1V_3$ 自动返回截止状态。

150V 和 250V 两组稳压电源都使用两个变压器副绕组，这两个副绕组一个用于上电路，一个用于上辅助电路，其他各组稳压电源（除了 70V 这一组之外）都没有上辅助电源，而采用了晶体管电流源作为放大管的集电极电阻，接在整流滤波电路输出端，由于电流源的动态电阻较大，大大减弱了整流滤波输出端波动对调整管基极电位的影响。

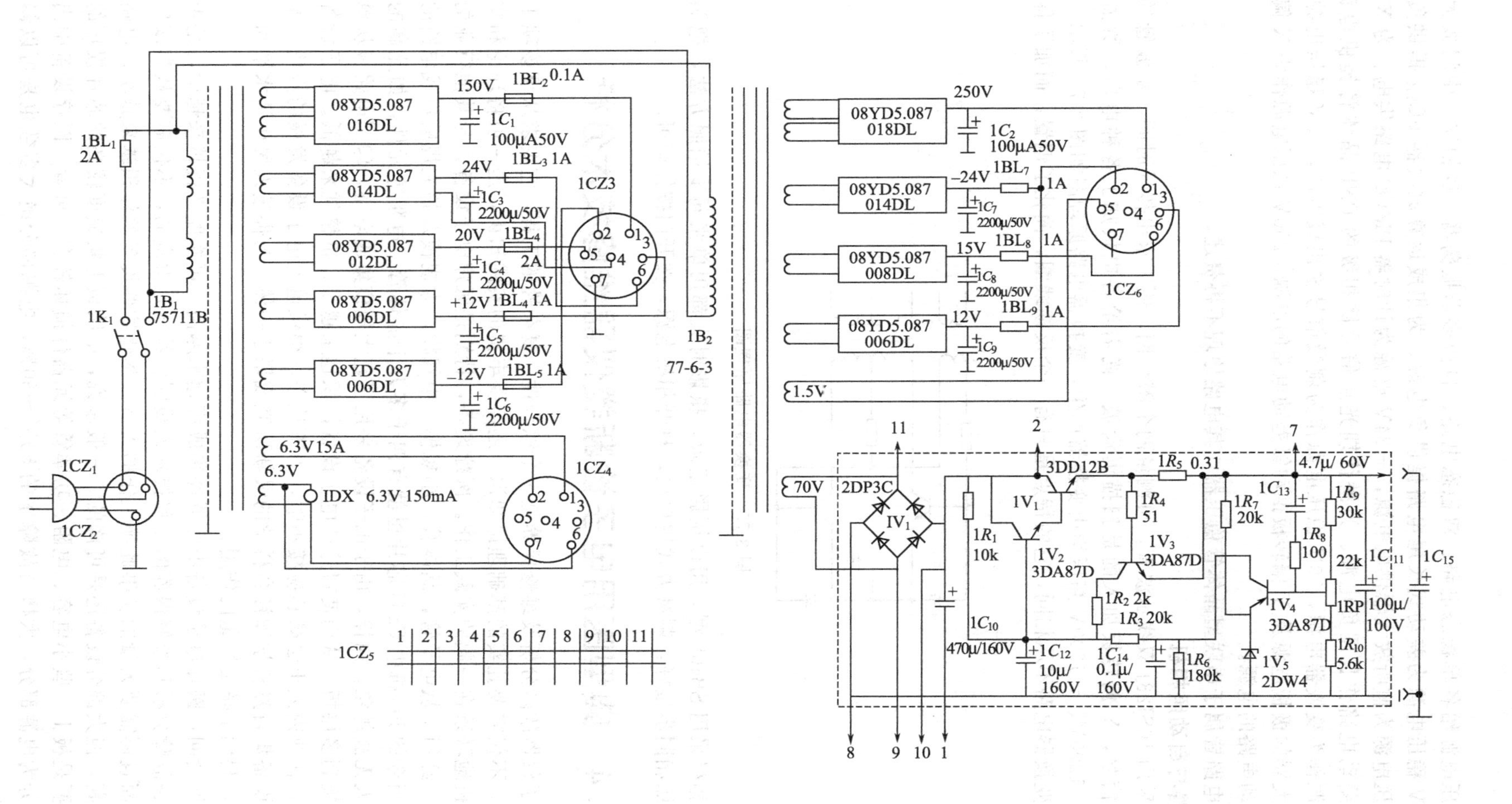

图 3-74 电源系统电路图

12V 稳压电源给各单稳态电路、双稳态电路、自激多谐振荡器、倒相器、中间放大级供电，－12V 稳压电源为差动式长尾电路提供负电源、为集成运算放大器 FC_{54C} 提供负电源，24V 稳压电源为监听放大器供电电源，－24V 电源为计时器 PMOS 电路供电、为 X 偏转板推动级差动电路作长尾负电源、为潜伏期光点信号倒相级的 PNP 晶体管提供电源，15V 稳压电源作为变换器电源，70V 稳压电源作为刺激信号输出级电源，50V 稳压电源作为电子管放大器的极板电源及 Y 偏转板推动级差动电路的电源，250V 稳压电源作为 X 偏转板推动级差动电路的电源。

各稳压电路皆属于串联型晶体管稳压器，其电路原理不再赘述。

(7) 示波器与自动照相机

示波器采用 16SJ23J 双线示波管，可测量两个潜伏期，便于求出传导时间，示波管的 X 偏转板输入信号，Y 偏转板加入的是扫描锯齿波，尚需给各电极加上各种电压。所需的－2000V、－1200V、－1300V 高压均由变换器产生，变换器电路原理图如图 3-75 所示。该电路与一般变换器电路不尽相同，它的特点是只有一个反馈线圈，简化了偏置，而加了保护二极管。

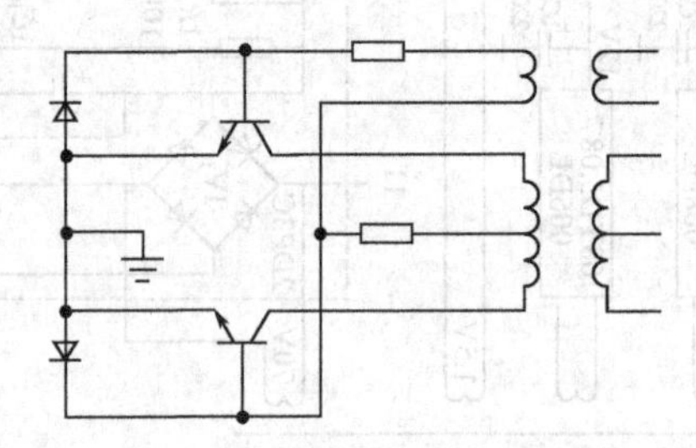

图 3-75　变换器电路原理图

自动照相机采用 SB408 型，用以摄影记录，摄影时大都用单张同步拍照方法，把照相机与刺激器照相同步接好，刺激方式用单次，打开相机电源，按开门按钮即可。

3.4　典型医用电子诊断类仪器维修技术分析

医用电子仪器故障分析及维修保养是一个综合性、复杂性的工程，它要求从事该项工程工作的人员，不仅需要扎实的基础理论知识，还需要丰富的实践知识，是一项将理论和实际紧密地、有机地联系在一起的实践工作。医疗设备，特别是医疗电子设备，与其他行业的电子设备一样，经历了从电子管，晶体管，小规模、中规模、大规模及超大规模集成电路的发展里程。如当今的 PC 机中 CPU 芯片里就有四千多万个晶体管、电阻等元件，如此高的集成度让普通人无法想象。同样，由于电子设备采用了超大规模集成电路，印刷电路板从单面板、双面板到多层板，从而使得这些电子设备体积越来越小，价格越来越低。电子设备发展如此迅速，让业内人士也颇感应接不暇，力不从心，很难追上电子设备发展的步伐。尤其是医疗电子设备集自然科学和社会科学的最新研究成果于一体，为促进人民生活水平和生活质量的提高，起到了举足轻重的作用。

有人也许会问：医疗电子设备中元器件集成度越来越高，可修度必将越来越少，是否还需要医疗设备故障分析和维修保养的工程技术人员呢？答案是肯定的，不仅需要从事该项工作的人员，而且还需要大量的从事此项工作的人员。尽管这些设备的体积越来越小，电路集成度越来越高，但大部分设备还是可修的。一般来说，电路板上集成度较高的芯片损坏的概率较低，主要是板上一些小电容、电阻、功率管等元器件损坏较多。再者，医疗设备中出现故障最多部分为电源部分，大概占故障率的 50%～60%，电源部分绝大多数也是可以修复的。另外，医疗设备的维修保养不容忽视，它也应遵循以“预防为主，治疗为辅”的原则，这样就可以大大减少这些设备从小故障扩大为大故障的机会。医疗设备的维修保养也如人需要美容一样，只有将医疗设备进行有序的，定期的维修保养，才能延长设备的使用寿命，使之稳定可靠地工作。

(1) 医用电子仪器维修的技能与注意事项

① 维修技能要求　医用电子仪器相关技术的发展可谓千变万化，一日千里。那些刚参加工作的维修人员面对众多的医疗仪器设备的维修感到不知所措，就连搞了十几年医疗仪器设备维修的人面对这些日新月异的新型医疗仪器设备也感到茫然，医疗仪器设备的维修到底应掌握哪些基础理论和技能呢？

A. 模拟电路知识。只要有扎实的模拟电路的理论知识，对医疗仪器的维修就会得心应手。很多人在医疗仪器设备维修中碰到的问题是模拟电路问题，例如，医疗仪器设备中的开关电源电路即是典型的模拟电路，而且大多没有图纸，但是只要能熟悉开关电源的原理（大部分医疗仪器的电源都采用)，看起来很复杂的故障其实是最容易排除的。

B. 数字电路知识。现今医疗仪器中采用的很多线路都是建立在数字电路的基础上的，这些数字电路主要有：基本逻辑单元电路，比如各种门电路和触发器，特别要熟悉由分立元件组成的门电路，比如由二极管组成的与门或门等；译码电路，特别是LED和LCD数显译码；各种逻辑电路的搭配使用和接口电路；A/D、D/A 转换电路；计数和分频电路；各种接口电路等。当然不能孤立地看待模拟电路和数字电路，实际维修中往往是这两类电路的结合。在电路分析中能正确分析输入输出逻辑关系是快速判断电路故障所在的基本条件。目前很多仪器的控制电路大量使用组合逻辑电路，维修人员必须能熟练分析。

C. 熟悉微处理器电路和微机的操作。现在几乎所有的医疗仪器设备均为带CPU控制的单片微机或微型机。这就要求对单片机系统的硬件构成、工作流程、所用元器件有清晰地认识。

对于那些由微机所控制的系统，在硬件方面，应能进行板级维修，比如换电源、硬盘、软盘、显卡等安装，并应能掌握一些微机特有的维修方法。比如最小系统法，即对于不能启动的机器可将机器上的板卡、硬驱电缆线逐一拔去，若拔下某一块卡后机器启动了，则为相应的卡有问题，若拔至只剩内存条时机器还不能启动，则为主板或内存条的故障。软件方面，可从DOS入手，熟悉各种DOS命令，会使用简单的系统启动文件Config. sys及Auto-exec. bat；掌握Windows系统的使用方法以及一些软件，如各种工具软件、各类测试软件、杀毒软件的使用；熟练掌握BIOS的CMOS设置要领；搞懂I/O口及DMA、IRC等概念，熟悉内存的定义、地址及寻址的概念，最好能懂汇编语言。

D. 传感器、新器件、新电路单元的掌握。医疗仪器设备中信号采集使用了各种传感器，需掌握各种医用传感器性能，如电阻式传感器、压电式传感器、电容式传感器、光电式传感器、温度传感器、超声波传感器以及电化学传感器。只有掌握了这些传感器的工作原理，才能准确分析出故障所在。对于新器件、新电路，如PAL、GAL及专用集成块，在实际维修工作中应逐步掌握。

E. 掌握临床实践有利于故障分析。很多医疗仪器设备故障是测量结果不正常，而不是不能工作，因此需要结合临床加以分析和判断。医疗仪器设备作为医生诊断的助手，维修人员必须有一定的临床知识。这里有一例可以说明这个问题：一台ECG-6353三通道心电图机，维修中定标1mV信号均正常，但医生反映心电图 V_4 波形失真（幅度小)。接修后，将机器接上模拟心电发生器，让机器打印一份心电图报告，分析心电图波形后发现 V_4 波形明显失真，从临床心电图波形分析 V_4 与 V_3，R波幅度应增大，但现在 V_4 的R波反而比 V_3 小，显然这是不正常的。再根据心电图机的电路原理，故障肯定在导联选择开关之前，因此

去除 V_4 导联外，其余导联波形正常。查与 V_4 相关的电路，最后查出为模拟开关接触电阻增大所致。

F. 维修医疗仪器设备读图的技巧。要熟悉一台医用电子仪器，首先要对该仪器信号的流向有大致的了解，弄懂整个系统的电源控制流程，特别重视系统的方框原理图。只有这样，才能由表及里，由普通到复杂，逐步掌握整个系统的维修。对于一些进口仪器，每个厂家的电路图方式各异，能掌握读图技巧，包括代号、图与图之间的关系，也十分重要。

G. 加强"应急能力"的训练。所谓"应急能力"就是在紧急情况下处理问题的能力，能在较短的有限时间内处理出现的紧急问题。紧急情况有以下几种。

a. 医疗正在抢救中。

b. 在做手术中。

c. 危重患者的监护和治疗。

d. 外出"会诊"等。

这些情况共同的特点是可利用时间少，条件限制性和机器类别的随意性大，这就要求维修人员具有较高水平和职业道德。应急能力应在时间与条件限制下，尽快让仪器设备先"动"起来，包括：带有配件，去除一些功能等，能灵活应用。

H. 维修医疗仪器设备应掌握英语。对于一些进口医用电子仪器，操作及维修手册大多是英文版，很多大型设备操作与维修均采用人机对话方式，多为英文界面，英语水平的高低直接影响到维修工作，提高英语水平，是做好仪器维修的重要条件。

② 医疗器械维修注意事项

A. 人员安全性。很多医疗仪器设备在维修时会对维修人员的安全产生危害，在维修时必须引起注意，要有必要的安全保护措施，如戴橡皮和塑料保护手套，防止工作时划破皮肤，是防止化学和病源性污染的有效方法。

B. 对仪器的安全保护。对仪器的安全保护与其他电子仪器维修一样，在维修过程中，如不小心可能造成仪器的人为损坏，主要原因如下。

a. 静电损坏。目前 CMOS 电路因静电的损坏可能性大量增加，尤其在冬季、干燥季节，很多仪器的维修手册提醒维修人员，要采取防静电接地措施，如专用接地垫子、接地腕扣等。

b. 电气工具漏电造成损坏。使用老式电烙铁，在没有接地的情况下，漏电易使集成电路损坏。示波器在没有接地情况下，由于电源输入带有高频滤波电路，机壳会浮地带电，电压可达1/2进线电压，可能击穿测量元件。

C. 维修中调整工作的注意事项。在没有掌握工作原理与必要的调整手段时，不要轻易改变机械定位、光路系统。很多仪器工作时，是用机械和光电（耦合器）定位的，机械和光电定位的改变，影响到整个工作程序的动作和测量精度，必须十分注意。光路调整是在专门设备下进行调整的，一般情况下不要改动。否则会造成仪器测量精度下降，甚至不能正常工作。有些仪器的维修手册中会提到"警告"维修人员维修操作程序。电路板上的可调电位器，有的都用油漆封闭，表示可调状态已固定，这些电位器大多是调增益、阈值参比电压、CMRR 等，在没有确定可调电阻已变值和损坏或确认需重调时，一般不能随意调整，否则会影响整个仪器的测量精度。

(2) 医用电子仪器故障维修思路

① 故障维修流程

A. 了解故障情况。在检修医用电子仪器之前，确切了解仪器发生故障的经过情况以及已发现的故障现象，这对于初步分析仪器故障的产生原因，很有启发作用。

B. 观察故障现象。检修医用电子仪器必须从故障现象入手。对待修仪器进行定性测试，进一步观察与记录故障的确切现象与轻重程度，对于判断故障的性质和发生的部位很有帮助。但是必须指出，对于烧熔丝、跳火、冒烟、焦味等故障现象，必须采用逐步加压（指交流电源的电压）的方法进行观察，以免扩大仪器的故障。

C. 初步表面检查。在检修医用电子仪器时，为了加快查出故障产生原因的速度，通常是先初步检查待修仪器面板上开关、旋钮、度盘、插头、插座、接柱、表头、探测器等是否有松脱、滑位、断线、卡阻和接触不良等问题；或者打开盖板，检查内部电路的电阻、电容、电感、电子管、石英晶体、电源变压器、熔丝管等是否有烧焦、漏液、击穿、霉烂、松脱、破裂、断路和接触不良等问题。一经发现问题，予以更新修整。

D. 研究工作原理。如果初步表面检查没有发现问题，或者对已发现的毛病进行整修后仍存在原先的故障现象，甚至又有别的器件损坏，就必须进一步认真研究待修仪器说明书提供的有关技术资料，即电路结构方框图、整机电路原理图和电路工作原理等，以便分析产生故障的可能原因，确定需要检测的电路部位。即使对比较熟悉的仪器设备，电子仪器的维修者也应该查对电路原理图，联系故障现象进行思维推理，否则就将无从下手，事倍功半。

E. 拟定测试方案。根据医用电子仪器的故障现象以及对仪器工作原理的研究，拟定出检查故障原因的方法、步骤和所需测试仪表的方案，以便做到心中有数，这是进行仪器检修工作的重要程序。

F. 分析测试结果。下一步是根据测试所得的结果——数据、波形、反应，进一步分析产生故障的原因和部位。通过再测试再分析，肯定完好的部分，确定故障的部分，直至查出损坏、变值、虚焊的器件为止。因为仪器的修理者对于故障原因的正确认识，只有在不断地分析测试结果的过程中，才能由片面到全面，由个别到系统，由现象到本质。这是检修医用电子仪器的整个程序中，最关键而且最费时的环节。

G. 查出毛病整修。医用电子仪器的故障，无非是个别器件损坏、变值、蜕变、虚焊等引起，或是个别接点开断、短路、虚焊、接触不良等造成。通过检测查出毛病后，就可以进行必要的选配、更新、清洗、重焊、调整、复制等整修工作，使仪器恢复正常功能。

H. 修后性能检定。对修后的医用电子仪器要进行定性测试，粗略地检定其主要功能是否正常。如果修正更新的器件会影响仪器的主要技术性能，在修复后还应进行定量测试，以便进行必要的调整与校正，保持仪器的测量准确。

I. 填写检修记录。修复一台仪器后，为了能在理论上和实践上有所提高，必须认真填写检修记录。检修记录包括的内容有：待修医用电子仪器的名称、型号、厂家、机号、送修日期、委托单位、故障现象、检测结果、原因分析、使用器材、修复日期、修后性能、检修费用、检修人、验收人等。

② 故障原因分析　医学仪器故障诊断的最终目的是修复及校正医学仪器系统。所谓“医学仪器系统”不仅仅是仪器本身，还涉及仪器的操作者和仪器所处的环境。操作者、环境以及仪器本身这三个因素中任何一种出现问题，均可导致生物医学仪器系统出现故障。作为普遍的规律，这三个因素出现问题的概率是相等的。

A. 操作者。操作者由于对仪器的不熟悉或疏忽，在使用生物医学仪器时将会带来仪器的故障。

B. 环境。医学仪器和操作者周围的环境是医学仪器系统使用的重要条件，环境及其他条件的影响也是引起医学仪器故障的主要原因之一。

C. 仪器。仪器室执行测量及控制等功能的装置。由仪器产生的故障通常有两大类。

a. 非电类故障。这是最可能引起医学仪器故障的原因，这类故障包括插接件连接松弛、灰尘、腐蚀、机械疲劳等。

b. 电子类故障。主要是指元件和电路的故障。

医学仪器的维修及故障寻找通常有两种方法：一种是根据线路理论进行分析，一种是根据以前的维修记录进行分析。前者称为线路理论分析法，后者称为故障类型分析法。在医学仪器的维修中，通常两种方法并用。

故障诊断寻找应从系统层＋单元层＋功能模块层＋电路板层＋元件层逐级进行。在整个故障寻找及维修过程中，维修人员应多思考、多观察和多测试，从而找出故障产生的原因，并修复之，在修理过程中应尽量地利用各种有效信息源，包括利用手册、参考书及其他一些技术数据、维修记录，以及请教同行专家、代理商及制造厂家等。

(3) 医用电子仪器故障诊断方法

① 电气故障诊断方法　医用电子仪器故障诊断的关键在于选用适当的检查方法，发现、判断和确定产生故障的部位和原因。故障诊断的基本方法，一般可归纳为不通电观察法、通电观察法、对症下药法、测量电压法、波形观察法、信号注入法、信号寻迹法、电容旁路法、分割测试法、器件替代法、改变现状法、整机比较法、测量电阻法及测试器件法等14种。只要根据仪器的故障现象和工作原理，针对各种问题特点，交叉而灵活地加以运用这几种方法，就能有效而迅速地进行故障诊断。

A. 不通电观察法。在不通电的情况下，观察仪器面板上开关、旋钮、刻度盘、插口、接线柱、探测器、指示电表等有无松脱、滑位、卡阻、断线等问题，打开仪器的外壳盖板，观察仪器内部的元件、器件、插件、电源变压器、电路连线等，有无烧焦、漏液、发霉、击穿、脱落、开断等现象。

B. 通电观察法。通电观察法特别适用于检查跳火、冒烟、异味、烧熔丝等故障现象。这些故障通常发生在仪器的整流电路部分，通电观察时，首先应注意观察整流管的工作状态。

C. 对症下药法。在仪器的说明书中，大多有比较完整的维修与调整资料，如各级电路的工作电压数据表、波形图以及常见故障现象、原因、检修方法对照表等，对于仪器检修者都是很有价值的参考资料。因此，故障诊断时，可根据故障现象，参照现成资料对症下药，以加快仪器的修复。

D. 测量电压法。检查仪器内部各种电源电压是否正常，是分析故障原因的基础。因此，故障诊断，应先测量待修仪器中各种直流电源的电压值是否正常，即使已经确定故障所在的电路部位时，也经常需要进一步测量有关电路中的电子管、晶体管各个电极的工作点电压是否正常，这对于发现与分析故障的原因和损坏的器件都是极有帮助的。

E. 波形观察法。故障诊断时，使用电子示波器来观测待修仪器的振荡、放大、倒相、整形、分频、倍频、调制等电路部分的输出和输入信号波形，可以迅速地发现产生故障的部位，有助于故障原因的分析，进一步确定检测的方法与步骤。

F. 信号注入法。使用外部的相应信号源，从待测仪器的终端指示器的输入端开始注入，然后依序向前级电路推移，注入测试信号到各级电路的输入端，同时观察仪器终端指示器的反应是否正常，作为确定故障存在的部位和分析故障发生原因的依据。

G. 信号寻迹法。选用适当频率和振幅的外部信号源，作为测试信号电压，加到待修仪器的输入端或多级放大器的前置级输入端，然后利用外部的电子示波器，从信号输入端开始，逐一观测后边各级放大器的输入和输出信号的波形和振幅，以寻找反常的迹象。

H. 电容旁路法。在检修有寄生振荡或寄生调幅等故障现象的电子仪器时，通常采用电容旁路法来检查和确定发生问题的电路部分。具体的方法是，使用一个适当容量和电压的电容器，临时跨接在有疑问的输入端，使之对“地”以观测其对故障现象的影响。如果故障现象消失了，表明问题存在于前面各级电路中；反之，故障不消失，表明问题存在于本级电路。

I. 分割测试法。有些医用电子仪器的组成电路部分比较复杂，涉及的器件很多，并且互相牵制，多方影响。因此，在进行故障诊断时，必须采用分割电路的方法，即脱焊电路连线的一端，或者拔掉有关的电子管和单元板插件，观测其对故障现象的影响，或者单独测试被分割电路的功能，这样就能发现问题所在，便于进一步检查故障的产生原因。

J. 器件替代法。在医用电子仪器故障诊断时，最好不要拆动电路中的元件和器件，特别是精密仪器，更不应随便拆动。通常先使用相同型号、相同规格、相同结构的元件、器件、印刷电路板、单元插接部件等来临时替代有疑问的部分，以便观测其对故障现象的影响。如果故障现象消失了，表明被替代的部分存在问题，然后再行脱焊更新，或者进一步检查故障的原因。

K. 改变现状法。改变现状法是指在医用电子仪器故障诊断时，有意变动有关电路中的半可调元件，也包括有意触动有关器件的管脚、管座、焊片、开关角点等，甚至大幅度地改变有关元件的数值或有关电路的工作点，以观测其对故障现象的影响，往往就会使接触不良、虚焊、变值、性能下降等问题暴露出来，以便加以修整、更换，从而排除故障修复仪器。

L. 整机比较法。医用电子仪器故障诊断时，需要有电路正常时的工作点电压数值和工作波形图作为参考，以便采用测量电压法和波形观测法来比较其差别而发现问题。因此，在缺少有关技术资料，并且已使用多种检测方法仍难以分析故障的发生原因，或者难以确定存在问题的部位时，通常采用整机比较法，即利用同一类型的完好仪器，对可能存在故障电路部分，进行工作点测定和波形观测，以比较两台好坏仪器的差别，往往就会发现问题，并有助于故障原因的分析。特别是对于诊断复杂的电子仪器，颇能解决问题。

M. 测量电阻法。医用电子仪器故障诊断时，经常发现由于电路器件的插脚或滑动接点接触不良，或者个别接点虚焊，或者电阻变值，以及电容器漏电等，从而导致故障的发生。这些问题都需要在待修仪器不通电的情况下，采用测量电阻法进行检查，以寻找故障所在之处。

N. 测试器件法。在医用电子仪器故障诊断时，对有疑问的电路进行定量的测试，有助于确定和分析故障产生的原因。必须指出，各种器件的测试仪器，其测试条件和待修仪器的工作条件不完全相同，经常遇到对有疑问的器件通过测试是好的，接在电路中使用却出现问题的情况。因此，除了明显的参数变值和性能下降外，必要时应借助器件替代法才能确定有疑问器件的质量好坏。

② 医疗器械应急修理方法　目前很多医学仪器在故障定位后，通常采用换电路板的方法，但常误工期且影响医学仪器的使用，造成不必要的损失。因此维修人员在熟悉仪器性能、结构及常见故障后，应学会应急修理技巧，即在找不到一个完全一致的元件来替代的情况下，利用知识来选择等效替代元件，使它在所有重要特性上相当或超过原来的（损坏的）元器件。紧急修理场合，可以采用下列等效替代方法。

A. 并联替代法。将两个或两个以上的元件并联后替代某个元器件，电阻、电容、二极管、三极管、电源变压器、熔丝等均可采用这种方法。两个及两个以上元件并联后，其电参数将发生变化，电阻并联后阻值比最小的电阻数小，但功率会增大。

B. 串联替代法。将两个或两个以上的元器件串联后，可替代某个元器件。电阻串联后，可增加阻值；电容串联后，容量减小，但耐压增加；二极管串联后，可增加耐压值。

C. 应急拆除法。某些用来减小交流纹波的元件、电路调整用元器件等辅助性功能元件，一旦击穿后，不但不起辅助功能作用，而且会影响电路甚至整机工作，可采用应急拆除方法恢复电路及整机工作。应急拆除辅助元件，可能会使部分辅助功能丧失，这在使用时应引起注意。

D. 临时短路法。某些在电路中起辅助作用的元器件，损坏后可能导致电源中断及信号中止，如果用导线将损坏的元器件两端短路，仪器可恢复工作。临时短路法不适宜用于电容器及集成电路。

E. 变通使用法。两个或两个以上的部分功能损坏的元器件，可充分利用其尚未损坏的功能，重新组合，作为一个功能齐全的元器件使用，一些集成电路及厚膜电路适用于这种场合。

F. 主次电路元件相互交换法。某些主要电路中的元器件损坏或性能变差后，会影响仪器的正常工作。可由对性能关系不大的次要电路中的元件来替代或与之交换使用，以确保主要功能恢复正常。

G. 挖潜法。将某些暂不用或暂未发挥作用的通道和波段中的元件充分利用起来，确保常用或急用的功能。该法只是一种应急措施，要尽量避免使用。

H. 组件代用法。某些较简单的厚膜电路或集成电路全部功能或部分功能损坏后，可采用分立元件器件装成组件替换，或用外接分立元器件通过引脚与内部电路连接，使损坏部分的功能得到恢复。

I. 电击修复法。某些线径较小的电感线圈、变压器断路后，可用较高的电压降断路的两端重新熔接。一些陶瓷滤波器漏电后，亦可用高压产生电火花使漏电处烧断。电击修复法的成功率取决于采用合适的电压和电流。

J. 降压使用法。为了使某些性能变差的元件继续使用，可采用调整电源的取样电阻，使直流稳压电源输出电压适当降低。降低工作电压有时可克服电路的自激。

K. 加接散热片法。若发现某些未加散热片的发热元器件（大、中功率管和集成电路）过热，可加接散热片提高工作质量和提高元器件的工作寿命。

L. 修改电路法。若因设计不当而使仪器的性能不够完善时，可采用增补某些元器件，例如加接高频旁路电容增强抗干扰能力。若某些元器件购买困难时，可适当修改原电路，使仪器正常工作。

M. 自制元件法。如果购买不到合适的元器件，在熟悉元器件性能的前提下，可自制某些元器件。

(4) 医用电子仪器典型维修案例分析与技能演练

以 ECG-11B 型心电图机为主要载体，该机器结构与 ECG-6511 型心电图机类似，作为维修的载体具有很好的典型性。

先来了解确定故障现象的方法，其基本程序与我国传统中医学的方法类似，其具体解释如下所示。

“问”：详细了解仪器发生故障的全过程、故障史、维修史及使用情况，判断故障的原因是由人为还是自然因素所致，为判断故障提供必要的线索。

“观”：仔细观察故障现象，对于分析故障原因极为重要。如金属膜电阻一般为白色，在大电流高温情况下可变为黑色，在同样情况下，黑色的丝绕电阻会变成白色，这些均为烧毁的征兆；黄铜变绿则是受潮的象征；高温可引起塑料制品变形，对分立元件组装的医用电子仪器，用直观方法可以迅速发现问题。先表后里，首先观察各功能开关按钮位置，小型仪器有无撞伤痕迹，机内各元件有无烧糊或冒烟，电解电容器有无漏液，焊点的连线有无脱落，真空器件有无破碎、冷爆、漏气（发白），通电后灯丝是否点燃，高压及高频部分有无打火，机械传动部分有无失灵或卡死，波形图像显示是否正常，经过直观查看往往能发现故障部位。

“闻”：有两种含义：其一，鼻嗅其味；其二，通电后闻其声。如仪器有烧糊气味多为某一元件电流过大所致，此时必须立即关机以免扩大故障，在查明故障原因后方可更换元器件；闻其声，一般情况开机后异常，应寻找发出异常声音的部位，以发现某些元件存在打火现象特别是高压部分。

“切”：用手对温度的触觉，触及发热元件的温度是否正常。检查在断电与电容放电后进行。发现温度升高的元件进一步追踪检查，找出根源，方可着手修理。

“叩”：接触不良、虚焊引起的时有时无的故障，采用轻轻敲击、振动、扭转、摇动的方法可使故障重现。

以上步骤是紧密相连的，其特点是方便，不需要用大量测试设备，能迅速发现、判断与寻找故障，简洁直观，这种方法属定性分析。对一般故障，特别是分立元件组装的仪器故障的判断是行之有效的。

① 测量法检修典型医用电子仪器故障

A. 测量法的定义。电子设备中的某些元件或参数，在使用的过程中，不但有质的变化，也有量的变化。如晶体管和集成电路的工作电流和电压，在良好的情况下，有一定的数值，随着使用时间的增长，这些数值就会发生变化，从而引起质量上的变化。遇到这种情况，原因较为复杂，应用测量法进行可靠准确地检查，就比较容易排除故障，找到失效或损坏的元器件。

测量法多用于电阻、绝缘电阻、电压、电流、波形等测量。特殊的情况下，可用于功率、频率、灵敏度等测量。前几种一般应用万用表、示波器、兆欧表即可，也是较常用的，后几种要用到专用仪器，如综合测试仪、波长表、频率计、功率表等。

测量法是根据电路原理测量有关点的电压、电流、电阻及波形等参数，然后分析测得参数是否与被测电路原理相符，从而发现故障原因的方法。这是维修中必不可少的一种基本检修方法。从量的角度来分析故障，其测试方法有下列两种。

a. 静态工作点的测量：当仪器处于静态工作某一特定状态时，测量可疑点的电平，能迅速发现故障所在。静态参数的测量既适用于分立元件又适用于集成电路及大规模集成电路的故障。

b. 动态测试分析：有些仪器设备故障在静态工作时不出现，而在连续工作状态下才产生，因有的组合条件是一个脉冲（或脉冲序列），也就是说某些动态参数偏离正常值就会引起仪器故障。动态分析与测量可运用模拟信号、脉冲序号注入和设置某些条件或编制一些简单的程序，让仪器运行，而后用示波器、频率计观察有关组件的波形，记录脉冲个数就可以确定故障的部位。运用动态测量寻找故障，应根据不同机型，采用不同步骤和测试设备。此法常用于各类医用电子仪器的测量。

B. 确定故障现象。有故障典型医用电子仪器 ECG-11B 型心电图机，根据操作医生描述情况，进行故障现象的确定，故障确定的方法采用“问、望、闻、切”的过程来完成。

问：听取该仪器使用者的操作情况，得知该机器在使用时其他操作均正常，只是按 1mV 定标键时没有反应。

望：对整机进行观察，发现整机外观良好，按键良好并无损坏，插接件接触良好；打开机壳，观察内部，元件完好，并未发现明显烧毁或短路情况存在。

闻：嗅闻机器内部，未发现电源部分以及其他元件有焦味残存；机器通电，继续迅速嗅闻机器内部，未发现异味（若有异味，要立即停止通电测试）。

切：通电测试，用手触摸线路及部件，未发现过热情况存在。

经过上述四部的检查，维修者得出结论，该仪器其他部分工作正常，1mV 定标出现故障。

C. 分析和推断故障。

a. 基础知识分析。根据前面章节学过的知识可知，1mV 定标信号的作用是为了衡量描记的心电图波形幅度，校正心电图机的灵敏度，如果 1mV 定标信号不正常，将导致医生无法判断心电波形的输出是否正常，无法给病人做出正确的诊断，后果相当严重。一般来讲，可能造成 1mV 定标故障的主要电路有 1mV 定标电路、表笔驱动电路、导联选择开关电路、封闭电路、记录器电路等，根据如图 3-76 所示的流程图来分析和推断 ECG-11B 1mV 定标故障产生的原因。

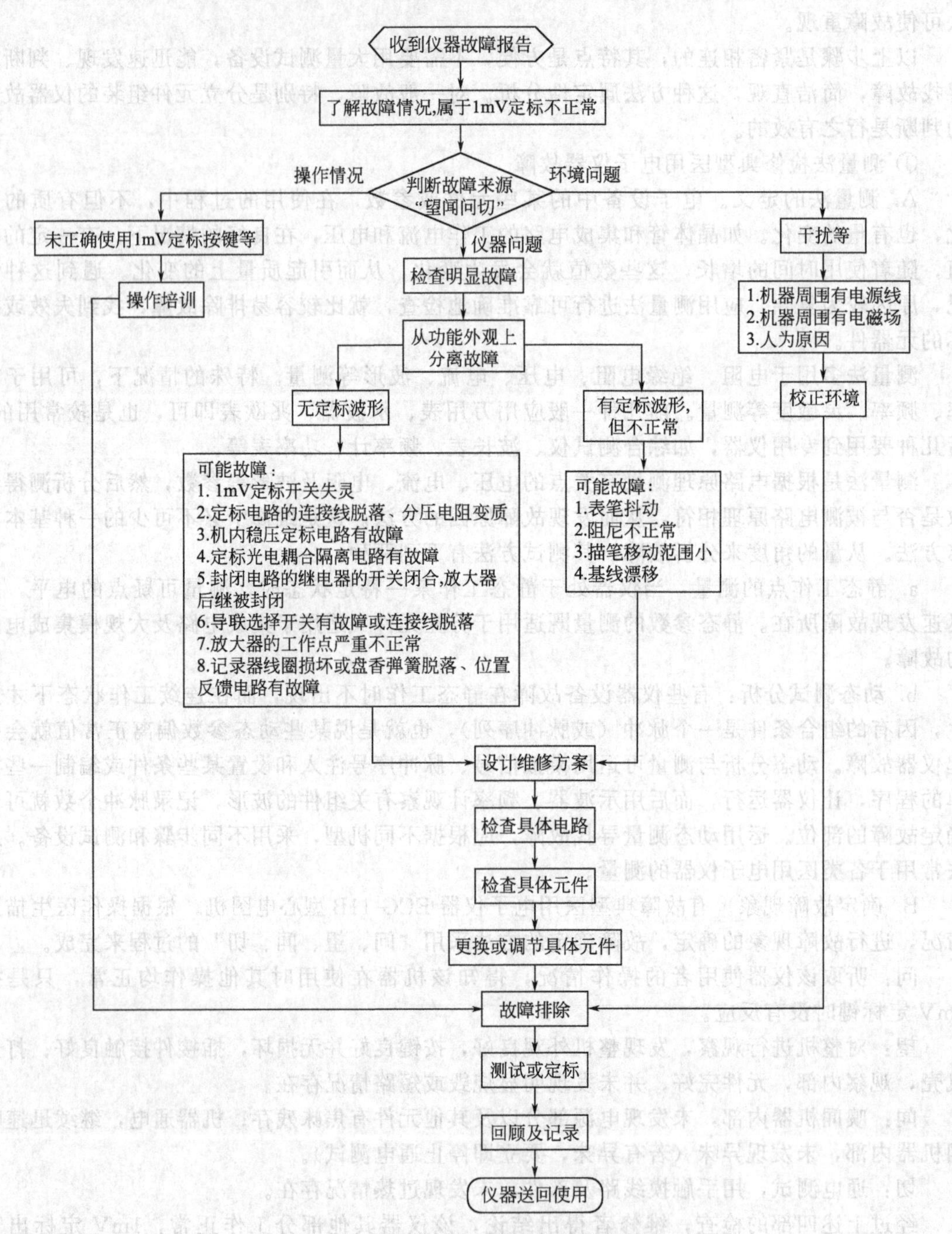

图 3-76　1mV 定标不正常故障检修流程图

b. 可能故障推断。

ⅰ. 标准电池无电或定标电路有故障，即不能产生 1mV 定标信号。有部分型号的心电图机采用电池产生 1mV 定标信号，即利用标准电池的电压来输出标准的 1mV 方波，而 ECG-11B 型心电图机是采用 1mV 定标电路来产生标准信号，如图 3-77 所示为 1mV 定标电路，其工作原理已在前面章节讲过，请大家参照前面讲述复习。当该定标电路中的任何一个元件出故障，如分压电阻、稳压管、开关管、8V 电压等，均可造成不能产生 1mV 定标信号，但该故障又不影响心电信号的正常采集，情形与上述故障现象一致，故该可能性较大。

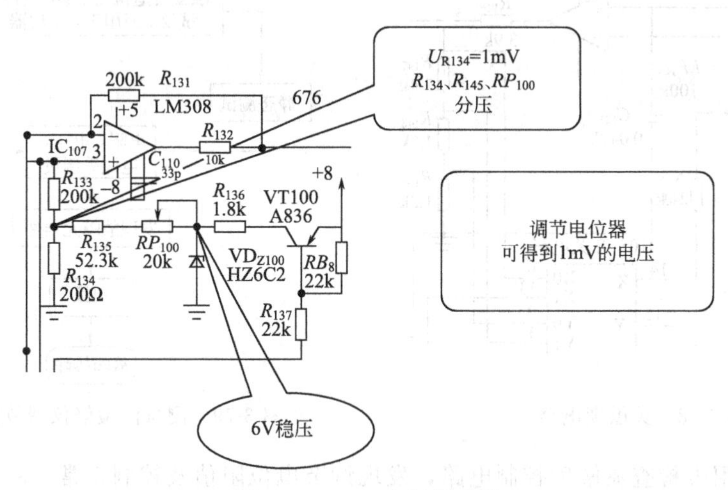

图 3-77　1mV 定标原理图

ⅱ. 定标信号控制线或定标光电耦合隔离电路故障。在 ECG-6511 或其他型号心电图机中，是通过光电耦合隔离电路来控制定标信号的，如果此电路出现问题，也会导致无法正常产生定标信号。

而在 ECG-11B 心电图机中，是直接利用集成电路产生控制信号，如果控制线出现断路，会导致无法产生正常定标信号。

ⅲ. 记录笔固定不紧或盘香弹簧脱焊。在心电图机中，正常心电图描记也是由该部分来完成，由于该故障在检测时，心电图是可以正常描记的，故该部分故障不会发生。

ⅳ. 放大器的工作点严重不正常。在 ECG-11B 型心电图机中，存在有多处放大器，用于放大和滤波等，如果放大器的工作点不正常，将会导致心电图信号失真，1mV 定标信号失真等情况发生，而该故障是无法产生 1mV 定标信号，故该故障可能性排除。

ⅴ. 灵敏度电位器调整不当。在心电图机的灵敏度调整电路中，电位器的主要作用是为比较器的输入端提供标准大小的信号，如果电位器调整不当，虽然也会有心电信号输出，但是幅度完全失真，而 1mV 的方波信号将会幅度很小或者完全消失，此故障的可能性也较大。如图 3-78 所示为灵敏度电路。

ⅵ. 1mV 定标信号按键故障。在 ECG-11B 型心电图机，面板上的按键采用的是薄膜按键，时间长了会损坏，损坏后将无法正常产生定标控制信号，故此部分的故障率也很高。

D. 测量法检测医用电子仪器故障。在上述的分析和判断中，得出了故障的大体范围，但若要确定故障部位，还需进行仔细检测，也就是要找到具体的故障元器件。如图 3-79 所示为测量法检修仪器故障的流程图，按照这样的过程对故障机器进行检修。

E. 检测 1mV 定标电路。使用万用表和其他一些测量工具，查 1mV 标压产生电路。接通电源，稳压管上有稳定＋6V 电压，由电阻网络分压，经电位器后取得电压 5.36V，经电阻后为 20mV，再经电阻到放大器同相输入端电压为 1mV，后经差分放大器的输出电压为 20mV。说明 1mV 标压产生电路正常。

F. 使用万用表检查定标信号控制线，发现控制线连接正常，导通电阻为零。

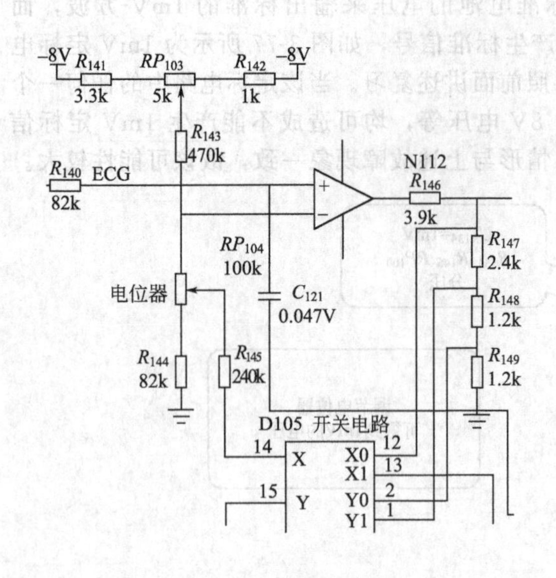

图 3-78 灵敏度电路

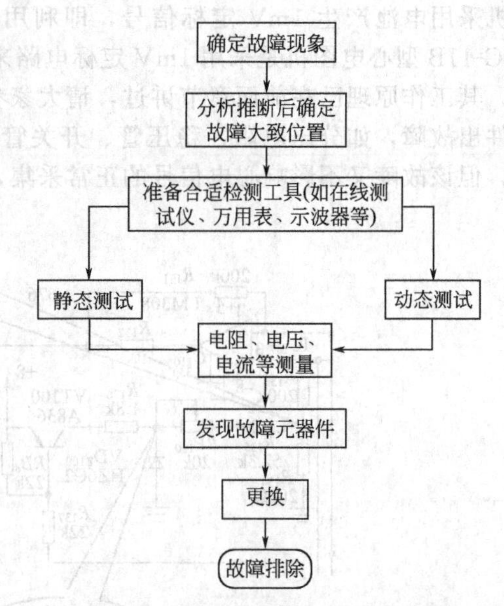

图 3-79 测量法检修仪器故障流程图

G. 使用万用表检查灵敏度控制电路，发现调节电位阻值及控制正常，8V 的工作电压也正常，排除本部分故障可能性。

H. 查 1mV 键控电路。按下 1mV 定标键，发现无正常控制电平输出，判断故障在键控电路部分。继续做详细检查，CPU 输出端控制电平正常，而 CPU 与控制电平间为一反相器，基本判断为反相器故障。

I. 排除故障。通常上述三个步骤，判断是反相器故障，准备电烙铁等相关工具，将原有的反相器焊下，更换同型号的反相器，通电测试，发现机器恢复正常，故障排除。

J. 测量法补充。

a. 电压测量法的基本原理。电路正常工作时，电路中各点的工作电压都有一个相对稳定的正常值或动态变化的范围。如果电路中出现开路故障、短路故障或元器件性能参数发生改变时，该电路中的工作电压也会跟着发生改变。所以电压测量法就能通过检测电路中某些关键点的工作电压有或者没有、偏大或偏小、动态变化是否正常，然后根据不同的故障现象，结合电路的工作原理进行分析找出故障的原因。

b. 电压测量法的检测要点。

ⅰ. 电源电压的检测。电源是电路正常工作的必要条件，所以当电路出现故障时，应首先检测电源部分。如果电源电压不正常，应重点检查电源电路和负载电路是否存在开路或短路故障。在通常情况下，如果电源部分有开路故障，电源就没有电压输出；如果负载出现开路故障，电源电压就会升高；如果负载出现短路故障，电源电压会降低，甚至引发火灾；对开关电源，还应着重检查保护电路是否正常。

ⅱ. 三极管工作电压的检测。通过检测三极管各极的电位，根据三极管在电路中的工作状态进行分析就能找出故障原因。所以在分析和检测前首先必须掌握各种电路的工作原理，了解被测三极管的工作状态。

ⅲ. 集成电路工作电压的检测。通过检测集成电路各引脚的电压，然后把检测结果与正常值进行对比就能初步判断集成电路本身、该集成电路的相关电路或外围元件是否存在故障。应着重检测电源、时钟、信号的输入输出等引脚的电压。

ⅳ. 电路中某些动态电压的检测。在收音机、电视机、录像机、影碟机等设备中，其各引脚的电压都会根据不同情况发生动态变化。通过检测这些电压的动态变化，就能快速找出故障原因。

L. 使用电压测量法的注意事项。

a. 使用电压测量法检测电路时，必须先了解被测电路的情况、被测电压的种类、被测电压的高低范围，然后根据实际情况合理选择测量设备（例如万用表）的挡位，以防止烧毁测试仪表。

b. 测量前必须分清被测电压是交流还是直流电压，确保万用表红表笔接电位高的测试点，黑表笔接电位低的测试点，防止因指针反向偏转而损坏电表。

c. 使用电压测量法时要注意防止触电，确保人身安全。测量时人体不要接触表笔的金属部分。具体操作时，一般先把黑表笔固定，然后用单手拿着红表笔进行测量。

测量法扩展训练

故障现象：进行心电信号的描计时，无波形出现。经检查，发现机器的电极脱落，指示灯始终发亮。重新安装肢体电极与胸电极，故障现象未见改变。

故障分析与检修：

电路原理分析参照ECG-6511前置放大电路图，电极脱落指示检测电路由IC_{109}和R_{140}、R_{141}、R_{142}、R_{143}组成。R_{140}～R_{143}是分压器，得到±4V的参考电压，分别加到IC_{109A}的反相和IC_{109B}的同相输入端。各导联的心电信号，经缓冲放大器IC_{100}～IC_{102}，再经模拟开关IC_{103}～IC_{106}选通后送到前置放大器IC_{107}的输入端，经IC_{107}放大。在电极未脱落时，IC_{107}输出的信号电压不会超过±4V，IC_{109A}或IC_{109B}输出低电平，光耦合器PHC_{102}不工作，电极脱落指示灯不亮。另一方面，由于R_{119}一端的－8V电压加到VT_{101}、VT_{102}的基极上，VT_{101}、VT_{102}截止，心电信号可顺利送往下一级放大器IC_{108}。当有电极脱落时，±200mV或更大的干扰信号加到IC_{107}上，其输出电压超过±4V，IC_{109A}或IC_{109B}输出高电平，通过光耦PHC_{102}驱动电极指示灯发亮，这个电压加到VT_{101}、VT_{102}基极上，使基极电位大于饱和导通电压，VT_{101}、VT_{102}饱和导通，信号无法送到IC_{108}，从而无波形描出。

实际测量发现，IC_{107}输出端电压为4.5V，VT_{101}、VT_{102}都饱和。更换IC_{107}故障依旧，切换导联始终未见变化。从以上试验断定：至少有一根导联不受模拟开关限制，始终与IC_{107}的输出端连通，导致干扰信号始终加到IC_{107}的一个输出端上，从而形成电极脱落的假象。将每根导联线分别与RF线短路，当用V_5与RF路时，故障消失，说明模拟开关IC_{105}内部选通，V_5的一路已短路，更换IC_{105}后机器恢复正常。

② 分割法检修典型医用电子仪器故障

A. 分割法定义。分割法：当故障范围较大时，为了进一步确定故障的部位，可在故障范围的中间点或部分采用分割检查法，判定故障发生在分割点的前面和后面，然后对其余部分再作检查，从而缩小故障范围所在。

分割法可以称为分区停电法，是寻找局部短路的有效方法。其具体做法是分别断开供电电路，断开一部分，快速测一下总电流，若某一部分断开后，总电流大大下降了，短路故障就在此部分里。具体是哪一个或几个元件短路，再用小区域分区停电法寻找，直到排除为止。

分割法又可称为逐级分割法，就是把故障范围逐渐减少，直至最后查出故障点。心电图机的电路比较复杂，即便是最简单的单导心电图机也有多块电路板。首先应根据故障现象，判定故障是发生在信号通路上还是控制或其他电路部分，判断故障的大致范围，在该范围内再分割成若干部分，分别逐一进行检查，找到存在故障的那一部分。以此类推，再将存在故障的部分再分割，并逐一检查，直至确定故障发生在哪个部位或哪一个元件上。如最常见检修无定标信号故障，其原因很多。

B. 确定故障现象。接到有故障仪器 ECG-11B 型心电图机，根据操作医生描述情况，进行故障现象的确定，故障确定的方法采用“问、望、闻、切”的过程来完成。

问：经过与心电图机操作者沟通，该机器 TEST 位正常，但左右导联选择键失效。

望：观察机器表面，面板和指示灯未发现明显损坏痕迹，接触按键，所有按键均未异常；打开机箱，观察机器内部，电阻、电容表面良好，其他元件未有烧毁痕迹。

闻：鼻嗅机器，没有异味产生；通电测试，未发现打火或异常声音。

切：开机后，用手感觉与按键相连的器件温度均处于正常状态。

经过上述几步检测，发现整机故障为导联选择键失效，其他部件未见异常。

C. 分析和推断故障。

a. 基础知识分析。该型号单导心电图机的导联选择分为自动和手动选择两种，导联选择的操作十分简便，只要轻触 ADV 或 REV 键，就可以实现导联选择操作。参照前面的理论知识，实现导联选择操作的电路可以简单划分成三个部分。

ⅰ. BCD 码（8421 码）产生电路。此部分的关键元件是一个加/减可逆计数器，它可按心电图导联的选择而产生相应的 BCD 码。当按下导联置换键 ADV 时，一个高电平加至计数器的 U/D 端，计数器处于“加”法运算状态；当压下 REV 键时，低电平加于 U/D 端，计数器处于“键”法运算状态，这样，从 0000～10000，一共十三组数据，对应导联选择上的“TEST”到“V6”，实现不同导联选择。

ⅱ. BCD 码译码及 LED 驱动输出电路。此部分的主要功能是通过译码器和驱动放大器，驱动 LED 显示不同导联指示。

ⅲ. 导联选择转换控制电路。此部分功能主要是由四片多路开关 4052 在 BCD 码的控制下来完成不同导联的组合，从而实现国际标准十二导联的切换。

因此，经过分析可知，心电图机的导联选择部分采用电子开关控制，它由计数脉冲发生电路、可逆计数器、译码器、LED 显示电路以及光电转换部分组成。其中任何电路发生故障都可造成选择键失效，要逐个检查。如图 3-80 所示为导联选择故障的检修流程图，将参照流程，选用合理的检修方法来完成对该故障的检修。

b. 可能故障推断。

ⅰ. 按键部分故障分析。按键单元由按键开关、加/减可逆计数器、译码器、发光二极管驱动器、发光指示管及走纸电机速度控制电路组成。当电源开关接通时，初始复位电路（R_{205}，C_{210}，IC_{203A}）产生高电平复位信号使加/减计数器 IC_{212} 复位，IC_{212} 是一只二进制 4 位可逆计数器，按照心电导联选择情况来决定 IC_{212} 的输出端 BCD 数据。当按下导联选择右移按键 ADV(SW_{201})，高电平加到 IC_{212} 的加/减控制端 10 脚，使可逆计数器处于“加”计数状态，同时，一个时钟信号加到 IC_{212} 的 15 脚，使 IC_{212} 作加 1 计数，导联前行（右移）一步；当按下导联选择左移按键 REV(SW_{202})，这时 IC_{212} 的加/减控制端 10 脚为低电平，即可逆计数器处于“减”计数状态，SW_{202} 按下后产生的正电平加到时钟端 15 脚，使 IC_{212} 作减 1 计数，导联往左移一步。从而实现导联的正常选择。

ⅱ. BCD 码产生电路故障分析。由前面分析可知，加/减计数器电路、组合逻辑门电路、上下编码/译码电路等，任何一个电路出现问题，均会导致导联选择失效。

ⅲ. 导联选择转换控制电路。此部分采用较多的电子开关（型号为 4052），故障多出现在这一部分，若电子开关的控制电平或者内部产生紊乱均会出现导联无法正常选择。

D. 分割法检测医用电子仪器故障。根据上述分析和推断，初步知晓了导联选择故障容

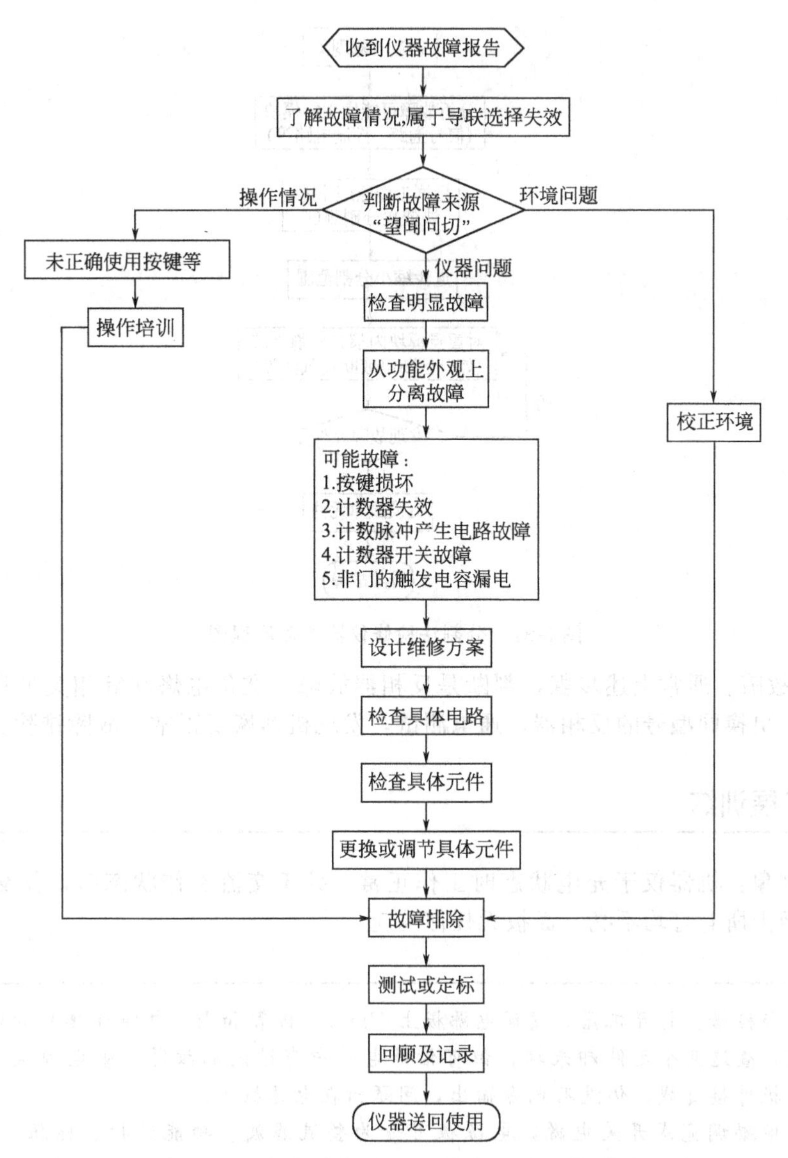

图 3-80　导联选择故障检修流程图

易发生的几个模块，本单元将采用分割法来完成本故障的排除，工作流程如图 3-81 所示。

首先，将该机器分割成上述原理描述的几个模块：键控部分、BCD 码产生电路及 BCD 码转换控制电路。

其次，检查键控输出输出电平是否正常，如果正常，将继续检查其他部分；如果不正常，断电测试自动导联转换模式，如果能正常工作，即可基本确定故障只在键控部分。

再次，按照同样方法测试 BCD 码产生电路或 BCD 码转换控制电路，逐步缩小范围，直到确定目标模块。

分割法检修实例：分割检查计数器开关，按触良好，可逆计数器的 15 脚高电平有效，接通电源电源可逆计数器的 15 脚始终为高电平，按动计数器开关不起作用，分区停电，其他部分正常，判断故障发生在计数器脉冲产生电路。测试 IC_{203} 的 3 脚为 1.5V，按动计数器开关该电平随之变化，但反相器不动作，故计数器 15 脚始终为高电平，怀疑计数脉冲的幅度不足以使反相器动作，检查反相器电路电阻与图纸数值相差很大。

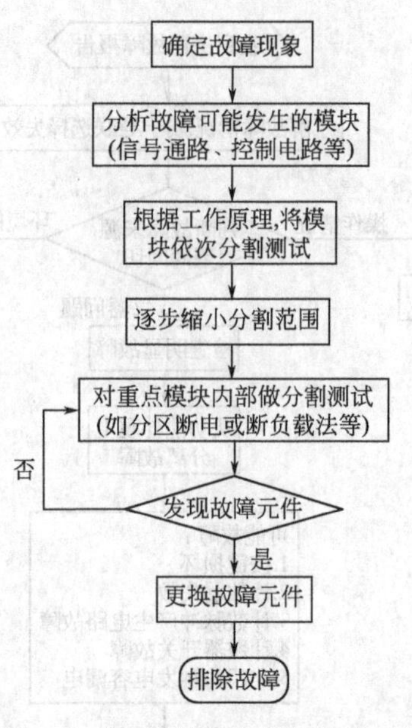

图 3-81 分割法检修仪器故障流程图

E. 排除故障。通常上述步骤，判断是反相器故障，准备电烙铁等相关工具，将原有的反相器焊下，更换同型号的反相器，通电测试，发现机器恢复正常，故障排除。

分割法扩展训练

故障现象：机器仅于充电状态时工作正常，处于交流工作状态时，仅交流指示灯亮，键控板上所有灯均不亮，面板无任何响应。

故障分析与检修：打开机器，发现电源板上 VD_{410} 二极管和 R_{420} 电阻连接处的电路板有明显的烧焦的痕迹，查这两个元件却未坏，但可估计电路中有过流的故障。查电源板±12V 没有输出，断开电源板外接负载，仍没有电源输出，问题出在电源板上。

该机采用他励调宽式开关电源，电源板可分为整流滤波、功能选择、稳压、交直流转换、电池容量指示、直流-直流变换器、电池保护、充电器等 8 个部分。静态查电源调整三极管 VT_{408} 没有损坏，但查其基级信号输入通路时，发现 VD_{401} 的输出端 3 端对地短路，该 IC 已经损坏，更换之，但故障依然。观察电路，发现机器送来维修前有被人修过的痕迹，前位维修者将继电器 KR_{400} 3 脚处的铜箔断开，在它和电感 L_{400} 之间串接了一个 200kΩ 的小功率电阻，强行增大了电源负载内阻。此时将机器处于交流供电状态，测 L_{400} 对地电压为 11.74V，而 KR_{400} 1 端对地为 0.17V，焊下该电阻，将电路恢复，开机测得+12V 电源输出端只有三点几伏的输出，－12V 电源没有输出，且交流指示 LED V_{404} 发光暗淡，电路中明显有过流现象。将机器断电，从该板的电池连接口 X_{402} 外接+12V 带过流保护的稳压电源，将继电器 KR_{400} 的 1、2 端用导线连接起来，强行让机器处于电池供电状态（此时整流滤波、功能选择、稳压这三个部分未起作用），结果外接的稳压电源发出过流保护报警，将开关 SA_{401} 的 4、5 端断开（即分割掉电池保护、充电器、交流直流转换这三个部分）也一样，说明电池容量指示、直流-直流变换器两部分电路中有元件损坏，出现过流现象。静态测这两部分电路，未发现短路元件，于是继续采用分割法，结果将 NA723CN 的 12 脚割离电路时，过流现象消失，说明 UN723CN 芯片已经损坏，更换之，并将电路恢复，开机±12V 电压输出正常，整机恢复工作。

③ 信号跟踪示波法检修典型医用电子仪器故障

A. 信号跟踪示波法定义。信号跟踪示波法：对心电图机信号通路故障的检查，可利用示波器对机器内部的毫伏标压信号逐级进行跟踪检查。对控制电路或走纸电路的检查，则可用示波器检查脉冲有无或频率、幅度是否正常。还可根据各点应该具有的电压及波形，利用示波器进行检查。而对于一些较复杂的控制电路，例如微机控制电路，其各处的脉冲波形是非常复杂的，用示波器很难检查其正常与否。可以用示波器检查脉冲信号的逻辑电平是否正常，这种方法在一定情况下往往也能奏效。用示波器检查时，应当对示波器的增益、扫描速度、幅度范围等进行适当选择。

B. 确定故障现象。接到有故障仪器 ECG-11B 型心电图机，根据操作医生描述情况，进行故障现象的确定，故障确定的方法采用“问、望、闻、切”的过程来完成。

问：通过与该仪器使用者沟通，得到该仪器故障的初步情况，心电图机测试良好，走纸速度不正常。

望：观察机器面板和指示灯，没有明显的损毁痕迹，打开机器内部，电子元件表面布满灰尘，用工具处理后开机，故障未排除。

闻：开机后嗅机器内部元件，没发现任何异味。

切：开机测试，用手触摸，大功率元件没有特别发热情况，轻轻叩击一些易松动元件，通电测试，故障未排除。

按照上述流程检查，确定机器故障为走纸速度不正常，且不受按键控制，表面没有明显损坏痕迹，需进一步分析测试。

C. 分析和推断故障。

a. 基础知识分析。

根据前面章节学过的知识可知，心电图机最终是要输出心电图报告提供给医生进行诊断或者病人留查用，所以在心电图机的结构里面有两个非常重要的部分是来完成上述任务的，一个是记录部分，另外一个是走纸部分。记录部分主要包括记录器、热描记器及热笔温控电路，主要作用是记录器将心电信号的电流转换后输出，而热笔通过温控电路的加热后在记录纸上绘制出心电波形。走纸部分的核心是走纸传动装置，它包括电动机与减速装置及齿轮传动机构，作用是使记录器按规定速度随时间做匀速移动，记录部分随心电信号幅度的变化，描记出心电图。根据该仪器的故障确定可以得出，走纸速度不正常与走纸部分有关，重点来分析与走纸有关的电路如心电图机线圈电路、纸速控制电路、电动机驱动电路、走纸轴机械部件等，参照如图 3-82 所示流程图，来推断本故障可能的原因。

b. 可能故障推断。

ⅰ. 走纸机械故障：

如果各组合齿轮间或轴承间有脏物或缺少润滑油，会导致走纸速度不正常；

热笔定位架不平，会导致走纸速度不正常，严重时会拉破记录纸，对于本故障，该原因可能性不大；

走纸轴安装不合适或丢掉固定销子；

记录纸的厚度不均匀也会导致走纸速度不正常，此故障原因可能性较小。

ⅱ. 电动机故障：

电动机的转子卡死，可导致心电图机走纸速度为零；

电动机的移相电容变质，可导致心电图机走纸速度不正常；

电动机线圈断路或者短路，导致走纸不正常；

走纸轴和电动机的传动轴松动。

ⅲ. 纸速控制电路故障：根据前面章节学过的知识可知，心电图机采用锁相环技术控制

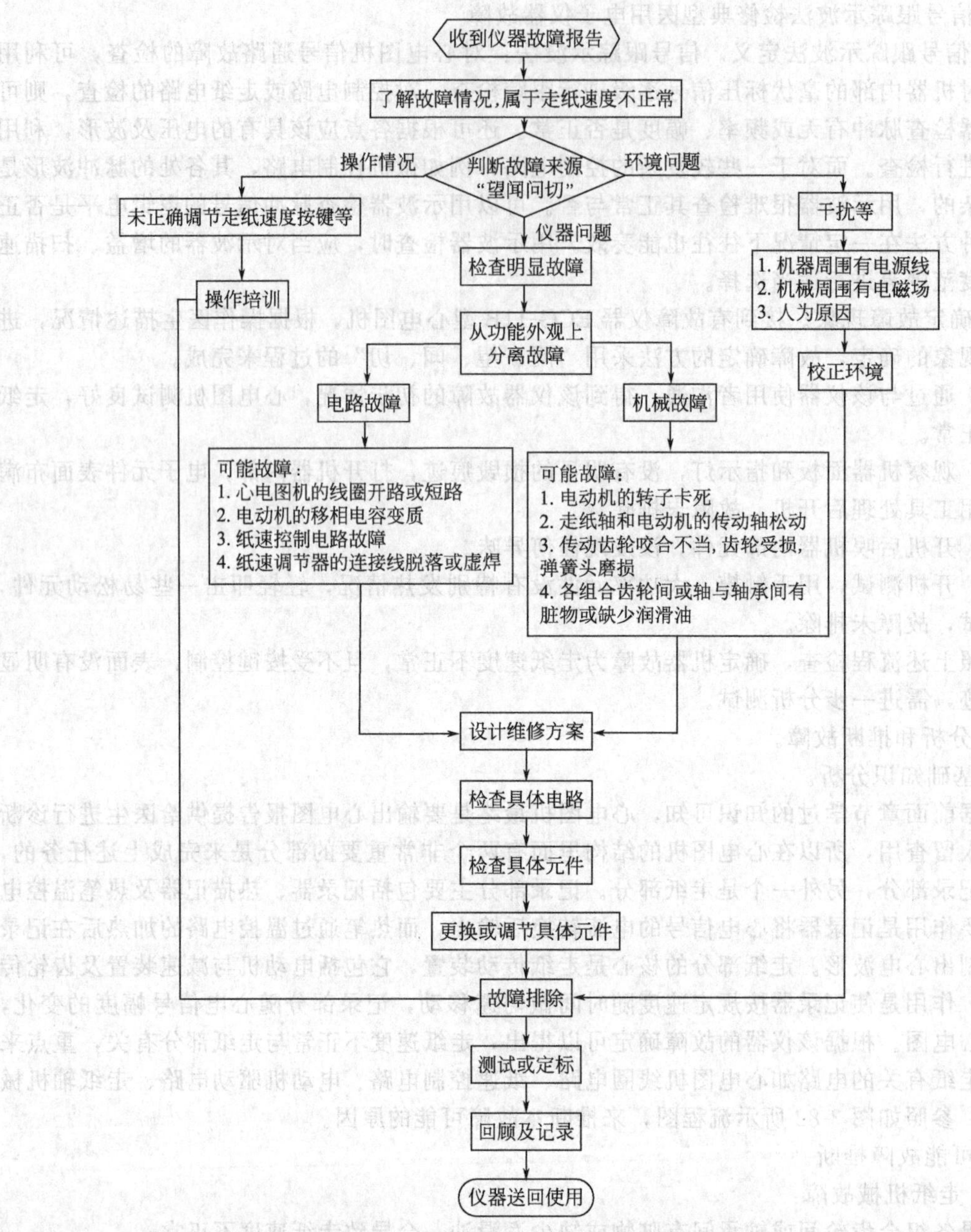

图 3-82　走纸速度不正常故障检修流程图

走纸电动机的稳速和调速。稳速与调速电路是由振荡器、锁相环专用集成电路、低通滤波器、驱动放大器、电动机、速度检测器、波形变换器等组成，如果走纸速度不正常，需要对上述电路做详细检测。

D. 信号跟踪示波法检修典型医用电子仪器故障。根据上述理论分析，大致得出故障易发的电路模块，下面按照如图 3-83 所示的信号跟踪示波法工作流程来检修该故障，此处举两个实例来说明对比。

实例 1：由故障现象分析说明相位比较器的 13 脚电平高于 2.8V（正常情况下，25mm/s时为 2.8V，50mm/s 时为 4.7V）。用万用表测量相位比较器的 13 脚电平，果然为 7.98V。用示波器测量其 14 脚的波形，改变走势速度选择键，无论是 25mm/s 还是 50mm/

s，均符合各自的要求，证明从集成门电路来的方波正常。检测相位比较器的3脚，没有发现脉冲信号波，逐级向前检测均无信号脉冲，说明电动机转速传感器部分没有信号过来。用万用表电阻挡测其电动机转速传感器线圈，发现其中一组开路。取下电机转速传感器，打开绕组线圈，将已断的接头焊接好，通电试机，恢复正常。

小结：导致相位比较器13脚电平高于2.8V有两个原因：一是从集成门电路来的校正方波不对；二是从集成块来的电动机转速方波不对。

实例2：该机走纸电路采用锁相环技术。该电路由晶振产生振荡信号，放大整形后送给分频器，输出两路信号，分别控制两种走纸速度。

此故障走纸速度很快，且不受控制，考虑一般发生在转速反馈电路部分，由于在检修时无示波器可用，无法测量输出信号的波形和频率，故尝试用替换法进行维修。

根据经验，故障一般出在走纸电动机转速检测线圈、耦合电容、相位比较器等元件。

首先更换走纸电动机，故障依旧。

再更换耦合电容，故障也没有改善。

最后更换一个同型号相位比较器，重新试机，故障此时消失，维修结束。

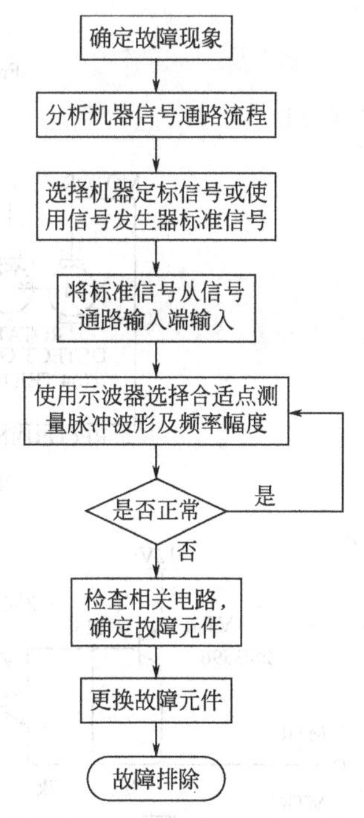

图3-83　信号跟踪示波法检修流程图

E. 信号跟踪法注意事项。在使用仪器进行信号跟踪检查时，一定不要使导联线空载，要将导联线接好模拟信号发生器后，再通电检查。

心电图机灵敏度很高，导联线在空载时，特别是在接触人体时会感应到很大的干扰信号，造成记录笔大的幅度偏转，可能产生新的故障。

信号跟踪示波法扩展训练

故障现象：一台EEG-7314F脑电图机开机以后，在RECORD状态时，走纸速度无论选15mm/s还是30mm/s，均为快速记录，所记录的脑电波形无法进行诊断。

故障分析与检修：用配备的支架撑起机器的上盖，测量走纸电动机的工作电压，不论选快挡还是选慢挡，均为直流7V，因此走纸速度不变，说明控制电路有问题。由电动机发出的控制线CNJ104连接到ACCPANEL板，继而查到CPU板上。为快速分析检修，画出电动机控制电原理图如图3-84所示。

该电动机控制电路的基本原理是由CPU板上芯片产生的标准脉冲信号驱动电动机转动，安装在电动机轴上的转速检测装置输出一个脉冲信号，通过相位比较器IC_{114}与标准脉冲信号比较，其结果经积分后送到电动机驱动放大电路，调节电动机匀速转动，保证纸速稳定。其工作电路如图3-85所示。

在功能开关置于“STOP”时，用示波器测量CPU板中TP105的波形如图3-86所示。

说明来自CPU板中的标准脉冲信号正确，将功能开关置于“RECORD”状态，纸速选为

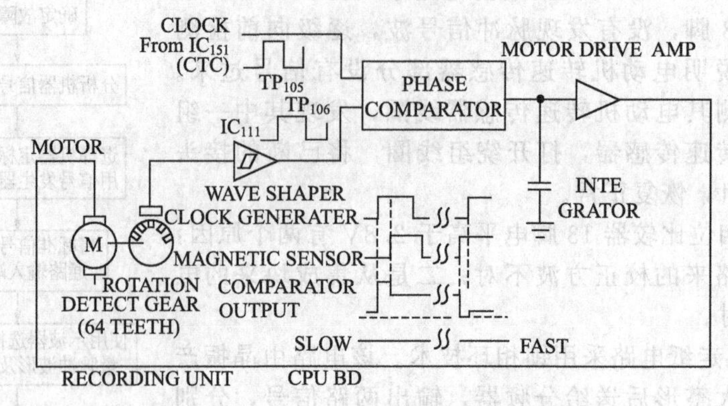

图 3-84 EEG-7314F 电动机控制电原理图

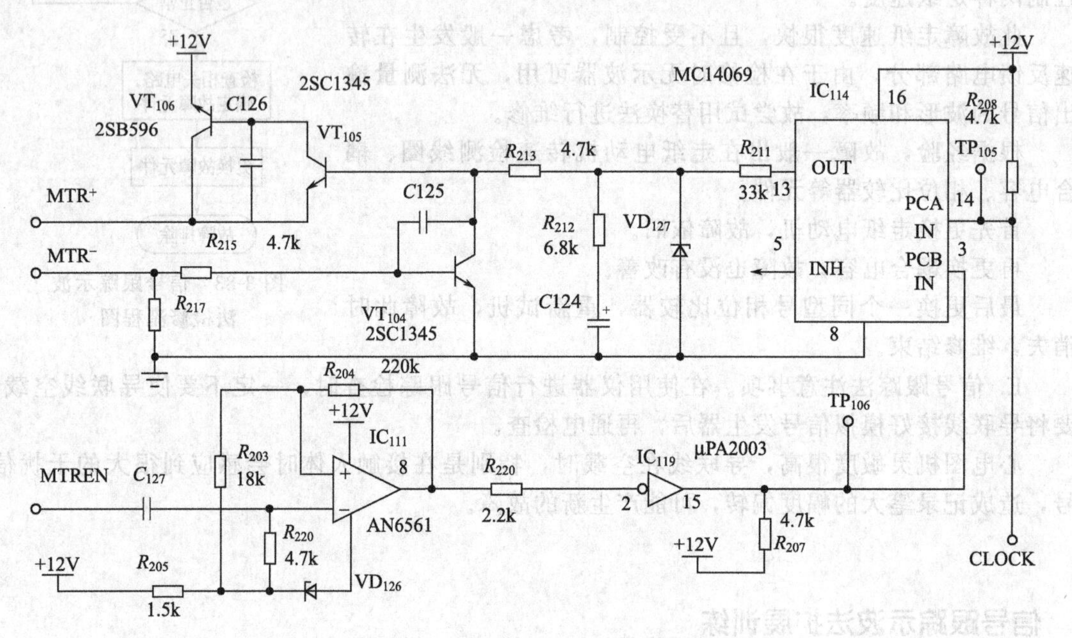

图 3-85 EEG-7314F 走纸控制电路

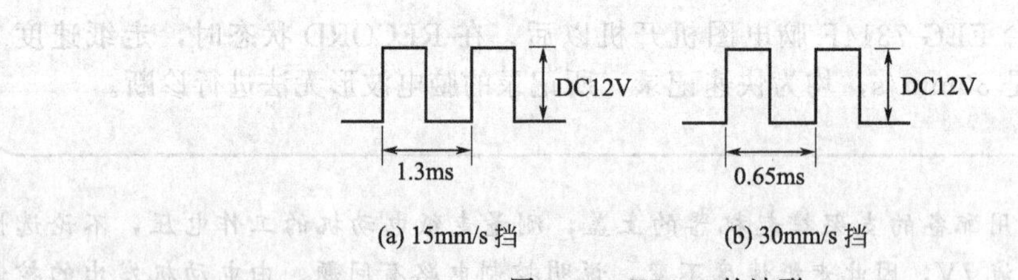

图 3-86 TP105 的波形

15mm/s，测得 TP_{105} 的波形同上，而磁性传感器输出端 TP_{106} 的信号一直为 0 电平，改变纸速，情况相同，说明测速电路有问题。因此，选“RECORD”状态，纸速为 15mm/s，用示波器测出 IC_{119} 的 2 脚，IC_{111} 的 7 脚及 MTREN 端脉冲信号均为 0 电平，而 MTREN 通过母板接入 ACC PANEL 板中，经 CNJ104 连到电极接线盒，从示波器上发现测速电路的输出如图 3-87 所示。

这说明测速电路有输出，而 CPU 板中却没有，由此可以推断，可能是接线盒到 CPU 板的连线有问题，将主机断电，查 ACC 板与主板的扁平电缆线，发现 MTREN 线已断开，重新焊好，开机检查，故障排除。

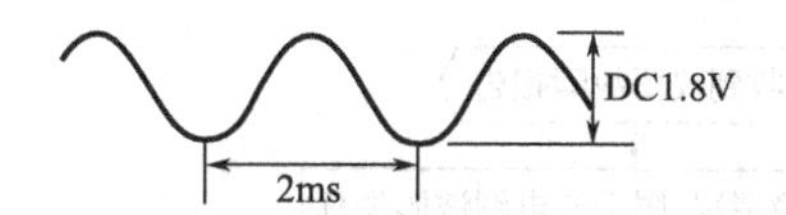

图 3-87　测速电路的输出信号波形

④ 替换法检修典型医用电子仪器故障

A. 替换法定义。替换法是在将故障压缩到电路的一个较小范围内后，由于检测困难又不好准确地判定故障点时，可采用元件替换法来排除故障，更换认为最有可能出故障的那个元件。这种方法必须是通过认真检查分析，确定故障的一定范围之后才可采用。切不可在没有经过详细分析之前就盲目更换元件。

顾名思义，替换法就是用相同规格、型号的部件或元器件来代替被怀疑损坏的部件或元器件做试验，验证这部分部件或元器件是否损坏，如果故障不再出现，则说明该处即为故障部分。此法虽然简单，但要注意必须是经过仔细分析研究后才能进行，否则可能会造成反复部件或元器件损坏，必须慎重使用。

B. 确定故障现象。在收到故障机后，首先应该对机器的故障情况做一个简单的确诊，正如给一个病人看病一样，按照“问、望、闻、切”的顺序来完成这个工作。

问：与机器操作者做进一步沟通，知道该机器波形失真时有发生，以前重新安装机器地线后基本故障就可排除，现在是波形失真情况严重，无法正常工作。

望：观察机器外观，发现地线端子有稍许松动，处理后重新开机，故障未排除。

闻：打开机箱，能闻到略微元件烧焦味，仔细检查后未发现故障元件。

切：将机器内部灰尘除去，开机测试，用手触摸大功率元件，温度并未超标。

经过上述测试，该机器属于波形失真，怀疑是某些元件老化所致，下一步做更深入分析。

C. 分析和推断故障。

a. 基础知识分析。

所谓的心电图波形失真，指的是在测量的过程中，得到的心电波形与正常波形差异较大，无法正常判别，影响医生的诊断，需要立即排除。

造成心电波形失真的原因一般有两个，一个是外界干扰；一个是机器故障。外界干扰包括操作者误操作、病人紧张及体位不适、外界的电磁场干扰等，此种原因一般影响小，经过简单处理较容易排除；第二种情况一般与模拟开关电路、表笔驱动电路、导联选择开关电路、电动机驱动电路、记录器电路、威尔逊网络、差分放大电路等有关，这些电路的原理在前面章节已讲过，请大家复习，下面给出波形失真故障检修流程图（图3-88），将按照该流程来分析机器故障。

b. 可能故障推断。

ⅰ. 记录器故障。在心电图机，记录器是输出心电波形的重要部件，此部分的故障将很容易引起波形失真。一般有如下情况。

记录器单偏；

记录器阻尼不正常；

记录笔的机械零位与电气零位不统一；

走纸驱动装置有故障，引起走纸速度误差过大。

ⅱ. 前置放大电路故障：

放大器线性不良；

阻容耦合电容变质，引起时间常数变小；

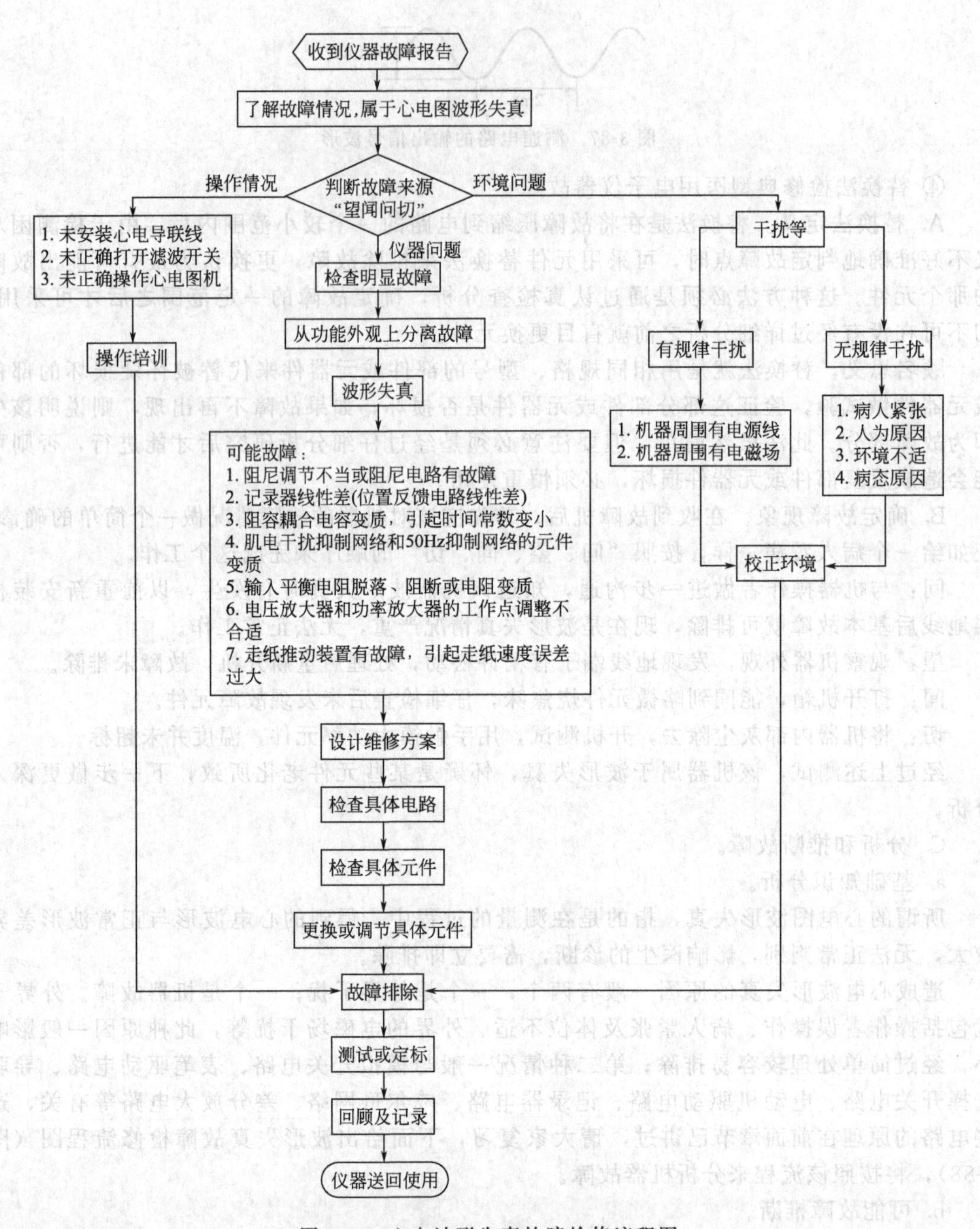

图 3-88　心电波形失真故障检修流程图

肌电干扰抑制网络和 50Hz 抑制网络的元件变质；

电压放大器和功率放大器的工作点调整不合适；

1mV 定标故障。

ⅲ. 其他原因：

心电图放置位置比较潮湿；

导联线或电极接错；

导联线芯线与屏蔽线短路。

D. 替换法检修典型医用电子仪器故障。经过上述可能故障的分析，对心电波形失真故障原因有了初步的判断，接下来采用替换法直接排除心电波形失真故障，参考工作流程如图 3-89 所示。

替换法分析：更换到 1mV 定标信号，发现输出正常，则可判断故障原因出现在前端，经检查后，未发现明显故障，采用替换法排除，更换导联线，检查故障依旧，更换模拟开关，通电后故障消除，则判断是模拟开关故障。

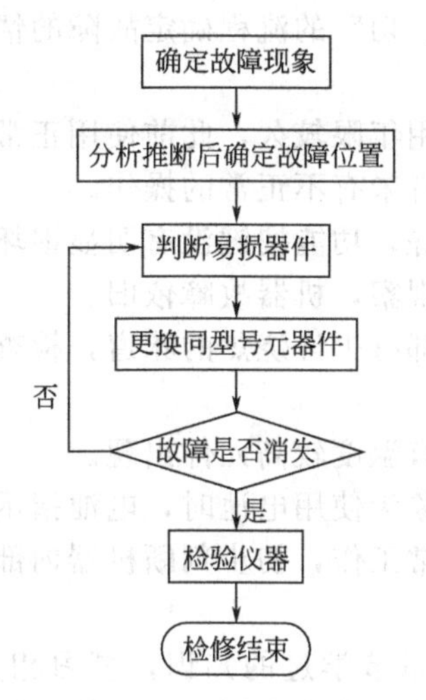

图 3-89　替换法检修仪器故障流程图

E. 替换法注意事项。更换元器件时，要消除人体高压静电对 CMOS 元件、集成块的损害。插拔元器件时要注意不要损坏纤细的覆铜铂。

更换元件或焊接元件时，注意不要损坏印刷线路，心电图机上的印刷线路铜铂一般很纤细，多数是双面印刷线路，因此在焊取元件时，一定要格外小心，最好要用专用工具，注意不要弄断电路板上的铜铂，以免自己给自己制造新的故障。更换元件时还要特别注意消除断电，以避免对 CMOS 集成电路造成电击穿。

替换法检修故障扩展训练

故障现象：16 道脑电图机第七道脑电波信号变为一条不规则曲线。

故障分析与排除：碰到这种情况首先要确定是属于机内故障还是机外故障。查看定标信号，发现第三道没有定标信号，也呈一条不规则曲线。因为定标信号是脑电主放大器内部产生的，所以可排除机器外部即头部电动机→分线盒→信号输入电缆之间发生故障的可能性，故障只可能由脑电主放大器内部的脑电放大、信号滤波、导联选择、信号控制等电路产生。先查脑电放大板，该机内部有 16 块结构一模一样的放大板，和 16 道脑电信号呈一一对应关系，拔下第三块放大板，插入邻近的放大板，开机后故障依旧，这样就排除了放大板出故障的可能性。再查信号滤波电路，该电路主要由 16 块型号为 MAX293 的集成块组成，根据印刷电路板上的编号可知这些集成块与 16 道脑电信号也有一一对应关系，于是用上述方法替换第三块集成块，开机后该道定标信号产生，说明故障系信号由滤波电路引起，更换第三块 MAX293 集成电路后故障排除。

⑤ 参考比较法检修典型医用电子仪器故障

A. 参考比较法定义。此法是将有故障的仪器与同型号正常仪器的工作特征、波形、电压等进行测量比较，从而分析确定故障原因的方法。用此法时须注意在比较测量时，仪器外部的条件：控制开关、旋钮、按键、电源等设置必须相同。对于没有原理图纸的仪器，这种方法可以加快修理速度，对相关测试点进行比较测量，找出故障仪器的故障点，再分析检查相关器件，找出故障元件更换。

B. 确定故障现象。接到有故障机器，需要对仪器的故障做一个定性的判断，正如给病人看病一样，通过“问、望、闻、切”的流程确定故障的情况后，再设计具体维修方法对其进行检修。

问：使用者告知，该机器使用年限较久，此前使用正常，机器一周前开始电池使用不正常，到现在电池无法使用，操作者未有不正常的操作。

望：观察机器外观，表面良好，功能按键没有明显损坏；打开机器外壳，有部分灰尘覆盖机器元件，除尘处理后，重新观察，机器故障依旧。

闻：打开机箱，发现机箱内部有少许烧焦的味道，检查未发现明显烧毁元件，打开电源后，焦味没有加重。

切：开机触摸机器元件，没有温度较高元件出现。

经过上述过程，机器故障现象为使用电池时，电池指示灯闪亮，仪器无法工作，接交流电时充电指示灯亮，仪器可以正常工作，初步判断机器内部经过长时间工作后失效所致。

C. 分析和推断故障。

a. 基础知识分析。根据前面章节学过的知识，复习相关电路的原理，充电电路的电压取自整流桥 VD_{400} 输出的 20V 左右的直流电压，经取样电路取样，与基准电压（由稳压二极管 VZ_{402} 和限流电阻 R_{442} 组成）共同作用于三极管 VT_{409} 的基极和发射极，用来控制复合调整管（由大功率三极管 VT_{406} 和 VT_{407} 组成）基极的电流，以达到调整充电电流的目的。此电路中取样电阻 R_{440} 的作用是：当其两端电压超过 0.6V 以上时，三极管 VT_{405} 导通，直流电压接到 R_{438} 上。启动充电指示电路（是由三极管 VT_{404}、运放 IC_{405}、电阻 R_{438}、电容 C_{410} 以及外围元件组成的方波发生器）工作（即方波发生器起振），IC_{405} 的 8 脚输出方波，并控制发光二极管 LED_{402} 闪亮，表明电池处于充电状态；当其两端电压值低于 0.6V 以下时，三极管 VT_{405} 截止，断开直流电压，充电指示电路停止工作（即方波发生器停振），IC_{405} 的 8 脚输出高电平，发光二极管 LED_{402} 点亮，表明电池充电已完成。但实际上充电电路中仍有 100 多毫安的电流在给电池充电，若仪器处于充电状态，为防止电池过充电，此时最好是关断交流电源；当其两端电压值高于 1.2V 以上时，VT_{408} 开始导通，过流保护电路（由电阻 R_{440}、二极管 VD_{408} 和三极管 VT_{408} 组成）工作，从而分流了注入复合调整管基极的电流，使 VT_{406} 两端的电压降增加，导致充电电流下降，达到过流保护的目的。

经过分析，可以得出与直流电有关的部件为：电池、交直流切换电路、按键、供电电源、直流电接触部件等，根据如图 3-90 所示的流程，来检修机器直流电工作不正常的故障。

b. 可能故障推断。电池充电，其电路主要是串联型稳压电路；充电/供电路转换电路两部分起作用，在排除保险丝断和电池失效后，多为这两部分电路出现故障。

从前面确定的故障现象看，应是电池本身电压过低造成仪器无法工作，取出电池测量电压，其值为 8.2V，远低于标称值 12V 的电压，似乎找到故障原因。但仔细分析故障现象，电池指示灯闪亮，指出电池需要充电；充电指示灯点亮，应是电池充满电的标志：而实际检测到的电池电压远低于标称值，这说明电池电压检测电路工作正常，故障出在充电电路或充电指示电路。

D. 参考比较法检测医用电子仪器故障。从前面的分析，简单了解了故障的基本情况，下面将采用参考比较法检修该型号医用电子仪器故障，如图 3-91 所示为工作流程图。

参考比较法检修：开机测 TP-1 测试点电压，其值为 11.8V，低于 15.4V 的标准电

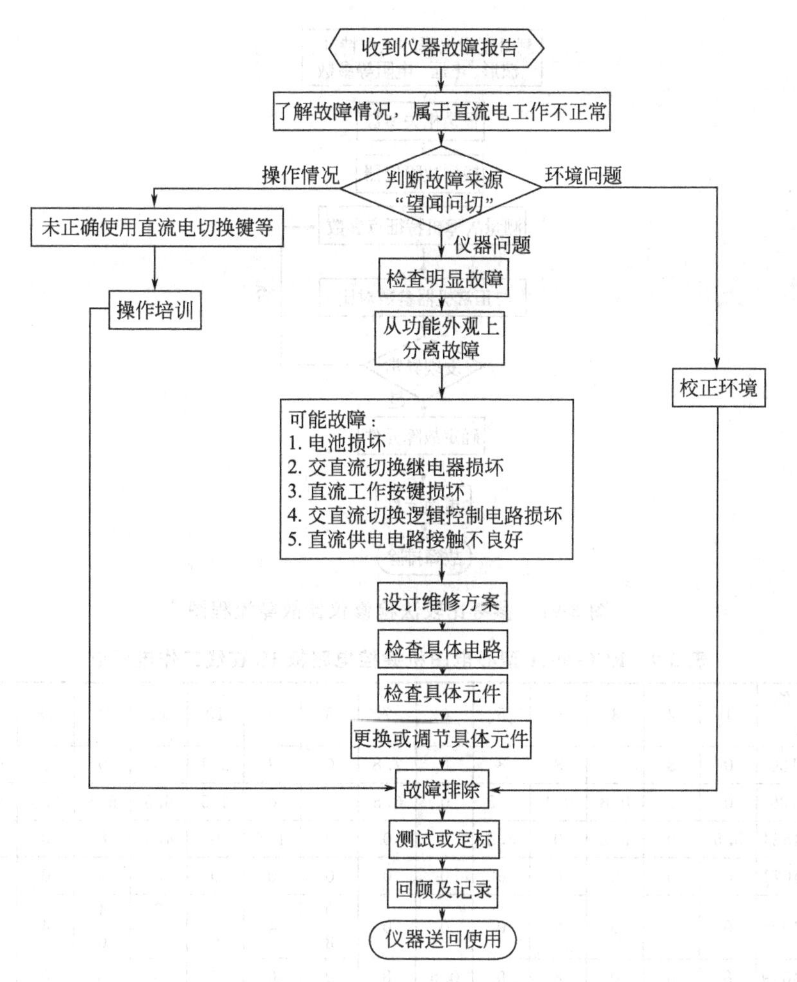

图 3-90　直流电工作不正常故障检修流程图

压，表明无充电电压；测 VT_{406} 的集电极，电压为 20.4V，表明电源供电正常；测 VT_{406} 的发射极，电压为 11.8V，表明 VT_{406} 未工作，处于开路状态，而充电指示电路的指示灯点亮应是正常状态：再测 VT_{407} 和 VT_{406} 的基极，电压同为 20.4V，表明 VT_{406} 已损坏。仔细检查发现 VT_{406} 的发射极与线路板上的焊点处断开，用一导线连接焊好后，重新开机，充电指示灯闪亮，测 TP-1 测试点电压，为标准电压值 15.4V。说明充电电路已恢复正常工作状态。

参考比较法检修扩展训练

故障现象：

开机后，按动导联选择键 SW_{201}、SW_{202}，前进及后退方向均不可调，导联选择显示处在 TEST 位置。

如表 3-9、表 3-10 所示，为键控电路板在线工作电压和在线工作电阻的值，根据此表来利用参考比较法检修。

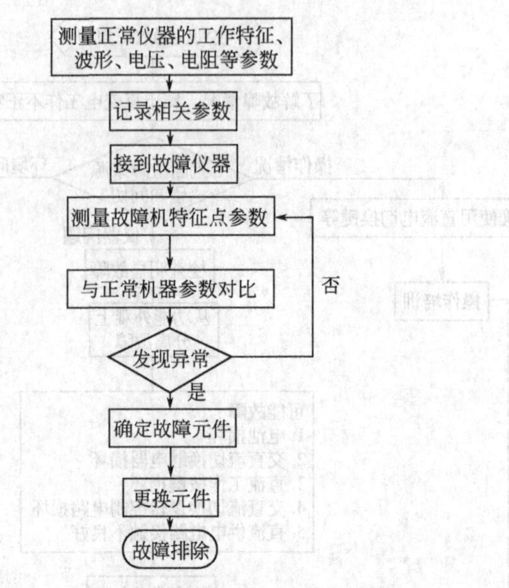

图 3-91　参考比较法检修仪器故障流程图

表 3-9　ECG-6511 型心电图机键控电路板 IC 在线工作电压值

图纸 IC 编号	电压值/V	1	2	3	4	5	6	7	8	9	10	11	12	13	14	15	16
IC201	TC9130	0	8	0	8	8	8	7.8	0	8	2.3	0	0	0	6.5	6.5	8
IC202	TC9135	0	6	0.8	0.4	6.5	0	6.5	0	0	6.5	6.5	6.5	6.5	6.5	6.5	8
IC203	MC14584	5.5	0	5.2	0	3.8	0	0	0	4.5	0	4.5	8	0	8		
IC204	MC14071	0	0	0	0	0	0	0	0	0	0	0	0	0	8		
IC205	MC14001	0	0	8	8	0	0	0	0 8	4	4 0	2 4	4 0	4	8		
IC206	MC14049	8	8	0	8	0	0.5	8	0	0	8	0	8	0	0	8	0
IC207	MC14049	8	8	0	8	0	8	0	0	0	8	0	8	0	0	8	0
IC208	MC14025	8 0	0	0	0	0 8	8 0	0	0	0 8	8	0	0	0	8		
IC209	MC14020	4	4	4	4	4	4	4	0	4	3.5	0	4	4	4	4	8
IC210	MC14046	0	6 4	8	8	0	0	0	0	0	0	0	6.6	8	2 4	0	8
IC211	MC14049	8	8	0	8	0.6	0.6	3.2	0	3.5	3.6	8	0.2	0	6	0	0
IC212	TC4516	0	0	8	0	0	0	0	0	0	0	0	0	8	0	0	8
IC213	MC14028	0	0	8	0	0	0	0	0	0	0	0	0	0	0	0	8
IC214	MC14028	0	0	0	0	0	0	0	0	8	0	8	0	0	0	0	8
IC215	MC14049	8	8	0	8	0	8	0	0	0	8	0	8	0	0	8	0
IC216	MC14050	8	0	0	0	0	0	0	0	0	0	0	0	0	0	0	0

故障检修：故障应在键控电路的时钟脉冲产生电路或时钟计数电路中。用万用表×10V 挡，黑笔接地，红笔触及 IC_{212}（15）脚（CL）端，导联指示灯可以因表笔碰触而转换，而且顺序正常。按下导联前进键 SW_{201}，应有高电平加在 IC_{212} 的 10 脚上，使计数器做好加法计数的准备；同时这个高电平又通过 IC_{205A}、R_{203}、C_{201} 组成的 RC 延时电路和 IC_{203B} 送到 IC_{212} 的 15 脚，使输出端编码加“1”。测 IC_{205A} 的 3 脚电压应由 8V 降为 0，同时 IC_{203B} 的 3 脚电压也应由 5.2V 降为 0，4 脚电压由 0 升为 8V，但此时测上述工作点，电压无变化。分析故障在 R_{203}、C_{201} 和 R_{204} 之中，首

先怀疑 C_{201} 电容器有漏电，焊下用万用表 $R\times1k$ 挡测该电容充放电正常，用 $R\times10k$ 挡测约有200k的电阻，即明显漏电，调换后正常。

表 3-10　ECG-6511 型心电图机键控电路板 IC 在线工作电阻值

图纸 IC 编号	电阻值 /kΩ		1	2	3	4	5	6	7	8	9	10	11	12	13	14	15	16
IC201	TC9130	红测	17	10	20	10	20	10	20	0	10	22	16	0	0	22	22	10
		黑测	∞	37	∞	37	∞	37	∞	0	37	170	180	0	0	130	120	37
IC202	TC9135	红测	0	14	14	14	14	14	14	0	18	20	20	20	2	20	20	10
		黑测	0	52	∞	58	130	∞	130	0	170	130	130	130	130	130	130	37
IC203	HC14584	红测	20	17	20	17	20	17	0	17	20	17	20	17	0	10		
		黑测	160	160	170	160	170	160	0	160	170	160	170	160	0	37		
IC204	MC14071	红测	17	17	17	17	17	17	0	10	17	17	17	17	17	10		
		黑测	140	150	160	160	150	160	0	130	160	160	160	160	140	37		
IC205	MC14001	红测	19	21	17	17	17	17	0	15	17	17	17	17	17	10		
		黑测	48	48	120	160	160	160	0	160	160	160	160	160	160	37		
IC206	MC14049	红测	10	15	16	15	16	15	16	0	16	15	16	15	∞	16	15	∞
		黑测	36	140	160	150	160	160	160	0	160	160	160	150	∞	160	150	∞
IC207	MC14049	红测	10	15	16	15	16	15	16	0	16	15	16	15	∞	16	15	∞
		黑测	36	140	160	150	160	130	160	0	160	160	160	150	∞	160	150	∞
IC208	MC14025	红测	16	20	18	18	15	15	0	17	15	17	0	0	0	10		
		黑测	150	48	48	48	150	150	0	150	150	150	0	0	0	36		
IC209	MC14020	红测	17	17	17	17	17	17	17	0	17	17	0	17	17	17	17	10
		黑测	160	160	160	160	160	160	160	0	160	50	0	160	160	160	160	36
IC210	MC14046	红测	17	17	15	17	0	15	15	0	0	20	20	20	16	16	16	10
		黑测	160	160	150	150	0	130	140	0	0	24	130	150	82	150	150	36
IC211	MC14049	红测	10	15	16	15	15	15	15	0	16	15	16	15	∞	15	15	∞
		黑测	36	140	150	150	150	150	180	0	600	150	150	150	∞	50	∞	∞
IC212	TC4516	红测	17	15	10	0	0	15	17	0	17	19	15	0	9	15	17	9
		黑测	150	160	36	0	0	150	160	0	160	48	140	0	36	150	150	36
IC213	MC14028	红测	16	16	16	16	17	16	16	0	17	15	15	15	15	16	16	9
		黑测	160	160	160	160	160	160	160	0	160	150	150	150	140	160	160	36
IC214	MC14028	红测	16	16	16	17	17	17	17	0	17	15	15	15	15	16	16	9
		黑测	160	160	160	150	160	150	160	0	160	150	150	150	150	160	160	36
IC215	MC14049	红测	9	15	16	15	16	15	16	0	16	9	15	15	∞	0	15	∞
		黑测	36	150	160	150	160	150	160	0	∞	150	160	150	∞	0	75	∞
IC216	MC14050	红测	9	150	160	15	16	15	16	0	15	15	0	15	∞	0	15	∞
		黑测	36	150	150	150	150	150	150	0	160	160	0	150	∞	0	150	∞

据该 C_{201} 电容器漏电的大小，故障现象还可以表现为按键控电路上的任意一按键时，导联指示显示都随之无规律的点亮。此时用电压法很快可以判断故障。在按动导联选择键时，用万用表×10V挡，观察 IC_{212} 的15脚，应该有0.8V的变化，若无变化，分析电路，可以找到故障所在，大多数为 C_{201} 漏电所造成的。

⑥ 短路法和断路法检修典型医用电子仪器故障

A. 维修方法定义。

断路法：即把怀疑有故障的电路断开，再接通电源观察是否故障依旧，如果不再出现，说明故障就在被断开的电路。例如，心电图机的有交流干扰，就可以断开定标电路，将导联开关置于“0”位，此时如无干扰说明干扰来自前级放大，否则是后面电路。

短路法：短路法就是用一根导线将所怀疑发生故障的部分连接起来，看故障是否依旧。此法一般用在差分放大器的平衡输入、输出端。例如当心电图机发生热笔单偏不受调时，可将放大器的两输出端短路，如果热笔立即回到零位，说明故障不在功率放大器部分，而在功率放大器前面。

B. 确定故障现象。接到有故障仪器 ECG-11B 型心电图机，根据操作医生描述情况，进行故障现象的确定，故障确定的方法采用“问、望、闻、切”的过程来完成。

问：与操作者沟通，该机此前并未交其他公司维修过，这样的话就降低了维修的难度，此外操作者并没有进行过误操作，初步判断是由某些元件老化所致。

望：通电前观察，仪器接地良好，电子元件没有明显烧焦、漏液，覆铜板没有断路等现象；通电瞬间检查，要时刻注意有异常情况要立即关机，经检查后没发现故障元件。

闻：打开机箱后，有微弱的元件烧毁的气味，仔细检查后未能直接定位故障元件。

切：开机，将大容量电容放电，用手触摸发热元件，未有异常高温。

经过上述步骤检查，故障现象为记录笔单偏，未发现异常元件，需进一步检修。

C. 分析和推断。

a. 基础知识分析。由前面章节学过的理论知识，可以知道该型号心电图机的主放大器电路由两个信号放大集成块 IC_{301}、IC_{302}、笔马达功放管 VT_{301}～VT_{304} 及热笔加温控制集成块 IC_{303} 和位置反馈记录器等组成。IC_{301} 为多功能放大器，内含极限放大器、比较放大器、位置信号放大器和阻尼调节放大器。IC_{302} 是激励放大器，给功放管提供激励电流。功放管 VT_{301}～VT_{304} 把心电信号电压变为驱动电流，再推动热笔的偏转。当机器处于静态时心电输入信号等于零，调节零位调节电位器，可使对管 VT_{301}、VT_{302} 及 VT_{303}、VT_{304} 的射极公共点等于 6V，此时记录器中无电流流过。记录器处于零位。动态时心电信号经放大后，使记录笔偏转位置传感器把偏转的信号送到比较放大器，经放大后得到了与心电信号变化一致的驱动电流，记录笔随之描记出相应的心电曲线来。假设 IC_{302} 9 脚无输出就使记录笔偏向一端无法调回零位，这种情况就不能记录心电信号。

和记录笔单偏有关的部件有：互补推挽功放电路、基线调节电位器、放大器、供电电源、记录笔机械部件等。从机器表面来看，记录笔单偏的状况可以有两类，一是一接通电源，机器处在初始状态，即工作方式选择开关选在 STOP（准备挡）位置时记录笔就单偏；另一情况是接通电源后，记录笔移位正常，当工作方式选择开关选在 CHECK（观察挡）或 START（记录挡）时，记录笔就单偏。根据如图 3-92 所示的流程图，可以对该型号的心电图机记录笔单偏故障做一详细检修。

b. 可能故障推断。记录笔单偏是一种原因比较复杂的故障，首先要确定故障发生的大致部位，再逐级进行检查。记录笔单偏一般有两种情况：第一，接通电源后，从控制单元输送一封闭信号到前置放大器板，使该板前置级输出端对地短路，如果描笔返回到记录纸中心位置附近，说明故障出在前置放大器上，处理前置放大器即可；第二，如果故障依旧，说明单偏原因是由主放大器失常引起。检查处理主放大器的故障。为了将故障源定位，将 R_{308} 电阻及 IC_{301} 焊开并与地线相连，将主放大器分割成两部分。分割处理后描笔单偏故障消除，说明 IC_{302} 及功放管组成小系统正常，造成单偏的故障定位在 IC_{301} 及相关元件上。IC_{301} 内有信号放大和描笔位置反馈放大系统，二者在芯片内经比较放大后，输出一相应信号控制描笔偏转，二者任一失常都将引起描笔单偏，首先检查 IC_{301} 芯片 10 脚电位，输入信号为零时，实测该点电平为零，说明心电信号通道工作状态正常，造成单偏原因在于位置反馈放大系统中。检测位置反馈放大器输入端第 3 脚电压为零。说明位置反馈传感器供电失常，检测 5 脚

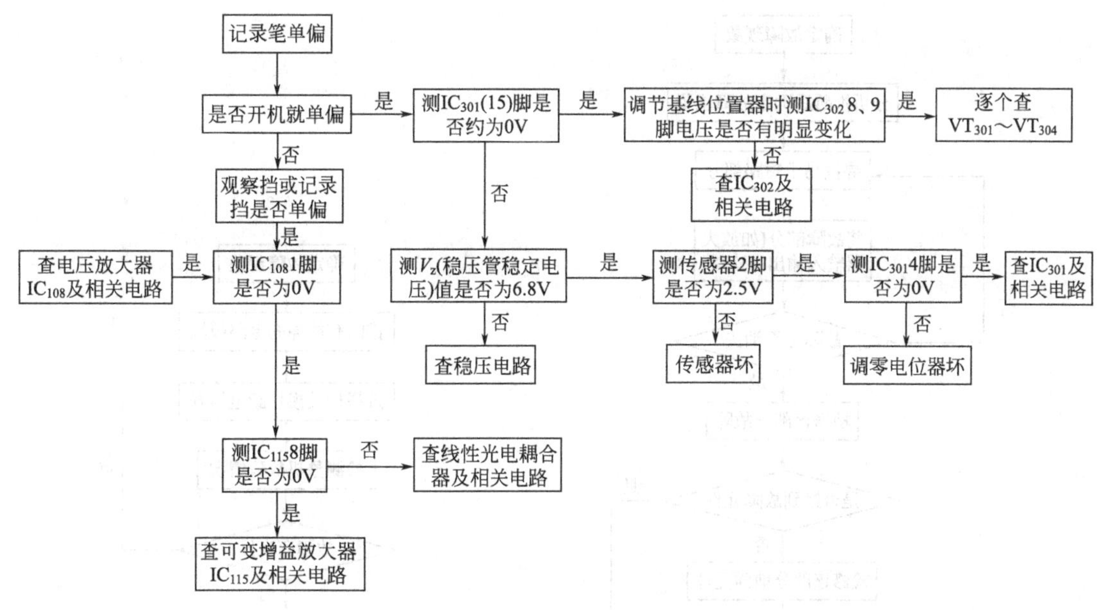

图 3-92　记录笔单偏故障检修流程图

进电压为＋8V 而第 6 脚电压却为零，实测芯片第 5、6 脚间电阻，呈现为断路状态，说明其内部电阻烧毁。采用电阻外补法修理，即在芯片 5、6 脚间接入一多圈电位器（2.2kΩ），通电后调整电位器测量第 6 脚对地电压，调整到＋5V 后关机。用相同阻值的电阻（1.1kΩ）代替多圈电位器，单偏故障排除。

D. 短路法和断路法检测医用电子仪器故障。根据如 3-93 图所示的短路法和断路法流程，来检修典型的医用电子仪器故障。根据前面步骤的确诊，故障现象为：接通电源，记录笔上偏，调节记录笔位移电位器不起作用，定标信号、心电信号皆无。

使用短路法和断路法结合的方式检修过程如下。

因为是接通电源后，热笔立即上偏，说明故障最后可能发生在主放大部分。此部分电路主要由心电信号放大电路、晶体功率放大管以及位置反馈记录器组成，为判断是哪部分电路有损坏元器件，使用断路法，首先将两级心电放大电路分开，即将第一级放大电路输出端焊开，并将该端用导线与地短路相连，将主放大器分割成两部分，前端被隔离，不起作用。开机试验，故障现象消失，说明后端放大电路和晶体功率放大管等工作正常问题出在前端放大电路及周围元件。

参照维修资料中集成放大电路各脚正常工作电压值，通电测量各脚电压，发现 3、5、6 脚电压均为 0V，与正常状态时电压不符，其余各脚电压正常，研究电路，IC 内部电路与稳压管组成一个串联稳压电路，此电压失常，说明 IC 或稳压管损坏，查知稳压管击穿，造成 IC 内部电路和稳压管组成的稳压电路工作失常，致使记录笔上偏而调节无效。

E. 排除故障。找到同型号稳压管，正确使用焊接工具，更换稳压管后恢复电路并试机，心电图机一切工作正常，故障顺利排出。

F. 检修记录笔单偏注意事项。在对记录笔单偏的故障进行检修时，注意不要在记录笔单偏的情况下长时间通电进行检查。在记录笔单偏时，记录笔驱动推挽功放管中的一只管电流很大，时间长了会烧毁功放管或其他电路元件，增加故障因素。最好采取措施使记录笔恢复中心位置，也可以将记录笔马达的供电连线插头从主放大电路板上拔掉。为了保护记录笔，对前置放大电路进行检查时，可将机器右侧的记录笔关断，直流转换开关拨到记录笔关断位置，也可以在检修中拔下记录笔的供电插头，避免因意外情况烧毁记录笔。

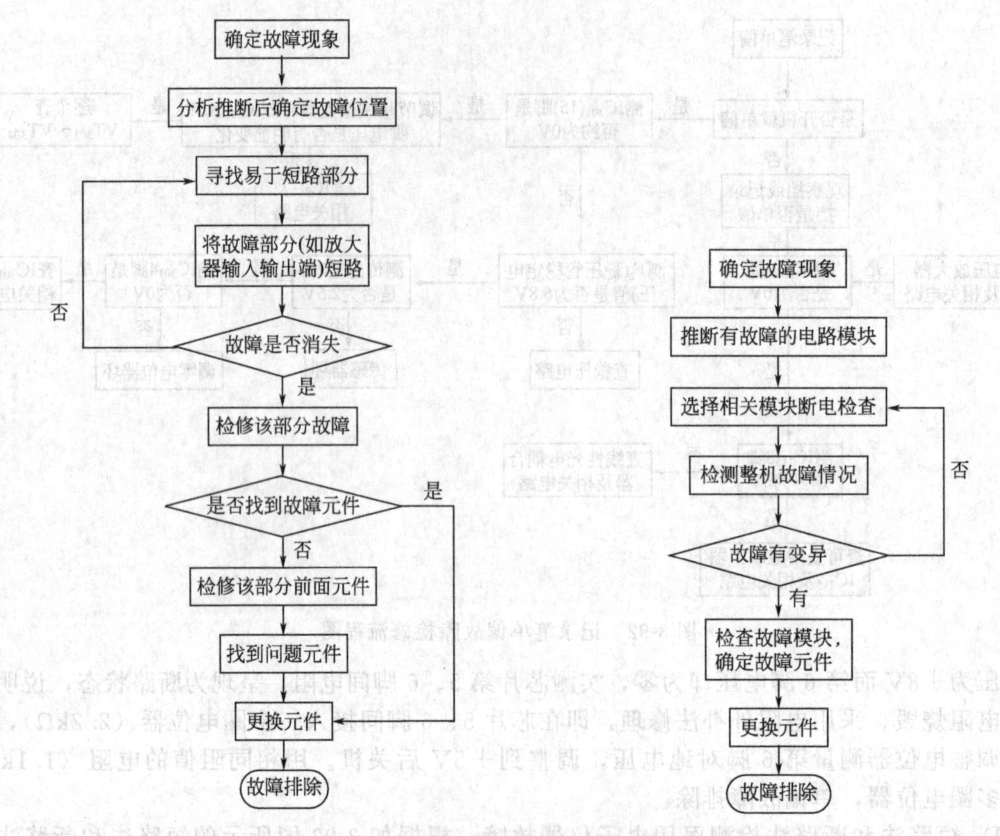

图 3-93　短路法和断路法检修流程图

短路法扩展训练

故障现象：

定标试验时描记正常，某一导联或相关导联描记不出图，有时全导联件有干扰或导联脱落指示灯闪烁。

故障检查：

短路法，将导联线 R、L、LF、C1～C6 分别与 RF 短路，并测量放大器输入、输出端对地电压，正常应为 0，若有较大电位则有击穿现象。

故障修复：

应更换新的 KT-2，因其为专用集成块，难于得到可选用器运放 IC，改接成跟随器形式，并设法把杆脚改成和 KT-2 排列一样，即能直接代换。

3.5　医用电子仪器维护保养方法概述

根据“防治结合，以防为主”的维修理念，维修应包括维护保养和故障检修两部分。上章节讲过的维修属于故障检修，故障检修是一种事后补救的维修，是仪器设备的急症和手术治疗。而维护保养常常被忽略，往往难以坚持。为此，很多专家作了长期呼吁和反复论述。本部分就对常见的维护保养方法进行简单的阐述。

维护保养是一种主动维修，又称超前维修，预防性维修。这是确保仪器设备健康运行，提高完好率，延长使用寿命的有力措施。维护保养又可以分为日常维护和定期保养两种形式。

日常维护一般由使用科室和操作人员完成。这是一项几乎每天都要进行的工作，应该制度化。它的内容应写进操作规程和注意事项。使用科室应派选一名经过一定培训、懂得一定仪器知识、责任心强的技术人员或兼职仪管员，协助和指导操作人员做好这一工作。

日常维护工作的内容一般包括：

① 每天的机房打扫，保持室内清洁，仪器表面擦拭去尘，异物清除；

② 观测调整机房的温度、湿度是否合乎要求，是否相对稳定；

③ 检查机器的机械、传动、气路、螺钉、螺母等部位是否正常；

④ 检查仪器面板的开关、旋钮、指示灯、仪表及显示参数是否正常；

⑤ 正式工作前，利用仪器自检程序检测仪器各部分的状态情况是否正常；

⑥ 注意仪器在运行过程中是否有异常气味和声音，图像曲线等显示是否正常；

⑦ 检测操作人员操作仪器是否符合规程，是否有违规和失误之处等。

定期保养一般由仪管员配合工程技术人员完成，这是一项不断循环进行的有计划的维修措施，这种有计划的主动维修，有利于长期保持仪器良好的工作性能，有利于掌握仪器的运行规律，有利于出现故障后的准确查找。定期保养的内容和时间，不同仪器有不同的做法。一般可以分 3 个等级。

一级保养：一般可以 2 个月至半年进行一次。主要内容是拆开机壳，清除各处积尘、污垢、异物；紧固螺钉；添加润滑剂；检查各元器件的有无磨损、变形、烧蚀、松动、受潮、老化、接地不良等情况；检查各组电源电压及纹波；检查高压部件运行和接触情况等。

二级保养：一般可以半年至一年进行一次。主要内容是可以对整机控制台上的各个仪表及操作控制系统的灵敏度、精度进行测试校正和计量检定；更换损耗件；对电路中各测试点的电压、波形进行系统检测和做拉偏试验，找出故障隐患。

三级保养：一般可以 2～4 年一次，主要内容包括将整机进行全部拆卸予以清洗检修，可能影响工作正常进行的元器件，应尽量更换或修复，应对仪器进行较为全面彻底的调试，恢复其工作精度的性能，甚至达到或超过新机的程度是完全有可能的。

维修保养的方法如下。

防静电：目前的医疗仪器设备多数采用大规模的集成电路，如 COMS、CCD 等，它们一旦受到静电的冲击就很容易烧坏，因此，一定要做好防止静电对元器件的冲击。预防的措施主要有以下几点：杜绝仪器接地不良，摩擦等造成静电过高而影响机器的正常运转；对贵重设备应使用一些防静电的产品进行防护处理，维修设备时应佩戴防静电手套，电烙铁外壳要接地，以防止因静电冲击而扩大故障范围；另外要选用质量好的防静电产品。

防潮湿：经常会发现这样一种现象，在潮湿的环境中（特别是在南方梅雨季节），仪器存放时间较长的时候，一旦接上电源就很容易发生烧坏的情况，这往往是因仪器受潮发生短路所引起的。因此仪器设备应尽量避免放置在地下室内，在湿度较大的环境中应使用除湿机或空气调节器抽除空气中过多的水分，保证室内相对湿度不大于 75%，并做到设备定期通电加热，避免潮湿空气在设备内腔凝结。另外放置时间长的设备重新使用时应先用低电压进行加热，驱赶潮湿空体，恢复仪器设备的绝缘强度，必要时应先用电吹风进行热风烘干。确保仪器设备不因潮湿而导致绝缘短路现象的发生。

防灰尘：仪器仪表因为吸附灰尘之后会同时吸附水分和有害腐蚀气体，造成并加速仪器仪表的生锈腐蚀，散热性能降低，并且有可能因绝缘强度降低而发生短路漏电现象，因此应搞好放置仪器的环境卫生，定期清除设备内部附着尘埃，特别是有些高压电路部位，因静电的产生而更容易吸附灰尘，应定期进行清洗和更换空气过滤元件。对于精密度要求高的仪器应采用整体防尘、门窗密封、空气过滤的办法，并且进入机房要更换鞋，确保空气的净化程度。

防霉变：潮湿和霉变是连接在一起的，光学仪器一旦吸湿就很容易造成损坏，如果防潮工作做得好，同样防霉的目的也能达到。采用的措施一般有以下几种：利用干燥器进行保管，即把光学仪器的镜头内置于干燥器中进行保存，定期更换那些吸潮失效的干燥剂；另一方面也可以在光学仪器的空腔或包装箱内放置一些对霉变有抑制作用的挥发药物来起到防霉的作用；同时也可以在光学零件的表面层上涂上能杀死霉菌的固相材料一样能起到防霉的目的。

思考题

1. 什么是静息电位？
2. 什么是动作电位？
3. 静息电位和动作电位的区别是什么？
4. 试述动作电位的传输过程。
5. 参考课外资料，了解电位测量在其他医疗设备方面的应用。
6. 考虑一下人体作为一个导体，在实际电路中的测量模型是什么？
7. 心电图机的结构是什么？
8. 简述心电图机的技术指标及特点。
9. 如何用实验的方法测定心电图机的灵敏度？
10. 如何用实验的方法测定心电图机的走纸速度？
11. 什么是浮地技术？
12. 设计一个医用电子仪器，分析仪器结构必须包含哪些部分。
13. 心电图的横坐标和纵坐标分别代表什么？
14. 试绘出典型的心电图波形。
15. 国际标准的十二导联分别指什么？
16. 为什么加压肢体导联的波形会增加50%？
17. 脑电图的特征是什么？
18. 脑电信号的分类是什么？
19. 试述脑电图机的导联的定义。
20. 试述脑电图机的结构原理。
21. 试述脑电图机的技术指标。
22. 脑电图机的灵敏度和心电图机有何不同？
23. 肌电图的定义是什么？
24. 肌电信号的分类。
25. 常见医用电子仪器维修方法有哪些，分别叙述每种方法的原理？
26. 试述常见检测仪表，如万用表、示波器等的常规使用方法和注意事项。
27. 根据自己的理解，论述确定一台脑电图机故障的流程和方法。
28. 心电图机、脑电图机、肌电图机在维修过程中有什么异同点。
29. 试表述拆卸贴片元件的正确方法。
30. 如何判断一个常用元器件的好坏，如电阻、电容、电感、二极管、三极管等。
31. 常见医用电子仪器的维护保养方法和注意事项。

4 医用监护仪器分析

学习指南：本章首先对医用监护仪器概念、分类、结构、技术指标和临床应用情况进行了简单介绍，然后重点对各种生理参数的监护方法及典型功能电路进行了分析，并详细介绍了各种类型医用监护仪器的工作原理及结构，最后用大量实例说明了医用监护仪器的维修。本章学习重点是医用监护仪的原理与结构、常用生理参数的测量原理及典型电路，难点是多参数监护仪的电路工作原理与维修。

在临床疾病的诊疗过程中，经常需要对某些病人的各项生理参数进行不间断的监测和分析，在很长一段时间内这项工作由人工完成，不仅效率低下，而且可靠性也不高。随着电子技术、计算机技术及生物医学工程技术的发展，出现了专门用于长时间连续监护病人生理参数的医用电子仪器——医用监护仪器。医用监护仪器在临床中的广泛应用大大减轻了医护人员的劳动强度，提高了工作效率，更重要的意义在于能使医护人员随时了解病人的病情及发展趋势，当出现危急情况时，能及时进行有效的处理，提高了护理质量，大大降低危重病人的死亡率。因此医用监护仪器已经成为临床应用的必不可少的医用电子仪器。

4.1 医用监护仪器概述

医用监护仪器能够对人体的生理参数进行长时间连续监测，并且能够对检测结果进行存储、显示、分析和控制，出现异常情况时能够发出报警提醒医护人员进行及时处理。由于其特殊的工作方式，医用监护仪器与一般的生理信号检测仪器具有很大的不同。

4.1.1 医用监护仪的临床应用

根据临床护理对象和监护目的不同，临床监护仪主要有：手术中和手术后的监护；产妇生产过程中和其前后的分娩监护和胎儿监护；重危病人的监护；恢复病人的监护；治疗病人（肾透析、高压氧舱、放射线治疗、精神病等）的监护，为确诊所进行的长期监护。在临床上根据需要在科室和病房中使用各种专用的监护仪，也称为监护系统，主要有危重病人监护仪、冠心病监护仪、分娩监护仪、新生儿和早产儿监护仪、颅内压监护仪、麻醉监护仪、睡眠监护仪等。表 4-1 给出了医用监护仪器及系统在各种诊疗科室、中央诊疗设施中的应用情况。

随着现代医学技术和生物工程技术的不断发展以及新型传感器、新检测方法的不断涌现，现在的监护仪能监测的生理和生化参数也不断增加。以冠心病监护病房（Coronary Care Unit，CCU）和重症监护病房（Intensive Care Unit，ICU）使用的多参数监护仪为例，已能实时显示心电图、脑电图等生物电波形与数据，显示血压、脉搏、呼吸、体温、心输出量等非生物电量的波形、变化曲线及数值，包括一次数据及二次数据。二次数据是经过专用电路或计算机程序分析获取的。

表 4-1 医用监护装置及其应用情况

主要诊疗科室与设施		病人监护装置			集中监护装置		产科监护仪	医用遥测系统	其他监护装置		
		简易监护仪	床边监护装置	手术监护装置	ICU	CCU			胎儿新生儿监护仪	高压治疗用监护仪	有自动诊断功能的监护仪
治疗科室	内科	○	○		○	○		○			○
	心脏内科	○						○			
	小儿科	○	○					○	○		○
	外科	○	○	○	○	○			○	○	○
	脑神经外科	○	○	○	○						
	心脏外科			○	○						
	消化道外科			○	○						
	整形外科	○	○	○	○						○
	妇产科	○	○	○	○		○		○		○
	泌尿科	○	○	○	○						
	眼科										
	耳鼻喉科		○								
	齿科	○		○							
中央诊疗设施	检验部	○		○				○			○
	放疗科							○			
	手术部(含麻醉)	○		○				○		○	
	ICU	○			○						○
	CCU	○				○					○
	人工透析部	○						○			
	急诊部	○						○			
	康复部	○						○			
	基础医学部	○						○			
	临床研究室	○						○			
	健康增进中心							○			

注：○表示该科室有使用该类仪器。

医用监护仪器及系统的发展与传感检测技术、模拟及数字通信（包括有线和无线）技术、大规模集成电路技术、计算机软硬件技术、显示与记录技术等高新技术的发展紧密相关，这些技术的发展使各类监护仪器及系统的功能日益完善。目前监护仪已不仅应用于危重病人监护，而逐步推广至全床位监护，监护项目也从循环系统（心电、血压、心输出量、血流等）逐步发展到呼吸系统（呼吸频率、换气量、流量、血气、血氧饱和度、呼吸气体及气道内压等）、神经系统（诱发脑电、颅内压、脑血流）及代谢系统（体温、尿量、生化信息等），从成人监护到胎儿、新生儿监护。

医用监护仪除监护功能外，还有疾病诊断和治疗的功能，同时还有抢救功能，如动态心电图（HOTTER）和血压监测仪、心脏除颤监护仪等，随着科学技术的发展，医用监护仪的其他功能也在不断增强，它将不仅能监测和处理用药的过程，并能根据在用药过程中病情的发展和变化，及时调整用药剂量和输液速度、给氧流量等。

4.1.2 医用监护仪的分类

目前临床上使用的医用监护仪器多种多样，其结构和功能也各不相同，因此很难用一个统一的标准对其进行分类。从不同的角度可以对医用监护仪器作出不同的分类，一般来说可以从以下几个角度对医用监护仪器进行简单的分类。

(1) 按检测参数分类

单参数监护仪：单参数监护仪只能监护一种生理参数，适用范围较小。

多参数监护仪：同时监护多个生理参数，适用范围较大，目前绝大多数医用监护仪器都是多参数监护仪。

(2) 按使用范围分类

床边监护仪：设置在病床边与病人连接在一起的仪器，能够对病人的各种生理参数或某些状态进行连续的监测，予以显示报警或记录，它也可以与中央监护仪构成一个整体来进行工作。

中央监护仪：又称为中央监护系统，它是由主监护仪和若干床边监护仪组成的，通过主监护仪可以控制各床边监护仪的工作，对多个被监护对象的情况进行同时监护，它的一个重要任务是完成对各种异常的生理参数和病历的自动记录。

离院监护仪：一般是病人可以随身携带的小型电子监护仪，可以在医院内外对病人的某种生理参数进行连续监护，供医生进行非实时性的检查。

(3) 按功能分类

通用监护仪：就是通常所说的床边监护仪，它在医院 CCU 和 ICU 病房中应用广泛，它只有几个最常用的监测参数，如心率、心电、无创血压。

专用监护仪：是具有特殊功能的医用监护仪，它主要针对某些疾病或某些场所设计、使用的医用监护仪。如手术监护仪、冠心病监护仪、心脏除颤监护仪、麻醉监护仪、睡眠监护仪、危重病人监护仪、放射线治疗室监护仪、高压氧舱监护仪、24 小时动态心电监护仪、24 小时动态血压监护仪等。

(4) 按仪器接收方式分类

有线监护仪：病人所有监测的数据通过导线和导管与主机相连接，比较适用于医院病房内卧床病人的监护，优点是工作可靠，不易受到周围环境的影响，缺点是对病人的限制相对较多。

无线遥测监护仪：通过无线的方式发射与接收病人的生理数据，比较适用于能够自由活动的病人，优点是对病人限制较少，缺点是易受外部环境的干扰。

(5) 按监护仪的作用分类

可分为纯监护仪和抢救、治疗用监护仪。纯监护仪只有监护功能，抢救、治疗用监护仪既具有监护功能，又具有抢救或治疗功能的监护仪。如心脏除颤监护仪、心脏起搏器等。

(6) 按仪器构造功能分类

一体式监护仪：具有专用的监护参数，通过连线或其他连接管接入每台医用监护仪之中，它所监护的参数是固定的，不可变的。有些医用监护仪也可通过无线遥测。

插件式监护仪：每个监护参数或每组监护参数各有一个插件，使监护仪功能扩展与升级快速、方便。这类插件可以根据临床实际的监测需要与每台医用监护仪的主机进行任意组合。同时也可在同一型号的监护仪之中相互调换使用。

4.1.3 医用监护仪一般结构

如图 4-1 所示，现代医用监护仪器主要由五个部分组成：传感器、多路模拟处理系统、数字处理系统（计算机系统）、显示器、打印机、通信模块、报警器以及治疗部分，有的监

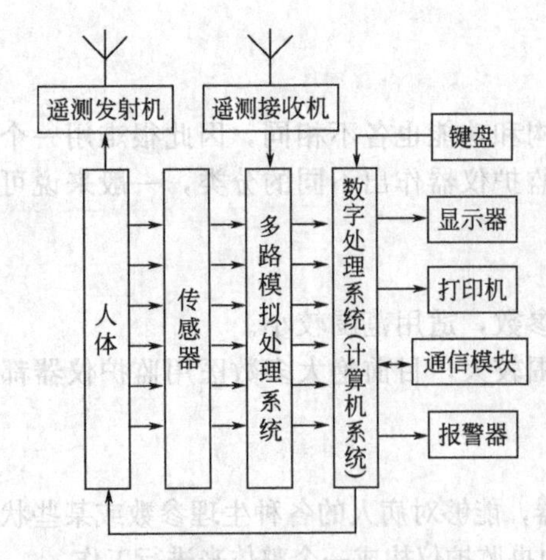

图 4-1　医用监护仪器结构框图

护仪还有遥测通信模块。各部分的功能简要描述如下。

(1) 传感器

各种传感器用以获得各种生理参数。传感器是整个监护系统的基础，有关病人生理状态的所有信息都是通过传感器获得的。目前常用的医用监护传感器有测电压、心率、心电、心音、脑电、体温、呼吸、阵痛和血液 pH 值、P_{CO_2}、P_{O_2} 等几类。

监护系统中的传感器要求能长期稳定地检出被测参数，且不能给病人带来痛苦和不适等。因此，它比一般的医用传感器要求更高，还有待于今后进一步研究和发展。除了对人体参数进行监视的传感器以外，还有监视环境的传感器，这些传感器和一般工业上用的传感器没有多大的差别。

(2) 多路模拟处理系统

这是一个以模拟电路为核心的信号处理部分，它主要是将传感器获得的信号加以放大，同时减少噪声和干扰信号以提高信噪比，对有用的信号中感兴趣的部分，实现采样、调制、解调、阻抗匹配等。“放大”在信号的模拟处理中是第一位的。根据所测参数和所用传感器的不同，放大电路也不同。用于测量生物电位的放大器称为生物电放大器，生物电放大器比一般的放大器有更严格的要求。

(3) 计算机系统

计算机系统是医用监护仪器的控制核心，主要负责信号的存储、运算、分析及诊断。监护仪具备的功能主要由计算机系统实现，具体包括如下。

① 阈值比较　将检测的结果如心率与预先设定的阈值进行比较，如果超出正常范围可以进行声光报警。

② 计算　根据直接检测的结果计算一些间接的参数值，如根据检测的 ECG 波形计算心率。

③ 分析　例如对心电信号的自动分析和诊断，消除各种干扰和假想，识别出心电信号中的 P 波、QRS 波、T 波等，确定基线，区别心动过速、心动过缓、早搏、漏搏、二连脉、三连脉等。

④ 建模　以规定分析的过程和指标，使仪器对病人的状态进行自动分析和判断。

(4) 通信模块

现代医用监护仪器大部分都提供网络接口或通信模块，借此构建网络化监护系统，最为常见的就是中央监护系统。在中央监护系统中，病人信号和各种控制数据可以在各个终端之间传递，中央控制台能够控制各终端的工作，可以实时观察连接到各终端的病人的生理信号，实现了数据共享，方便了医护人员的工作，提高了疾病诊疗的效率。

(5) 信号的显示、记录和报警

这部分是监视器与人交换信息的部分。包括如下内容。

① 数字或表头显示，指示心率、体温等被监护的数据；

② 屏幕显示，以显示行进的或固定的被监视参数随时间变化的曲线，供医生用作分析；

③ 用记录仪作永久的记录，这样可将被监视参数记录下来作为档案保存；

④ 光报警和声报警。

(6) 治疗

根据自动诊断结果，原则上可以对病人进行施药和治疗。

4.1.4 医用监护仪主要技术指标

(1) 输入信号量程

监护仪器对输入信号的幅度有一定的限制，输入信号幅度对输出有一定的影响，信号过大会损坏仪器。输入信号的量程（Range）包括上限和下限两部分，上限确定不损害仪器的最大输出值，下限确定最小可分辨的输入值。输入信号可以是双极性的，因此量程也可以是双极性的，如压力传感器量程－6.7～40kPa(－50～300mmHg)就是双极性的。

(2) 灵敏度

在量程范围内，仪器稳态时输入信号的变化量与输出变化量的比值，称为灵敏度（Sensitivity），用 K 表示。即：

$$K=\frac{\Delta y}{\Delta x}$$

式中，Δx 是输入信号变化值；Δy 是输出信号变化值。

灵敏度要根据实际信号的幅度选择，灵敏度太高会引起输出饱和。监护仪器中，灵敏度分多挡，可供选择。

(3) 精度

精度（Accuracy A）表示仪器输出真实值与测量值之差的最大值与仪器满量程输出之比。即：

$$A=\frac{(y_a-y)_m}{y_F}$$

式中，y_a 是输出真实值，实际无法测得，只能用多数据点的最小平方差近似得到；y 是输出实际值；y_F 是输出满量程；下角 m 表示测量。

(4) 频率特性

许多生理信号是周期信号，如 ECG、血压、脉搏、呼吸等。根据傅里叶级数，任意一个周期信号 $x(t)$ 都可以展开成基波及它的高次谐波分量之和。即

$$x(t)=A_0+A_1\sin\omega_1 t+A_2\sin 2\omega_1 t+\cdots$$

周期信号 $x(t)$ 输入仪器后，输出也是基波和高次谐波分量之和。即

$$y(t)=B_0+B_1\sin(\omega_1 t+\Phi_1)+B_2\sin(2\omega_1 t+\Phi)+\cdots$$

$y(t)$ 各分量的幅度和相位与仪器的频率特性有关，频率特性为 $x(t)$ 和 $y(t)$ 傅氏变换的比值：

$$H(\mathrm{j}\omega)=\frac{Y(\mathrm{j}\omega)}{X(\mathrm{j}\omega)}\text{其中 }\omega=0,\omega_1,2\omega_1,\cdots$$

上式可分为幅频特性 $L(\omega)$ 和相频特性 $\Phi(\omega)$

$$L(\omega)=|H(\mathrm{j}\omega)|$$

$$\Phi(\omega)=\angle H(\mathrm{j}\omega)$$

对于非周期信号，频率特性为输入输出傅氏积分的比值。频率特性是仪器的基本特性，一旦仪器确定，频率特性不变。截止频率表示幅频特性下降了 3dB 所对应的频率。当截止频率比信号最高频率要小时，则输入信号通过仪器后输出的部分高频成分有很大的衰减，信号有失真。因此，频率特性的截止频率必须大于信号最高频率才不可能失真。

(5) 输入阻抗

设仪器的输入阻抗为 Z_i，信号源输出阻抗为 Z_s，信号为 V_S，则仪器输入信号为

$$V_i=\frac{Z_i}{Z_s+Z_i}V_s$$

当 $Z_i \gg Z_s$ 时，有 $V_i \approx V_s$，要求输入阻抗越高越好，但输入阻抗越高，电路制作就越困难，也没有必要。

(6) 共模抑制比

仪器输入有差模信号和共模信号，差模信号是要被放大的信号，而共模信号是干扰信号，要被抑制的。共模抑制比（Common Mode Rejection Ratio，CMRR）表示了仪器的抗干扰能力，它是差模增益（G_d）和共模增益（G_c）之比。即

$$\text{CMRR}=\frac{G_d}{G_c}$$

$$G_d=\frac{V_o}{V_d}$$

$$G_c=\frac{V_o}{V_c}$$

式中，V_o 是输出；V_d 是差模输入；V_c 是共模输入。

(7) 漏电流

若仪器没有良好的接地，仪器的漏电流就会经电极或压力传感器心导管内的生理盐水流过病人心脏，引起宏电击或微电击。在监护仪器中，为保证不出现微电击，仪器漏电流必须小于 10μA。

4.2 常用生理参数的测量原理

由于医用监护仪器要求能够长时间连续测量病人的生理参数，因此其测量原理与一般的生理参数测量仪器有所不同。

(1) 心电图

心电图是监护仪器最基本的监护项目之一。心电图（ECG）就是把体表变动着的电位差实时记录下来，目前一般采用标准的十二导联，包括双极导联Ⅰ、Ⅱ、Ⅲ导联，加压单极肢体导联 aVR、aVL、aVF 以及胸导联 V_1、V_2、V_3、V_4、V_5、V_6。因为心脏是立体的，一个导联波形表示了心脏一个投影面上的电活动。这 12 个导联，将从 12 个方向反映出心脏不同投影面上的电活动，即可综合诊断出心脏不同部位的病变。

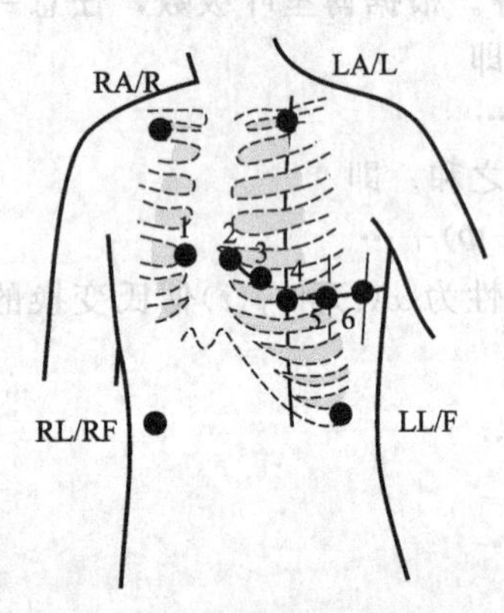

图 4-2 心电监护电极位置

心电信号是通过检测电极获得的，在医用监护仪器中，电极采用 Ag-AgCl 纽扣式电极，监护电极与心电图机的电极安放位置不同，但其定义是相同的，具有相同的极性和波形。为了稳定地监护心电波形，监护电极一般安放在胸部，具体位置有两种形式，一种是三电极体系，一种是五电极体系。

① 修正的三电极导联体系　根据国际电工委员会(IEC)的规定，三电极体系一般需要在胸部放置三个电极，具体位置、表号及颜色见表 4-2（括号内为对应的美国心脏学会 AHA 标准）及图 4-2。

表 4-2　三电极体系监护电极位置

电极位置	标　号	颜　色
左锁骨下沟	L(LA)	黄(黑)
右锁骨下沟	R(RA)	红(白)
左前腋下线肋骨下沿	F(LL)	绿(红)

由这三个电极可以组合出三个标准导联，连接方式与通用的十二导联体系中的标准Ⅰ、Ⅱ、Ⅲ相同。

② 修正的五电极导联体系 根据国际电工委员会（IEC)的规定，五电极体系一般需要在胸部放置五个电极，具体位置见表 4-3（括号内为对应的 AHA 标准)。

表 4-3 五电极体系电极位置

电 极 位 置	标号	颜色
左锁骨下沟	R(RA)	红(白)
右锁骨下沟	L(LA)	黄(黑)
髂骨顶向上 12～15mm 与左锁骨中线相交或髂骨顶向上 12～15mm 脊柱左边沿	F(LL)	绿(红)
左边同一水平线与右锁骨中线交点	N	黑(绿)
图 4-2 中任一胸电极位置	C(V)	白(棕)

由这五个电极可以组合出与通用的十二导联对应的导联，即Ⅰ、Ⅱ、Ⅲ、aVR、aVF、aVL、V_1～V_6。

监护仪一般都能监护 3 个或 6 个导联，能同时显示其中的一个或两个导联的波形并通过波形分析提取出心率参数，功能强大的监护仪可以监护十二导联，并可以对波形作进一步分析，提取出 ST 段和心律失常事件。

③ 影响 ECG 精确测量的因素 影响 ECG 精确测量的因素主要有以下几个。

A. 正确的电极放置。为了从适当的角度记录较强的信号，电极放置必须精确。不正确的电极位置会导致错误的波形。

B. 电极与皮肤接触良好。由于 ECG 信号非常微弱，电压幅度较低，为了得到准确的波形，电极与病人皮肤必须保证良好的接触，良好的接触需要对皮肤进行适当的处理以及定期更换电极。

C. 导联选择正确。导联必须选择正确的电缆设置以检测适当的电活动，选择错误的导联会导致心脏病的误诊。

D. 排除外部干扰。病人的运动能够干扰信号的记录，心脏起搏器的活动以及电外科的干扰都会影响 ECG 的记录。例如在手术室中，电极应该与手术点等距以提高对 ESU 的抑制，电磁干扰的其他外部来源可能是病人周围的电子仪器。

(2) 心率

心率是指心脏每分钟搏动的次数。健康的成年人在安静状态下平均心率是 75 次/min，正常范围为 60～100 次/min。在不同生理条件下，心率最低可到 40～50 次/min，最高可到 200 次/min。心率测量是根据心电波形，测定瞬时心率和平均心率。

① 瞬时心率（F） 是指心电图两个相邻 R-R 间期的倒数。即

$$F=\frac{1}{T}(次/s)=\frac{60}{T}\ (次/min)$$

式中，T 是 R-R 间期（s)。

② 平均心率（$\overline{F}$） 是在一定计数时间内，求 R 波个数的比值。即

$$\overline{F}=\frac{N}{T}\ (次/min)$$

式中，T 是计数时间（min)；N 是 R 波个数。

QRS 波的识别是心率测量的关键。对心电信号 $h(t)$进行微分得

$$e(t)=\frac{dh(t)}{dt}$$

当微分值 $e(t)$大于阈值 E，则可确定该时刻的心电图波为 R 波。

(3) 呼吸

呼吸是人体得到氧气输出二氧化碳、调节酸碱平衡的一个新陈代谢过程，这个过程通过呼吸系统完成。呼吸系统由肺、呼吸肌（尤其是膈肌和肋间肌）以及将气体带入和带出肺的器官组成。呼吸监护技术可以检测肺部的气体交换状态或呼吸肌的效率。呼吸监护一般指监护病人的呼吸频率，即呼吸率。呼吸频率是病人在单位时间内的呼吸次数，单位是次/min。平静呼吸时，新生儿 60～70 次/min，成人 12～18 次/min。呼吸频率的监护有热敏式和阻抗式两种测量方法。

① 阻抗式测量法　多参数病人监护仪中的呼吸测量大多采用阻抗法。人体在呼吸运动时，胸壁肌肉交替弛张，胸廓也交替变形，从而使人体组织的电阻抗也交替变化，变化量为 0.1～3Ω，称为呼吸阻抗（或肺阻抗）。呼吸阻抗与肺容量存在一定的关系，随肺容量的增大而增大。阻抗式呼吸测量就是根据肺阻抗的变化而设计的。监护测量中，呼吸阻抗电极与心电电极合用，即用心电电极同时检测心电信号和呼吸阻抗，电极利用 ECG 导联的 LL 和 RA 电极之间的阻抗作为测量电桥的待测阻抗，接在惠斯通电桥的一个桥臂上，如图 4-3 所示。用 75kHz 的载频正弦恒流向人体注入 0.5～5mA 的安全电流，从而在相同的电极上拾取呼吸阻抗变化的信号，通过电桥检测电路变为电压信号，再经同步解调，便可解调出呼吸信号，这种呼吸阻抗的变化图就描述了呼吸的动态波形，并可提取出呼吸率参数。

影响呼吸测量的因素有以下几种。

A. 为了对阻抗变化进行最优的测量，必须适当地放置电极。由于 ECG 波形对电极放置的位置要求更高，因此为了使呼吸波达到最优，需要重新放置电极和导联时，必须考虑 ECG 波形的结果。

B. 良好的皮肤接触能够保证良好的信号。

C. 排除外部干扰。病人的移动、骨骼、器官、起搏器的活动以及 ESU 的电磁干扰都会影响呼吸信号。对于活动的病人不推荐进行呼吸监护，因为会产生错误警报。正常的心脏活动已经被过滤。但是如果电极之间有肝脏和心室，搏动的血液产生的阻抗变化会干扰信号。

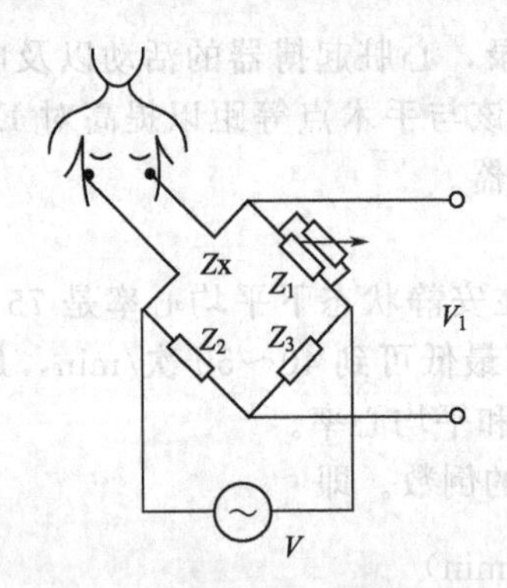

图 4-3　阻抗式呼吸测量

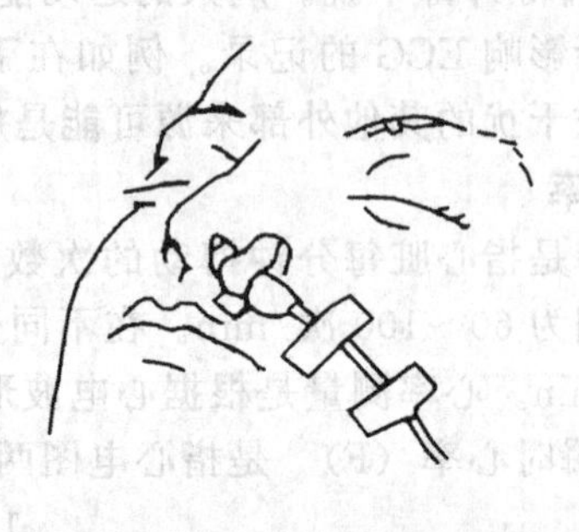
图 4-4　热敏抗式呼吸测量

② 热敏式测量法　常用的方法是利用热敏元件来感测呼出的热气流，这种方法需要给病人的鼻腔中安放一个呼吸气流引导管，将呼出的热气流引到热敏元件位置，如图 4-4 所示。当鼻孔中气流通过热敏电阻时，热敏电阻受到流动气流的热交换，电阻值发生改变。

对于换热表面积为 A，温度为 T 的热敏电阻，当感受到鼻孔内温度为 T_f 的呼吸气流的流动，热敏电阻上的对流换热量为

$$Q=\alpha(T-T_f)A$$

式中，α 是对流换热系数，它受呼吸流速、黏性等多种因素的影响；T_f 与人体温度接近，且恒温。若呼吸流速大，热交换 Q 就大。因此，热敏电阻温度 T 变化也较大。

热敏电阻多数用半导体材料，一般有金属氧化物（如 Ni、Mn、Co、F、Cu、Mg、Ti 的氧化物）和单晶掺杂半导体（SiC）等。热敏电阻具有负阻特性。即

$$R_T = R_0 e^{\alpha(1/T - 1/T_0)}$$

式中，R_0 是温度 T_0 时的电阻值；α 是常数；T 越高，R_T 就越小。

当鼻孔气流周期性地流过热敏电阻时，热敏电阻值也周期性地发生改变。根据这个原理，将热敏电阻接在惠斯通电桥的一个桥臂上，就可以得到周期性变化的电压信号，电压周期就是呼吸周期，因此，经过放大处理后就可以得到呼吸频率。

热敏式呼吸测量法受周围环境温度的影响较大，尤其在气温较高时，测量灵敏度就会受到影响。

（4）无创血压

血压就是指血液对血管壁的压力。在心脏的每一次收缩与舒张的过程中，血流对血管壁的压力也随之变化，而动脉血管与静脉血管压力不同，不同部位的血管压力也不相同。临床上常以人体上臂与心脏同高度处的动脉血管内对应心脏收缩期和舒张期的压力值来表征人体的血压，分别称为收缩压（或高压）和舒张压（或低压）。

人体的动脉血压是一个易变的生理参数。它与人的心理状态、情绪状态，以及测量时的姿态和体位有很大关系，心率增加，舒张压上升，心率减慢，舒张压降低。心脏脉搏量增加，收缩压必然增高。可以说每个心动周期内动脉血压都不会绝对相同。

血压测量法可以分为两大类，即直接测量法（有创法）和间接测量法（无创法）。

无创法是通过检测动脉血管壁的运动、搏动的血液或血管容积等参数间接得到血压。根据检测方法的不同，血压测量法又可分为听诊法、振动法、触诊法、超声法、次声法、容积搏动示波法、张力法等，大多数监护仪器都采用振动法进行血压监护。

① 测量原理　采用振动法测量无创血压时，将压力传感器接入袖带，检测袖带的压力以及由于脉搏在袖带的压力下形成的振动信号。当按下测量键或设定的自动测量开始时，气泵开始给袖带充气，当压力达到设定的初始值时，停止充气，袖带内的气体通过针阀缓慢放气，这时以一定的速率交替记录压力值和脉搏振动幅度，并不断进行计算，振幅由小到大，上升变化率最大时刻对应压力指数为收缩压，当振动幅度过最大点开始下降，下降变化率最大时刻对应的压力指数为舒张压，平均压则为振动幅度最大时的压力指数或为（2×舒张压＋收缩压）/3。

② 影响无创血压测量的因素　影响无创血压准确测量的因素主要有以下几个。

A. 袖带尺寸：袖带过窄会导致血压读数过高，相反，袖带过宽会导致血压读数过低。

B. 袖带放置：袖带应该放置在上臂与心脏同一水平线的位置以得到真正的零读数，袖带太松会导致血压读数过高。

C. 人为因素：由颤抖、冲击或其他有节奏的或外部的压力导致的误差。

③ 振动法测量无创血压的局限性　振动描记法在某些临床环境下会有一定的局限性。当病人的状况难以检测到规则的动脉压力脉冲时，测量结果就是不可靠的，需要更长的时间去查找原因。下面的条件会干扰测量。

A. 病人活动：当病人移动、颤抖或抽搐时，很难得到或者无法得到可靠的结果。

B. 心律不齐：心律不齐患者不规则的心跳使测量结果不可靠或无法得到结果。

C. 压力变化：如果在测量过程中病人的血压迅速变化，测量结果就不可靠。

D. 严重休克：严重休克或体温过低会减少血液流向身体外围从而减小动脉脉冲，使测量结果不可靠。

E. 肥胖病人：一层很厚的脂肪层环绕在上臂周围会抵消动脉脉冲使其无法到达袖带，因此降低测量的准确度。

F. 心率极高或极低：当病人心率低于 15bpm 或高于 300bpm 时无法进行测量。

G. 心肺机：当病人连接到心肺机时无法测量。

H. 导管移动。

(5) 有创血压

在一些重症手术时，对血压实时变化的监测具有很重要的临床价值，这时就需要采用有创血压监测技术来实现。

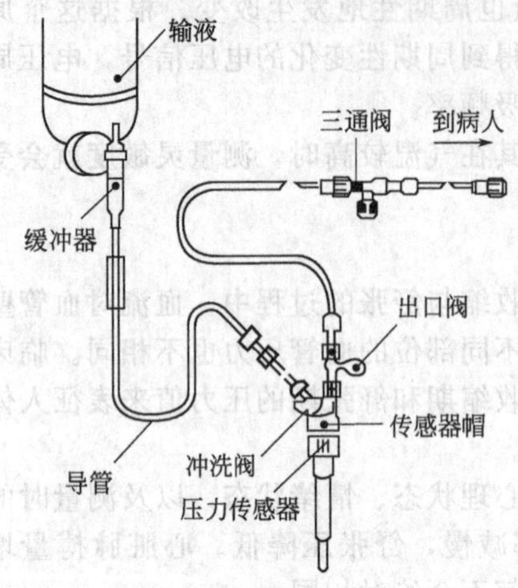

图 4-5 有创血压测量系统

① 测量原理 有创血压测量系统如图 4-5 所示，它由压力传感器、传感器帽、测压导管、三通或四通阀、冲洗阀等组成。使用前，先将压力传感器与监护仪相连，然后将导管通过穿刺植入被测部位的血管内，导管的体外端口直接与压力传感器连接，然后将导管充满 0.9%的生理盐水，生理盐水从冲洗阀灌入，灌入时传感器帽要排气。导管充液、排气后，将传感器与病人心脏保持在同一个水平面上，以减少误差。实际上传感器与心脏不可能在同一个水平面上，因此，必须调整传感器与监护仪的零点。上述准备工作做完以后，打开传感器与病人之间的三通阀，即可进行血压测量。由于流体具有压力传递作用，血管内压力将通过导管内的液体被传递到外部的压力传感器上，从而可获得血管内压力变化的动态波形，通过特定的计算方法，可获得收缩压、舒张压和平均压。

在进行有创血压测量时要注意：监测开始时，首先要对仪器进行校零处理；监测过程中，要随时保持压力传感器部分与心脏在同一水平上；为防止导管被血凝堵塞，要不断注入肝素盐水冲洗导管，由于运动可能会使导管移动位置或退出。因此要牢牢固定导管，并注意检查，必要时进行调整。

② 影响有创血压测量的因素

A. 压力传感器、压力线以及病人导管的正确连接。

B. 在较低点的收缩压读数通常比较高点的读数要高。

C. 从斜靠体位到站立体位的改变会使收缩压轻微下降，舒张压轻微升高。

D. 病人和压力传感器的位置都会影响血压测量。在正常测量时，传感器通常置于与心脏同一水平的位置（第四肋间以及腋中线称为静脉静力学轴）将系统调零以补偿静力及大气压的影响。

(6) 血氧饱和度

血氧饱和度是血液中被氧结合的氧合血红蛋白（HbO_2）的容量占全部可结合的血红蛋白（Hb）容量的百分比，即血液中血氧的浓度，是呼吸循环的重要生理参数。许多呼吸系统的疾病会引起人体血液中血氧浓度的减少，严重的会威胁人的生命，因此在临床救护中，对危重病人的血氧浓度监测是不可缺少的。

① 测量原理 血氧饱和度一般是通过测量人体指尖、耳垂等毛细血管脉动期间对透过光线吸收率的变化计算而得的，如图 4-6 所示。测量用的血氧饱和度探头有其独特的结构。它是一个光感受器，内置一个双波长发光二极管和一个光电二极管。发光二极管交替发射波长 660nm 的红光和 940nm 的近红光。还原血红蛋白（Hb）的吸光度随 SaO_2 不同而改变，在 660nm 附近表现最为显著，在 940nm 附近则产生与 660nm 方向相反的变化。在波长 940nm 的红外区域，氧合血红蛋白（HbO_2）的吸收系数比 Hb 大。

当作为光源的发光二极管和作为感受器的光电二极管位于手指或耳的两侧，入射光经过

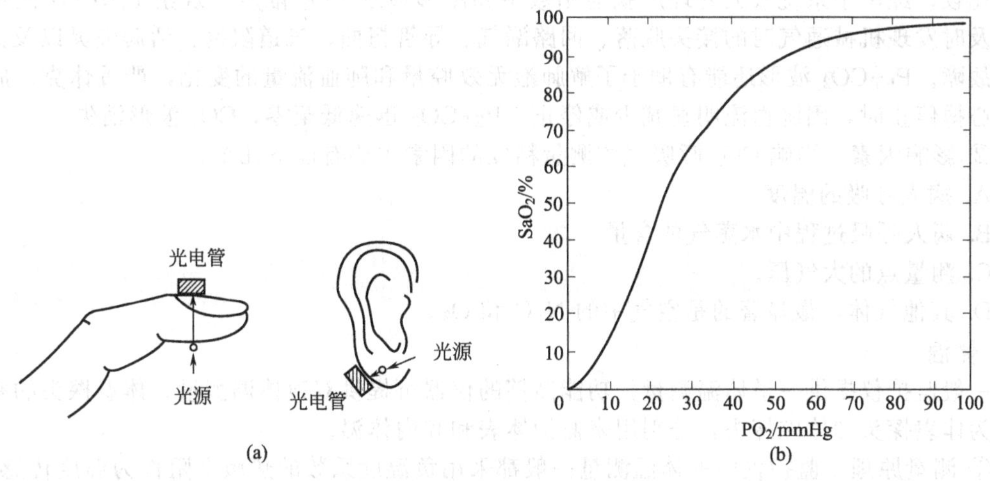

图 4-6　光电法测量血氧饱和度

手指或耳廓，被血液及组织部分吸收。这些被吸收的光强度除搏动性动脉血的光吸收因动脉压力波的变化而变化外，其他组织成分吸收的光强度（DC)都不会随时间改变，并保持相对稳定。而搏动性产生的光路增大和 HbO_2 增多使光吸收增加，形成光吸收波（AC)。

光电感应器测得搏动时光强较小，两次搏动间光强较大，减少值即搏动性动脉血所吸收的光强度。这样可计算出两个波长的光吸收比率（R)：

$$R=\frac{AC_{660}/DC_{660}}{AC_{940}/DC_{940}}$$

R 与 SaO_2 呈负相关，根据正常志愿者数据建立起的标准曲线换算可得病人血氧饱和度。

② 影响因素　下列因素影响血氧饱和度的精确测量。

A. 不正确的位置可能导致不正确的结果。光线发射器和光电检测器彼此直接相对，如果位置正确，发射器发出的光线将全部穿过人体组织。传感器离人体组织太近或太远，分别会导致测量结果过大或过小。

B. 测量需要脉动。当脉动降低到一定极限，就无法进行测量。这种状态有可能在下列情况下发生：休克、体温过低、服用作用于血管的药物、充气的血压袖带以及其他任何削弱组织灌注的情况。

相反的，某些情况下静脉血也会产生脉动，例如静脉阻塞或其他一些心脏因素。在这些情况下，由于脉动信号中包含静脉血的因素，结果会比较低。

C. 光线干扰会影响测量的精度。脉动测氧法假定只检测两种光线吸收器：HbO_2 和 Hb，但是血液中存在的一些其他因素也可能具有相似的吸收特性，会导致测量的结果偏低，如碳合血红蛋白 HbCO、高铁血红蛋白以及临床上使用的几种染料。

周围光线带来的干扰可以通过将指套用不透明的材料密封来排除。

其他影响光线穿透组织的因素，如指甲光泽会影响测量的精度。

D. 人为的移动也可能干扰测量的精度，因为它与脉动具有相同的频率范围。

(7) 呼吸末二氧化碳 CO_2 浓度

监测呼气末二氧化碳浓度（$F_{ET}CO_2$)或分压（$P_{ET}CO_2$)，不仅可监测通气而且能反映肺血流，具有无创及连续监测的优点，从而减少血气分析的次数。

① 测量原理　人体组织细胞代谢产生 CO_2，经毛细血管和静脉运送到肺，呼气时排出体外，体内 CO_2 的产量和肺泡通气量决定肺泡内 CO_2 分压。因 CO_2 能吸收 4.3μm 红外线，用红外线透照测试气样后，光电换能元件能探测到红外线的衰减程度，所获取信号与参比气

信号比较，经电子系统放大处理后就能用数字和图形显示 CO_2 浓度。观察 $P_{ET}CO_2$ 波形变化能及时发现机械通气时的接头脱落、回路漏气、导管扭曲、气道阻塞、活瓣失灵以及其他机械故障。$P_{ET}CO_2$ 波形还能有助于了解肺泡无效腔量和肺血流量的变化，严重休克、肺梗塞或心搏停止时，因肺血流明显减少或停止，$P_{ET}CO_2$ 迅速低至零，CO_2 波形消失。

② 影响因素　影响 CO_2 呼吸气体测量精度的因素主要有以下几个。

A. 病人呼吸的温度。

B. 病人呼吸过程中水蒸气的含量。

C. 测量点的大气压。

D. 其他气体，最显著的是空气中的 N_2O 和 O_2。

(8) 体温

一般监护仪提供一道体温测量，功能高档的仪器可提供双道体温测量。体温探头的类型也分为体表探头和体腔探头，分别用来监护体表和腔内体温。

① 测量原理　监护仪中的体温测量一般都采用负温度系数的热敏电阻作为温度传感器。体温测量的测量电路是惠斯通电桥，将热敏电阻接在电桥的一个桥臂上，随着体温的不同变化，通过测量电桥的不平衡输出，即可换算出温度指数，从而实现体温的检测。

测量时，操作人员可以根据需要将体温探头安放于病人身体的任何部位，由于人体不同部位具有不同的温度，此时监护仪所测的温度值，就是病人身体上要放探头部位的温度值，该温度可能与口腔或腋下的温度值不同。在进行体温测量时，病人身体被测部位与探头中的传感器存在一个热平衡问题，即在刚开始放探头时，由于传感器还没有完全与人体温度达到平衡，所以此时显示的温度并不是该部位真实温度，必须经过一段时间达到热平衡后，才能真正反映实际温度。在进行体表体温测量时，要注意保持传感器与体表的可靠接触，如传感器与皮肤间有间隙，则可能造成测量值偏低。

② 影响因素　体温计应该能够提供快速、准确、可靠的体温测量，影响体温测量的因素包括以下几个。

A. 刻度的频率和准确性。

B. 适当的参考标准用来对体温计进行校准。

C. 测量的解剖部位的选择。

D. 环境因素。

E. 病人的活动和移动。

(9) 心输出量

心输出量 (Q)是衡量心功能的重要指标，在某些病理条件下，心输出量降低，使肌体营养供应不足。心输出量是心脏每分钟射出的血量，它的测定是通过某一方式将一定量的指示剂注射到血液中，经过在血液中的扩散，测定指示剂的变化来计算心输出量的。监护中，常用 Fick 法和热稀释法。

① Fick 法　在开放血液循环中，以氧作为指示剂，由于肺毛细管与肺泡之间的氧交换量与肺血流量成正比，因此可以通过测量肺动脉和肺静脉的氧浓度测量心输出量。

$$Q=\frac{dV/dt}{C_a-C_v}$$

式中，dV/dt 是肺氧消耗量，它等于吸入气氧含量与呼出气氧含量之差，用肺活量计测定；C_a 为肺动脉氧浓度用动脉心导管测定；C_v 为肺静脉氧浓度。Fick 法测量精度高，是心输出量测定标准方法。

② 热稀释法　热稀释采用冷生理盐水作为指示剂，具有热敏电阻的 Swan-Ganz 漂浮导管作为心导管。热敏电阻置于肺动脉，向右心房注入冷生理盐水。心输出量可由 Stewart-

Hamilton 方程确定：

$$Q=\frac{1.08b_0C_TV_i(T_b-T_i)}{\int_0^{\infty}\Delta T_b dt}$$

式中，1.08 是由注入冷生理盐水和血液比热及密度有关的常数；b_0 是单位换算系数；C_T 是相关系数；V_i 和 T_i 是冷生理盐水的注入量和温度；T_b 和 ΔT_b 是血液温度和变化量。冷生理盐水可以用 0～4℃的冰水液，也可用 19～25℃的室温液。Swan-Ganz 导管可在床边进行测量，在 ICU、CCU 和手术后监护已成为常规测量方法。

③ 影响因素　影响心输出量准确测量的因素如下。

A. 生理条件：心率和心律的变化、心脏畸形以及病人的焦虑或移动都会造成测量的错误。

B. 导管条件：损坏或者位置不正确的导管、过早的对气囊充气会导致测量的错误。

C. 注射因素：不准确的时间、体积、溶液温度以及不正确的导管端口的使用也会造成测量的误差。

(10) 脉搏

脉搏是动脉血管随心脏舒缩而周期性搏动的现象，脉搏包含血管内压、容积、位移和管壁张力等多种物理量的变化。脉搏的测量有几种方法，一是从心电信号中提取；二是从测量血压时压力传感器测到的波动来计算脉率；三是光电容积法。下面重点介绍光电容积法测量脉搏。

光电容积式脉搏测量是监护测量中最普遍的，传感器由光源和光电变换器两部分组成，它夹在病人指尖或耳廓上，可参见如图 4-6(a)所示。选择对动脉血中氧合血红蛋白有选择性的一定波长的光源，最好用发光二极管，其光谱在 $6\times10^{-7}\sim7\times10^{-7}$ m。这束光透过人体外周血管，当动脉搏动充血容积变化时，改变了这束光的透光率，由光电变换器接收经组织透射或反射的光，转变为电信号送放大器放大和输出，由此反映动脉血管的容积变化。

脉搏是随心脏的搏动而周期性变化的信号，动脉血管容积也周期性地变化，光电变换器的电信号变化周期就是脉搏率。

4.3　心电床边监护仪

心电床边监护仪是目前病房中应用最广的一种监护装置。目前心电监护不仅能对心电波形进行长期、连续观察，而且能对各类心律失常信息进行自动分析判断和报警。

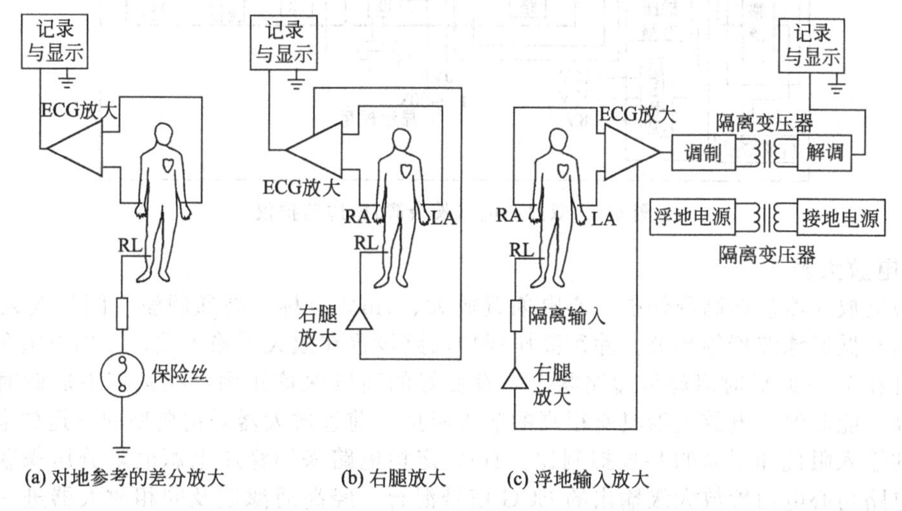

(a) 对地参考的差分放大　(b) 右腿放大　(c) 浮地输入放大

图 4-7　心电图监护

心电图监护仪中，将病人的心电信息经前置放大器接入显示与记录仪的常见方法有三类，如图 4-7 所示，即对地参考的差分放大、右腿驱动放大及浮地输入放大，这三种方法均有较高的抗共模干扰能力和确保安全性能。

4.3.1 模拟式心电床边监护仪

模拟式心电床边监护仪是一种便携式床边监护装置，通常可供两位病人同时进行心电监护，亦可输出模拟心电信号送至中央监护仪进行集中监护。图 4-8 给出了该床边监护仪的详细框图。它由二路心电放大器、扫描发生器、调辉电路、低压电源电路和高压发生器组成。

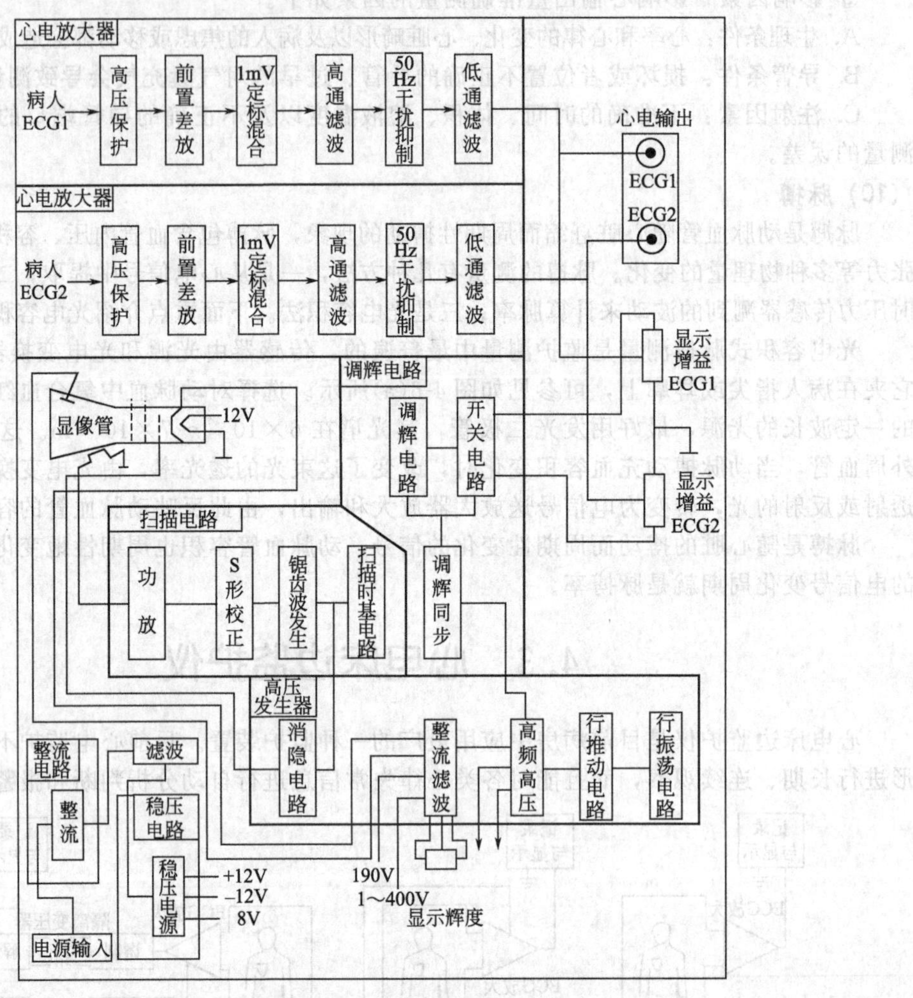

图 4-8 双路心电（长余辉）床边监护仪

(1) 心电放大器

该心电放大器包括高压保护、心电前置放大、1mV 定标、高通滤波、同相放大、50Hz 干扰抑制和低通滤波器等环节。除颤高压保护回路设置在放大器输入端，采用电阻和氖灯组成，氖灯在 70～90V 时启辉呈短路状态，有良好的高压保护作用，在氖灯不启辉时，绝缘电阻很高，能确保心电放大器具有很高的输入阻抗。前置放大器采用典型的三运放电路，具有很高的输入阻抗和很高的共模抑制比。1mV 定标电路采用稳压电源电阻分压来获得，通过加法电路与心电前置放大级输出的 ECG 信号混合，经高通滤波及同相放大器进一步放大后，信号可放大至 0.5～1V。高通滤波、低通滤波及双 T 带阻 (50Hz)陷波器组成的复合滤波器确定了整个放大器的通频带特性。心电放大器的输入阻抗≥2.5MΩ、CMRR≥80dB、时间常数≥1.5s、高端截止频率为30Hz(－3dB)、标准电压（1±5%)mV、放大器增益为500～1000倍、心电输出幅度为0.5～1V（当1mV输入时)。

(2) 扫描发生器

示波管采用长余辉7寸电磁偏转显像管，采用双踪显示，扫描速度为（25±5%)mm/s，示波管的有效显示面积应不小于125mm×80mm，最大显示灵敏度≥15mm/1mV，标准灵敏度为10mm/1mV。水平扫描发生器中采用集成时基电路控制恒流型锯齿波发生器，经电平位移和放大电路输出正、负对称的锯齿波电压，经功率放大后形成锯齿电流做磁偏转扫描用，扫描的线性通过S形校正来保证，功放电路采用达林顿互补型推挽放大电路。开关电路由CMOS双向开关组成，控制调辉电路，实现ECG的双踪显示。

(3) 高压发生器和低压电源电路

高压发生器采用高频高压电路，高频高压变换器为可控间歇振荡电路，由行振荡发生电路驱动，脉冲变压器输出的各挡高压经整流滤波送至显像管和调辉电路，调辉同步脉冲从脉冲变压器绕组中取出。该床边监护仪设有关机亮点消隐电路，在脉冲变压器上另绕一组负电源绕组，在关机后，负电压加至显像管的调制极，截止电子束，从而达到关机后消隐荧光屏上的亮点，以保证显像管的使用寿命。

低压电源输出±12V直流稳定电压供晶体管及运算放大器工作。

4.3.2 典型心率检测电路分析

心率是监护仪常见的监护参量，这一节分析一个典型的心率检测电路，如图4-9所示。它由七个运算放大器组成。这个电路分两大部分：运算放大器A_1～A_5组成QRS波检出电路，输出为心率脉冲；A_6和A_7组成的心率计数电路是将心率脉冲变成一个与心率值成正比例的直流电压，最后用心率表指示心率值，以指针形式显示瞬时心率。心率表上带有两个光电耦合器以控制心率上、下限报警。当指针指在上限或下限时，都可以恰好使一个光电耦合器不受光，使光电耦合器中的光电三极管工作状态翻转，启动声光报警。由于两套光电耦合器的工作位置可以人工调整，所以心率上下限是可以预先设置的。以下分析各单元电路的工作原理。

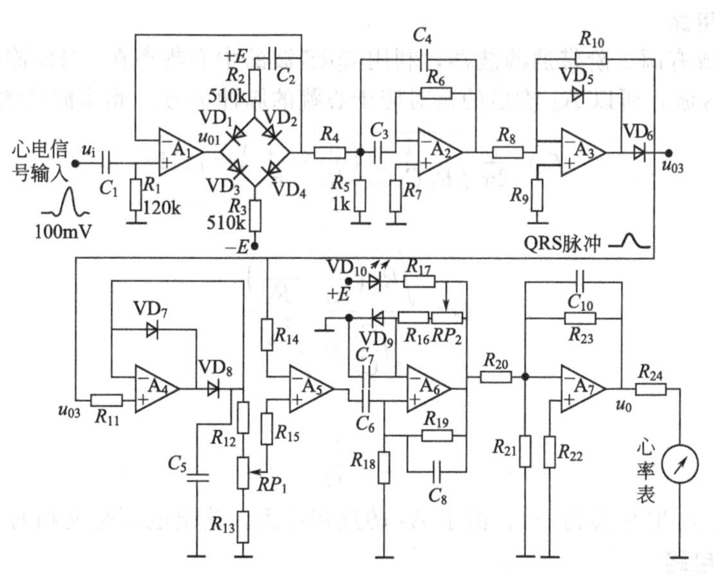

图4-9 心率检测电路

(1) 除颤抑制电路

图 4-9 中运放 A_1 和二极管 VD_1～VD_4 及 R_2、R_3、C_2、$+E$、$-E$ 组成除颤抑制电路，用以消除由除颤器发出的除颤脉冲形成的强大干扰。先分析四个二极管组成的隔离限幅桥路。在静态时四个二极管均导通，其上电流均流向 $-E$ 端。当有心电信号输入时，整个桥路电压都随信号浮动，使心电信号送到下一级。因为桥路输出的正常心电信号不超过 100mV，所以选定 ＋200mV 值为桥路的上下限输出。当桥路输入大于 ＋200mV，此时二极管 VD_2 仍可维持导通，略去 VD_2 的管压降，桥路输出电压由 R_2 和 (R_4+R_5) 对 $+E$ 分压取得，极大值为 ＋200mV，不会再上升。因为桥路的输入电压大于输出电压，会有 VD_2 和 VD_5 导通，VD_1 和 VD_4 截止，使前后两级之间实现了隔离。反之当桥路输入信号 U_{01} 小于 -200mV 时，VD_4 与 VD_1 导通，而 VD_3 与 VD_2 截止，仍会使电路被桥路隔离。此时桥路输出电压由 R_3 和 (R_4+R_5) 对 E 分压被限定在 -200mV 不再下降。可知二极管 VD_1～VD_4 和运放 A_1 组成了一个限幅跟随器，它的输入输出曲线如图 4-10 所示。

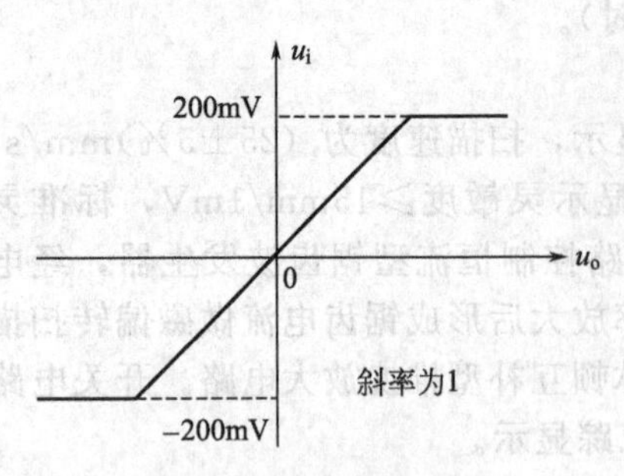

图 4-10　限幅跟随器特性

实际上对除颤信号的抑制作用主要是电容 C_2 的滤波作用。由于电阻 R_2 的数值很大，所以 C_2 滤波时间常数近似为 $\tau_2=C_2(R_4+R_5)$，人体的心电波形在本级的最大上升速率不超过 1V/s，只要设计好 C_2，使电容两端电压的变化率大于此值的 10 倍就可以使心电信号不失真的输出。设 C_2 上的电压变化率 $\mathrm{d}V/\mathrm{d}t=10$V/s 则有

$$C_2=\frac{i_{\max}}{\frac{\mathrm{d}V}{\mathrm{d}t}}$$

式中 $i_{\max}=\dfrac{E}{R_2(R_4+R_5)}$，是 C_2 的最大充电电流。

总之，这个除颤信号抑制电路是一个具有限幅特性的跟随器，它用 C_2 把幅度很大的除颤尖脉冲信号滤除。图中 C_1 的作用是将心电信号中的直流成分隔去。

(2) 心电滤波电路

运放 A_2 构成有源二阶带通滤波器，利用 QRS 波的中心频率在 17Hz 附近的特点从心电信号中选出 QRS 波，所以 A_2 输出的是对应于心跳的脉冲信号。此滤波器的中心频率为

$$f_0=\frac{1}{2\pi}\sqrt{\frac{1}{R_6C_3C_4}\left(\frac{1}{R_4}+\frac{1}{R_5}\right)}=17\text{Hz}$$

品质因数

$$Q=\frac{\sqrt{R_6\left(\frac{1}{R_4}+\frac{1}{R_5}\right)}}{\sqrt{\frac{C_4}{C_3}}+\sqrt{\frac{C_3}{C_4}}}$$

带宽

$$B=\frac{f_0}{Q}$$

这个电路在 f_0 时增益为 -1。由于 A_2 的反相作用，输出电压是反相的 QRS 波脉冲。

(3) 半波整流电路

运放 A_3 组成的半波整流电路取出 QRS 波的半周，起到了整形作用。它的工作原理是：

当 A_3 输出端的电压为正半周时，VD_6 导通，VD_6 输出半周信号；当 A_3 输出端的电压为负半周时，VD_6 截止，没有信号通过。因为 QRS 脉冲是从 A_3 的反相端输入的，所以这个整流电路输出电压是正向脉冲，如图 4-9 中 U_{03} 的波形图所示。该图中二极管 VD_5 的作用是避免 VD_6 截止时产生 A_3 开环使用的现象，对 A_3 进行保护。这一级可以利用 R_{10} 和 R_8 提供一定的增益。

(4) 阈值电路

运放 A_4 组成的阈值电路实际上是一个峰值检出电路。它的作用是取出 QRS 波的峰值，并通过电位器分压取出一部分作为下一级比较器的基准阈值电压。阈值电路的工作原理如下。

当运放 A_4 输出端的电压上升时，VD_8 可能导通而对 C_5 充电；当 A_4 的输出端电压下降时，VD_8 被 C_5 反偏而截止，此时 C_5 的三条放电支路阻抗都很高，所以 C_5 能够保持各 QRS 波的峰值。C_5 的放电时间常数设计为 10s，它充电很快、放电很慢，组成一个峰值保持电路。此正的峰值电压由 RP_1 分压后输出。

(5) 比较电路

图 4-9 中的运放 A_5 接成开环工作方式，对它的两个输入端信号进行比较。它的输出电压只有正向饱和和负向饱和两种工作状态。A_5 的同相输入端接有前级输出的直流阈值电压。当反相端出现的正向 QRS 脉冲大于阈值电压时，A_5 输出低电平，反之输出高电平。可见 A_5 构成的比较器的作用是对 QRS 波整形，它的输出是对应于 QRS 波的负矩形脉冲。输出电压 U_{05} 的波形如图 4-11 所示。

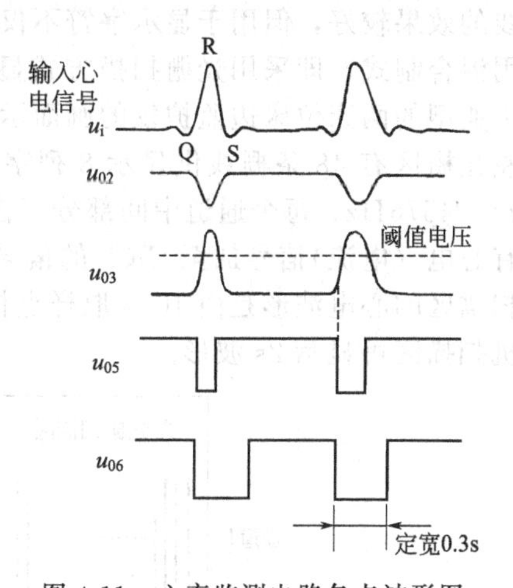

图 4-11　心率监测电路各点波形图

为什么前级取心电信号幅值会产生阈值电压？原因在于心电信号的输入幅度发生变化时，阈值电压也会发生相应变化，二者总能在 A_5 的两个输入端进行有效比较，保证 A_5 可靠地触发。电位器 RP_1 的作用是调阈值电压值。

(6) 单稳电路

运放 A_6 接成单稳电路，目的是将前一级输出的负脉冲整形成一个持续时间为 0.3s 的定宽负脉冲，其周期仍与心电波形相对应。输出电压 U_{06} 的波形如图 4-11 所示。

运放 A_6 接有正反馈电路，输出端只有正向饱和、负向饱和两种状态，而 R_{19} 和 R_{18} 对输出电压分压只有＋4V 和－4V 两种状态。在图 4-9 电路中设 A_6 输入为高电平，其输出也为高电平。由于 VD_9 导通维持反相输入端为＋0.6V，而同相输入端为＋4V，所以输出电压维持在高电平不会翻转，成为电路的稳态。当输入端有一负脉冲到来后，同相端电压被拉成负电压，强迫 A_6 翻转，输出的低电平经电阻分压后使同相端电压变为－4V。与此同时，由于 VD_9 截止和 C_7 被输出低电平充电，使反相端电压由＋0.7V 逐渐降低。这个电压一旦降到与同相端电压相等时，A_6 又会自行翻转为输出高电平。可见输出为低电平的期间是电路的暂稳态。这就是单稳电路的工作原理。

暂稳态定时时间由延时电容 C_7 和其他电阻决定。即

$$T=(R_{16}+RP_2)C_7\ln\left(1+\frac{R_{18}}{R_{19}}\right)\left(1+\frac{U_d}{+E}\right)=0.3\text{s}$$

式中，U_d 为二极管 VD_9 的正向导通压降；$+E$ 为运放 A_6 的高电平输出值。

输出的定宽负脉冲可以使二极管在每一次心跳后燃亮 0.3s，可见 VD_{10} 是心跳指示器。

(7) 心率计数电路

运放 A_6 和 A_7 组成了心率计数电路。其指导思想是只有将 QRS 波用 A_6 变成定宽脉冲后再用 A_7 取均值，得到的直流电压才与心率成正比，不受 QRS 波宽的影响。

A_7 构成一个低通滤波器，滤去交流成分，把输入信号变成直流供心率表显示。这个滤波器的截止频率为 $1/(2\pi C_{10}R_{23})$。

以上分析了图 4-9 心率检出电路。它的主要特点是全部实现集成化，便于调试且工作可靠。还应该指出，检测出的心率信号也可以用数码管显示，制成瞬时心率计；还可以进一步进行传输、存储、处理和记录。

4.3.3 波形-字符同屏显示的心电床边监护仪

目前应用最广的心电床边监护仪通常采用波形与字符同屏显示的方式，也就是说在显示心电波形的同时，必须给出心率（HR）、心率上、下限及心率失常字符指示等信息。采用阴极射线示波（CRT)的波形、字符同屏显示的扫描方式一般有两种方式：一种是光栅扫描方式，这种方式是沿用电视机的扫描方式，这种扫描方式显示字符的效果较好，但在显示曲线时连续性较差；另一种是随机扫描方式（类似示波器的扫描方式），这种扫描方式显示曲线的效果较好，但用于显示字符不仅技术复杂，而且质量欠佳。因此许多心电床边监护仪选用混合制式，即采用光栅扫描方式显示字符，以随机扫描方式显示波形。图 4-12 给出了一个典型的两床位床边监护仪的画面示意图。它由上下两个通道的画面构成。例如每个通道的左光栅区有 48 条栅线供显示 8 列字符，右光栅区 18 条栅线供显示 3 列字符，栅线的频率 $f=24576\text{Hz}$，每个通道中间部分（占时相当于 126 根栅线，约 5.12ms)为随机扫描区。当有心电（电流)信号加至 CRT 的偏转线圈时，即可显示心电波形。显示在每个通道的随机扫描区的心电波形是由 1024 取样点构成的经平滑的曲线，采样率为 500Hz，每个通道的随机扫描区可显示 2s 波形。

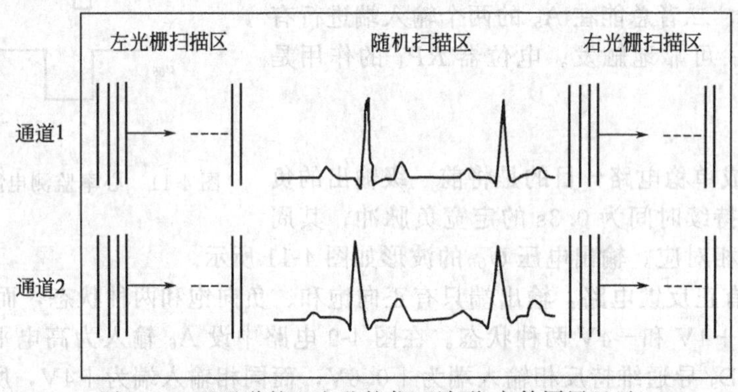

图 4-12　两通道的心电监护仪（波形-字符同屏显示）

图 4-13 给出了一个典型的波形-字符同屏显示的心电床边监护仪的主要结构框图。心电信号经前置放大器预处理后，送至 A/D 变换器和 QRS 波检出器，QRS 波检出器送出的 QRS 方波与经 A/D 变换后的心电信号一起送至微处理器的 PIO 口并进入中央处理器 CPU，微处理器系统总线带有 PIO、EPROM、RAM、DMA、CRTC 等大规模集成电路芯片，CRTC 产生字符扫描所必需的场频、行频脉冲，可通过 CPU 对其编程，对任一种字符帧面密度产生定时信号，不需要外加 DMA 电路便可方便地做到隔行扫描。为了增加栅线密度，本机采用隔行扫描方式。EPROM 为字符发生器，固化有 ASCII 码和所需字符图案。显示 RAM 中暂存有待显示的一帧字符的 ASCII 码，其中大部分为空白码，只在少数几个地址存放心率等字符。字符尺寸设计成 7mm×10mm。显示 RAM 的读写由 CPU 控制。需要写入

新的字符时，CPU 选通二选一选择器和多路开关，使显示 RAM 接入系统地址总线和数据总线，随之向 RAM 中写入新的字符。不写入时，二选一选择器接通 CRTC，由 CRTC 控制显示 RAM 地址线，多路开关关闭，RAM 中数据不再改变，并通过锁存器周而复始地送入字符发生器中，CRTC 通过 $RA_0 \sim RA_3$ 控制字符发生器的低 4 为地址线，使每个字符的扫描线同步。字符发生器的输出经并-串移位寄存器编程变成打点字符送至 CRT 的栅极。为了同时显示双通道模拟心电图，场扫描采用水平扫描，而行扫描是垂直扫描，与广播电视的制式相反。显示字符时，在 CRTC 产生的行频、场频脉冲激励下，产生行和场锯齿波，经功率放大后，在 CRTC 屏幕上形成光栅，同时，定时器选通打点字符脉冲控制器，打点脉冲送至 CRT 栅极增辉，DMA 输出的心电波则被切断；反之，在显示波形时，波形信号送至行频功放，场偏转仍以锯齿波驱动，打点字符脉冲被切断，CRT 屏幕上产生记忆式心电波形。

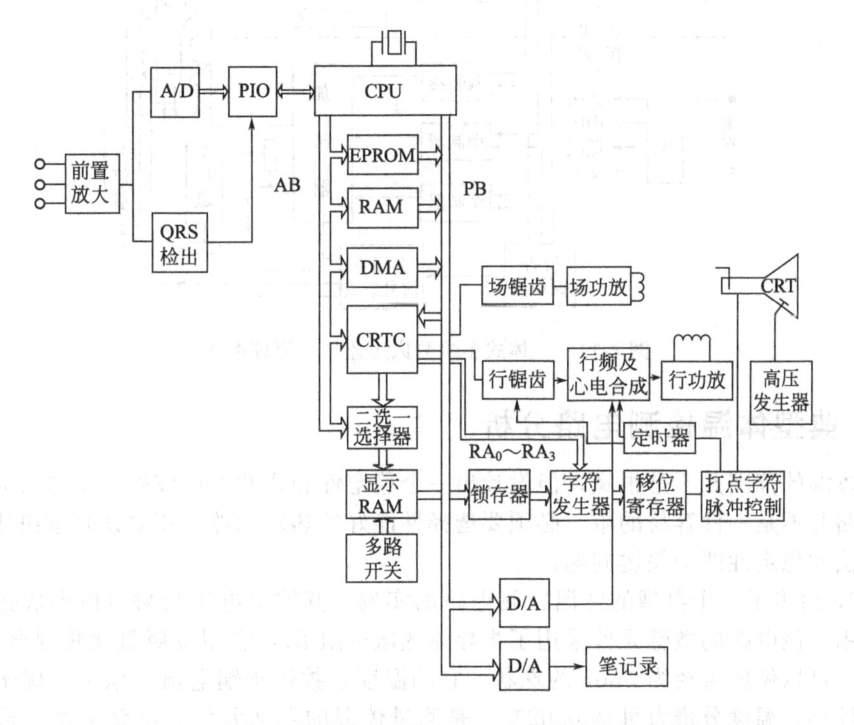

图 4-13　波形-字符同屏显示的心电床边监护仪主要结构框图

4.4　模拟式多参数床边监护仪

图 4-14 为一个模拟式多参数床边监护仪的原理框图。它的主要功能有：①对一个病人的心电、体温、呼吸、脉搏等参数同时进行监护；②用磁偏转显像管进行心电、呼吸和脉搏的三踪显示；③体温、呼吸和瞬时心率可数字显示；④在体温、呼吸或心率超上、下限时自动声光报警；⑤有二次显示输出接口，可以利用外接记录器记录信息，也可将报警信号远程传输。

该一体式多参数床边监护仪的工作原理是：利用传感器将体温、呼吸和脉搏三参数转换为电信号后，再各自进入一个通道进行检测，滤除干扰信号后放大，并分别与预先设定的上、下限阈值作门限比较，超出阈值时可以形成三种不同的报警信号。第四种信号是心电信号，它被导联接入心电放大通道，这个通道的构成与心电图机是一致的。

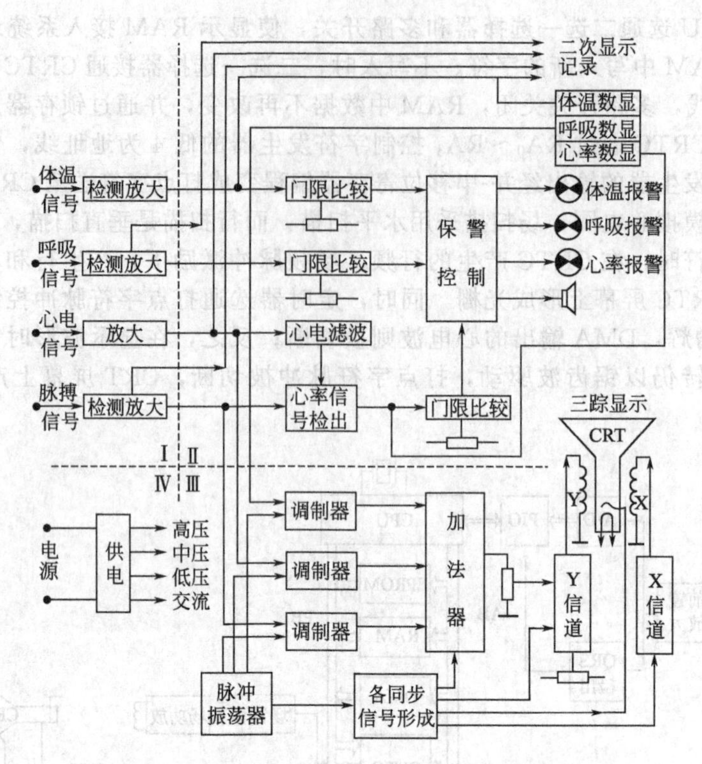

图 4-14 一体式多参数床边监护仪原理框图

4.4.1 典型体温检测电路分析

虽然体温的范围并不是很宽，但设计出一个稳定性和线性都比较好，工作可靠性高的体温检测电路并不是一件容易的事，必须要选择性能好的热敏元件，还要认真解决热敏元件的非线性补偿和稳定性两个关键问题。

图 4-15 给出了一个典型的体温检测电路的实例。其输出电压与瞬时体温成正比，供数显和报警用。该电路的敏感元件采用了半导体热敏电阻 R_t，它用金属氧化物混合材料制成，体积很小，可以做成直径为 1mm 的珠状。它的温度系数优于铜电阻，稳定性优于热敏二极管，热惯性小，温度分辨力可达 0.02℃，是测量体温的合适元件。电路采用了传统的桥式检测电路，先将热敏电阻 R_t 固定在人体皮肤上，并将热敏电阻引线接于检测桥路的测量臂上。三极管 VT_1 与 R_t 并联，利用其 cb 结实现热敏电阻 R_t 的非线性补偿，使测量臂成为线性桥臂。为了解决 R_t 的互换性问题，在 R_t 上加有串联电阻 R_5。为了保证桥路工作的稳定性，一方面用稳压二极管 VD_1 稳压，另一方用三极管 VT_2 结成恒流源电路。恒流原理在于 VT_2 的 b 极电压被恒定，导致其 e 极和 c 极电流均不变。电桥的输出信号加在运算放大器 A_1 的两个输入端进行放大，输出信号供体温显示和门限比较报警之用。电位器 RP_2 用于量程校准，RP_1 为零点调节之用。为了进一步提高放大电路的稳定性，使整个电路的分辨力可小于 0.1℃，且温漂与之相适应，在放大器上又引入两个反馈。一个是反馈电容 C_1，用于抑制交流干扰；另一个是从电路输出端到桥路的直流负反馈，用二极管 VD_8 接通。可见，经过这些措施，图 4-15 电路的线性和稳定性都比较好。

这个体温测量电路的具体参数有：①测温元件采用 RRC7 型热敏电阻，标称值为 2kΩ，灵敏度为 40Ω/℃；②整个电路的灵敏度为 100mV/℃；③工作范围为 0～40℃，分辨力为 0.1℃。

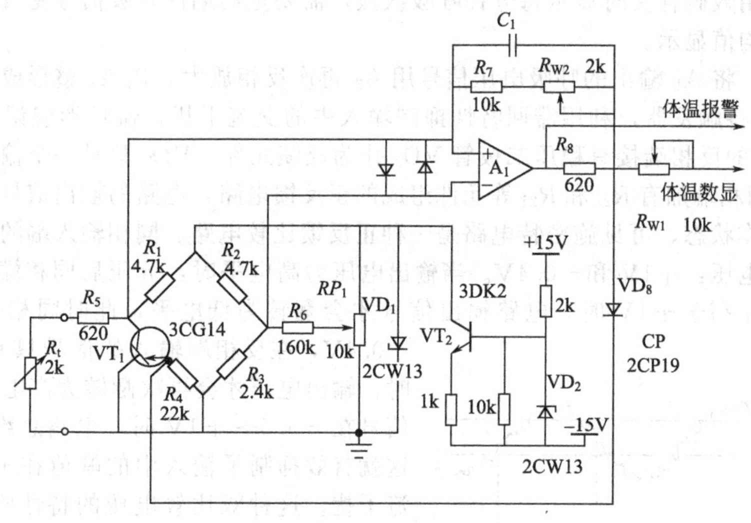

图 4-15　体温检测电路

4.4.2　典型呼吸检测电路分析

对于呼吸参数的监测要求是能够用数码管实时显示呼吸频率，用示波管显示呼吸曲线，必要时用外接记录器记录上述结果。呼吸检测元件可以使用热敏元件或压敏电阻。热敏元件利用检测呼与吸气流温差的原理制成，压敏电阻利用病人呼吸过程中腹部起伏现象，以感知呼吸次数。

图 4-16 是一个很实用的呼吸检测电路。用半导体热敏电阻作为敏感元件，其上加有直流电压，当它被固定在病人鼻孔里，呼气和吸气的温差使热敏电阻值周期变化，检测电路把这个信号放大后送示波器显示，然后再经过变换把每个呼吸周期都用一个脉冲表示，供数字显示之用。该电路用四只运算放大器组成两级放大，一级信号比较和一级信号跟随作用。

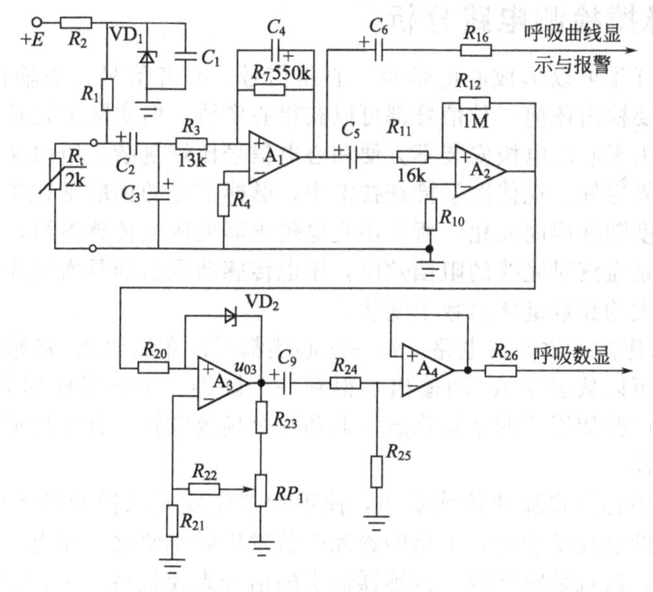

图 4-16　呼吸检测电路

图 4-16 中热敏元件 R_t 加有稳压二极管 VD_1 提供的直流分压，R_t 上的分压与 R_t 的阻值的变化有关，这个电压经 C_2 耦合后送去放大，此电压被 A_2 放大 42 倍后送示波器显示呼吸

曲线。为了能用数码管实时显示每分钟呼吸次数，需要把周期性呼吸信号变成同频的定宽脉冲，最后取其均值显示。

为了计数，将 A_1 输出的呼吸电压信号用 A_2 再次反相放大，送 A_3 整形成为脉冲。运放 A_3 是一个施密特触发器，利用滞回特性抑制输入中的交流干扰，避免形成误翻转。它的工作原理是：A_3 的反相端接有稳压二极管 VD_2 作为反馈元件，VD_2 只是一个输出信号的限幅器。而 A_3 的同相端加有 R_{22} 和 R_{21} 等元件组成的正反馈电路，电路的输出信号只有正向和负向饱和两种工作状态，可见施密特电路是一种正反馈比较电路。同相输入端的电压而只有两种不同的比较电压：＋1V 和－0.4V。当输出电压为高电平时，分压后同相端电压为＋1V，故只有输入电压高于＋1V 时，电路输出信号才会翻转为低电平，此时同相输入端又变为－0.4V，在反相端输入的信号只有小于－0.4V 时，输出电压才会再次翻转为高电平。可见输入信号在－0.5～＋1V 时，电路总维持原态不变，这就有效抑制了输入中的峰值在＋1V 以下的交流干扰。这种双比较电压的特性叫做迟滞效应，其输入输出曲线被称为滞回曲线，这个电路常用于将波形整形为脉冲。它的输入和输出波形如图 4-17 所示。可以想象，假如比较器只有一个比较电压时，干扰信号可能引起误翻转。

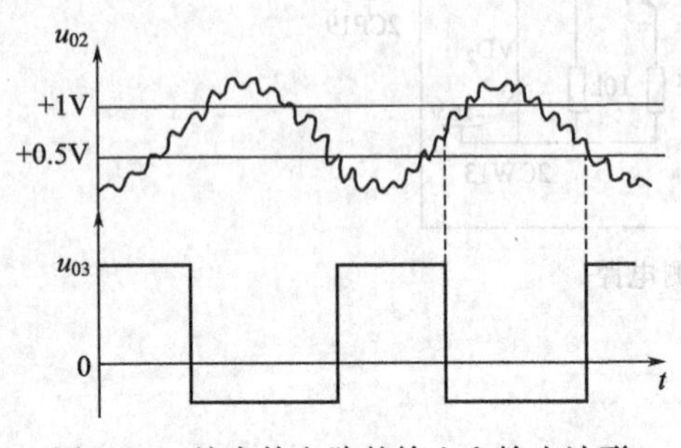

图 4-17　施密特电路的输入和输出波形

运放 A_3 输出的呼吸脉冲信号经过跟随器 A_4 隔离后送呼吸计数电路，先去定宽脉冲，再取其平均值作为呼吸次数显示用的电压。由于呼吸计数电路原理与图 4-9 心率计数原理一样，此处不再重复。

这个电路的主要参数有：①采用 RRC7 型半导体热敏电阻，其标称值为 2kΩ，夹在鼻孔上检测呼吸的灵敏度＞6mV/周期；②测量范围为 0～60 次/min；③全电路增益大于 60dB，频响为 0.16～1Hz，输出阻抗≥100kΩ；④输出脉冲大于 $10V_{p-p}$。

4.4.3　典型脉搏检测电路分析

心脏的收缩和舒张可以形成心电信号、心压信号、心音信号、心输出量和脉搏波等信号。原则上讲，只要检出任何一种信号都可以获得心率值，但实际上是从心电信号和脉搏波中提取心率值。又由于心电电极安装不方便和心电信号比较复杂，所以从脉搏波即血压的测量中提取心率值效果更好。现代医学检查技术中，脉搏信号的提取常在指尖、耳垂等部位进行。因为血流的速度随脉搏而变化，所以用光电传感器或压电传感器可以感知脉搏波。其中光电传感器取出的是血液对光线的阻挡效应，压电传感器取出的是血管压强变化效应，这些传感器的输出信号大约在数毫伏至数十毫伏。

图 4-18 给出脉搏信号放大器电路。每一次心跳都可以在运放 A_2 的输出端得到一个周期的脉搏电压波，也可以从运放 A_4 的输出端得到一个脉冲。全电路使用光电三极管 VT_1 作为检测元件，检测电路使用了四个运算放大器和一个场效应管，分别构成一级跟随器、三级放大器和一级滤波器。

将指尖插在指尖容积式脉冲传感器中，使手指挡住发光二极管和光电三极管之间的光线。当手指血管中的血液搏动时，手指的透光率就发生微小变化。光电三极管把光的变化转换成脉动电压信号，这就是脉搏波。传感器输出的信号先经过运放 A_1 组成的跟随器进行隔离，防止后级电路影响传感器的工作，同时可以提高输入阻抗和灵敏度。信号经过 A_2 放大后可送示波器显示脉搏波。此信号又传送到场效应管 VT_2 构成的带通滤波器，取出脉搏波中变化较大的部分，然后再经过二级运放 A_3 和 A_4 的数千倍放大，从输出端得到近于

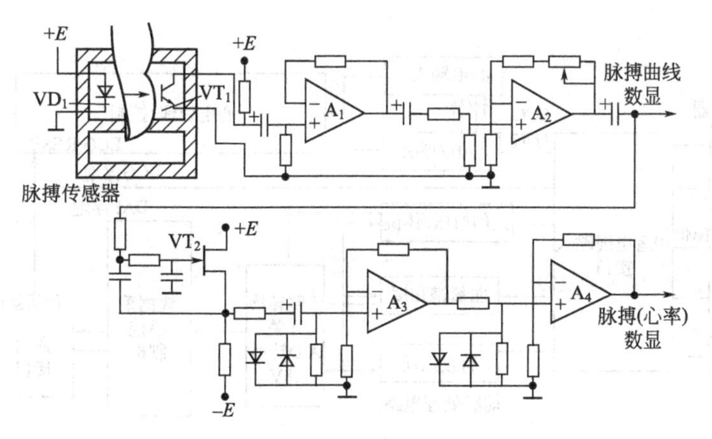

图 4-18 脉搏检测与放大电路

±10V的方波送计数器显示电路。如前所述输出脉冲 U_{04} 不宜直接计数，需要整形成定宽脉冲后再取平均值显示，此处不再重复。

图 4-18 电路的主要技术指标有：①3DU3 型光电三极管灵敏度比较高，适合做指尖式容积传感器；②测量范围为 0～200 次/min；③增益大于 50dB，输出阻抗大于 500kΩ。

4.5 数字式多参数床边监护仪

这里介绍的一体式多参数床边监护仪的标准监测项目包括 3 导或 5 导心电图、单道体温、血氧饱和度、呼吸等参数，还包括严重心率失常分析、24 小时趋势图，提供先进的临床辅助诊断功能。多应用于心电监护病房、急诊科、手术室、ICU/CCU 重症监护病房等，主要监测病人尤其是手术前后的生命体征参数。其次，选配件包括有创血压，内置三通道记录仪以及手柄报警闪灯设计，内置一体化的 Unity 联网功能，提供标准有线联网和无线网络选项，可扩大监护仪的使用范围，无论患者身处何处都能实现不间断的网络连接。同时该监护仪除使用交流电源操作外，同时还提供智能电池管理系统，具有长时间电池操作，机内快速充电功能，能高效合理的利用电池。

(1) 数据采集系统原理框图

该仪器数据采集系统原理框图如图 4-19 所示。由模拟传感器或电极获取患者信号，经过放大、滤波处理之后经多路转换开关送入 12 位 A/D 转换器转化为数字信号，借助于高速光电转换器件进行隔离，以避免模/数电路之间的电磁干扰，之后送入主处理器进行分析、运算、显示。电路实现的功能包括：隔离电源产生电路、病人电缆输入接口、ECG 除颤保护电路、患者信号输入（多功能接口）、A/D 转换、处理及光电转换接口。整块电路板包括四大部分：传感器/电极信号采集、模/数转换、微处理器接口电路、开关电源。

信号采集分为两部分，其中，多功能接口输入 NIBP、SpO_2、TEMP、IBP 信号，而 ECG/RESP 为单独输入口，直接接到主处理器板。输入接口板接收传感器或电极监测到的信号，首先将非电信号转换为对应的电信号，再按照恰当的通路进行放大和滤波。

A/D 转换电路，只处理来自于多功能输入接口的信号，即 NIBP、SpO_2、TEMP、IBP，接入模拟多路转换开关，输出首先送入 A/D 缓存器驱动 20V 的 A/D 转换器，在微处理器控制下，分别选择各通道按照信号频率以对应的转换速率采样。

微处理器接口电路采用 32 位的 MC68332 微处理器，与 M68000 系列具有很好的兼容性。它提供 24 位地址线和 16 位数据线，控制数据的采集、A/D 控制以及与其他串行口的通信。

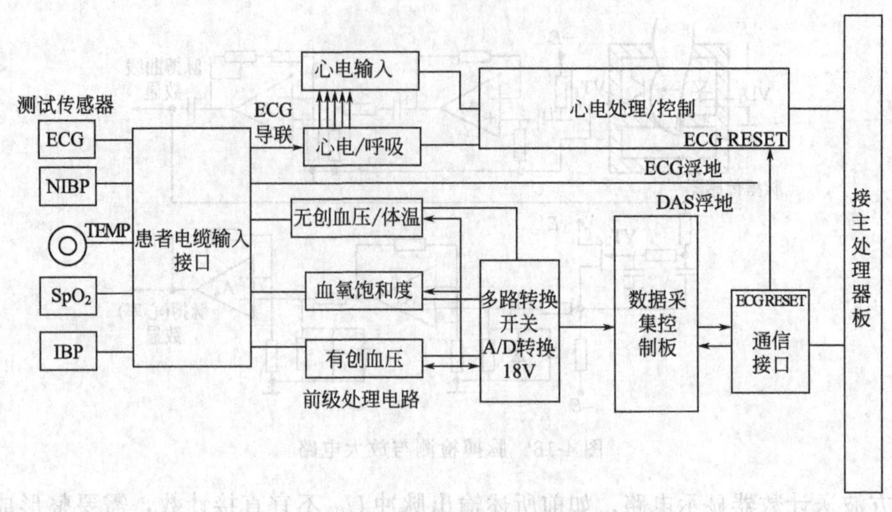

图 4-19　数据采集系统原理框图

(2) 主处理器板原理框图

该仪器主处理器板原理框图如图 4-20 所示。时钟的产生通过微处理器外部低频(31.2kHz)晶振和内部混频后产生 16MHz 振动周期。主处理器板完成信号处理、系统控制、用户接口、监护仪通信、彩色/黑白 LCD 显示模式等。它接收和处理来自于信号采集板的数字信号和波形信息进行显示。用户借助于面板上的功能按键实现人机对话。同时，主处理器

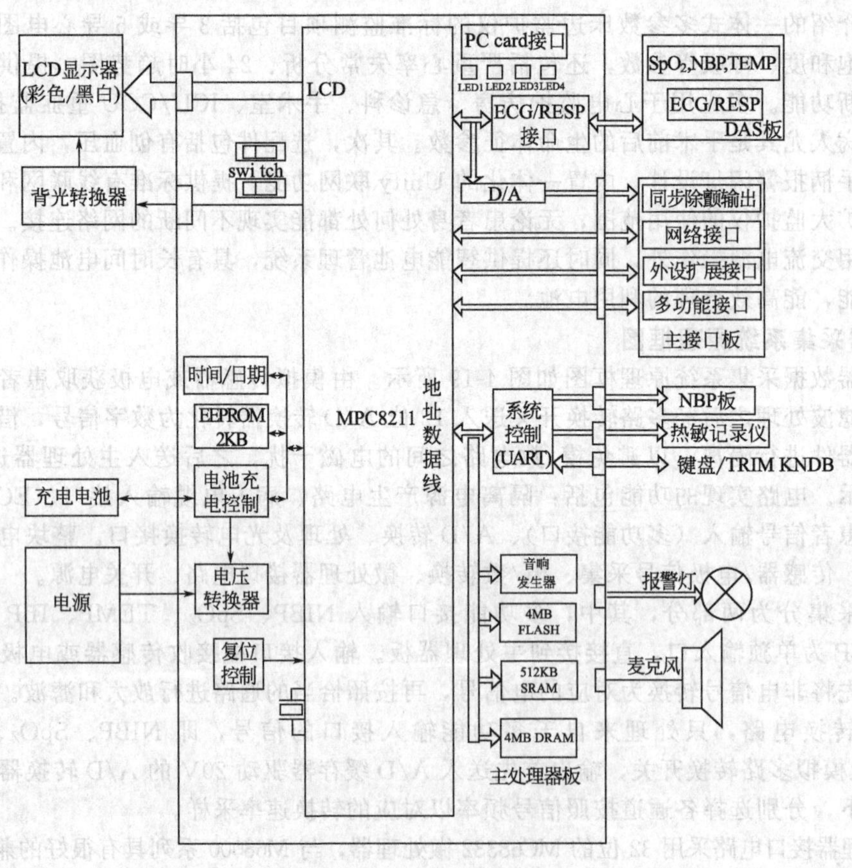

图 4-20　主处理器板原理框图

板还控制电池的充、放电过程。

主处理器板的核心元件为 MPC8211，它自身带有图形控制器，用于直接和图像接口通信，采用电擦写 FLASH 存储器，便于软件升级。信号传送采用多路复用结构，可增加可靠性，降低噪声，提高运行速度，同时减小了整个板的尺寸。外围控制利用高集成度的可编程逻辑控制阵列，实现对大量的存储器及外围设备的控制。

监护仪主板上利用 MPC8211，信号采集板利用 68332，两者的通信通过串行接口。

主处理器板电路的主要功能如下。

① 主处理器电路：包括摩托罗拉 MPC821 微处理器（32 位）、时钟电路（32.7kHz 晶体振荡器）、复位控制、闪存（4M）、动态 RAM（4M）、静态 RAM（512K）；

② 日期/月历；

③ 同步串行通信接口 UART；

④ 无创血压接口；

⑤ 报警灯；

⑥ 模拟输出（10 位 D/A 转换）；

⑦ 声音放大器、麦克风接口；

⑧ 键盘；

⑨ 显示波形和数据的图像处理电路；

⑩ 高频隔离、DAS 数据采集、电源接口。

(3) 电源控制电路图

该仪器使用电源为开关电源，具有输入电压范围宽（输入电压为 100～240V）、体积小、功率大（40W），输出稳定（输出电压 12～16V，并在 0～16V 可调）等特点。电源部分包括低电压检测电路，假如 5V 供电电压低于 4.6V 时，将产生复位信号给处理器。开关电源输出＋5V 电压供给数字电路部分，±5V、±12V 供给模拟电路部分。电源控制电路如图 4-21 所示。

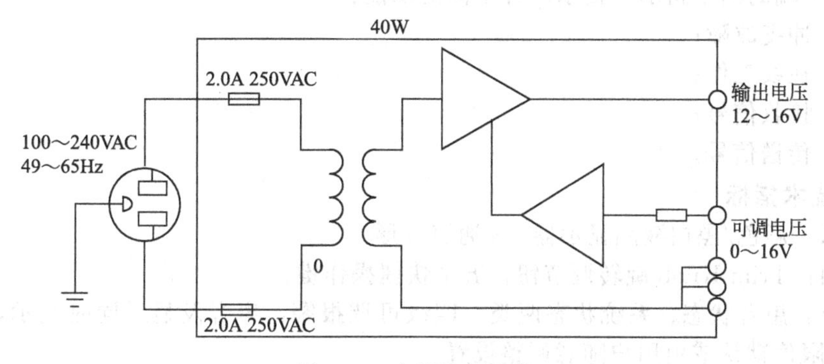

图 4-21　电源控制电路

(4) 电池充电控制电路

该电池充电控制部分采用的是反馈电路，如图 4-22 所示。电源控制器 PIC16C73 和充放电电流检测电路 BQ2014 共同控制电源调整器 POWER REGULATOR，根据 BQ2014 检测到的充电电流的大小调整电源的输出电压。当监护仪接通交流电源，但未开机的状态，电池充电，充电电流控制在 2.2A，同时，BQ2014 检测充电电流及充电状态指示灯。当“battery full”点亮后，控制充电电流维持在 200mA，继续充电 1h，电池状态指示灯绿灯点亮，之后持续保持充电电流为 80mA；当打开监护仪电源开关后，充电电流会下降至 700mA。

监护仪由电池供电时，当电池电压低于 10V 之后，监护仪将会发出报警，此后电池还可供监

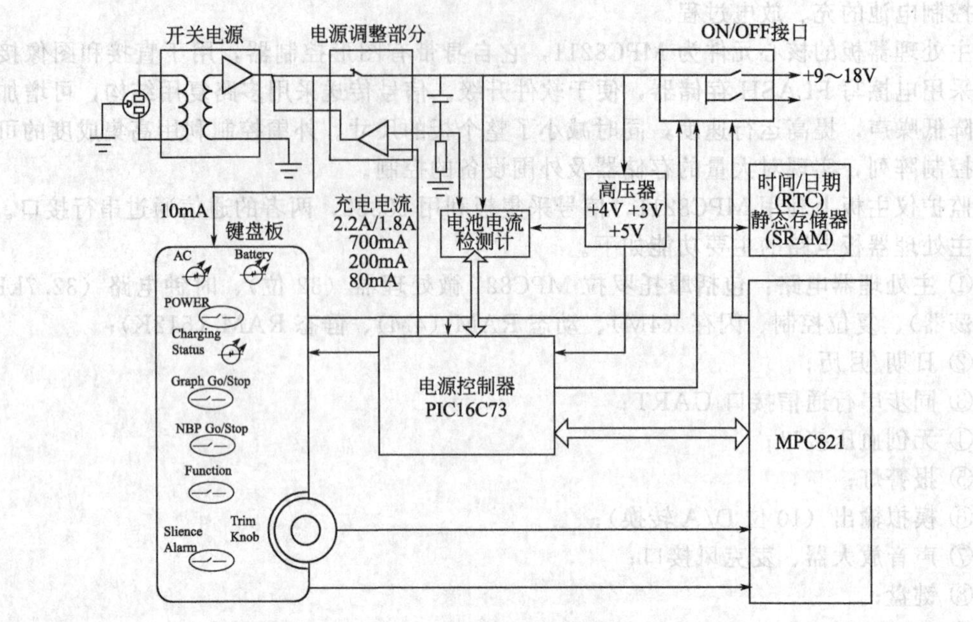

图 4-22 电池充电控制电路

护仪工作 10min，由微处理器 MPC821 发出控制信号，监护仪自动关闭 ON/OFF 接口开关。

(5) 主接口板

接口板担负着主处理器板与监护仪所有外部接口之间的联系，主要功能包括内部网络、多功能通信口、ECG/Defib syn（心电/同步除颤）、中央监护站及扩展口。

如果监护仪连接到中央监护工作站，UNITY 和 AUXPORT 信号自动由接口板传送至监护站接口。

接口板下端的四个指示灯提示四种不同的功能：

LED1：冲突故障；

LED2：在线工作；

LED3：接收信号；

LED4：传送信号。

(6) 主要技术指标

① 显示：彩色/黑白液晶显示器，3 通道波形。

② 控制：Trim Knob 旋转调节钮，五个快捷操作键。

③ 报警：患者状态、系统状态两类。四级可调报警，声音及显示同时提示，报警音可调。报警界限值默认或由用户随意调整设置。

④ 心电（ECG）

标准心电监护导联：Ⅰ、Ⅱ、Ⅲ、Ⅴ、aVR、aVL 和 aVF。

同步导联分析：Ⅰ、Ⅱ、Ⅲ和Ⅴ导（多导联模式）。

导联脱落：自动识别并提示。

报警：用户自定义报警上下界限值。

监测范围：

a. 信号幅度：±0.5～±5mV；

b. QRS 脉宽：40～120ms；

c. 心率：30～300bpm。

精确度：±1bpm 或 1%，两者取最大值。

输入阻抗：共模大于 10MΩ(50/60Hz)，差模大于 2.5MΩ (DC60Hz)。

输出特性：

a. 带宽：5～25Hz；

b. 共模抑制比：大于 90dB；

c. 噪声电平：<30μV (折合到输入端)。

⑤ 呼吸 (Respiration)

检测模式为阻抗变化检测法。

提供波形显示。

报警：用户可选择呼吸率上下报警限及呼吸暂停报警界限。

监测范围：

a. 呼吸率：1～200 次/min；

b. 基础阻抗：100～1000Ω，52.5kHz 激励频率。

⑥ 体温 (TEMP)

单通道，YSI 系列 400 温度探头。

温度监测范围：0～45℃。

报警：用户可选择体温报警限。

⑦ 无创血压 (NIBP)

检测模式为振荡示波法。

显示参数：收缩压、舒张压、平均压，脉率，每次测量时间。

测量模式：手动、自动和随机测量 (成人和手术室模式)。手动、自动测量 (新生儿模式)。

自动测量周期：0～24h 设定。

自动回零：每次袖带充气前，压力自动回零。

报警：用户可调收缩压、舒张压、平均压的报警上下限。

检测范围：

a. 收缩压：30～275mmHg；

b. 舒张压：10～22mmHg；

c. 平均压：20～260mmHg。

⑧ 脉搏血氧饱和度 (SpO_2)

动脉血氧饱和度 (SpO_2)和外周脉率值 (PPR)。

报警：用户可调报警上下限。

测量范围：

a. SpO_2：50%～100% (精确度±3%)；

b. 脉率：25～250bpm (精确度±3bpm)。

内置记录仪：

a. 热敏点阵记录仪；

b. 波形通道数——3 通道；

c. 走纸速度可调。

内置电池：

a. Ni-Cd；

b. 充电时间：1～4h；

c. 工作时间：3～4h。

4.6 插件式多参数监护仪

插件式多参数监护仪是一种插件式病人监护系统，基于各种参数插件，用户能够根据需要定制监护仪的配置，具有非常高的灵活性，目前正逐渐成为临床监护仪的主流机型。

该插件式监护仪设计用于医院重症监护室及转移状态下的病人监护。用作床边机时，监护仪通常安装在墙上，配备具有6～8个插槽的内置辅助支架，用于安装各种插件。还能够安装在桌子上和移动的架子上，作为移动的监护仪时，直接在主机上安装一个6槽的支架。该监护仪支持与监护网络的网络连接，既可以由内置的可充电电池供电，也可由交流电源供电。

4.6.1 主要参数模块结构与原理分析

该插件式多参数监护仪可以使用16种插件模块监护和记录不同的参数以及进行网络连接。下面介绍主要插件模块的测量原理。

(1) 心电/呼吸模块

心电/呼吸模块是一个三通道ECG和呼吸测量模块，设计用于ICU环境中的成人、新生儿以及儿童。该模块具有与心电模块相同的ECG测量功能，增加了呼吸图功能。心电/呼吸模块记录心脏和呼吸肌电活动的实时连续的波形，还能够计算平均心率以及呼吸率。

① 组成　心电/呼吸模块的ECG部分与心电模块相同，其呼吸检测部分由以下几个部分组成。

A. 输入保护电路和ESU滤波器：保护输入放大器不受除颤器产生的除颤脉冲的破坏，同时过滤各种电外科手术设备产生的高频干扰信号。

B. 测量电桥：检测右臂和左腿的心电信号并用39kHz的载波信号对其进行调制，产生定标和测试信号。

C. 同步解调器：解调输入放大器输出的信号。

D. 阻抗减法器和D/A转换器：从信号中减掉基础的胸阻抗，将处理后的信号转换成为模拟信号。

② 工作原理　心电信号和呼吸信号的处理流程可以分为四个阶段，模块相应地也分为四个部分，可以将一般故障定位在某个部分，如框图4-23所示。

病人电极和导联线上的信号通过输入插头送入系统；输入保护网络和ESU滤波器抑制外部各种干扰信号。

信号处理电路包括心电信号处理电路和起搏脉冲检测器。导联线输入的模拟信号经过选择、放大、滤波以后被转换成数字信号。在信号处理过程中，每一个输入放大器都要进行电极脱落检查，以确定松脱的电极。通道1和通道2使用相同的导联选择电路来选择导联，通道3一般用来记录胸导联，这三个通道的信号被送入差分放大器。

模块采用右腿驱动电路抑制交流电源带来的50/60Hz的干扰，PPD电路检查通道1和2确定是否有心脏起搏器产生的起搏脉冲。各通道的高频和低频滤波器的频率范围可以独立选择。

为了检查电路的工作情况，每一个通道在滤波电路之前会产生一个1mV定标信号，用以检查从前置放大器前端开始整个模块电路的工作状态。

RESP：测量电桥由39kHz的正弦波驱动，检测和激励来自于输入保护网络之后的RA和LL的心电信号，调制的输出通过差分放大器放大，然后通过同步的解调器解调，输入低通滤波器。阻抗减法器减去基本的胸腔阻抗得到呼吸波信号，呼吸信号与ECG信号多路复用进行放大，然后转换成为数字信号供微处理器使用。为了定标和测试，电桥电路能够产生一个1Ω的测试信号。

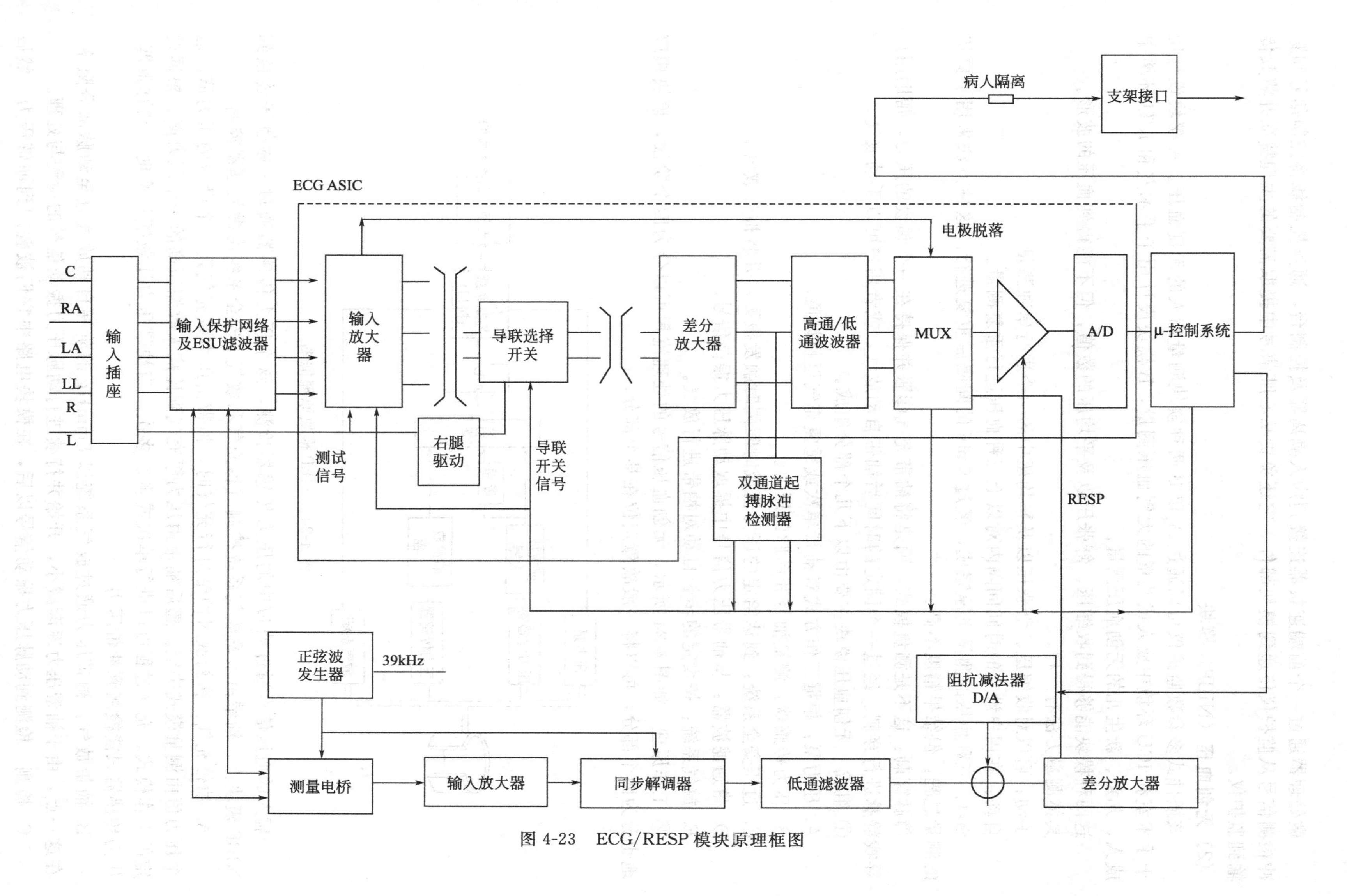

图 4-23 ECG/RESP 模块原理框图

微处理器通过一个前端连接器连接到病人隔离器及控制台，通过控制线将控制信号和脉冲检测信号从监护仪传递到模块部件。它还负责从心脏信号中提取需要的生理特征并将其传输到监护仪。

(2) 无创血压（NIBP）模块

该插件式多参数监护仪可以通过 A 和 B 两种模块测量病人的无创血压。A 模块设计用于手术室和 ICU 环境中成人或儿童的无创血压测量，B 模块设计用于手术室和 ICU 环境中成人、儿童、新生儿的无创血压测量。

这两种模块能够得到收缩压、舒张压以及平均压的数值，但不能得到血压的波形。

具体测量方法有三种。

手动：可以对收缩压、舒张压以及平均压中的一个进行单独测量。

自动：在用户设定的时间间隔内对以上三种血压进行重复测量。

Stat：三种血压的测量迅速完成，经过 5min 的间隔后重复进行。这种方法采用了更快的测量过程，但结果精度不高。

静脉穿刺：这不是测量模式，而是将袖带充气膨胀并保持在一个预设的压力，帮助用户寻找静脉进行穿刺。经过一个固定的时间后袖带自动放气，或者用户可以手动放气。

① 组成　无创血压模块主要由以下几个部分组成。

A. 压力泵：根据工作方式对袖带单次或重复充气至预设值。

B. 压力传感器：测量袖带和动脉的压力。

C. 过压安全系统：到达给定的压力值或时间阈时触发报警，并将袖带放气。

D. 带通滤波器：从袖带压力信号中提取动脉压力振荡信号。

E. 放气系统：按设定的步长自动对袖带进行放气。

② 工作原理　如图 4-24 所示，无创血压信号的处理流程可以分为四个阶段，模块相应地也分为四个部分，可以将一般故障定位在某个部分。

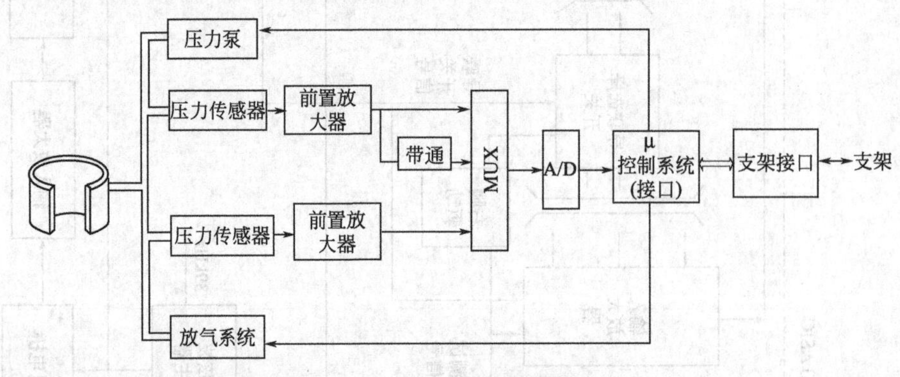

图 4-24　NIBP 模块原理框图

病人的血压信号通过袖带中的压力传感器检测，这个压力传感器通过一根管子连接到 NIBP 模块上。袖带由泵及放气系统控制进行充气和放气，安全系统由微处理器控制。

A. 袖带充气：在初次对袖带进行充气时，袖带由压力泵充气到一个设定的压力值，这个压力值由测量模式决定。随后袖带由压力泵充气到比病人收缩压高的一个压力值。根据设定的工作模式，充气过程可以进行单次或重复多次。当袖带压力比收缩压高时，动脉阻塞，压力传感器只能检测到袖带压力。

B. 袖带放气：袖带压力通过放气系统以 8mmHg 的阶梯自动放气直至动脉部分阻塞。在这一点，由于袖带压力逐渐减小，开始并持续进行动脉压力振动信号的检测与处理。

C. 检测：检测到动脉压力振动信号以后，在模块电路中它们被叠加到袖带压力。然后通过带通滤波器提取出来动脉压信号以后送到微处理器进行测量。

D. 测量：随着袖带放气，振动的幅度作为袖带压力的函数逐渐增加直至达到平均动脉压。当袖带压力低于平均动脉压以后，振动的幅度开始降低。

收缩压和舒张压使用外推法从振动信号中推导出来，得到的是经验值。外推过程采用了信号在最大值两侧的衰减率，有创血压测量也可用作参考与无创血压进行关联。

(3) 动脉血氧饱和度和体积描记（SpO_2/PLETH）**模块**

动脉血氧饱和度和体积描记模块是脉动、动脉血氧饱和度以及体积描记测量单元。模块能够产生动脉血氧饱和度和脉动率的数值以及实时的体积描记波形，还能为脉动动脉血流提供灌注指示剂的体积。

① 组成　SpO_2/PLETH 模块主要有以下几个模块组成。

A. 输入保护电路：保护模块不受除颤器产生的除颤脉冲的破坏。

B. 电流-电压转换器：将光敏二极管的电流转换为电压，并滤除电外科手术设备的干扰。

C. 环境光线抑制电路：消除信号中的环境光干扰。

D. 越限检测器：检测由于较强的环境光及较高的 LED 电流引起的过载电压。

E. 暗光消除器：消除红光和红外光电压中的暗光电压。

F. A/D 变换器：将信号转换为数字信号以便于处理。

② 工作原理　图 4-25 所示为 SpO_2/PLETH 模块的框图。信号处理流程如下。

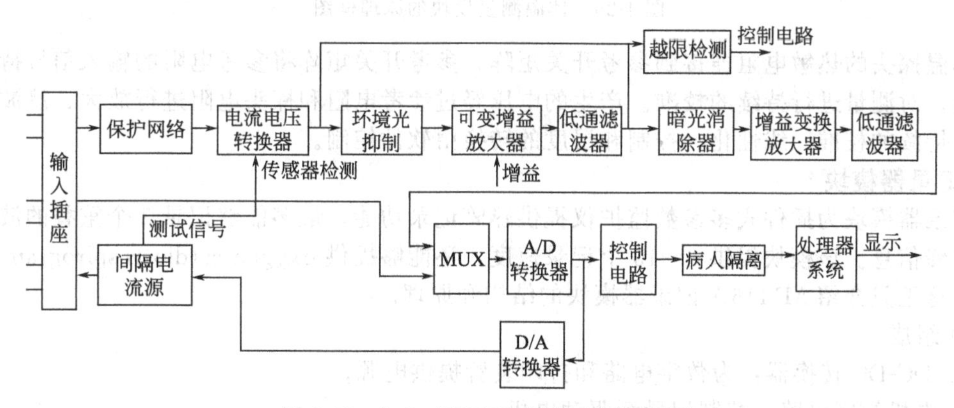

图 4-25　SpO_2/PLETH 模块的原理框图

A. 光线发射：传感器中的两个发光二极管产生红光和红外光穿过灌注良好的手指或脚趾毛细血管床。发光二极管由软件控制，通过 375Hz 的脉冲电流驱动。传感器检测电路检测是否接有传感器以及所接的传感器的类型。为了使脉冲序列的幅度达到最优，脉冲电流由 D/A 转换器独立控制。一个光电二极管正对着发光二极管用于检测穿过组织的光线的强度，并产生一个电流表示检测到的每一个波长的光线强度。这个电流由一个直流部分和一个小的交流信号调制组成，直流信号代表周围环境光线，交流信号来自于脉动的血流。电流通过输入保护网络以后转换成电压信号。

B. 超范围检测：超范围检测器检测由于周围环境光线的电流太大引起的超负荷的输入电压，还能够检测传感器光源超负荷引起的脉动信号。

C. 环境光抑制：环境光通过高通滤波器消除。信号幅度通过可变增益放大器进行优化，然后送到低通滤波器。较暗的光代表环境光电流通过低通滤波器从红光中消除。高通和低通滤波器作为解调器使用。最后对由红光、红外光以及体积描记电压组成的脉冲序列进行放大、多路复用以及数字化。

D. 信号处理：微处理器能够从数字信号中获取血氧饱和度的值以及体积描记的波形图进行显示。如果有相应的配置还能够得到PLETH信号的值。

(4) 体温模块

体温模块是体温测量参数单元，设计用于ICU或手术室中的成人、儿童及新生儿。体温模块能够得到体温的摄氏度数值，能够为不同测量点的体温读数选择不同的标签。

① 组成　体温模块主要有以下几个部分组成。

A. 参考开关矩阵：使用参考电阻对测量进行校准。

B. 差分放大器：放大参考开关矩阵输出的信号。

C. 双积分A/D变换器：将温度信号和热敏电阻校准信号数字化。

② 工作原理　图4-26所示为体温测量模块框图。信号流程如下。

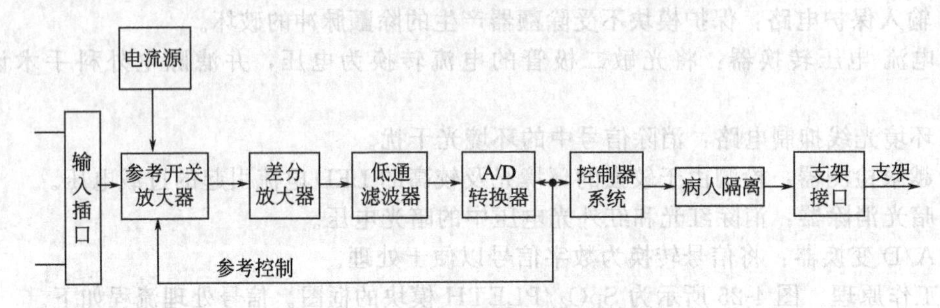

图4-26　体温测量模块的原理框图

体温探头的热敏电阻连接到参考开关矩阵，参考开关矩阵将参考电阻的输入信号持续进行比较，对测量进行持续的校准。产生的电压经过参考电阻和探头电阻进行放大、滤波和数字化。持续的校准、线性化、控制和温度的转换由软件控制。

(5) 记录器模块

记录器模块为插件式多参数监护仪提供热阵记录功能，最多能够记录3个重叠的波形和三行注释信息。该模块提供8～10个记录速度，还能够提供oxygen-cardio respirogram记录功能。这里只介绍M1116A记录器模块的结构和原理。

① 组成

A. DC-DC转换器：为数字电路和打印装置提供电源；

B. 电机控制电路：控制记录纸驱动电机；

C. I/O微控制器：管理模块的I/O操作；

D. 打印微控制器：管理打印速度和对比度；

E. RAM：存储数据，这些数据由微控制器访问；

F. 走纸电机：驱动记录纸通过打印机；

G. 热敏打印头：为记录器提供打印装置。

② 工作原理　图4-27所示为记录模块的原理框图。记录模块的功能组件包括两块印刷电路板和一个记录机械单元。印刷电路板为电源板和数字板。电源板包括DC-DC转换器、光电隔离器以及走纸电机控制电路。数字板包括两个微控制器、一个共享的RAM以及前面板控制和灯。

信号处理流程如下。

A. 电源板：来自监护仪的电源和数据通过电源板进入记录模块。DC-DC转换器将前端支架的60V直流电压转换成为+5V直流电压供数字电路使用，转换成为+15V直流电压供电机驱动和打印头使用。数据信号通过红外线隔离器进行噪声抑制。

B. 数字板：信号通过I/O微控制器内置的串行数据端口进入数字板，监护仪与记录模

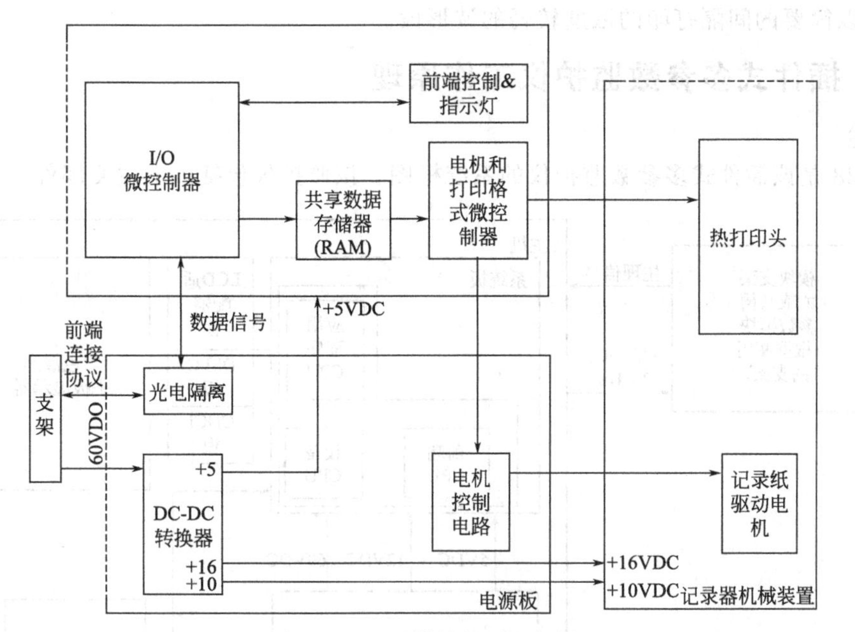

图 4-27　记录模块的原理框图

块之间的串行数据连接在两个分离的线上通过异步操作进行，提供500KB波特率的全双工通信。I/O微控制器解释监护仪的消息，通过电源板返回确认消息和状态消息。I/O微控制器主要负责以下工作：

- 接收并响应监护仪的命令和数据；
- 发送并报告控制键和开关的状态；
- 将波形和注释转换成适当的格式以驱动打印头。

用户控制器、门开关以及缺纸传感器安装在数字板上接近模块前端的位置，缺纸传感器是一个光学设备，当纸通过走纸驱动轴时，检测纸上的红外光束。当有纸时较强的红外光反射到光敏三极管上，光敏三极管连接在I/O微控制器上。

I/O微控制器将波形和注释信息翻译成行和列的格式，然后将数据送入一个代表着打印点阵的矩阵中去，将这个矩阵写入双端RAM。RAM保持循环的方式，以便于当一行点阵送入打印头以后存储器能够进行重载。

电机和打印格式微控制器通过内置的串行通信端口以2ms的时间间隔将每行点阵送到热敏打印头，并以3MHz的时钟频率直接重载打印头移位寄存器。电机和打印格式微控制器通过监视打印头的温度和功耗、调整打印时作用到各点的选通脉冲宽度保持统一的打印对比度。电机和打印格式微控制器还发送指令到电源板上的电机控制电路以调整电机速度。

C. 记录机械装置：本单元包括热敏打印头和走纸电机，这两部分都接收数字板上的电机和打印格式微控制器产生的信号。

打印头装置有一行384个加热元素，方向与走纸方向垂直。还包括有一个384阶的移位寄存器，作为要打印的一行点阵的数据保持缓存器。每一个加热元素都有自己的驱动电路。当从电机和打印格式微控制器接收一行数据以后，移位寄存器载入，当各自的加热元素打开以后点阵被打印出来。打印浓度由加到每一个点的选通脉冲宽度及打印头温度控制。

走纸电机的信号通过电源板上的电机控制电路传递，这些电路调整走纸速度。

D. 可变的功耗：在频率响应测试时，或者当记录的波形表现出快速的垂直变化时，记录模块能够通过减小热阵加热的强度降低功耗。当发生这些情况时，在记录模块的输出条上出现的是以简要的间隔打印的浓度较轻的波形段。

4.6.2 插件式多参数监护仪工作原理

(1) 概述

图 4-28 是该插件式多参数监护仪的系统框图，该监护仪包括以下主要部件。

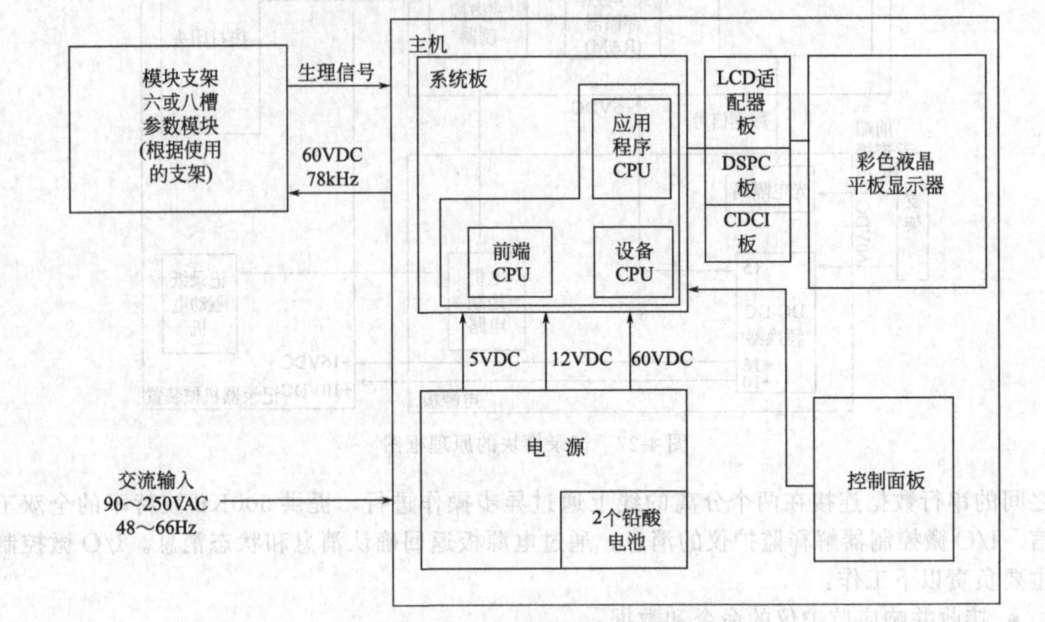

图 4-28 插件式多参数监护仪系统框图

① 内部电源：负责为监护仪工作提供需要的所有电压。

② 系统板：负责执行监护仪所有的处理功能。

③ 该监护仪有一个 LCD 适配器板：用于驱动显示。

④ 该监护仪有一块由三块板组成的集成部件，包括 LCD 适配器板、DSPC 板以及 CDCI 板。

⑤ 前面板键盘区；

⑥ 平板式显示器；

⑦ 服务端口插座；

⑧ 6 槽或 8 槽支架。

(2) 电源电路

该监护仪由内部电池或外部交流电源供电。内部电源由一个或两个铅酸电池提供。能够工作于 90～250VAC、48～66Hz，主要取决于当地的电源。电源供电电路将输入的电源转换成三个直流电压为传输主机及传输支架上的内置模块供电。电源板将自身及内部电源的状态传递给系统板上的处理器。电源能够提供三组输出，分别是：

- ＋5V，最大电流 2.8A；
- ＋12V，最大电流 0.65A；
- ＋60V，最大电流 0.3A。

监护仪电源电路主要由 AC-DC 转换器、电池充电器、DC-DC 转换器和电源逻辑/CPU 接口四部分组成，下面分别介绍这四部分电路的工作原理。

① AC-DC 转换器 图 4-29 所示为 AC-DC 转换器的框图，AC-DC 转换器将交流电

(90～250VAC、48～66Hz)转换成为一个安全、隔离的直流输出，输入的交流电压直接整流产生一个高压直流电压（100～350VDC)。直流电压送入高频开关连接器，产生一个安全、隔离的 18VDC 为电池充电器及 DC-DC 转换器供电。

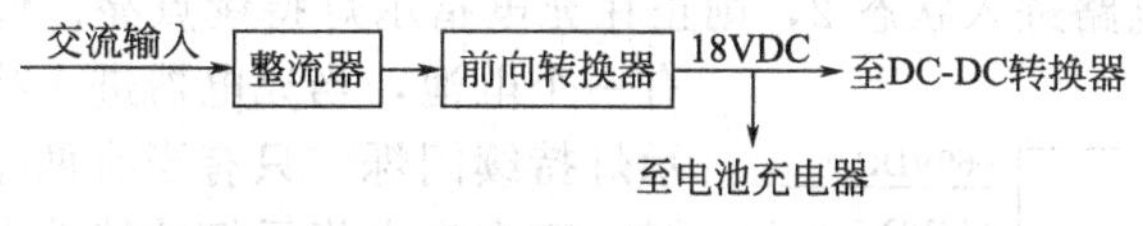

图 4-29　AC-DC 转换器的电路框图

② 电池充电电路　电池充电电路包括两个相同的充电电路，通过四个不同的状态控制对两个密封的铅酸电池充电，如图 4-30 所示，这四个状态如下。

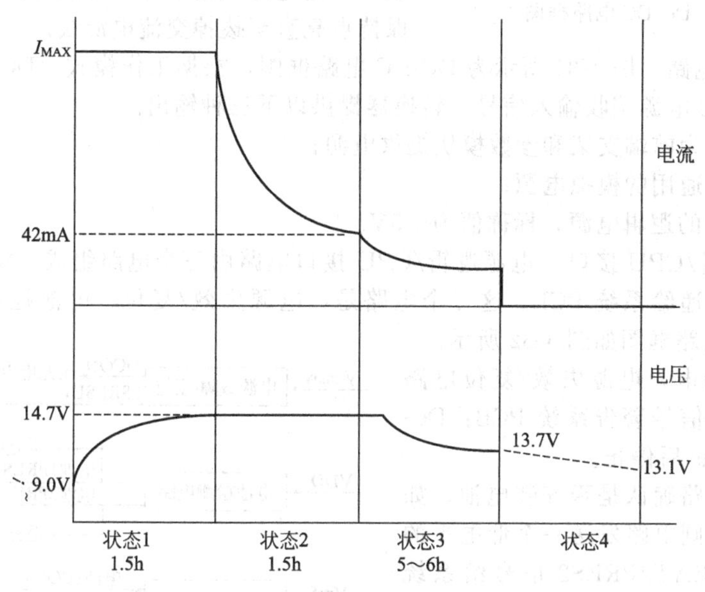

图 4-30　电池充电状态

A. 状态 1：充电器电路接收 AC-DC 转换器输出的 18V 直流电压，充电电路包含两个完全相同的电池充电电路，下面的描述适用于任何一个。

密封的铅酸电池充电电路调整对电池的充电，电路包含一个温度敏感参考电压，能够将铅酸电池充电电压调整到最优的状态。

当电池安装以后，一个机械检测接触器将输入信号拉低到一个 Debounce 电路，允许充电器电路开始第一个状态。

当电源开关复位或 25℃时电池电压降低到 12.33V，开始充电状态 1，如果仪器电源关闭，充电电流为 0.83A，如果仪器处于开机状态，充电电流为 0.19A。

B. 状态 2：当电池电压达到 14.7V 时充电电路进入第二个状态。在这个点，电压放大器将电池电压控制在这个值而充电电流将下降，当充电电流降低到 42mA 时，充电电路进入状态 3。

C. 状态 3、4：在第三个状态，电池电压稳定在 13.7V 持续 5～6h。另外，在第三个状态，状态水平控制线为高电平，这降低了稳压点，还能够使 FLT1（FLT2)信号变成低电平。当 FLT1 和 FLT2 为低电平时，LEDCRGD 变为低电平，打开前面板上的 BATTERY CHARGED LED 指示灯。FLT1(FLT2)的低电平还能使状态 3 的定时器开始工作，大约 5h 以后，定时器电路使状态 3 结束。

当状态 3 结束以后进入状态 4。如果 25℃时电池电压降低到 12.33V，或者交流线拔掉重新插入以后，充电器重新进入状态1。

在充电周期中，电池正在充电和充电完成指示灯由充电电路上的PAL控制。如果至少有一个电池且电压大于9.0VDC，电池正在充电指示灯慢速闪烁，充电完成指示灯熄灭。如果有两个电池且充电电路进入状态2，则正在充电指示灯持续点亮。值得注意的是，如果只有一个电池，当充电器进入状态2时，正在充电指示灯持续闪烁。只有当有两个电池且都进入状态2时，正在充电指示灯才持续点亮。当有两个电池且都进入状态3时，正在充电指示灯和充电完成指示灯都保持点亮。当进入状态4时，正在充电指示灯熄灭，充电完成指示灯继续点亮。充电完成指示灯保持点亮直至拔掉交流电源线。

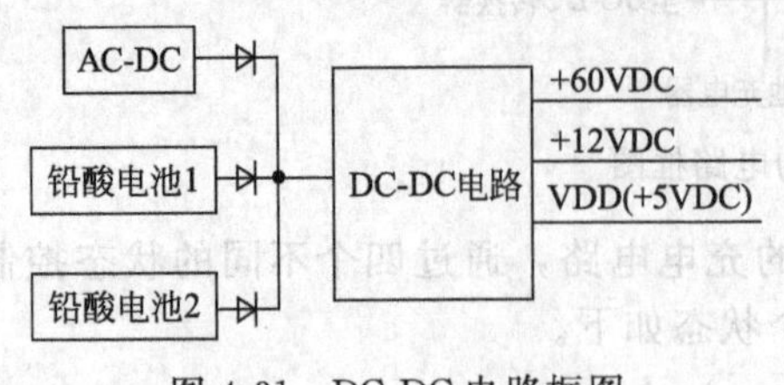

图4-31　DC-DC电路框图

③ DC-DC电路　图4-31所示为DC-DC电路框图，根据工作模式，DC-DC转换器从铅酸电池或AC-DC电源接收输入信号，转换器提供以下三种输出。

+60VDC：为前端支架和参数模块提供电源；

+12VDC：通用的模拟电源；

VDD：通用的逻辑电源，标称值为+5V。

④ 电源逻辑/CPU接口　电源逻辑/CPU接口电路由三个电路组成，将DC-DC转换器及电池的状态传递给系统PCB。这三个电路是：电源失效/复位、电池检测以及电池电压A/D转换器，电路框图如图4-32所示。

如果电源断电，电源失效/复位电路通过PSRESET信号警告系统PCB：DC-DC转换将在2ms后停止。

电池检测电路确认是否安装电池。如果安装有电池，则电路发送一个低电平的BAT1PRES或BAT2PRES2信号给系统PCB。如果没有安装电池，BAT1PRES或BAT2PRES2信号为高电平。这些线上的逻辑高电平还要送到电池充电器，使相应的充电器停止工作。

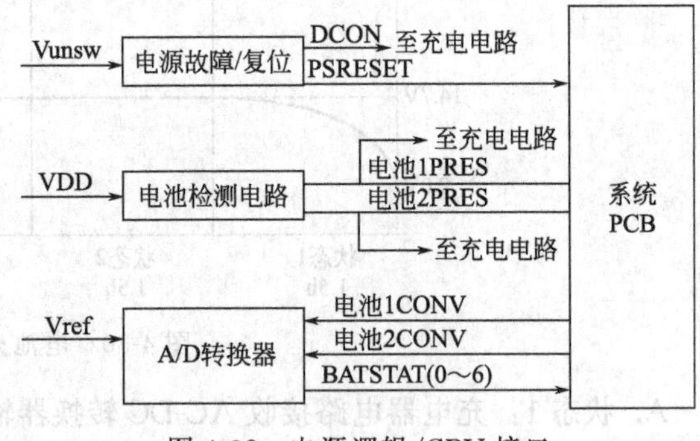

图4-32　电源逻辑/CPU接口

电池电压A/D转换器将每个电池电压顺序的转换为一个7位字，系统PCB利用BAT1CONV和BAT2CONV信号选择对哪个电池进行采样。7位字BATSTAT（0～6）送到系统PCB以确定充电器状态并进行低电池电压检测。

(3) 监护仪系统板

系统板包括微处理器以及从内置模块获取和处理生理数据的电路，它由应用程序子系统、设备子系统、前端接口子系统、通用子系统等四个子系统组成。

① 应用程序子系统　应用程序子系统使用应用程序CPU与参数模块共同工作以处理生理信号，还处理系统核心的应用程序。应用程序子系统有自己专用的内存和一个MPB接口芯片。

② 设备子系统　设备子系统使用设备CPU完成所有不基于应用程序的任务，例如显示通信、参数模块和前面板的接口、EEPROM的控制以及实时时钟的读写。EEPROM用于系统配置信息的存储。

③ 前端接口子系统　前端接口子系统包括一个前端接口CPU，允许设备子系统与安装在前端支架上的参数模块通信。设备子系统通过在应用程序CPU与前端接口CPU之间共

享 RAM 空间来实现这个通信。两个 CPU 之间有两个物理的 RAM 供用。前端 CPU 使用轮询方案通过一个串行连接与选定的模块通信。前端 CPU 将适当格式的数据写入共享的 RAM 以便于设备 CPU 能够访问这些数据。

RAM 选择信号能够由设备 CPU 或前端 CPU 产生。

参数模块接口子电路还有一个模拟部分，允许外部的除颤信号能够与 ECG 信号同步。ECG 信号从前端 CPU 送入一个 D/A 转换器和一个滤波电路，经过调解的 ECG 信号流入除颤器，除颤器返回一个标志脉冲给前端 CPU，前端 CPU 将标志脉冲与 ECG 信号一起处理。

④ 通用子系统　这个子系统为应用程序和设备子系统提供复位信号、电源失效中断、主时钟以及其他各种时钟。

(4) 前面板键盘

键盘提供了操作接口。系统板上的前面板接口电路扫描键盘区，控制 LED 指示、产生模拟波形驱动扬声器。前面板 CPU 完成电路的处理工作。

(5) 显示器

该监护仪的液晶显示模块是一个 640×480 像素的全点阵单色图形显示单元，由 LCD 板、背光的荧光管以及 LCD 驱动行列电路组成。

(6) 监护仪的显示适配器板

LCD 适配器板提供背光逆变器组件的定位、LCD 接口、LCD 偏压以及对比度/亮度电路的定位和关于平板型号及点距的编码数据。

(7) 监护仪的 3 板集成部件

3 板集成提供一个 LCD 适配器板用于平板式显示器的接口、一个 DSPC 板用于显示控制、一个 CDCI 板用于系统板的接口。

(8) 服务端口连接器

系统板上的服务端口连接器排列在主机右边的盖子上，提供对可编程的设备及应用软件的访问。

(9) 6 槽支架、8 槽支架

6 槽支架最多支持 6 个单宽度的参数模块，8 槽支架最多支持 8 个单宽度参数模块。参数模块可以是单宽度的，也可以是双宽度的。对于外部连接有两个连接器：一个是顺流连接用于多支架配置和一个逆流连接。该监护仪不支持连接多个支架。

4.7 动态监护仪

长时间连续监测生命指征的思想目前已广泛地应用在生命科学研究和许多疾病的诊断中。生理和生化参数的实时、长期、连续记录是生物医学测量中的一个重要发展方向，测量生理参数随身体运动及环境条件的变化，已经在预防医学、慢性病的早期诊断、运动医学等许多方面获得了应用，许多重要的人体信息，包括心电、脑电、血压、血糖、体温、氧摄取量、身体活动度等参数的长期、连续测量均会提供许多重要的临床诊断信息。

4.7.1 动态心电监护仪

常规的心电图通常是病人处在静卧（非活动状态)下的一种短时间（几秒至几十秒)的心电记录，很难捕捉到心脏疾病病人的心率失常数据。统计已经表明：只有通过长时间对心电图的连续观察处在正常活动或运动状态下的心电信息，才有可能获得病人心率失常（例如室性早搏)的早期和潜在的心电信息。通常将病人处在活动条件下长期记录的心电图称为动态心电图。

20世纪60年代初Holter研制了一种可以随身携带的磁记录器，并将它作为病人心电图的传递媒介，将长期记录心电图的磁带通过快速回放，来重现病人在长期的活动状态下的心电信息，通常将其称为长时间动态心电监护仪，或称Holter系统。30多年来，Holter系统在广泛应用中不断发展。从单道记录到三道记录，从片段式进入到连续记录，从模拟到数字记录，从数十分钟到24h或更长时间连续记录，更新速度很快，分析功能也越来越强，从简单的统计和波形打印到具有心率失常分析及心率变异（HRV）等一系列的功能齐全的分析软件。Holter系统业已成为冠心病早期诊断的有力工具。

Holter系统通常包括随身携带的记录装置（俗称背包）和设置在医院内的中心站两大部分组成。可以按其工作方式、按记录信息的多寡、按记录媒体的种类来对各种Holter系统产品进行分类。

按工作方式分，Holter系统可分为回放分析型和实时分析型。在早期的Holter系统中，背包不带有实时分析功能，采用模拟记录方式，在超低速（带速在1mm/s左右）磁带上记录24h的心电信号，在中央站中采用60倍（以后又逐步提高到120倍、240倍、以至480倍）的速度回放，这种模拟方式的超低速磁带记录，告诉回放的Holter系统对磁带机的要求较高，尤其是对失真和抖晃率的指标很苛刻，一方面回放速度很高，例如以240倍速度回放时，处理一个心电波速度只有400μs，因而需要有高速的硬件来分析处理心电信号，再则这种回放分析方式，是一种回顾方式，病人不能及时获得危险的和先兆性心搏异常的提示和报警，不能及时采取相应的急救措施。20世纪70年代末，随着CMOS低功耗微处理器的发展，试图将部分心电分析功能从中心站移入携带装置中，因而出现了实时分析型Holter系统，每次心脏搏动有1s左右的处理时间，因此可用来作多类别心电异常的分析。同时由于部分分析功能移至背包中，因而中央站的处理功能可相应削弱，采用微型计算机就能胜任。心电数据的传递也完全实现了数字化，而且由于实现了实时分析，可使病人及时对心脏活动的异常作出反应。图4-33给出了回放分心Holter系统及实时分析型Holter系统的结构和数据处理过程。

按记录信息的多寡分，Holter系统可分为非全息记录和全息记录两大类。20世纪70年代末大部分Holter系统所记录的只是一个心电的片段，每一段十几秒，这种有选择性的记录方式通常只能记录几个至几百个异常心电的片段，而不是全心电信号记录，因而称非全息记录的Holter系统，这种系统结构简单、价廉，可作为家庭保健设备，但由于携带装置的处理功能不强，且没有完整的心电记录，所以容易造成心电异常事件的检漏。另一类Holter系统则是采用连续24h全心电信息记录，可用模拟磁带，也可用数字磁带记录，数字磁带记录容易克服模拟磁带的固有缺点，但用带量大于模拟记录，因此对记录密度有更高的要求。

按记录媒体来分，目前Holter系统的数据存储媒体包括磁带、大容量固态存储器和小型硬盘三类。三类存储媒体中磁带的价格最低廉，但失真大，数据精度不高，运动部件和磁头容易磨损。第二种存储媒体是大容量固态化存储器，采用RAM的背包（记录盒）可实现全固态化，无机械磨损，目前市售的Holter系统80%以上属于此类，大多采用固态存储器DRAM、存储容量从4～16MB（32MB、64MB亦已问世），采样精度多为8bit，采样率为200～250Hz。以采样率为200Hz、A/D变换精度为8bit，双导心电的24h数据为34MB、三导为51MB，若采样频率或A/D变换精度提高，则数据量更大。因而采用全固态的Holter目前很难实现全心电信息记录，只能采取数据压缩的方法实现准全息记录，因此这一类Holter系统的关键是实现高效率、高保真的实时心电数据压缩，将原始心电数据压缩至4MB以内。第三种存储媒体是采用小型（2英寸）硬盘，这种小型硬盘

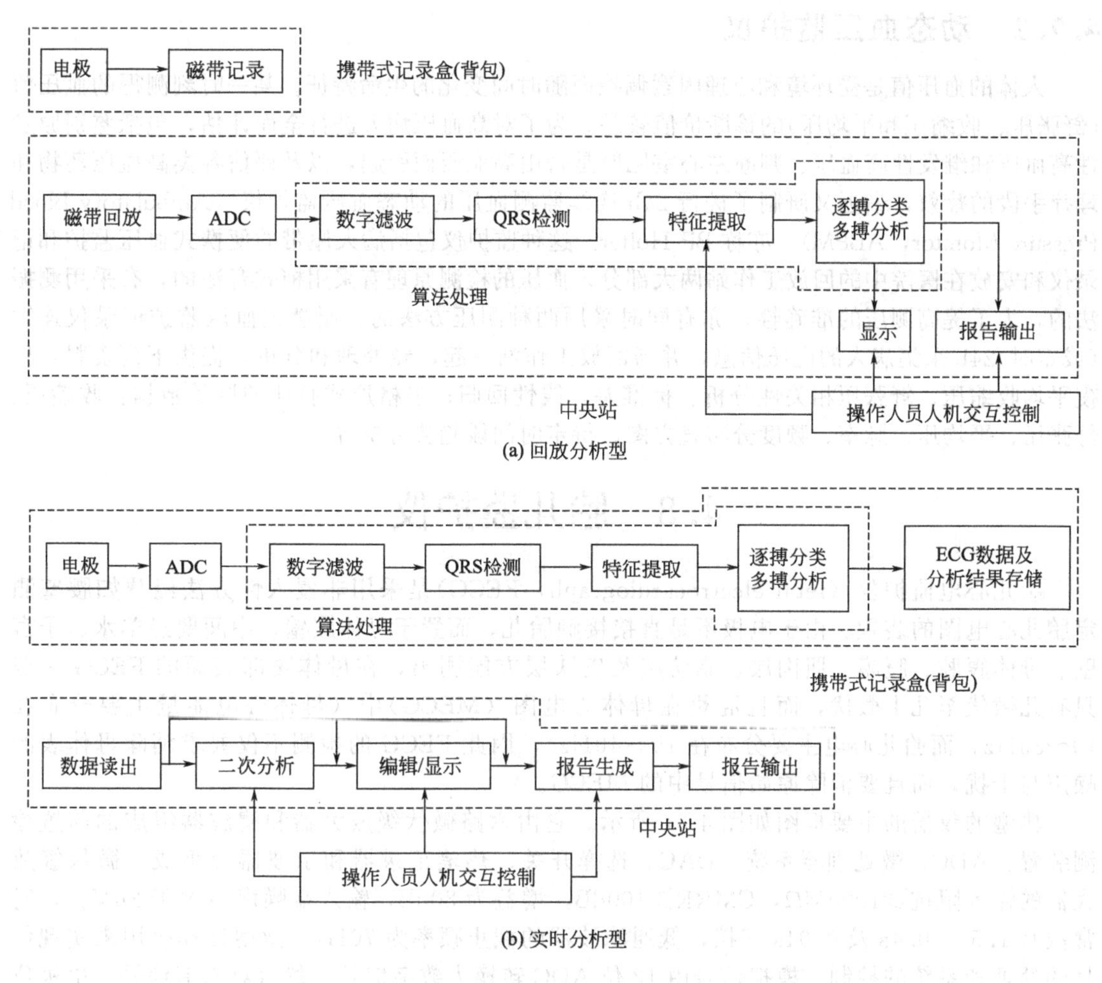

图 4-33　两类 Holter 系统的结构及数据处理系统

存储数据的容量可高达 80～100MB，数据不用压缩就可实现 24h 全心电信息记录，为了减少硬盘的运转时间，心电数据可先存放在一个容量为 512KB～1MB 的存储器中，待快存满时，再将数据转移至小型硬盘之中。小型硬盘其优点是容量大，一旦掉电也不会丢失已有的数据，缺点是有转动部件，承受振动的能力差，因而在携带背包中使用可靠性及寿命将受到限制，价格偏高，已有 Holter 系统采用这种存储媒体，随着技术的发展，专家们看好这一类 Holter 装置。

Holter 系统中心站要具有对 24h 的心电波（约有 10 万个）进行分析、处理、检索、存档、管理和输出诊断报告及图形拷贝的功能，中心站的软件应能向医生提供浏览和搜索感兴趣波形的方便，并在找到所需的波形段后将其显示出来；应能对 24h 心电波进行统计处理，实现按特征分类的全局浏览；应向医生提供人机对话的方便，可使医生能方便地对心电数据中加注和标记，或修正实时分析中的错误；能提供一定的波形处理功能，特别是复杂波形的分析算法；提供诊断报告的编辑功能，以及诊断报告硬拷贝的输出功能；应能提供病人长时间心电数据的管理系统。这一系列要求是不难实现的，因而目前长期动态监护（Holter）系统的关键仍然是大容量佩带式心电记录仪。要求其有低失真、大容量、低功耗、高可靠性、低价格、小体积等许多互相矛盾的苛刻指标。这一系列矛盾的解决正推动着整个系统的发展和完善。

4.7.2 动态血压监护仪

人体的血压值是受环境和心理因素调控而随时间变化的生命特征。某一时刻测得的血压值(舒张压、收缩压和平均压)的诊断价值较差。为了对高血压病人进行全面评估，包括鉴别原发性高血压和继发性高血压、判断左心室肥厚是否由高血压而引起，以及评估各类高血压药物和理疗手段的疗效，最近又研制了进行 24h 连续监测血压的动态血压监护仪（Ambulatory Blood Pressure Monitor，ABPM)，亦称 BP-Holter。这种监护仪包括病人佩带的便携式血压监护和记录仪和安放在医院中的回放工作站两大部分，血压的检测原理有采用柯式音法的，有采用测振法的，为了提高测压的准确性，亦有同时采用两种测压方法的。便携式血压监护记录仪连续(或定时)24h 采集病人的血压信息，并与回放工作站一起，经处理和分析，提供下列资料：昼夜平均收缩压、舒张压相关性分析、标准差，线性回归；表格形式打印的原始数据：收缩压、舒张压、平均压、脉率、频度分布直方图，待定时间段趋势分析等。

4.8 胎儿监护仪

胎儿心电监护仪（fetal electrocardiograph，FECG)是采用非侵入性方法经孕妇腰壁测定胎儿心电图的装置。由于电极不是直接接触胎儿，而置于母体腹壁，中间要经羊水、子宫壁、母体腹腔、腹膜、肌肉层、脂肪层及皮肤层方能测出，在母体腹部表面的 FECG 一般只有几微伏至几十微伏，而且混叠在母体心电图（MECG)中（母体心电能量主要分布在 10～35Hz，而胎儿心电主要分布在 15～40Hz)，因此 FECG 的检测不仅要求消除母体表的噪声与干扰，而且要消除原始信号中的 MECG。

典型的仪器的主要框图如图 4-34 所示。它由六路微伏级放大器和滤波器组成的前置检测装置、ADC、微处理器系统、DAC、选择开关、热笔记录器和示波器等组成。微伏级放大器的输入阻抗≥1000MΩ，CMRR≥100dB，增益为 80dB，输入端噪声不大于 $2\mu V_{p\text{-}p}$，时常数有 1.5s、0.4s 及 0.04s 三挡，低通滤波器的截止频率为 70Hz。微型计算机用来实现信号的处理和系统的控制。模拟信号由 12 位 ADC 转换为数字信号，然后对六道信号［电极位置见图 4-34(a)］进行采样，呼吸、肌电及随机噪声采用高通滤波器消除。用局部极值法确定母体 R 波峰位置，然后通过找最优系数的方法消除 MECG，获得 FECG，最后用 FFT 技术完成 50Hz 陷波和实现 70Hz 的低通滤波。

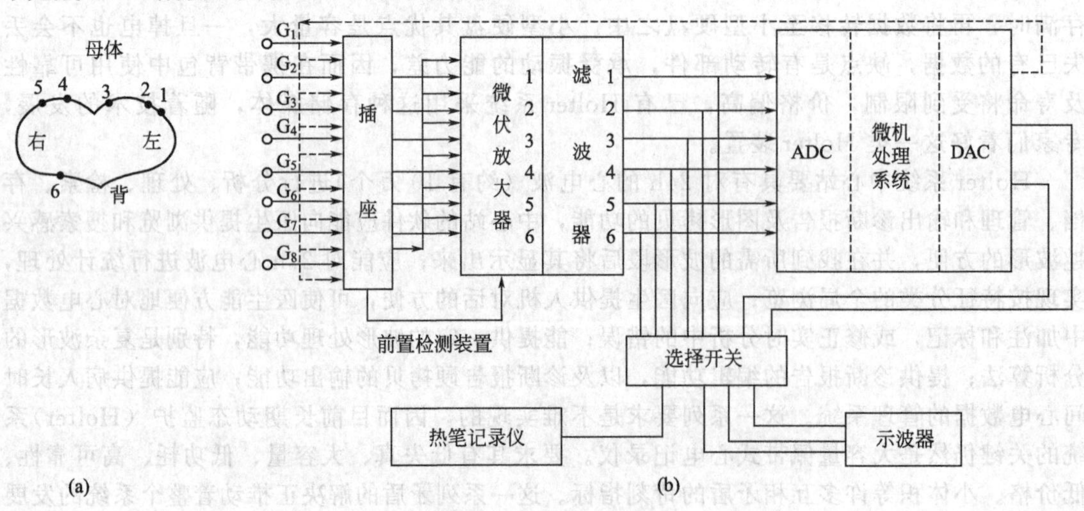

图 4-34 胎儿心电监护仪结构框图

该仪器操作面板上的各功能键相互关系及其功能的实现均由控制软件来实现，这些软件除支持采样、绘图、显示等功能和内部信息交换外，还支持对微机系统的监控。控制软件包括监控程序、初始化程序、主程序、输入/输出程序。当系统通电和复位时，系统便进入监控和初始化程序，然后进入主程序查询，并按工作要求进入相应的模块。主程序中的主要功能模块包括自检模块、采样模块、绘图和显示模块，此外还有联动、字符显示、出错处理等。自检模块用来检测六路放大器、热笔记录器、CPU 等工作是否正常；采样模块通过 ADC 板来实现，六道同时采集，每道 1500 个点，根据采样定理，采样频率选为 250Hz。这样一个孕妇就有 18KB 的心电信号数据送入微型计算机。绘图和显示两个模块的功能是向热笔记录器和三道示波器输出原始波形和处理后的纯 FECG。

4.9 医用监护仪的维修

随着技术的进步，医用监护仪的功能不断增加，性能也越来越高，这也进一步促进了监护仪在临床的广泛应用，目前医用监护仪已经是临床诊疗活动中必不可少的设备之一，因此做好医用监护仪的日常维护工作，降低设备故障率，提高维修效率，延长设备工作时间对医院的诊疗工作至关重要。本节重点介绍有关医用监护仪的日常维护及故障维修的知识。

4.9.1 医用监护仪的维护保养

(1) 主机维护与保养

监护仪通常连续工作很长时间，容易因机内温度过高造成机内部件的提前老化甚至损坏，因此要做好机内、外的清洁工作，确保机器有良好的散热和通风。

① 每 1 至 2 个月就要检查主机上的滤网，清洁上面的灰尘，太脏的可以用水清洗，但注意必须待晾干后才能装机。同时，还要检查操作面板、显示器的表面，用无水酒精清除上面的污垢，以免腐蚀这些重要部件。

② 每半至 1 年就要拆开机器外壳，对机内进行除尘。除尘的同时可利用“看、闻、触”等直观的方法对机内各模块、部件进行检查。

(2) 传感器的维护与保养

由于传感器本身的特性和所探测患者部位经常处于活动当中，因此传感器是容易损坏的部件，又是比较昂贵的重要部件。为了延长它们的使用期限，降低治疗成本，应该做好对传感器的维护工作。

① 经常与医护人员进行沟通，指导他们正确操作和保养监护仪和传感器。

不能折、拽传感器传输导线；不能摔、碰传感器的探头（如血氧饱和、温度、有创血压等探头）。对于测量无创血压的袖带，在没有捆扎在病人身上时，主机不能进行测量，以免损坏充气的气囊。对于监护仪要长时间监护的，而不需要监测血氧饱和时，可以通过调整系统配置来关闭此功能（如果此机器有此项设置）或拔掉血氧饱和与主机连接的接口（监护仪一般都通过接口来连接各个传感器），从而延长此种传感器的使用寿命。

② 传感器探头上容易沾染上汗液、血迹等各种污垢，为了避免腐蚀探头和影响测量，要定期依照用户手册上提供的方法清洁探头。

(3) 系统的维护

监护仪系统的设置不当，甚至错误，也常常会给医护工作者带来麻烦。比如：有心电波形，而没有心率；对高血压患者测不出血压；各参数显示正常，却报警不断等；这些都有可能是系统设置不对造成的。因此要经常检查、维护系统，确保监护的可靠性、最优性（即最佳配置）。虽然监护仪各种各样，系统设置的具体方法各不相同，但大都有以下几个方面。

① 病人信息在这些信息当中要注意的是“病人类型”选择要正确。一般分为 Adul（成人）、Pedi（儿童）、Neo（新生儿），它们分别采用不同的测量方案，如果选错会影响测量的准确性，甚至无法测量。比如无创血压就有可能测不到而显示出错。

② 功能设置：通过调整各参数的功能设置，使监护达到最佳的效果。比如调整波幅、波速使显示的各波形容易观察；通过使用各种频宽的滤波功能来消除工频、肌电等不同频率的干扰；以及设定显示通道、系统时钟、报警音量、屏幕亮度等。

③ 报警配置正确设定各参数的上、下限报警值，以免造成漏报误报。

4.9.2 医用监护仪的维修方法

医用监护仪是一种较为复杂的精密医疗设备，涉及电子、计算机、机械、光学等多方面的知识，因此其故障的维修也较为复杂。下面从通用的方面简单介绍一下医用监护仪的维修方法及注意事项。

(1) 医用监护仪的维修方法

医用监护仪的常见故障可以分为四类：机械故障、电路故障、传感器故障和其他故障。

① 机械故障一般指的是气路堵塞或气管老化漏气、气泵或真空泵功能不良以及电磁阀关闭不严等。维修时一般采用如下方法。

A. 确定漏气部位：直观的观察、或用止血钳夹住气管逐段定位。

B. 判断气泵功能是否良好：一般把气泵拆出来外接直流电来测试，把压力输出端连到普通的水银压力计上，看其压力能达到多大。电磁阀关闭是否良好也可用外接直流电来测试，看其动作之后能否将压力保持住。

C. 判断真空泵（用于麻醉监护仪）功能是否良好：用手感觉正负压力大小，或正压端用纸片测试，负压端适当接一加长透明塑料管（可用输液器管来代替），把管子伸入装有水的烧杯中看其能否吸取液体，注意不要让液体吸入真空泵中。

D. 电子故障一般指电子元器件损坏而引起的故障。常用检查方法有观察法、测量法、替换法、示波法、对比法、屏幕错码提示法等。

E. 观察法是指打开仪器之后用目视、手摸的方法直接查出已损坏的元器件，或将故障范围缩小到某个部件，进而排除故障的方法。用目视方法可判断的故障通常有：电解电容器有无电解液溢出的痕迹；电阻、晶体管、集成块有无烧焦或炸裂；各引线有无脱落；机内有无放电火花或某处冒烟等。用手摸方法判断故障：通常开机一段时间（约 5min）后；拔去电源，用手触摸变压器、大功率电阻、功率管等元器件是否异常发烫。

F. 测量法是利用万用表测量电路的电压、电流、电阻进行故障论断的方法。测量电压法进行故障诊断的一般规律：先测供电电源电压，再依次测量其他各点压力；先测关键点电压，再测一般点电压。通过测量电压和参照电路图，可判断电路工作是否正常，晶体管和其他元器件是否良好。测量电流一般对感性负载而言，如监护仪记录部分的热笔线圈电流。测量电阻法通过测量元器件的电阻、PN 结极性或某段线路的电阻来确定故障。

G. 替换法是利用相同规格型号的元器件代换怀疑有问题的元器件进行故障诊断的方法。

H. 示波法是利用示波器对电路的波形进行观察分析来判断故障的方法。如判断开关电源的振荡频率及数字逻辑电路中的时钟频率、数据、地址等波形是否正常。

I. 对比法是将两台相同型号的监护仪进行现象对比，必要时操作面板按键，再对换电路板初步确定故障范围，然后用测量法、示波法等方法再缩小故障范围的方法。

J. 屏幕错误码提示法是利用显示于屏幕上的错码来基本确定故障出在哪个功能模块上，查阅电路图，利用上述其他方法再缩小故障到某个元器件的方法。

② 传感器故障：此类故障比较容易判断，例如心电导联断线，屏幕显示 LEAD OFF；

血氧饱和度探头是否良好，看发光二极管发光是否正常，或用万用表测量发光二极管和接收二极管的PN结特性是否正常；压力传感器是否正常，看压力达到一定值时能否终止气泵；体温探头一般为热敏电阻，可用万用表测量其正负温度特性是否良好等。

③ 其他故障一般是指意想不到的因素引起的故障，往往是元器件的性能不良或接插件接触不良引起，或者是维修者疏忽所引起的人为故障。

(2) 医用监护仪维修注意事项

医用监护仪是一种非常精密的医疗仪器，其维护和维修需要由经过培训的专门人员进行，在维修过程中，必须认真仔细的检查，按照规范进行操作，下面简单介绍医用监护仪维修时的一些注意事项。

① 检查仪器设置是否正确，以排除“伪故障”。

由于现在监护仪一般要同时监测多个参数，操作比较复杂，由于操作人员对仪器熟悉程度不够会导致“伪故障”。如，某护士反映一台百诺代9511型监护仪心率不准，心电波形好像也不太正常。经检查，由于护士的误操作，在启动仪器进入监护工作时没有按下“REAL”键，而是按下了“DEMO”键，仪器工作在演示状态，显示的是仪器的模拟心电图，改在“REAL”模式下就行了。

② 检查仪器外围装置，排除仪器外部影响。

有些所谓的故障并不一定是仪器本身的，而是仪器外部某些装置造成的。如一套“5+1”太空监护仪系统，5台床边监护工作均正常，但中央台无任何床边机信息，呼叫床边机也无反应。经检查，中央台开机后仪器自检能顺利通过，应该说中央台本身发生故障的可能性较小，检查该系统的联网器，发现该机后板上“LOCAL/REMOTE”开关置在“REMOTE”上，改在“LOCAL”后恢复，该故障现象发生在中央台，但问题出在联网器，因此外围设备的检查也是必不可少的。

③ 检查仪器供电及电源部分。

电源部分的故障在监护仪故障中占有很大比例，遇到仪器整机不工作、显示屏不亮等情况，先从检查仪器电源部分入手。如一台CSI503血氧饱和度仪，仪器电源打不开，无法工作。该仪器内部装有蓄电池，可在交流电或直流电下工作，该机由于长期不充电导致蓄电池放电过度，当仪器接上交流电时由于蓄电池把电压拉了下来而导致仪器打不开，此时更换蓄电池，或者把蓄电池卸下，直接用交流电供电均可排除故障。

④ 排除了设置错误、外围故障和电源故障后，可以根据故障现象按从相关部件到主板的顺序检查仪器。

如一台IVY405型监护仪，开机后发现显示屏只有在顶部有一亮线，其他部分没有显示，从这一故障现象初步判断可能是“Y”轴扫描部分有故障，经检查，扫描线圈正常，而供给场扫线圈的电压不对，再检查仪器主板，发现是主板上场扫管 V_{10} 和 V_{11} 出了问题，导致场无偏转电压，更换两相应三极管后，仪器恢复正常。

4.10 医用监护仪的发展趋势

(1) 多功能监护

以心电监护仪为例，心电监护能实时显示心电波形，而且能对心电信号进行自动分析，自动判别多类别心律失常，并用字符、数字及文字表达；能长期存储各类心律失常数据，可随时回顾各类心律失常事件，并显示失常时的心电波形；能给出长时期心率及主要心律失常(室早、房早)的趋势曲线；不仅能监护卧床病人的信息，而且能通过有线或无线方式远距离遥测病人活动时的生理信息，以及进行电话传输、诊断和随访等；能进行实时、延时、冻结记录心电波形、数据及趋势曲线等多种功能。多 CPU 共享存储器技术为此创造了前提。

(2) 多参数监护

从单一参数（ECG）监护向多生理及生化参数同时监护，采用各类传感器，采用软、硬件模块化技术实现血压（有创及无创）监护，心输出量监护，呼吸、体温、脉搏监护，氧分压、二氧化碳分压、血氧饱和度监护，以便全面评估循环系统或呼吸系统的功能。

(3) 自动化及闭环控制

采用计算机后，监护系统很易实现操作自动化、分析自动化、自动报警、自动记录等，从而克服单调的反复操作带来的疲劳，大大地减轻医务人员的劳动强度，减少数据记录、整理等麻烦，采用传感器测量及自动给药系统组成的闭环控制系统可更及时地抢救某些危重病人，例如自动闭环控制系统已用来自动调节人体体温、血压、血糖；用来实现心脏起搏、除颤和反搏；用来实现生物反馈治疗等。

(4) 系统化及网络化

从单病人床边监护走向多床位中央集中监护，从单参数监护走向多参数监护，在工程技术上采用的方法是模块化、系统化及网络化，并采用共享存储器以及采用服务器实现信息共享。实现多个病房间的信息转接与交换。例如 ICU 与手术室之间可采用脉宽调制 PWM 或脉冲编码调制 PCM 实现多路传输及转接，如图 4-35 所示。亦可将监护系统、信息显示呼叫系统及以局域网为基础的数据管理系统等各种信息系统联网，如图 4-36 所示，实现网络化、信息的远距离存储及共享等，多参数及多床位监护系统将是整个医院信息系统中的一个重要组成部分，医院信息系统一般是由文件服务器及多个工作站组成的局域网（LAN），可实现医院管理、监护、图像存档和传输等多种功能。通过网络的互联设备（网桥、路由器、网关等）可将各医院的局域网联网实现医院间、城市间乃至国家间的联网，构成医疗远距离诊断、监护和通信网络，共享各种数据库信息。

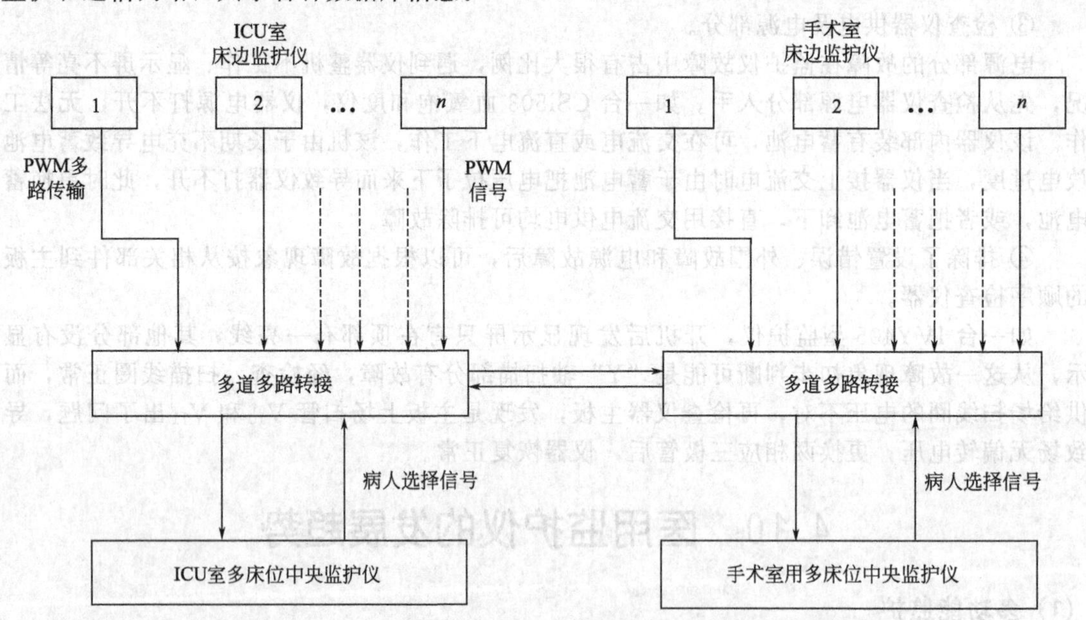

图 4-35　PWM 多路传输 ICU/手术室间交互连接的监护系统

(5) 携带式及植入式监护

将监护系统小型化，并采用磁带及各种数字存储装置可实现离院个人携带自我监护，或将长期存储的信息至中心站进行快速回放和分析。目前已发展为多种生理参数的便携式记录装置，包括心电及血压等。将微型系统植入人体内部，通过电磁耦合及光耦合等方法，将体内直

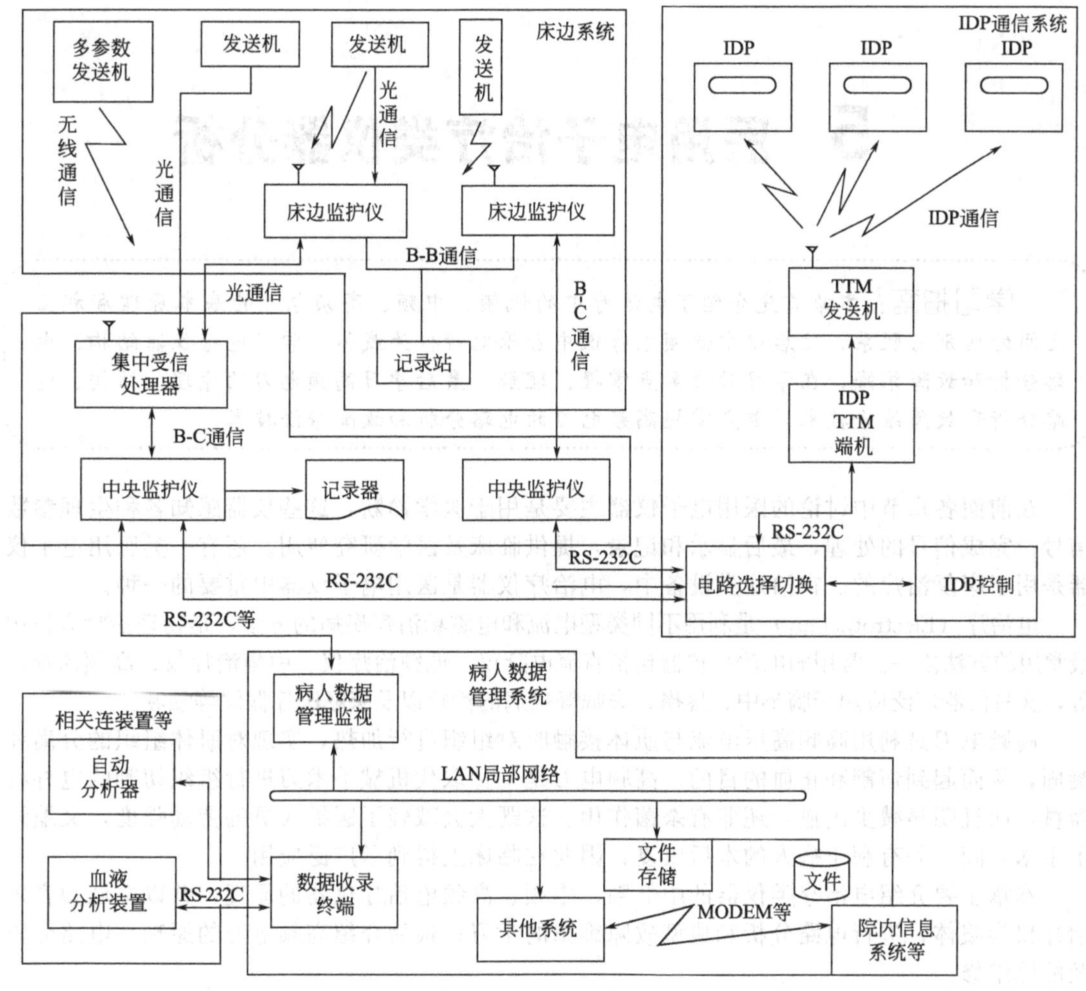

图 4-36 病人监护数据传送系统

接检测的信息送至体外，在体外用监护及测量装置进行实时监控的方法，也引起了生物医学界及工程界的重视，植入式监护主要用于对一些人工植入装置进入人体后（例如假肢、人工器官等)的性能及人体相关参数进行实时监测，必要时实现体外对体内装置性能的调控。

思考题

1. 按使用范围分类，医用监护仪可以分为那几类?
2. 医用监护仪有那几部分组成，各有什么作用?
3. 简述医用监护仪中，如何测量呼吸?
4. 简述医用监护仪中，如何测量无创血压?
5. 简述医用监护仪中，如何测量血氧饱和度?
6. 多参数监护仪有哪几块电路板组成，简要说明各自功能。
7. 简述 Viridia 26/24 系列多参数监护仪心电/呼吸模块的工作原理。
8. 简述 Viridia 26/24 系列多参数监护仪无创血压模块的工作原理。
9. 对照 Viridia 26/24 系列多参数监护仪的原理框图，说明其结构及信号流程。
10. 简述医用监护仪的维护。
11. 简要说明医用监护仪故障分类及维修方法。

5 医用电子治疗类仪器分析

学习指南：本章首先介绍了电治疗中的低频、中频、高频电疗的基本原理和相互之间的区别与联系，然后以中低频电疗仪中音乐电疗仪为载体，学习电疗仪器结构、电路分析和故障维修，在学习时应重点掌握、理解。最后学习高频电刀的原理、结构、电路分析和故障维修技术，重点掌握高频电刀的电路分析和故障维修技术。

在前面各章节中讨论的医用电子仪器主要是用于医学诊断，这些仪器感知各种生理参数信号，完成信号的处理，最后显示和记录，提供临床及医学研究使用。还有一类医用电子仪器是用于康复治疗的。在治疗类设备中，电治疗仪器是医用电子仪器中重要的一种。

电治疗（Electrotherapy）是利用不同类型电流和电磁场治疗疾病的方法，是物理治疗方法中最常用的方法之一。常用的电治疗仪器包括直流电疗仪、低频治疗仪、中频治疗仪、高频治疗仪等，这些仪器广泛应用于脑卒中、疼痛、失眠等疾病的治疗以及家庭医疗保健等领域。

高频电刀是利用高频高压电流与肌体接触时对组织进行加热，实现对肌体组织的分离和凝固，从而起到切割和止血的目的。高频电刀是一种取代机械手术刀进行组织切割的电外科器械，而且明显减少出血，还兼有杀菌作用。这既大大减轻了医护人员的劳动强度，又缩短了手术时间，并有利于病人的术后康复，因此在临床上得到了广泛应用。

本章主要介绍电治疗类仪器的中低频、中频、高频电治疗仪器的原理，并以中低频音乐治疗仪为载体，进行电路分析和典型故障维修的学习；最后介绍高频电刀的原理、电路分析及故障维修。

5.1 电刺激治疗的原理

人体内除含大量水分，还有很多能导电的电解质和非导电的电解质，因此人的机体实际上是一个既有电阻又有电容性质的复杂导体，这是电疗的物质基础。电能作用于人体引起体内的理化反应，并通过神经-体液作用，影响组织和器官的功能，达到消除病因、调节功能、提高代谢、增强免疫、促进病损组织修复和再生的目的。

常用的电能有直流电、交流电和静电三类。临床上应用的电疗方法有：直流电疗法（包括电水浴疗法、直流电离子导入疗法），低频脉冲电疗法（包括感应电疗法、电兴奋疗法、电睡眠疗法、超强电刺激疗法、经皮电刺激疗法、间动电疗法等），中频电疗法（包括等幅中频正弦电疗法、调制中频正弦电疗法、干扰电疗法等），高频电疗法（包括长波电疗法、中波电疗法、短波电疗法、超短波电疗法、微波电疗法及毫米波电疗法）和静电疗法。

机体对不同性质的电流反应不一，治疗机理亦不相同。投入临床应用的电疗法又以低频电疗法、中频电疗法和高频电疗法为主。低频电流可改变神经和肌肉细胞的膜电位，使之兴奋而产生收缩；低频调制的中频电流可使感觉神经的粗纤维兴奋，抑制细纤维冲动的传入，因此镇痛作用较强；高频电流对机体组织产生热效应和非热效应，从而达到治疗目的。同种电流在使用方法和剂量大小不同时，引起人体的反应也有差异。此外人体的不同器官和组织、不同的功能状态和病理改变，对电流的反应也不尽相同。

5.1.1 低频电治疗

(1) 低频电疗的定义

医学上把频率1000Hz以下的脉冲电流称作低频电流或低频脉冲电流。应用低频脉冲电流来治疗疾病的方法称为低频电疗法。低频脉冲电流在医学领域的应用已有一百多年的历史。20世纪80年代以来，随着大规模集成电路和计算机技术的应用，又开发了很多功能先进、体积小巧、使用方便的电疗设备，在功能性电刺激、肌电生物反馈及镇痛的研究和应用上取得了很大的进展，使得电疗尤其是低频脉冲电疗在临床上得到了更加广泛的应用。

在低频电疗中，将频率定在1000Hz以下的原因，是根据电流的生理学特征来决定的。相关研究及实验表明，对于运动神经，1～10Hz的频率可以引起肌肉的单个收缩，20～30Hz可以引起肌肉的不完全强制收缩，50Hz可以引起肌肉的完全强制收缩。对于感觉神经，50Hz可以引起明显的震颤感，10～200Hz特别是100Hz左右的频率可以产生镇痛和镇静中枢神经的作用。对于自主神经，1～10Hz的频率可以兴奋交感神经，10～50Hz可以兴奋迷走神经。这些有重要医学价值的频率多在1000Hz以下，加上低频脉冲电流的重要作用之一是它能兴奋神经肌肉组织，二是哺乳类动物神经的绝对不应期多在1ms作用，为引起运动反应，只能每间隔1ms给予一次刺激，也就是说频率不能大于1000Hz。正是由于上述几个方面的原因，临床上将1000Hz定为低频的高限。

(2) 低频电流的分类

① 按波形　有三角波、方波、梯形波、正弦波、阶梯波、指数波等。

② 按有无调制　分为调制型和非调制型。

低频脉冲电流可分为调制和非调制两种。非调制型则无幅度或频率的变化而连续出现。调制是使一种频率较高的电流的幅度或频率随另一种频率较低的电流（调制波）的幅度发生相应的变化，调制时，受控制（即频率较高）的电流称为被调波，在无线电学上称为载波；控制电流（即频率较低的一种）则称为调制波。使被调波的幅度随调制波的幅度变化时，称为调幅；使被调波的频率随调制波的幅度而发生变化时，称为调频。

如图5-1所示。图（a）为调制波，其频率较低，幅度高低变化；图（b）为被调波，频率较高，但幅度恒定；图（c）是被调波被调制波控制时，被调波的幅度随调制波的高低而发生大小的变化，形成调幅电流；图（d）是被调波的频率被调制波控制时，被调波的频率随调制波的高低发生密、疏的变化形成调频电流。

电疗中常用的调制型低频脉冲电流如图5-2所示。图（a）为调幅方波；图（b）为调幅的新感应电；图（c）为调幅的指数曲线型波形；图（d）为调幅的锯齿波；图（e）为调幅的梯形波；图（f）为调幅的正弦波；图（g）为调幅的半波正弦波；图（h）为受方波调幅的正弦波；图（i）为调频的间歇振荡波；图（j）为调幅的间歇振荡波。

③ 按电流方向　分为单相和双相。双相脉冲波又根据其两侧波形、大小分为对称双相波、平衡不对称双相波和不平衡不对称双相波。图5-2(a)～(e)、(g)都是单相波，其余的是双相波形。

(3) 低频电流的参数

① 频率（f）　每秒内脉冲出现的次数，即周期的倒数，单位为Hz。

② 周期（T）　一个脉冲波的起点到下一个脉冲波的起点相距的时间，单位为ms或s，见图5-3、图5-4。

③ 波宽　每个脉冲出现的时间，包括上升时间、下降时间等，单位为ms或s。不同波形的波宽计算方法不一致。对脉冲列，波宽也叫脉冲宽度；对双相波，波宽由正负相位宽度

组成。对脉冲群，每个脉冲群持续的时间就是脉冲群宽度，如图 5-5 所示。波宽是一个非常重要的参数。要引起组织兴奋，脉冲电流必须达到一定的宽度。神经组织和肌肉组织所需的最小脉冲宽度不一样，神经组织可以对 0.03ms 宽度的电流刺激有反应，而肌肉组织兴奋必须有更长的脉冲宽度和更大的电流强度。

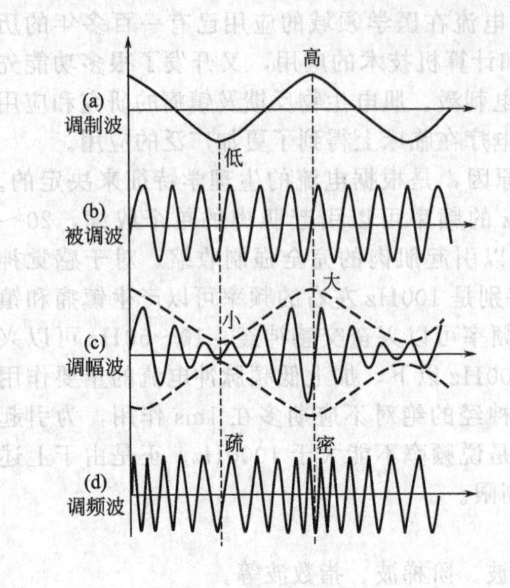

图 5-1 调制波的形成

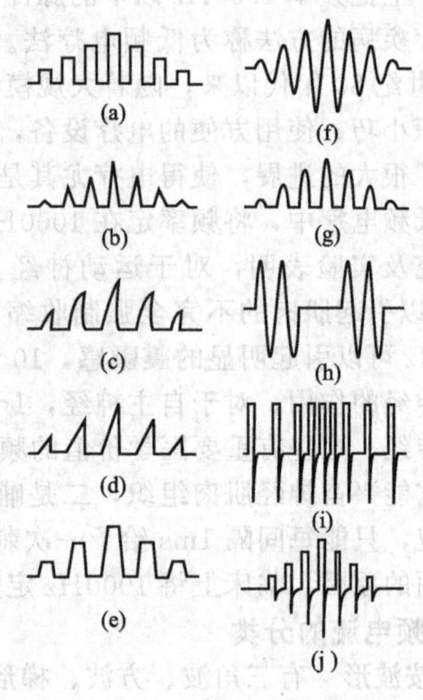

图 5-2 电疗中常用的调制波

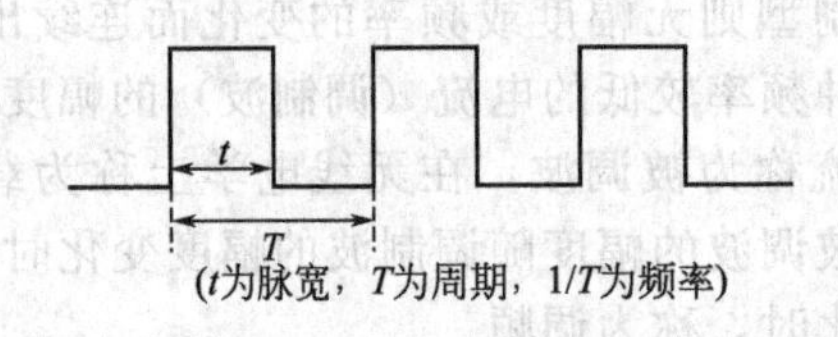

图 5-3 方波的参数

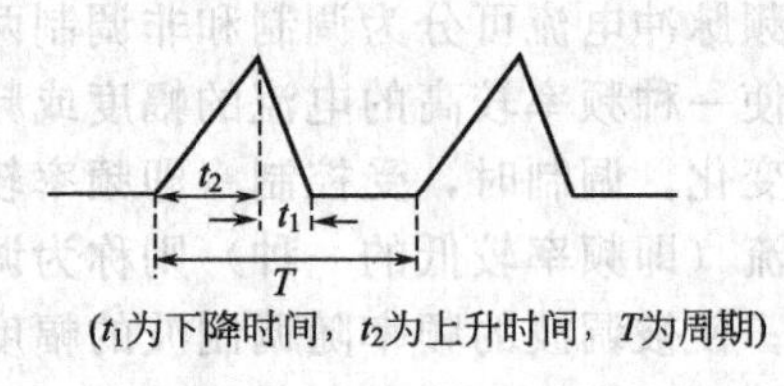

图 5-4 三角的参数

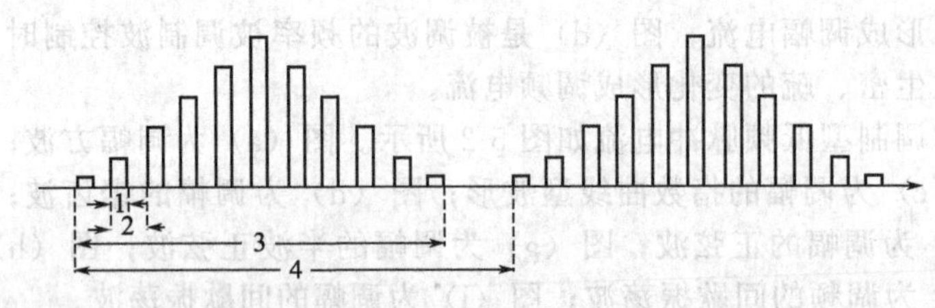

图 5-5 调幅波的参数

1—脉冲宽度；2—脉冲周期；3—调制波宽；4—调制波周期

④ 波幅　由一种状态变到另一种状态的变化量，最大波幅（峰值）是从基线起到波的最高点之间的变化量。

⑤ 脉冲间歇时间　即脉冲停止的时间，等于脉冲周期减去脉冲宽度的时间，单位为 ms 或 s。

⑥ 通断比（Ratio）　是指脉冲电流的持续时间与脉冲间歇时间的比例。

⑦ 占空因数（Duty Cycle）　是指脉冲电流的持续时间与脉冲周期的比值，通常用百分比来表示。

(4) 低频电流的生理和治疗作用

低频电流的特点是：均为低频小电流，电解作用较直流电弱，有些电流无明显的电解作用；对感觉神经和运动神经都有强的刺激作用；无明显热作用。

低频电流的生理作用和治疗作用包括：兴奋神经肌肉组织；镇痛；促进局部血液循环；促进伤口愈合；促进骨折愈合；消炎；镇静催眠作用。前三种是主要作用，后四种是次要作用。

① 兴奋神经肌肉组织 低频电流通过刺激周围神经、局部肌肉血管，能提高其兴奋性。不断变化的电流能引起神经肌肉组织兴奋，从而使肌肉收缩，恒定直流电是不能引起神经肌肉兴奋的，因此低频脉冲电流的主要治疗作用之一是引起神经肌肉兴奋。

② 低频电流有改善局部血液循环的作用，其可能的机理为：低频电流刺激皮肤，使神经兴奋，通过轴突反射导致血管扩张；低频电流作用于组织，可发生电解效应，使组织蛋白发生微量的变性分解，形成血管活性肽，引起血管扩张；抑制交感神经而引起血管扩张。

③ 镇痛作用 镇痛作用与局部血液循环改善而带来的有利反应有关。局部血液循环的改善能减轻局部缺血、缓解酸中毒、加速致痛物质和有害的病理产物的清除、减轻组织和神经纤维间水肿、改善局部营养代谢，从而消除或减弱了疼痛的刺激因素，达到镇痛效应。

5.1.2 中频电疗

(1) 中频电疗的定义

用频率 1000Hz～100kHz 的电流治疗疾病的方法，称为中频电疗法。中频电疗法在我国的应用很广泛，特别是近年来电脑中频在全国各大小医院普及，一些家庭型的电脑中频治疗仪开始进入普通百姓家里。

(2) 中频电流对人体的作用特点

① 阻抗明显下降：人体组织是可导电体，在电学上具有电阻和电容特性。组织对不同频率电流的电阻不同：对低频电流的电阻较高，随着频率的增高，电阻逐渐下降。

交流电可以通过电容。容抗的大小与电流频率和电容量成反比，其公式为

$$X_C=\frac{1}{2\pi f_c}X_C=\frac{1}{2\pi f_c}$$

当电容 C 大小一定时，容抗 X_C 的大小取决于电流的频率。频率越高，容抗就越低，电流就越容易通过。

通过实验证实，人体组织对频率较高的交流电的电阻和容抗都较低，在一对 $100cm^2$ 的电极之间皮肤的阻抗，通以 50Hz 的低频电流时为 1000Ω 左右，通以 4000Hz 的中频电流时阻抗降至 50Ω。所以中频电流更容易通过组织，中频电疗法应用的电流强度较低频电流大，可达 $0.1\sim0.5mA/cm^2$，能达到人体组织的深度也较深。

② 无电解作用：中频电流是交流电流，无正负极之分，因此电极下没有电解反应，没有酸碱产物产生，对皮肤的刺激性较小，患者能较好地耐受和坚持长时间治疗。中频电疗时可使用薄衬垫。当然半波中频电流是有极性的，有电解作用。

③ 对神经肌肉的作用：中频电流的频率大于 1000Hz，脉冲周期小于 1ms，因此一个周期的电流不能引起神经兴奋和肌肉收缩。只有综合多个周期的连续作用并达到足够强度时才能引起一次强烈的肌肉收缩。对感应电已不能引起兴奋的变性的神经，中频电流仍可引起兴奋。

中频电流刺激引起肌肉的强烈收缩，在主观感觉上比低频电流刺激引起的收缩要舒适得多，尤其是 6000～8000Hz 电流刺激时肌肉收缩的阈值与痛觉的阈值有明显的分离，即肌肉收缩的阈值低于痛阈，肌肉收缩时患者没有疼痛感。

④ 低频调制的中频电流的特点：等幅中频电流的幅度无变化，易为人体所适应。为了克服中频电流的这一弱点，可以采用由低频调制的中频电流，即用 0～150Hz 的低频来调制中频，

使中频的幅度产生低频的变化。这样的中频电流没有低频电的缺点（如作用表浅、对皮肤刺激大、有电解作用等），又兼具了低中频电流的优点：人体组织的阻抗明显下降；不发生电解；患者能耐受较大强度的电流；电流的频率、波形、幅度可不断变化，患者不易产生适应性；刺激神经肌肉，可产生较强的肌肉收缩；整流后的半波中频电流可做药物离子导入。

(3) 中频电的治疗作用

① 镇痛作用　中频电流（特别是低频调制的中频电流）的镇痛作用与低频脉冲电流相似。

A. 即时镇痛作用：几种中频电流单次治疗和治疗停止后都有不同程度的镇痛作用，可持续数分钟到数小时。

B. 多次治疗后的镇痛作用：是产生即时镇痛作用的各种因素的综合作用和改善了局部血液循环的结果。

② 促进局部血液循环　中频电流单次作用时和停止作用即刻皮肤充血反应不明显，而在停止治疗 10～15min 后比较明显。在几种中频电流中，以 50～100Hz 的低频调制的中频电流的作用较强。

③ 锻炼肌肉　与低频脉冲电流相似，由 1～50Hz 的低频调制的中频电流能引起肌肉收缩。因此，中频电流亦可用于锻炼肌肉、预防肌肉萎缩、提高平滑肌张力、调整植物神经功能。它具有以下特点：对皮肤的刺激性小，不易引起疼痛；无电解作用，不易损害皮肤，有利于持久治疗；人体的耐受性良好，电流的作用深度较大。

④ 软化疤痕、松解粘连　中频电流有较好的软化疤痕、松解粘连作用，可能由于中频电流刺激能扩大细胞与组织的间隙，使粘连的结缔组织纤维、肌纤维、神经纤维等活动而后分离。

⑤ 消炎作用　中频电流对一些慢性非特异性炎症有较好的治疗作用。这主要是由于中频电流作用后局部血液循环改善，炎症产物的吸收和运走加速，局部组织的营养和代谢增强，免疫功能提高。

5.1.3 高频电治疗

(1) 高频电疗法的定义

频率大于 100kHz(100000Hz) 的交流电称为高频电流。它以电磁波形式向四周传播。电磁波在空间传播的速度等于光速，为 3×10^8m/s。高频电流的频率与波长成反比关系，可以公式表示：

$$f=V/\lambda$$

式中，f 为频率，Hz；λ 为波长，m；V 为光速，m/s。

所以，知道高频电的频率就可以算出它的波长，知道波长也可求出它的频率。应用高频电作用人体达到防治疾病目的方法称高频电疗法。

低频电、中频电、高频电因其效能和特点不一样，应用也不一样，详见表 5-1。

表 5-1　低频电疗、中频电疗、高频电疗比较

名　称	低　频	中　频	高　频
作用特点	每个脉冲均可引起神经肌肉一次兴奋	综合多个脉冲才能引起神经肌肉一次兴奋	温热作用及热外作用
主要应用	离子导入，止痛，改善循环，肌肉锻炼	镇痛，软化疤痕，改善循环，肌肉锻炼	消炎，解痉，改善循环
作用深度	较浅	浅部或深部	浅部或深部
热效应	不明显	不明显	明显
人体电阻	大	中	小
电解作用	明显	不明显	不明显
电极离开皮肤	不能	不能	能(中波例外)

高频电疗的共鸣火花疗法始于19世纪末，至20世纪上半叶相继出现了中波、短波、超短波、微波等高频电疗。近年来，长波、中波的应用逐渐减少，短波、超短波、微波疗法等得到了广泛的应用。高频电疗所具有的热效应、热外效应被广泛的应用于各种疾病的治疗中，成为临床治疗的重要手段之一。

(2) 高频电疗的分类

① 按波长分类　目前医疗上所用的短波、超短波、分米波、微波的波长划分见表5-2。

② 按波形分类

A. 减幅正弦电流：电流波幅依次递补递减，最后降至0，如图5-6(a) 所示。

B. 等幅正弦电流：电流波幅相等恒定不变，连续振荡，如图5-6(b) 所示，临床常用的有中波、短波、超短波疗法等。

C. 脉冲正弦电流：正弦电流以脉冲形式出现，通电时间短，脉冲峰值大，断时间长，如图5-6(c) 所示，目前采用这种电流的有脉冲短波和脉冲超短波疗法。

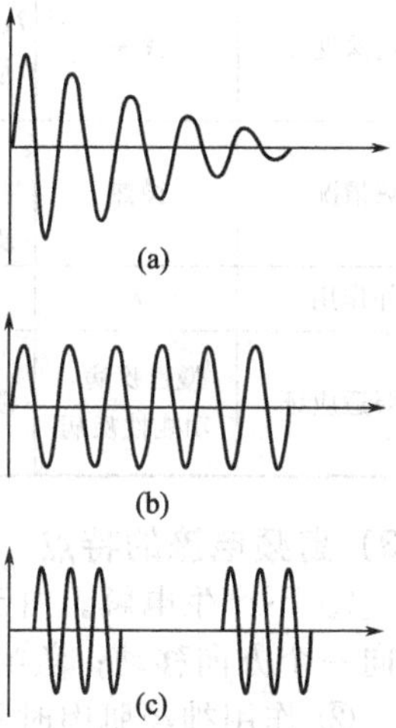

③ 按功率分类

A. 小功率输出：适用于小器官和较表浅部位治疗，如40～60W的五官科用的小型超短波治疗机。

B. 中等功率输出：用于较大部位和较深的内脏部位治疗，如100～300W的超短波治疗机。

C. 大功率输出：为近年来发展应用的射频疗法，功率可达1000W或1000W以上，如大功率短波、超短波和大功率微波、分米波治疗机，用于治疗恶性肿瘤。

(a)

(b)

(c)

图5-6　高频电疗的波形

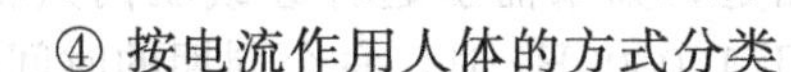

④ 按电流作用人体的方式分类

A. 直接接触法：如图5-7(a) 电极直接与人体皮肤或黏膜接触，多用在频率较低的高频电流，因它不易通过电极与皮肤形成的电容。如中波电疗法即属于此类。

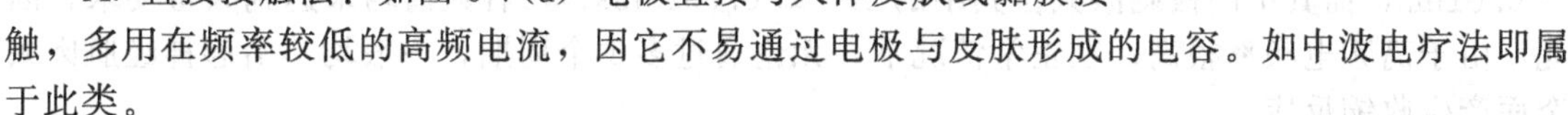

B. 电容电场法：如图5-7(b) 电极与人体相距一定的距离，整个人体和电极与人体间的空气（或棉毛织品）作为一种介质放在两个电极之间，形成一个电容，人体在此电容中接受电场作用，故称电容电场疗法。由于这种电容量小，容抗较大，因此只有频率较高的高频电流才能通过，如短波和超短波疗法。

C. 电缆电磁场疗法（线圈电磁场法）：如图5-7(c) 用一根电缆将人体或肢体围绕数圈，通过高频电流，由于电磁感应，在电缆圈内产生磁场，随之引起人体内产生涡电流，引起各种生理治疗作用，如短波电缆疗法。

D. 辐射电磁场法：如图5-7(d) 当高频电流的频率很高时，其波长接近光波，很多物理特征与光相似。在其发射电磁波的天线周围装一个类似灯罩状的辐射器，使电磁波像光一样经辐射器作用到人体，如分米波和微波疗法。

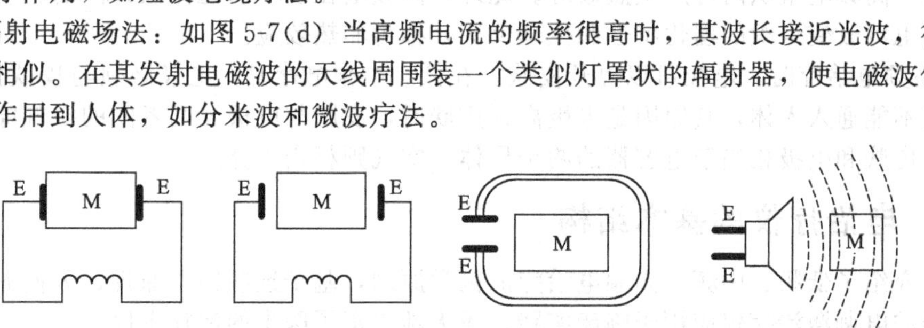

(a) 直接接触法　(b) 电容电场法　(c) 电缆电磁场法　(d) 辐射电磁场法

图5-7　高频电作用于人体的主要方式

E—电极或辐射器；M—人体

表 5-2 长波、中波、短波、超短波、微波等疗法特点比较

名称	长波	中波	短波	超短波	分米波	厘米波	毫米波
常用波长	200～300m	184m	22.124～11.062m	7.3374m	69dm	12.5cm	8mm
频率	150～100kHz	1.625MHz	13.56～27MHz	40.68MHz	433.92MHz	2450MHz	37.5GHz
电极	真空电极	铅板电极	电缆、电容	电容电极为主	槽形电器辐射器	辐射器	辐射器
电流作用方法	火花放电	传导电流	磁场感应涡流，位移电流	位移电流为主	特高频电磁波辐射	特高频电磁波辐射	极高频电磁波辐射
作用深度	浅表	浅表，主要在皮肤下，不均匀	较深可达肌肉、骨	较深可达肌肉、骨	脂肪层发热少，达深层肌肉、骨	作用深度 3～5cm，厘米波可达浅层肌肉	极表浅，＜1mm，只达表皮
产热情况	微热	热不均匀，主要在皮肤下及电阻小部位	脂肪层产热多于肌肉	脂肪层产热多于肌肉	槽形产热均匀	脂肪层产热与肌肉相似	不产热
热外作用	无	不明显	较明显	明显	明显	明显	很明显
主要适应证	慢性疾病，功能性疾病	慢性疾病为主	慢性、亚急性疾病为主	急性、亚急性疾病为主	慢性疾病为主、急性病可用	亚急性，慢性病及某些急性病	慢性病及某些急性病

(3) 高频电流的特点

① 不产生电解。由于它是一种交流电，是一种正负交替变化的电流，在正半周内，离子向一个方向移动；负半周内，离子又向反方向移动，所以，不会产生电解作用。

② 作用神经肌肉时不产生兴奋作用。根据电生理测定，如果需引起神经或肌肉兴奋，刺激的持续时间应分别达到 0.3ms 和 1ms。但当频率大于 100000Hz 时，每个周期的时间小于 0.01ms，而其中阴极刺激只占其中的 1/4 即 0.0025ms，两者数值均未达到兴奋要求，因此，由于高频电频率很高，在正常情况下，无论通过多少个周期，一般均不引起神经肌肉兴奋而产生收缩反应。

③ 高频电通过人体时能在组织内产生热效应和非热效应。在低中频电流中，由于通过组织电流较小，不能产生足够热量。但在高频电时，由于频率上升，容抗 X_C 急剧下降，组织电阻可明显下降到数百、数十甚至数个欧姆，因此，通过人体的电流可急剧增加。根据焦耳-楞次定律

$$Q=0.24I^2Rt$$

式中，Q 为产热量；I 为电流强度；R 为电阻；t 为通电时间。

所以，高频电组织内可产生热效应。此外，高频电在以不引起体温升高的电场强度作用人体时，也可改变组织的理化特性和生理反应，称为非热效应。

④ 高频电治疗时，电极可以离开皮肤。在低、中频电疗时，电极必须与皮肤紧密接触，否则电流不能通入人体，其原因是电极离开皮肤时，皮肤与电极及两者间的空气隙形成了一个电容，皮肤和电极相当于电容器的两个导体，空气则相当于介质。

5.1.4 电治疗仪的基本结构

前文介绍了低频、中频、高频电治疗的医学原理，基于这些医学原理，人们研究生产了各种各样的电刺激治疗仪应用于临床实践，极大地丰富了医生的治疗手段。

电刺激治疗器本质是一台信号发生器，仪器根据临床需要产生各种电刺激波形，整形放大后通过电极输出作用于人体，治疗疾病。

电疗仪器的基本结构如图 5-8 所示，由载波发生电路产生电刺激所需的基本波形，如用

于产生方波脉冲、指数脉冲等脉冲波形；调制波电路产生调幅波形或者调频波形，如正弦调幅波、随机信号调幅波等；波形合成电路将载波与调制波合成电治疗所需的电刺激波形，经过波形整形、功率放大后由输出电路输出。刺激波形的频率、强度、脉冲间歇时间等参数在临床中又被称为治疗处方。

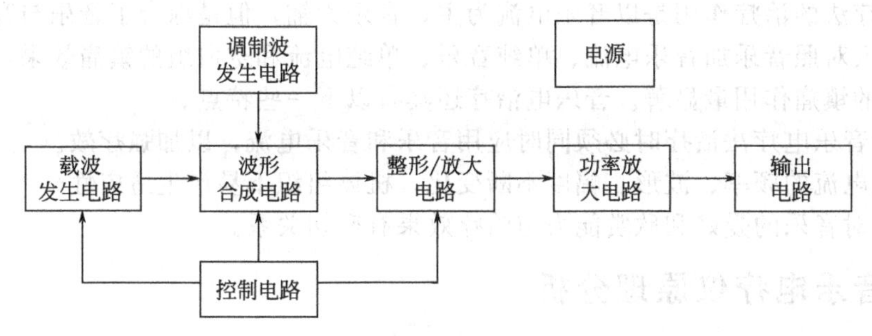

图 5-8 电治疗仪的一般结构框图

下一节以音乐电治疗仪为载体，学习分析电治疗仪器的结构、电路分析和故障维修。

5.2 音乐电治疗仪

用音乐治疗疾病的历史很悠久。18 世纪人们开始研究音乐对人体的影响，到 20 世纪 40 年代以后音乐治疗蓬勃发展，1950 年成立了国际音乐疗法协会，音乐疗法成为一种专门的疗法。我国在 20 世纪 70 年代开始推广应用音乐疗法，到 20 世纪 80 年代初又在音乐疗法的基础上把音乐与由音乐信号转换成的同步电流结合治疗疾病，称为音乐-电疗法（Music-Electrotherapy），又称为音乐电疗法。

音乐电治疗是将唱片、磁带、CD 或者电子音频播放器（MP3、MP4）所发生的音乐信号经声电转换器转换成电信号，再经放大，然后由声频匹配器升压后输出作用于人体，从而治疗疾病。人耳能听到的声音的频率为 20～20000Hz。常见乐器和人声的音频范围是 27～40000Hz，转换成同步的音乐电流的频率为 30～18000Hz。因此，音乐电流既有低频电流成分，又有中频的成分，是有一定的节律、频率和幅度不断变化的不规则正弦电流，以低频为主，中频为辅，是名副其实的音频电流。音乐电治疗仪也就是一种中低频电疗仪。

5.2.1 音乐电疗的生理作用

音乐电流是以低频为主的低中频混合的不规则电流，因此兼有低频电和中频电的作用，以低频电为主，而又不同于一般的低中频电疗法。

① 锻炼肌肉　音乐电流可引起明显的肌肉收缩，但电极下无明显的低频电刺激的不适感。音乐电流使肌肉收缩的强度、持续时间、间歇时间与音乐的性质明显有关。应用旋律热情、节奏激烈、速度快、力度强的音乐所转换成的音乐电流，振动感和肌肉收缩更为明显。因此音乐电流可以用于锻炼肌肉、增强肌力、防止肌肉萎缩。但因电流的通、断电时间、间歇时间、频率不能调节，所以音乐电流不适宜对失去神经支配的肌肉刺激。

② 促进局部血液循环　音乐电流可以引起较持久的血管扩张。有人将音乐电流作用于肢体，可见局部和指尖皮肤温度升高，甲皱微循环改善，肢体血流图亦见血流量明显增加。

③ 镇痛　音乐电流作用于皮肤后，局部痛阈和耐痛阈增高，镇痛作用明显，且出现迅速，持续时间长，可达 1h。

④ 神经节段反射作用　音乐电流作用于交感神经节可以调节血压。作用于头部可以缓

解头痛、调整大脑的兴奋和抑制过程。

⑤ 对穴位和经络的作用　音乐电针疗法是将音乐电流作用于穴位，通过经络发生很复杂的生理和治疗作用，如镇痛、活血化淤、促进组织修复、调整内脏、内分泌功能、抗过敏、增强免疫等作用。

音乐电疗法的治疗作用是以音乐电流为主，音乐为辅，但是综合了音乐与音乐电流两者的作用，有人对照音乐加音乐电流、单纯音乐、单纯电流和空白组的镇痛效果，发现音乐加音乐电流组的镇痛作用最显著。音乐电治疗还具有以下一些特点。

① 进行音乐电疗法治疗时必须同时应用音乐和音乐电流，以加强疗效。

② 音乐电流的频率、波形、幅度不断变化，机体组织不易产生适应性。

③ 患者对音乐的爱好和欣赏能力与治疗效果有密切关系。

5.2.2　音乐电疗仪原理分析

国产音乐电疗机多为小型机器，患者通过耳机收听音乐，音乐电流输出通过导线连接电极。还有大型的音乐电疗机，其外观与落地式音响无异，病人既可用耳机收听音乐，也可通过仪器带的音箱听。音乐信号源有盒式磁带、电台、密纹唱片、CD、MP3 等。这种仪器既可作音乐电疗法用，也可作单纯的音乐治疗用，如在体疗室作背景音乐。

ZJ-12H 型音乐电疗仪是一款中型的音乐治疗仪，有六通道输出，每个通道可独立输出音频电流，其结构框图如图 5-9 所示。用户可以在 LCD 显示器里看到各种治疗参数等信息，通过按键、旋钮来操作仪器，选择治疗用的音乐，设定治疗参数；治疗用的处方音乐存储在 FLASH 存储器中，然后由音频解码电路解码转换为音乐信号，经前置放大、功率放大后输出到刺激电极。解码后的音乐信号也可以通过喇叭、耳机播出来。

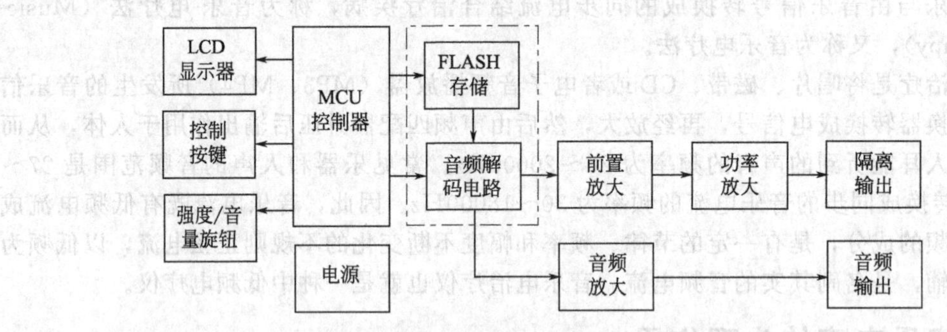

图 5-9　ZJ-12H 型音乐电疗仪的原理框图

ZJ-12H 型音乐电疗仪在治疗时有两种操作方法。

电极法：根据患者的病情和爱好，选择合适的音乐。电极的放置同其他低中频电疗法。患者带上耳机，或用音箱收听，调好音量和电流强度。一般每日一次，每次 30～60min。

电针法：操作步骤与电极法相似，但治疗电极采用毫针。治疗时将针刺入穴位，电极导线与针柄连接通电。电针法所需的电流强度比电极法小。

治疗前先向患者交代治疗时的感觉。要求患者集中注意力，静听音乐，尽快进入“乐境”。室内要求舒适美观，严防噪声干扰。

(1) 电源电路

ZJ-12H 音乐电疗仪采用开关电源作为系统电源，输入＋220V 交流电压，输出功率为 40W，输出两路直流电源，＋12V 和＋5V，通过接口 P1 引入主板。U_1(LM2937) 是三端稳压管，稳压输出＋3.3V，为系统中的低压芯片提供工作电源。CP_1、CP_2、C_1～C_3 皆为滤波电容。如图 5-10 所示。

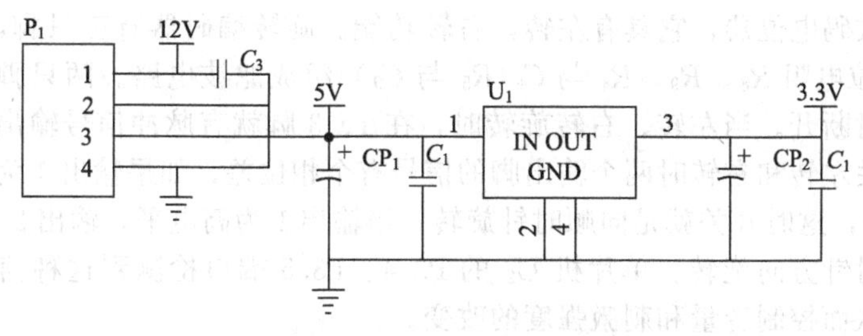

图 5-10　部分电源电路

(2) 主板电路

ZJ-12H 音乐电疗仪主板电路用单片机（U_2）作为控制核心，如图 5-11 所示。

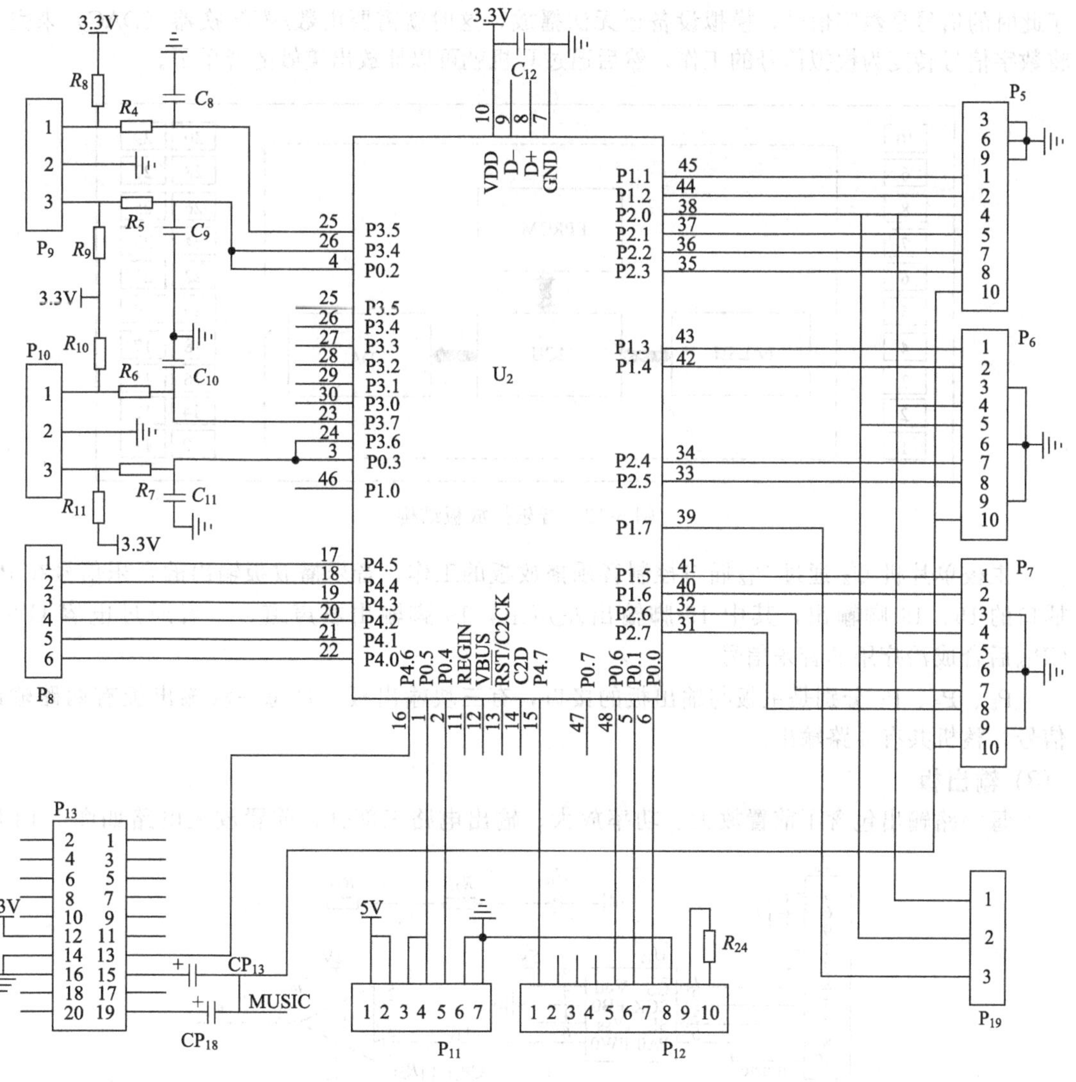

图 5-11　主板电路

U_2 的 P4.0～P4.5 端口用于接收来自按键的信号（P_8），按键为 3×3 矩阵键盘，即最多可以产生 9 个按键信号。P_{11}是主板与液晶显示器之间的接口。

P_9 为音乐播放音量的调节旋钮，P_{10}为音乐电刺激的刺激强度调节旋钮。这种旋钮又叫做旋转编码器或者数码电位器，它具有左转，右转功能。旋转编码器有三只脚，中间 2 脚接地，1、3 脚分别接上拉电阻 R_8、R_9，R_4 与 C_8（R_5 与 C_9）组成滤波电路。两只脚为按压开关，按下时导通，回复时断开。当左转、右转旋转时，在 1、3 脚就有脉冲信号输出了。用示波器可以观察到这种开关左转和右转时两个输出脚的信号有个相位差，如果输出 1 为高电平时，输出 2 出现一个高电平，这时开关就是向顺时针旋转；当输出 1 为高电平，输出 2 出现一个低电平，这时就一定是逆时针方向旋转。单片机 U_2 的 P3.4、P3.5 端口检测到这种信号后再判断旋转了多少个挡位，从而控制音量和刺激强度的改变。

P_{12}、P_{13}是主板与音乐播放板的连接插口。音乐播放板是一个功能特定的小型电脑，在其内部，拥有存储器（FLASH、EPROM）、中央处理器 MCU（微控制器）、解码和数模转换（D/A），如图 5-12 所示。治疗的处方音乐以 MP3 格式存储在机身内置闪存（FLASH）里，在播放的过程中，MCU 将其从存储介质里读取出来，缓冲在 EPROM 中，解码后播放出来。由于此时的信号是数字信号，模拟设备还无法播放，这时就需要由数/模转换器（DAC）来完成将数字信号转变为模拟信号的工作，然后通过耳机就可以播放出美妙的音乐了。

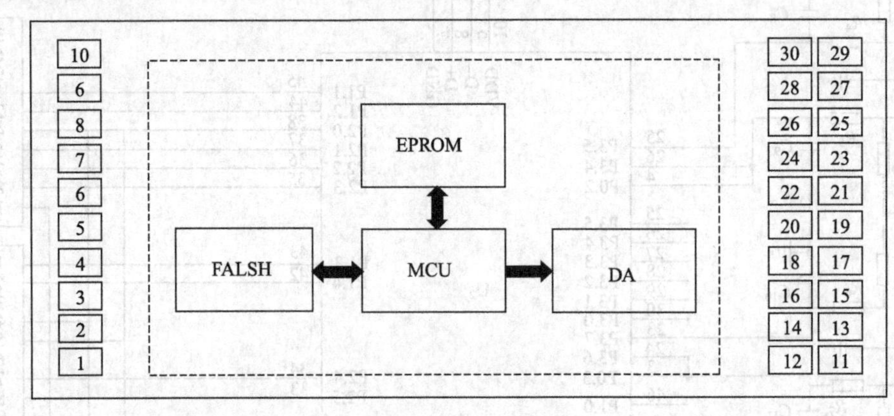

图 5-12　音乐播放板结构

主板单片机 U_2 通过 P_{12}插口控制音乐播放板的工作，音乐播放板输出的音乐信号在 P_{13} 插口的 15、19 脚输出，其中 15 脚输出左声道，19 脚输出右声道，二者通过电容 CP_{13}、CP_{18}后合成治疗用的音乐信号。

P_5、P_6、P_7 分别是主板与输出板的接口，有三块输出板，且每一块输出板有两路输出信号，整机共有 6 路输出。

(3) 输出板

每一路输出包含了前置放大、功率放大、输出电路三部分，前置放大电路如图 5-13 所

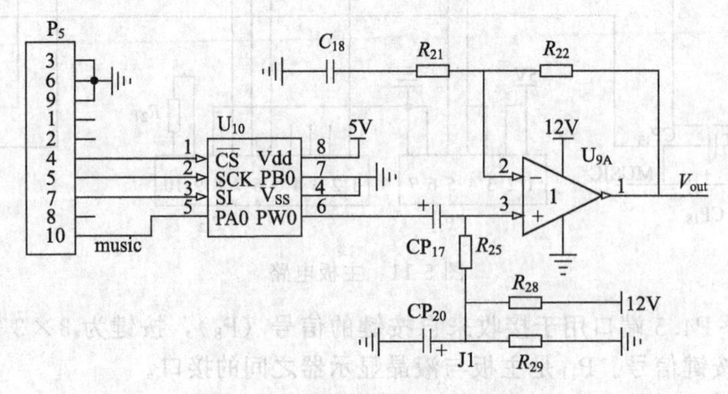

图 5-13　输出板前置放大电路

示。音乐信号由接口P_5的10脚输入，U_{10}是一个数字电位器，由主板单片机控制其接入电阻值的大小，从而改变输入集成运放同相端的音乐信号的大小，集成运放U_{9A}构成反向比例运算放大器，其增益倍数为R_{22}/R_{21}。

功率放大级由TDA2003(U_8)及其外围电路构成，如图5-14所示。经前级放大的音乐信号由电容CP_{16}输入到TDA2003的1脚，集成块2脚外接电容CP_{18}与外电阻R_{30}构成交流负反馈，用以改善放大器的音质，C_{19}和R_{27}为防自激网络，电源电压为12V，静态电路为45mA，输出从CP_{14}的负脚端输出，输出功率可达6W。

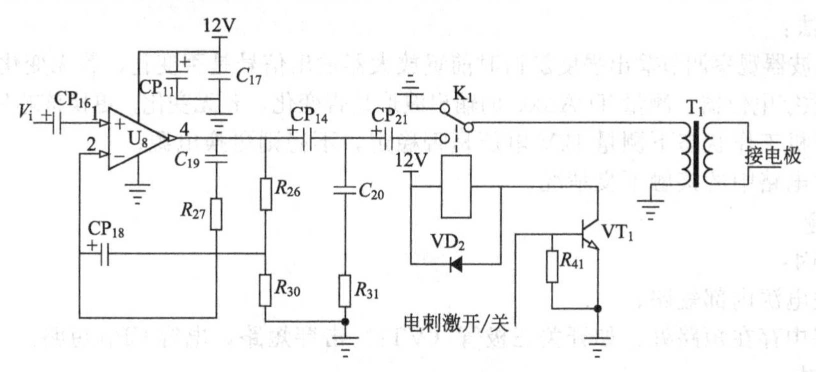

图5-14 音频功率放大电路和输出电路

输出电路由继电器K_1、三极管VT_1、耦合变压器T_1组成。三极管VT_1工作在开关状态，当基极为低电平时三极管截止，继电器没通电，K_1接地，变压器T_1没有输出。当VT_1基极接高电平时，VT_1饱和导通，继电器通电，K_1闭合，音乐信号输入到变压器T_1的初级线圈。T_1次级与初级线圈数之比为10∶1，初级最大输入电压小于12V，所以T_1输出的最大空载电压接近120V。信号经过变压器升压电路产生很高刺激电压最后通过电极作用于人体，用于治疗。

5.2.3 ZJ-12H音乐电疗仪维修实例

(1) 开机后液晶显示器不亮无输出

故障原因：

① 开关电源故障；

② 电源进线插头插座接线断开；

③ 保险丝短。

处理方法：排除电源线进线故障后，检测保险丝是否完好，再用万用表检测开关电源的输出12V、5V电压是否正常，若电压不正常则更换开关电源。

(2) 开机后指示器亮无输出

故障原因：

① 没有正常选择处方音乐；

②音乐播放板故障；

③ 由前置放大、功率放大、输出电路组成的输出板电路中某处线路开路或元件变质引起损坏，如TDA2003损坏、VT_1三极管击穿。

处理方法：

① 首先通过按键选择好处方音乐，确保按键选择有效，若有效会有提示音，并播放；

② 通过喇叭听是否有音乐，若没有音乐则可能是音乐播放板故障，更换音乐播放板；

③ 若通过喇叭能听到音乐，首先排除输出板与主板接线柱是否良好。然后检查本机的

12V 电压是否稳定，在用示波器逐个检查 U_{9A} 输入脚的 3 脚、U_8 的 1 脚、CP_2、T_1 的输入、输出脚上是否有音频波形，如果哪里没有音乐波形，说明故障即在哪里，排除之。

(3) 输出功率小

故障原因：

① 前置放大和功率放大电路由问题；

② 12V 电压不足；

③ 电路存在接触电路。

处理方法：

① 用示波器观察调节输出强度旋钮时前置放大器输出信号是否变化，若无变化，更换前置放大器中的数字电位器。测量 TDA2003 的输出波形是否变化，若无变化，更换该芯片；

② 在开机工作状态下测量 12V 电压是否稳定，不稳则更换电源；

③ 排除电路中的接触不良情况。

(4) 断保险

故障原因：

① 开关电源内部短路；

② 电路中存在短路处，如开关三极管（VT_1）击穿短路，电容 CP_{11} 短路。

处理方法：

逐级进行检查，排除短路处。严格遵守操作规程。

5.3 高频电刀

高频电刀是利用高频电流在组织中所产生的热效应来切开皮肤及组织，能使肌肉收缩，被切断的毛细血管，其表面可立即封闭，减少病人出血。高频电刀可用于外科的各种手术。由于有效电极面积小，电流密度很大，因此，可在较短时间内，在局部产生足够的热量，使电极下的组织分裂出一个不出血的、深度在几毫米的裂口（即电切），或使血管凝固到一定深度，代替线结扎（即电凝）。高频电刀的使用大大缩短了手术时间，同时还有杀菌作用。因此，是现代化医院外科手术必不可少的常用设备之一。

高频电刀自 1926 年应用于临床至今，已有 80 多年的历史了。其经历了火花塞放电—大功率电子管—大功率晶体管—大功率 MOS 管四代的更变。随着计算机技术的普及、应用、发展，目前，高性能的单片机广泛应用在高频电刀的整机控制，实施了对各种功能下功率波形、电压、电流的自动调节，各种安全指标的检测，以及程序化控制和故障的检测及指示。因而大大提高了设备本身的安全性和可靠性，简化了医生的操作过程。

同时，随着医疗技术的发展和临床提出的要求，以高频电刀为主的复合型电外科设备也有了长足的发展：高频氩气刀（高频电刀在电刀笔头处通以氩气，以获得特殊的凝血效果，这类仪器也被称为氩气高频电刀）、高频超声手术系统、高频电切内窥镜治疗系统、高频旋切去脂机等设备，在临床中都取得了显著的效果。而随之派生出来的各种高频手术器专用附件（如电极电切剪、双极电切镜、电切镜汽化滚轮电极等）也为临床手术开拓了更广泛的使用范围。

5.3.1 高频电刀的原理

生物组织都是导电体，当有电流通过组织时，可同时产生热效应、电离效应和法拉第效应。人们利用高频交流电技术来达到只产生热效应而不产生电离和法拉第效应的目的。低于 100kHz 的交流电会产生有限的如肌肉痉挛、疼痛、心室纤维颤动等（法拉第效应）；当电流频率达到 100kHz 以上时，法拉第效应明显减少；当高于 300kHz 时可忽略不计。高频电刀就是利用 300kHz 以上的高频电流，在组织内产生热效应，有选择地破坏某些组织，并避免其他效应的产生。目前一般采用的电刀频率约为 300～750kHz，功率在 400W 以下。高频电刀的作用主要是切割与凝结。切割是用高电流密度的高频电流通过手术电极上的一点以切割生物组织；凝结是流过手术电极上的高频电流使小血管和生物组织封口止血。高频电刀的优点主要表现在：切割中出血减少，防止病菌扩散，保护组织和能够进行内窥镜下的外科手术。

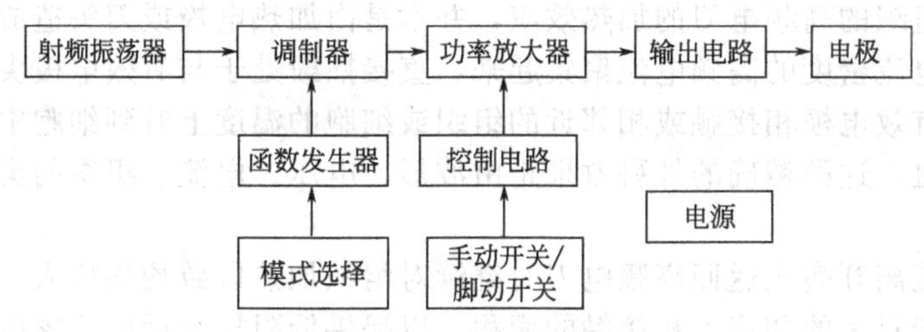

图 5-15　高频电刀结构框图

高频电刀事实上是一个大功率的信号发生器，如图 5-15 所示。信号的宏观（低频）形态由函数信号发生器产生，经射频调试（200kHz～3MHz）后，再经功率放大器放大输出到电极（电刀）。电极有双电极和单电极之分。双电极一般用于局部电凝和功率较小的场合；而单电极配以返回电极（又称分离电极）可提供手术切割所需的高功率输出。高频电刀输出的典型波形有三种，如图 5-16 所示，对应了电凝、电切和混切三种不同的功能和应用。

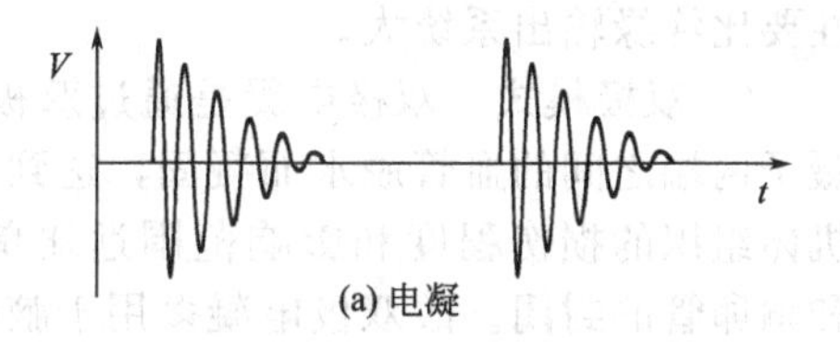

(a) 电凝

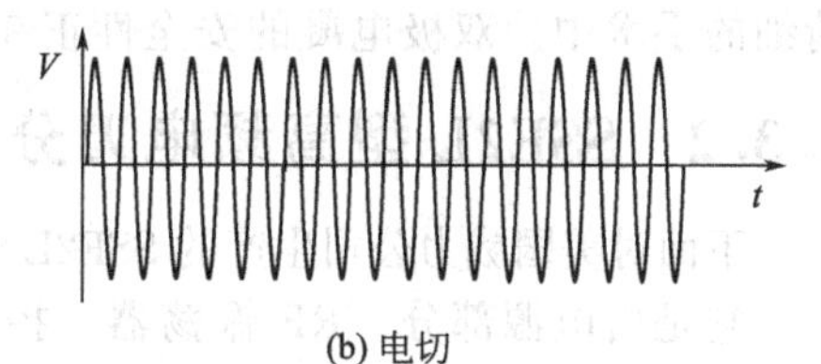

(b) 电切

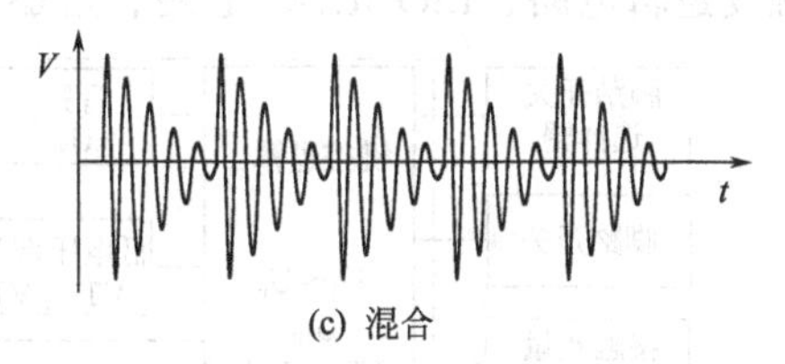

(c) 混合

图 5-16　高频电刀输出的三种典型波形

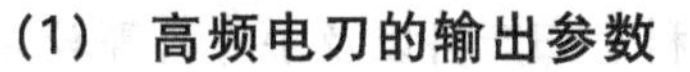

(1) 高频电刀的输出参数

① 电凝

射频频率：250kHz～2.0MHz。

调制（波簇）：120Hz 左右。

输出电压（开路）：300～2000V。

输出功率（500Ω 负责）：80～200W。

② 电切

射频频率：500kHz～2.5MHz。

调制（波簇）：直接输出或经调幅处理。

输出电压（开路）：9000V 左右。

输出功率（500Ω 负责）：100～750W。

(2) 高频电刀的功能

高频电刀具有电切（纯切、混切）、电灼、电凝等功能。根据不同的手术需要，设定不同的输出功率，适用于普通外科、心脏外科、泌尿外科、妇科等手术。

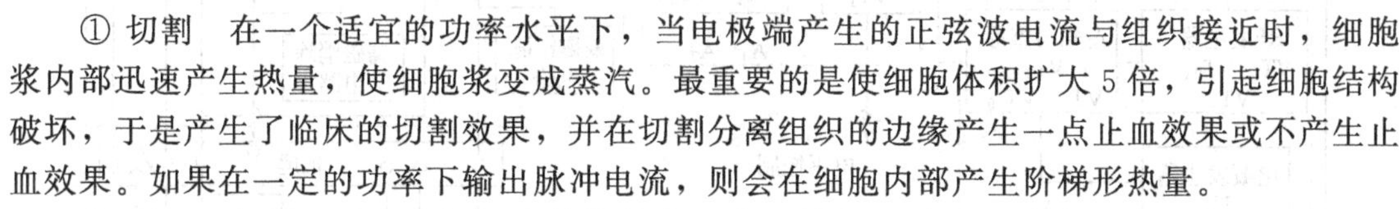

① 切割　在一个适宜的功率水平下，当电极端产生的正弦波电流与组织接近时，细胞浆内部迅速产生热量，使细胞浆变成蒸汽。最重要的是使细胞体积扩大 5 倍，引起细胞结构破坏，于是产生了临床的切割效果，并在切割分离组织的边缘产生一点止血效果或不产生止血效果。如果在一定的功率下输出脉冲电流，则会在细胞内部产生阶梯形热量。

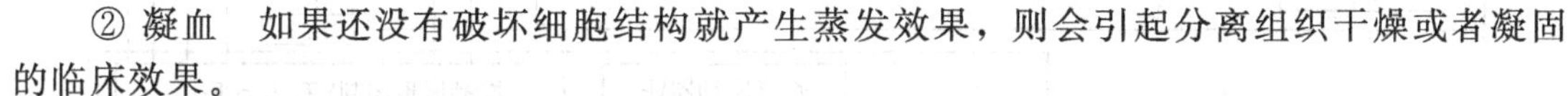

② 凝血　如果还没有破坏细胞结构就产生蒸发效果，则会引起分离组织干燥或者凝固的临床效果。

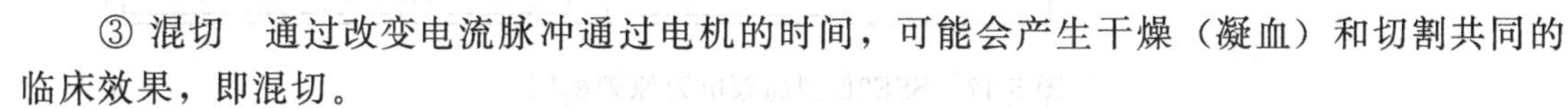

③ 混切　通过改变电流脉冲通过电机的时间，可能会产生干燥（凝血）和切割共同的临床效果，即混切。

(3) 高频电刀的工作模式

高频电刀有两种主要的工作模式：单极和双极工作模式

① 单极模式　在单极模式中，用一完整的电路来切割和凝固组织，该电路由高频电刀内的高频发生器、病人极板、接连导线和电极组成。在大多数的应用中，电流通过有效导线和电极穿过病人，再由病人极板及其导线返回高频电刀的发生器。

能摧毁病变组织的高频电刀的加热效应，并不是由加热电极或刀头造成的，像电烧灼器那样。它是将高电流密度的高频电流聚集起来，直接摧毁处于与有效电极尖端相接触一点下的组织的。当与有效电极相接触或相邻近的组织或细胞的温度上升到细胞中的蛋白质变性的时候，便产生凝血，这种精确的外科效果是由波形、电压、电流、组织的类型和电极的形状及大小来决定的。

为避免在电流离开病人返回高频电刀时继续对组织加热以致灼伤病人，单极装置中的病人极板必须具有相对大的和病人相接触的面积，以提供低阻抗和低电流密度的通道。某些用于医生诊所的高频电刀电流较小、密度较低，可不用病人极板，但大多数通用型高频电刀所用的电流较大，因而需用病人极板。

与地隔离的输出系统使得高频电刀的电流不再需要和病人、大地之间的辅助通道，从而减少了可能和接地物相接触的体部被灼烧的危险性。而采用以地为基准的系统，灼伤的危险性要比绝缘输出系统大。

② 双极模式　双极电凝是通过双极镊子的两个尖端向机体组织提供高频电能，使双极镊子两端之间的血管脱水而凝固，达到止血的目的。它的作用范围只限于镊子两端之间，对机体组织的损伤程度和影响范围远比单极方式要小得多，适用于对小血管（直径＜4mm）和输卵管的封闭。故双极电凝多用于脑外科、显微外科、五官科、妇产科以及手外科等较为精细的手术中。双极电凝的安全性正在逐渐被人所认识，其使用范围也在逐渐扩大。

5.3.2 SSE2L 型高频电刀分析

下面对美国威力公司生产的 SSE2L 型高频电刀进行分析，基本的电原理框图如图 5-17 所示。

它是由电源部分、RF 振荡器、控制与整形电路、激励电路、功率放大器、输出部分、触发逻辑电路、ISOBLOC 电路、灯驱动电路、音频电路、泄漏消除电路、REM 接触质量

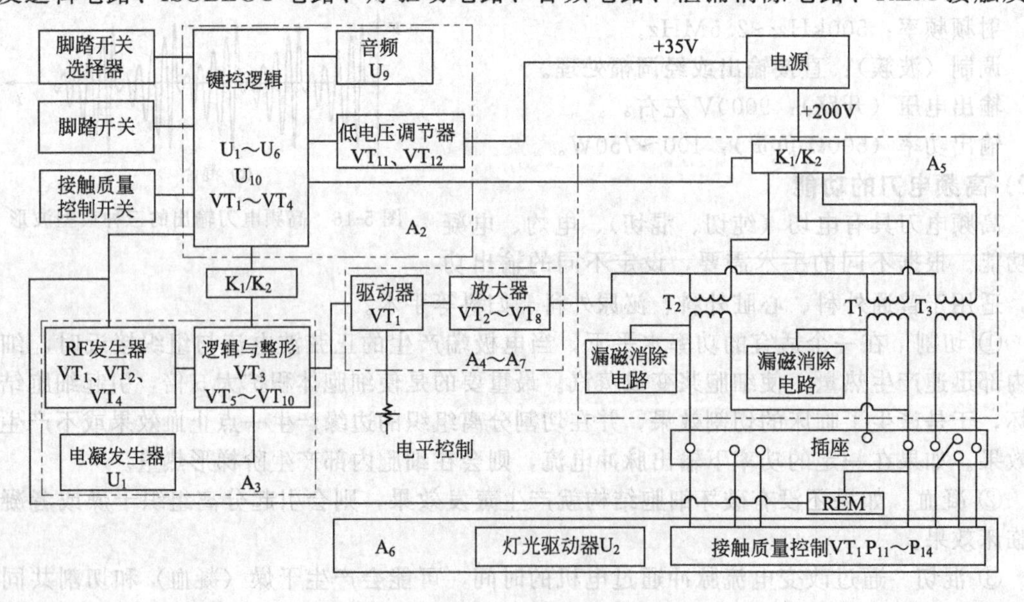

图 5-17　SSE2L 型高频电刀原理框图

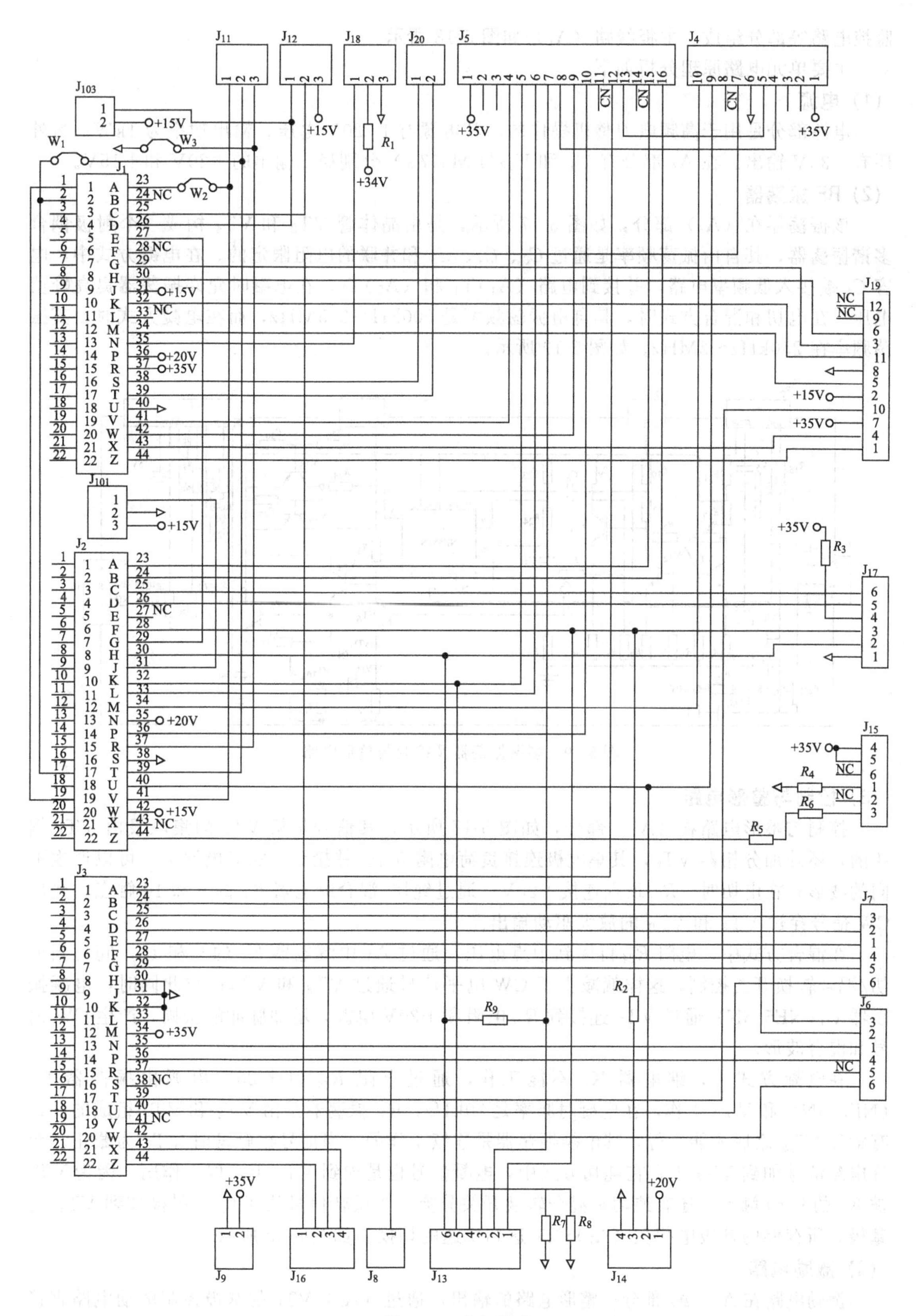

图 5-18 主板线路

监控电路等部分组成。主板线路（A_1）如图 5-18 所示。

主要单元电路原理分析如下。

(1) 电源

电源部分是用于高频电刀整机操作的，其电源有＋220V 电压，输出功率为 1kW；另外还有＋35V 输出。在 A_2 部分有 U_{11} 和 U_{12}(LM317T) 分别稳压输出的＋20V 和＋15V。

(2) RF 振荡器

该振荡器在（A_3）部分，如图 5-17 所示，是由晶体管 VT_2 和 VT_4 构成一个射极耦合多谐振荡器，其自由振荡频率是通过 C_3、C_4、C_5 和并联的电阻限定的。在电凝方式中，电容 C_4 被接入低频率电路，并接到电路（A_4）T_1 和（A_5）T_1，在电凝时允许振荡器提高峰值电压；在电切和混合方式时，其自由振荡频率是 500kH～2.5MHz，而在电凝方式时，其振荡频率在 250kHz～2MHz。如图 5-19 所示。

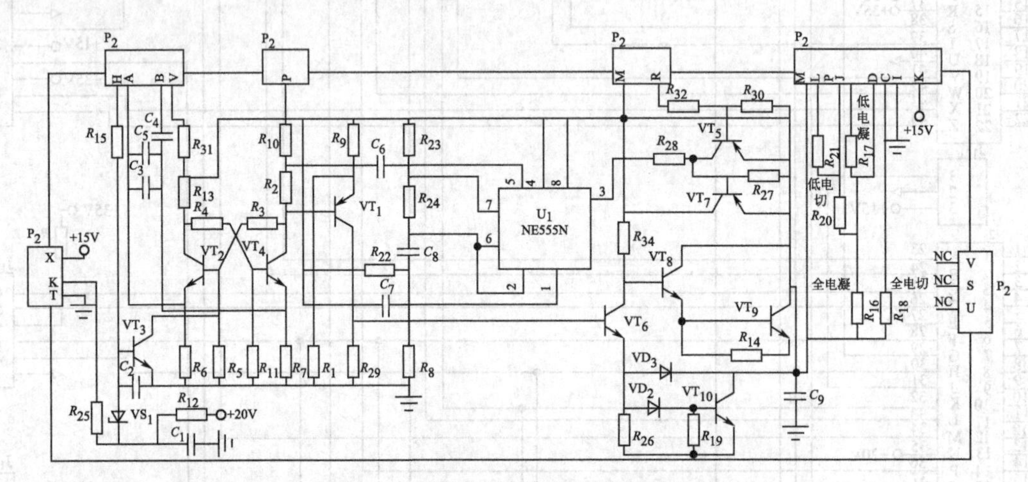

图 5-19　多谐振荡器及控制与整形电路

(3) 控制与整形电路

控制与整形电路在（A_3）部分，如图 5-17 所示，其信号是从 VT_4 的集电极由 VT_1 倒相的，还外加分相器 VT_6，其集电极连接负荷电阻 R_{34}，并接到＋20V 电源上，可以产生不同的波形；在电切时，R_{34} 顶点连接＋20V，通过纯切/混合继电器 K_1 的 9 和 10 触点，允许 CW 信号穿过 VT_8 和 VT_9 的放大驱动输出。

在混合方式中，电阻 R_{34} 再回到中点电压，通过 A_3 中继电器 K_1 的 9 和 10，同时到纯切/混合转换开关控制，这样就减少了 CW 电平信号通过 VT_8 和 VT_9；与此同时，电凝振荡器 U_1(NE555N) 通过 VT_7 连接到 R_{34} 电阻和＋20V 电源，增加脉冲的振幅，产生 CW 信号和混合波形。

在电凝方式中，继电器 K_1 不能工作，通过电阻 R_{34} 和＋20V 电源由振荡器 U_1(NE555N) 和 VT_7 工作，在电凝时频率是 20kHz，RF 振荡器是由 VT_2 和 VT_4 组成的，只有触发 VT_3 之后才能运行，其电凝振荡器是连续工作的，当信号被触发时 VT_5 为截止，允许电凝信号加到 VT_7 上；在纯切方式中，电凝信号也是加到 VT_7 上，但无作用。因为 VT_7 被 K_1 的 9-10 触点、还有纯切和混合转换开关分流；当反转信号从 VT_6 发射极加到 VT_{10} 的基极，所存储的基极电荷在（A_7）VT_1 达到快速的切换。如图 5-19 所示。

(4) 激励电路

激励电路在 A_4、A_7 部分，整形电路的输出，通过（A_7）VT_1 的基极控制驱动电路直接地通过（A_7）VT_1 到手柄，则大量的存储电荷由晶体管功率输出，二次输入端通过（A_4）R_8 和

(A_4)R_{16}线路产生，由+35V电压供给（A_7）的VT_1发射极上；SSE2L机型具有电源电压稳定补偿作用，其驱动调节是通过放大器与匹配的耦合变压器，再到负荷输出。如图5-19所示。

（5）功率放大器

功率放大器在（A_7）部分，这级电路能增加和放大信号功率水平，以达到外科临床的使用要求，它是一个调节放大器，是由电阻电压相匹配的耦合变压器，其反馈电路通过R_4和C_1达到稳定（图5-20）；放大器工作在两种频率之间，在高电压时是以电凝运行，相反的在电切操作时，其驱动是轻微的非共振极限电路电压。如图5-21所示。

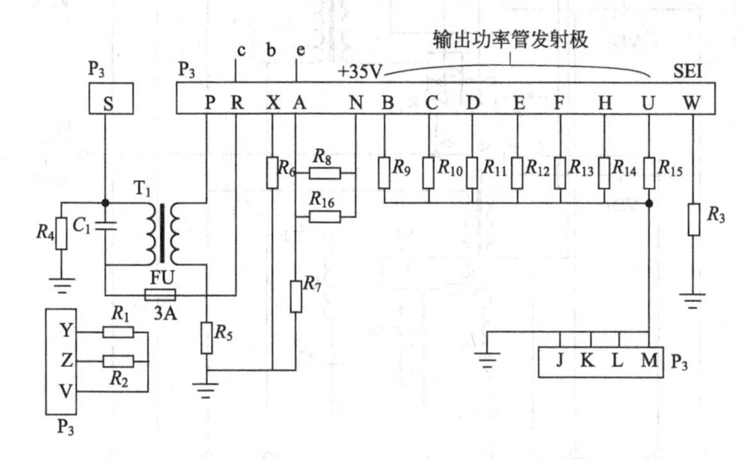

图5-20　限制电路图

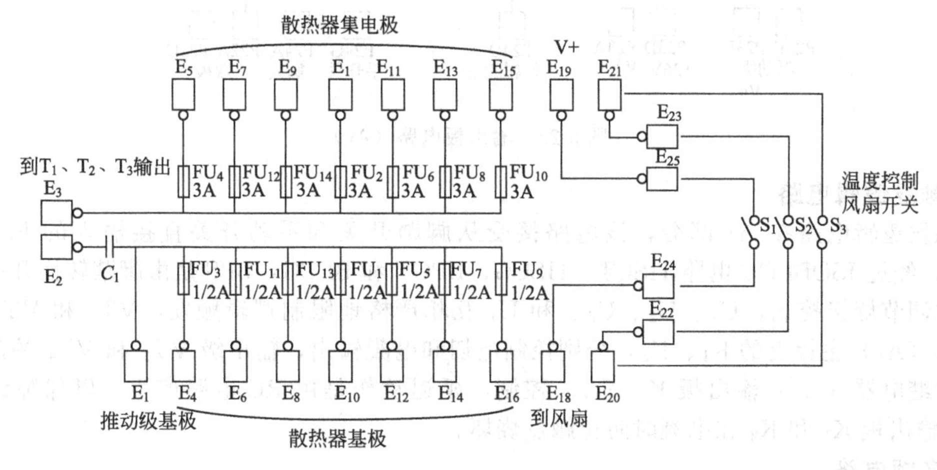

图5-21　熔断器板电路

（6）输出部分

输出部分在（A_5）部分，SSE2L机型特点是单独的启动输出电路，在操作单极和双极方式时有手动方式、辅助方式。在标准的输出电路中包括：变压器、二次直流隔离电容器、单极电路、泄漏消除电路、二次接地启动装置、三个变压器一次线圈共同连接到继电器输出端，并接到排列的晶体管输出级，由+220V电源供给电压，由继电器K_1和K_2的转换，打开一次绕组，以视情况选择输出。如图5-22所示。

（7）泄漏消除电路

泄漏消除电路在A_5部分，从触发到接地，电容所引起的RF泄漏，是以L_1和L_2构成接地阻抗，以消除因偶然因素引起的电容电流泄漏，但对低频率衰减是有限的，在电凝方式中，R_1 和 R_2 在电路中可起限制作用。如图 5-22 所示。

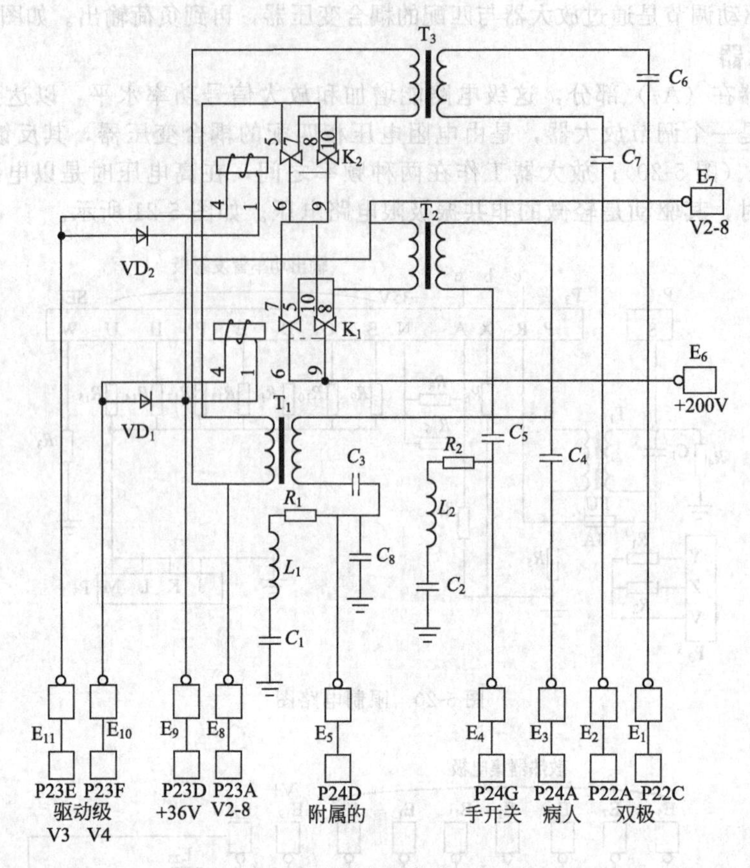

图 5-22 输出板电路（A_5）

(8) 触发逻辑电路

触发逻辑电路在 A_2 部分，该电路接受从脚踏开关和手动开关直接输入的 FSCT 和 FSCG，经过 ISOBLOC 电路 HSCT、HSCG、BPCT 和 BPCG，BPS 是由脚踏转换开关和面板上的调节旋钮控制，U_1、U_2、U_3、和 U_4 互相严格地限制逻辑触发，VT_1 和 VT_2 激励继电器（A_1）主板上的 K_1、K_2，分别控制电切和电凝输出，输出级 VT_3 和 VT_4 的激励电压，由继电器（A_5）输出板 K_1 和 K_2 控制，延迟动作是由 RC 电路产生，以保障继电器（A_5）输出板 K_1 和 K_2 在电凝时防止触点烧坏。

(9) 音频电路

音频电路（A_2）部分，U_9 是一个方形的 2 输入端逻辑门电路，连接不稳定振荡器，可产生两个不同的声音，以指示输出方式，由 VT_5 作放大器输出驱动扬声器，由（A_1）RP_3 控制声音的大小。

(10) ISOBLOC 电路

ISOBLOC 电路在 A_6 部分，该电路的触发保证了闭合手动开关和辅助开关时 RF 的隔离。VT_1 是一个 100kHz 振荡器，供给灯光电流信号，由 P_1、P_2、P_3 和 P_4、VD_1、C_5、和 VD_2、C_6 调整和滤波，然后接到 T_1，当阳极连接时，可使发光二极管指示灯亮。如图 5-23 所示。

(11) 指示灯驱动电路

当 RF 射频的输出变压器 T_1 一次绕组有电流通过时，电容器 C_{11} 使 VT_2 工作，供给指示灯电流，直接指示有效输出功率；面板调节钮在零的位置时指示灯不亮。如图 5-23 所示。

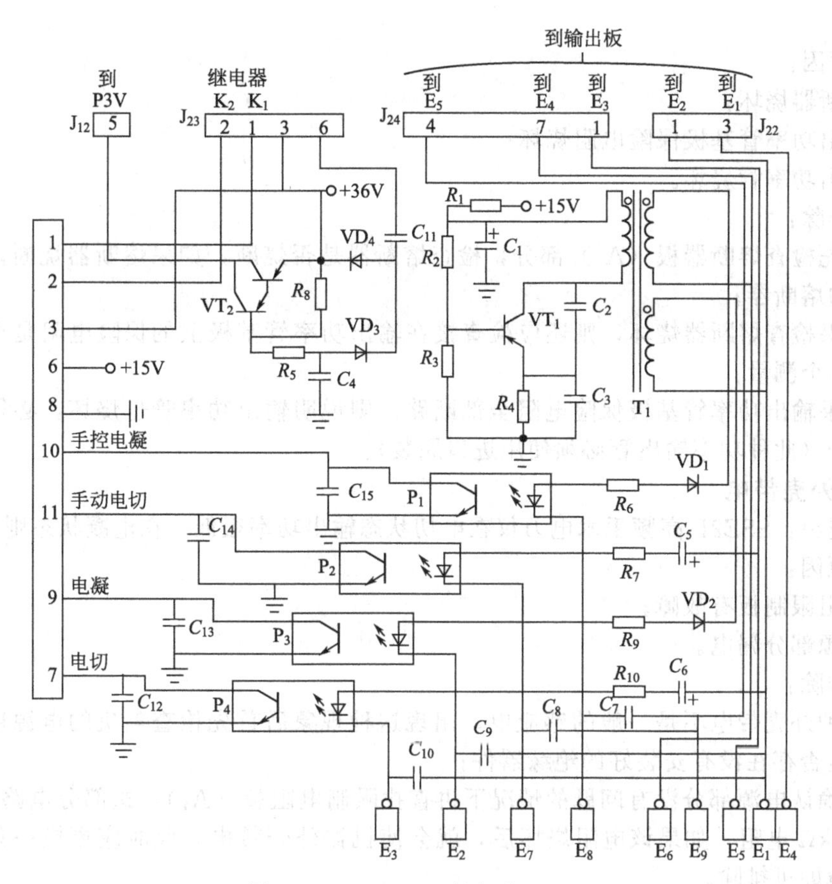

图 5-23 ISOBLOC 板电路（A_6）

（12）REM 接触质量监控电路

由连接病人的两极电缆 E_1 和 E_2、RF 射频电路连接到 E_3 和扬声器、J101-1 和 J103-2 组成监控电路，J101-1 接到防止发生器发生错误电路，振荡器 U_4 驱动变压器进入电路系统 T_2 和检波器 U_6。触发器 U_7 提供标准方波，U_5 提供快速的准确的传输；电容器组隔离变压器所有的直流电压，其结果使变压器对病人还是存在潜在的漏电流危险，因为，在双极输出时检波器的负载是对称的，但比较器的回路是一个，在单极输出时电压是 0～300mV，用 2 个比较器 U_4 和 U_5 门电路控制给予的高低电平，限制使病人连接后所返回的极间电阻范围，每个比较器都必须保证稳定的开关。

由或门电路 U_{3A} 组成触发开关，假如是不能导通的，电阻值较高，这种方式是通常所用的。在连接病人回路的双极是通过插头触发开关，其接触阻值为低阻值，即低阻值限制，其电阻在它的限制范围内，不能抵制 VT_1 和 RF 输出，U_{5C} 和 U_{5D} 连接 U_1 和 T_1，其音频振动阻抗高时逻辑“1”高电平，U_1 的 2 脚逻辑“0”低电平，允许直接连接，驱动音频，U_1 的 5 脚输出高电平，由于电容的充电使 U_1 工作在开关状态，充电的电容通过 4 脚放电，接通连接病人连接插座的 LED，再连接到病人连接插座。

5.3.3 高频电刀故障维修实例

（1）面板显示正常，但无输出

故障现象描述：打开电源，显示正常，各种调节旋钮也正常，但电刀不停地报警，找一块肥皂放在副极板上、用刀头在肥皂上做实验，不论电切或电凝都不产生电火花，说明电刀没有输出。

故障原因：

① 熔断器烧坏；

② 输出功率管基极保险电阻烧坏；

③ 输出功率管烧坏。

故障排除：

① 首先检查熔断器板（A_7）部分，检查熔断器是否烧断，如果熔断器烧断，还须更换相同型号的熔断器；

② 如果检查熔断器烧坏，则还应检查接在输出功率管基极上的保险电阻是否烧坏，要用万用表逐个测量；

③ 如果输出功率管基极保险电阻全部断路，则说明输出功率管也烧坏，必须更换相同型号的管子（此种功率输出管必须使用进口原装）。

（2）机器外壳带电

故障现象：SSE2L 高频手术电刀仪在电切状态输出功率很低，在电凝状态则无输出。

故障原因：

① 电阻限制板有故障；

② 电源部分漏电。

故障排除：

① 这种外壳带电不是一般的感应电，出现这种现象后首先检查整机的电源部分，检查输出部分是否存在没有安装好的绝缘器件；

② 在确认电源部分没有问题的情况下再查找限制电阻板（A_4），这部分电路的 R_4 是一只 8W、10kΩ 电阻，如果该电阻烧坏后，就会使机器外壳带电，此时应更换一只同型号的电阻，故障即可排除。

（3）输出功率低

故障现象：SSE2L 高频电刀在电切状态输出功率低，在电凝状态则无输出。

故障原因：

① 机器电源输出不正常；

② 振荡电源电压偏低。

故障排除：

① 出现这种故障后还是应该检查电源部分，检查电源输出的电压是否全部正常，检查+200V 是否正常，此种故障往往是+200V 输出不够（偏低很多，大约在 150V 左右）造成的；

② 振荡电源电压过低这种情况还应再查找该电源的滤波电容 C_4，这是一个 90gF/400V 电解电容，如果这个滤波电容器损坏，可使电压偏低，应将电容器连接线拆下，用电容表来测量，如已击穿，则该电容也应更换，原装进口电容器比较好，一般国产电容器不能代换，如选择代用要考虑型号。

（4）烧损输出功率管

故障原因：

① 输出电路板有故障；

② 继电器接点接触不良。

故障排除：

① 该机的输出功率管损坏后，必须用进口原装的才能达到机器的输出功率。一般情况下八只功率管烧坏后，只剩一只是好的，有时八只管子全烧坏，而且被烧坏的管子相应基极

电阻也一定烧坏，因此，这部分功率管一旦烧坏，都必须更换新品。当把新品换好后，如用上几次就又被烧坏，应该查找输出电路板（A_5）。在这块板中，要检查所有的器件有无异常，检查输出板上两只继电器插座是否被大电流烧坏触点或变形等。

② 检查（A_5）电路板上的两只小继电器，检查继电器接点是否被烧坏及其接触情况，测试其工作是否正常；拔下继电器检查继电器内部接点，并测量每一组接点接触情况，检查继电器线圈是否损坏。

(5) 插上阴极板后继续报警

故障现象：阴极板接触良好也发出报警声而不能正常工作。

故障原因：

① 阴极板插头连接问题：

② 阴极板接触质量控制板故障；

③ 阴极板处于开路状态。

故障排除：

① 检查连接阴极板的导线与极板及其插头连接情况，当打开机器只要连接阴极板处于开路状态或阴极板连接插头没有插上即报警，如采用一次性阴极板会好些，如采用带夹子的阴极板要看是否接好，再查看导线与插头是否有断路，如还有报警则应检查阴极插座内微动开关是否起作用。

② 如果检查阴极板及连接线没有问题，应继续查找阴极板接触质量，控制电路板工作是否正常。

③ 在连接好阴极板后，如果不接触皮肤，其阴极还处于开路状态，则还是报警，此时必须用一块金属板与阴极板接触，接触面积不能少于 2/3；如需要测试时，可在金属板上放置一块潮湿的肥皂，然后连接刀柄用手控开关在肥皂上测试。

思考题

1. 电疗法按照电流的频率可分为哪几种？
2. 电刺激疗法可以治疗疾病的原因是什么？
3. 低频电疗是怎样定义的，低频电流具有哪些生理效能？
4. 电流调制中的调幅和调频的区别是什么，并画图说明。
5. 低频电流的主要参数有哪些，这些参数的意义是什么？
6. 中频电疗的定义是什么，中频电疗有哪些特点？
7. 中频电疗的主要生理作用和治疗作用是什么？
8. 高频电疗的定义是什么，高频电流与中频电流、低频电流之间有什么区别？
9. 高频电流的特点有哪些？其作用于人体的方式有哪些，试说明。
10. 电治疗仪的可看做是一台信号发生器，其一般结构有哪些？
11. 什么是音乐电治疗，它具有哪些特点？
12. 查看图 5-11，P_9 连接旋钮编码器，查阅相关资料，说明旋钮编码器的工作原理。
13. 查看图 5-13，U_{10} 是数字电位器，查阅相关资料，说明数字电位器和滑动变阻器的区别。
14. 图 5-13 是输出板前置放大电路，该放大器的放大倍数为多少，电路中 R_{28}、R_{29} 的作用是什么？
15. 查看图 5-14，分析该音频功率放大电路的工作原理，说明 K_1 和 VT_1 在电路中的作用。
16. 音乐治疗仪的输出功率小事常见故障，请分析故障原因并说明维修方法。
17. 示波器是医疗器械维修中的常用仪器，在音乐治疗仪的维修中，哪些示波器有哪些作用？

18. 什么是高频电刀，高频电刀的用途有哪些？

19. 高频电刀也是利用了高频电流的生理作用，分析高频电刀和高频治疗仪有什么联系，又有什么区别？

20. 查看图 5-19，分析其中 U_1 的工作原理和作用是什么？

21. 查看图 5-23，$P_1 \sim P_4$ 是什么器件，它们在电路中的作用是什么？

22. 高频电刀的面板显示正常，但没有输出，试分析故障原因并尝试排除故障。

23. 高频电刀插上阴极板后继续报警，试分析故障原因并尝试排除故障。

6 心脏起搏器和除颤器

学习指南：本章介绍心脏起搏器和除颤器，主要介绍了心脏起搏器发展、作用、工作原理、临床应用等方面以及除颤器作用、原理和类型，并介绍典型心脏起搏器电路与同步式除颤器电路。在学习时应注重对仪器基本工作原理、临床应用以及典型电路的掌握，本章难点是典型电路的分析和理解。

6.1 心脏起搏器简介

人体的血液循环依赖于心脏的节律性搏动，而心脏的搏动则依赖于窦房结。窦房结能自发、有节律的发放电脉冲，并沿着结间束、房室结、希氏束和左右束支这一固定的激动传导途径由上向下传遍整个心脏，使心脏各个腔室顺序收缩，完成运送血液的工作。心脏的正常工作要求心脏节律发放和传导系统结构和功能正常。在某些病理条件下，窦房结和传导系统发生病变，导致窦房结发放的冲动频率很慢，甚至脉冲发放停止；或者窦房结发放正常的电脉冲在传导中遇到阻碍，使得传导减慢甚至完全不能传导，造成心跳的节律不规则，太慢或者时快时慢，或者不能根据机体运动和代谢的需要进行调整，甚至出现长时间心脏停跳。这样，心脏就不能正常地向人体各处输送足够的营养和氧气，患者就会出现乏力、头晕、黑曚、晕厥，严重时将危及生命。

用一定形式的脉冲电流刺激心脏，使有起搏功能障碍或房室传导功能障碍等疾病的心脏按一定频率应激收缩，这种方法称为人工心脏起搏。人工心脏起搏器（Artificial Pacemaker）就是替代窦房结发放一定频率的电脉冲，甚至替代一部分传导纤维将电脉冲按一定顺序传递到心脏的相应部位，刺激心肌收缩，使心肌产生搏动，从而维持正常的血液循环。

(1) 心脏起搏器发展历程

1932 年美国的胸外科医生 Hyman 发明了第一台由发条驱动的电脉冲发生器，借助两支导针穿刺心房可使停跳的心脏复跳，命名为人工心脏起搏器，从而开创了用人工心脏起搏器治疗心律失常的伟大时代。

起搏器真正用于临床是在 1952 年。美国医生 Zoll 用体外起搏器，经过胸腔刺激心脏进行人工起搏，抢救了两名濒临死亡的心脏传导阻滞病人，从而推动了起搏器在临床的应用和发展。1958 年瑞典 Elmgrist，1960 年美国 Greatbatch 分别发明和临床应用了植入式心脏起搏器。从此起搏器进入了植入式人工心脏起搏器的时代，并朝着长寿命、高可靠性、轻量化、小型化和功能完善的方向发展。

早期的起搏器是固有频率型（或非同步型），只能抢救和治疗永久性房室传导阻滞、病态窦房结综合征等病症，对间歇性心动过缓不适用，不能与患者自身心律同步，会发生竞争心律而导致更严重的心律失常。为此，20 世纪 60 年代中期先后出现了同步型起搏器，其中房同步触发型（VAT 型）起搏器是专门用于房室传导阻滞，而心室按需型（VVI）是目前国内外最常用的心脏起搏器。为了使心脏起搏器与心脏自身的起搏功能相接近，20 世纪 70

年代又相继出现了更符合房室顺序起搏的双腔起搏器（DVI）和能治疗各种心动过缓的全能型起搏器（DDD）。至此，起搏器的基本治疗功能已开发完全。

到了20世纪80年代，起搏器除了轻量化、小型化的改进外，还出现了程控和遥测的功能，起搏器与程控器之间能实现双向遥测遥控：利用体外程控器（Programmer）一方面可对植入体内的起搏器进行起搏模式、频率、幅度、脉宽、感知灵敏度、不应期、A-V延迟等参数的程控调节；另一方面还可对起搏器的工作状态进行监测，将工作参数、电池消耗、心肌阻抗、病人资料乃至心腔内心电图，由起搏器发送至体外程控器中的遥测接收器进行显示。20世纪90年代，起搏器又在抗心动过速和发展更适应人体活动生理变化方面取得了进展，出现了抗心动过速起搏和频率自适应起搏器（DDDR），使人工心脏起搏器成为对付致命性心律失常的有效武器。随着科学技术的发展，目前已出现了性能更高的双心室/双心房同步三腔起搏器，以及具有除颤功能的起搏器。起搏器不但起到起搏心脏的功能，还可以记录心脏的活动情况，供医生诊断疾病和根据具体情况调整起搏参数时作参考。

(2) 心脏起搏器的作用

心脏起搏器能治疗一些严重的心律失常。心律失常是由多种病因引起的心肌电生理特性改变的一种疾病，而某些严重的心律失常如高度或完全性房室传导阻滞、重度病态窦房结综合征等，药物疗效差。但安装使用起搏器后却能收到显著的效果，并可大大降低死亡率，把不少垂危病人从死亡的边缘上抢救过来。患者脱离危险期后，一般都能生活自理，其中大部分还可从事力所能及的工作。正因为如此，自1976年开始，全世界每年新装起搏器的患者约在20万人以上，目前依靠起搏器维持生命的人已超过500万人。随着起搏器的推广使用，安装起搏器的患者必将逐年增加。

用心脏起搏器不仅在心律失常的治疗和预防中已经起到了积极作用，而且还可用于某些疾病的诊断。例如心房调搏辅助诊断可疑的冠心病、心房超速起搏法诊断窦房结功能不全，预测完全性房室传导阻滞患者是否有发生心脑综合征的危险等，其次人工心脏起搏技术在心血管的生理和病理以及药理和临床应用的实验研究工作中，也取得了发展。例如在心律失常方面，将逐步揭示一些人们还不能解释的电生理现象，对心律失常的诊断和治疗会起到更积极的作用。

(3) 心脏起搏器临床应用

心脏起搏器在形式上可分为体外临时起搏型和植入式（或称永久性或埋藏式）两种，前者供急救性临时起搏，后者供长期性起搏治疗。

① 长期起搏的适应证

A. 房室传导阻滞：Ⅲ度或Ⅱ度（莫氏Ⅱ度）房室传导阻滞，无论是由于心动过缓或是由于严重心律失常而引起脑综合征（阿-斯综合征）或者伴有心力衰竭者。

B. 三束支阻滞伴有心脑综合征者。

C. 病态窦房结综合征（病窦综合征）；心动过缓及过速交替出现并以心动过缓为主伴有心脑综合征者。

② 临时性起搏适应证　临时性起搏是指心脏病变可望恢复，紧急情况下保护性应用或诊断应用的短时间使用心脏起搏，一般仅使用几小时、几天到几个星期或诊断及保护性的临时性应用等。

A. 急性前壁或下壁心肌梗塞，伴有Ⅲ度或高度房室传导阻滞、经药物治疗无效者。

B. 急性心肌炎或心肌病，伴发心脑综合征者。

C. 药物中毒伴有心脑综合征发作者。

D. 心脏手术后出现Ⅳ度房室传导阻滞者。

E. 电解质紊乱，如高血钾引起高度房室传导阻滞者。

F. 超速驱动起搏应用于诊断上以及用于治疗其他治疗方法已经无效的室性或室上性心动过速者。

G. 在必要时可应用于安置长期心外膜或心肌起搏电极之前，冠状动脉造影、电击复律手术、重大的外科手术及其他手术科室的手术中或手术后作为保护性措施者。

H. 其他紧急抢救的垂危病人。

6.2 心脏起搏器的基本构造和工作原理

心脏起搏器是一个以电池为动力，体积小，质量轻，能植入人体内，可产生连续稳定的电脉冲的装置。通常所说的心脏起搏器是指的整个心脏起搏器系统，由起搏脉冲发生器（俗称起搏器）、起搏电极导线（图 6-1）及程控器（图 6-2）组成。其中，脉冲发生器和起搏电极导线植入人体，发放和传导电脉冲。程控器在体外，通过射频与体内起搏脉冲发生器实现发送指令和接收信息功能。

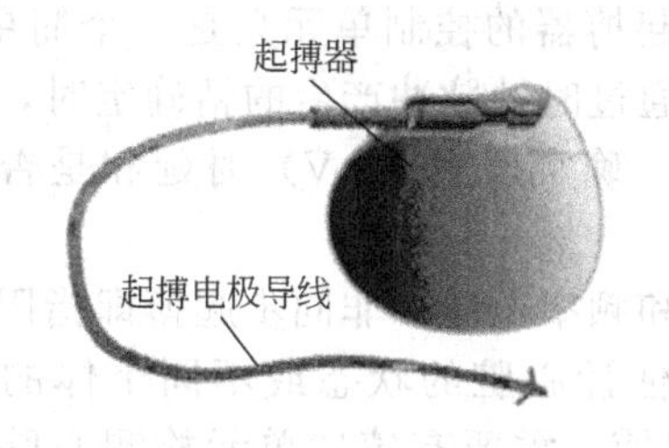

图 6-1 起搏脉冲发生器及电极导线

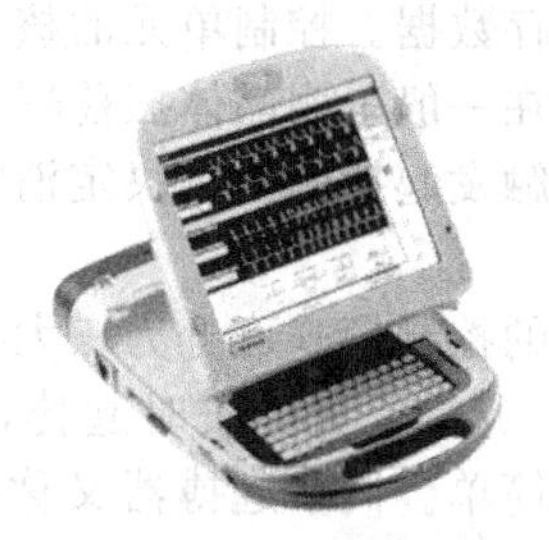

图 6-2 起搏程控器

(1) 起搏脉冲发生器

起搏脉冲发生器由钛金属外壳及内部的电路和电池组成。起搏电池提供起搏所需的能量（即微小电脉冲）。这种微小的、密封的锂电池通常能工作数年至十年。当电池耗尽时，整个心脏起搏需要被更换。脉冲发生器电路就像一台微型计算机，由控制单元、感知单元和脉冲输出单元组成，能持续检测、分析和记录患者的心跳，在需要时发放电脉冲。机壳顶部有环氧聚合物树脂浇铸成型的电极连接口，可连接起搏导线（图 6-3）。

① 起搏脉冲发生电路　起搏脉冲发生电路由控制单元、感知单元和脉冲输出单元组成。起搏器首先要检测心脏本身的电活动，包括心房的 P 波和心室的 R 波，控制单元根据感知单元检测到的信号控制工作单元——脉冲输出单元，在需要的时候发出电脉冲。

感知单元的核心是高性能的心电放大器，它将电极采集到的信号进行放大和滤波，通常有一个 R 波检测电路（对于双腔检测的还需检测 P 波）。此外在导线和感知单元之间还有大电流保护电路，以防止外界高电压（如使用除颤器等设备时）对放大器造成伤害。

检测放大器可以是单极的或是双极的。单极方式采用单端放大，电极直接与心肌接触，起搏器外壳作为电路的接地两电极间距离较近（5～10cm），容易受到骨骼肌肌电的干扰。双击方式采用的是差分放大器，由点状电极和环状电极采集差分信号作为放大器的输入，外壳同样是接地的，采用差模输入，有助于消除干扰。

感知单元通过设计带通滤波器和调整检测灵敏度来确保检测到有用信号。根据心内电极心电图的频率特性（图 6-4），设计一个比较陡的低频截止频率将 T 波和 R 波分开。从信号幅度考虑则通过选择合适的检测灵敏度（级放大器的增益）和窗口比较器的阈值（参考电压），使得在阈值范围内的信号被检测，从而获取真正有用的信号。从起搏器心内电极上采集到的心电信号与体表采集的心电信号是非常不同的，但也与体表心电同样命名。按需型起搏器可依据信号的波形宽度和幅度准确判别P波和R波。

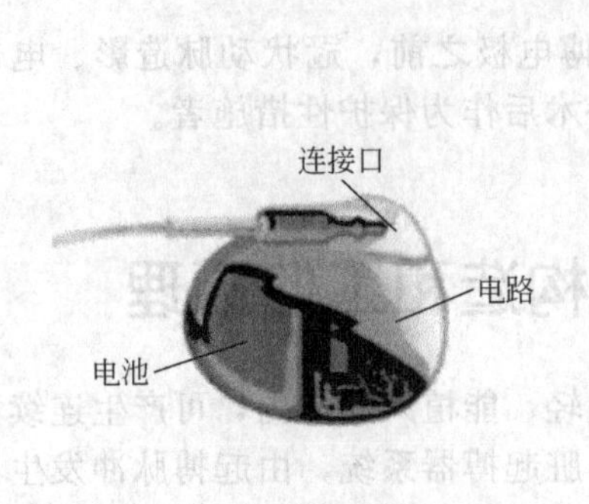

图 6-3 起搏脉冲发生器结构

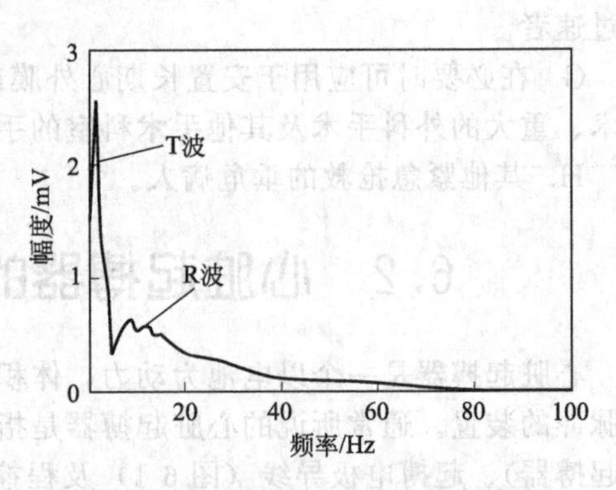

图 6-4 心内电极心电图的频率特性

控制单元的作用是根据控制模式决定何时发送起搏脉冲或者是否需要改变控制模式以及是否需要保存数据。控制单元的核心是定时器，早期起搏器的控制单元只是一个简单的RC定时器，现在一般采用晶体振荡器产生的时钟脉冲。通过时钟脉冲产生的精确定时，控制单元决定何时触发起搏脉冲，决定消隐和不应期的间期，确定房室（AV）时延和是否复位计时器。

起搏器的控制模式可分为三大类：非同步、同步和频率适应。非同步起搏即指固定频率（fixed-rate）起搏，又称按时起搏，这种模式不需要估计心脏的状态或不同个体的不同需要，电路很简单。同步起搏器又称按需（demand）起搏，需要有感知单元检测心脏的电活动（及P波和R波），然后在作出某种响应。频率适应（rate-adaptive）起搏除需要检测心脏电活动以外，还需要检测血压、血氧、体温、代谢水平等指标，在综合考虑人体生理实际需要的前提下自动确定起搏脉冲的频率，是一种接近理想的控制模式，也是目前常见的控制模式。

脉冲发生器的输出单元即是最终产生电刺激脉冲的电路，适当强度和电脉冲可刺激心肌产生动作电位，并最终导致心肌收缩和心脏搏动，推动血液循环的进行。

② 心脏起搏器电池 心脏起搏器的能源（电池）对埋藏式起搏器来说很重要，能源的寿命就是起搏器的寿命。能源寿命长，则可减少更换起搏器的次数，这是设计人员和临床医师十分关心的问题。起搏脉冲发生器的电池要求体积小，容量大，释放能量缓慢，密封性能好。下面简略介绍几种主要能源。

A. 锌汞电池 以锌作为负极、氧化汞作为正极，电解质为氢氧化钾水溶液。这种电池的优点是内阻低，放电性能平坦。缺点是漏碱、胀气、自放电大、搁置寿命短，因汞的比重大，汞粒容易穿过极间隔膜造成短路。经几次重大改进后，其可靠性已大大提高，新结构的锌汞电池起搏器寿命已达5年。尽管如此，这种电池与锂电池相比仍相形见绌，目前在埋藏式起搏器中它几乎被淘汰。

B. 锂电池 锂电池类型有多种，具有许多优点，大部分已被广泛应用，分述如下。

a. 锂碘电池：锂碘电池是以金属锂为阴极、聚二乙烯基吡啶碘为阳极，电解质是碘化锂。其特点是：因属于固体介质，故无泄漏和胀气等致命缺点，完全可以密封，电池不会突然损坏，并且自放电很低，10年不超过10%，因此可靠性高，寿命长，目前在国内外大量使用。

b. 锂亚硫酰氯电池：属于非水电解质电池，用无机溶剂亚硫酰氯代替有机溶剂，不再应用单独的电解液，而是直接让这些无机溶剂在电极上进行还原反应。其特点是：放电特性平坦，重量和体积都很小，不会造成电池内压升高，保用期可长达10年。这种电池主要存在问题是电压滞后和高温储存后不会有大电流放电。目前国内外已大量生产使用。

c. 锂铬酸银电池：阴极是铬酸银和石墨粉混合物，隔膜是三种聚丙烯毡，还有两层阻挡层，用以阻挡银离子的迁移。分两段放电：前一段为 3.2V，占放电容量的 75%，后一段为 2.5V，占放电容量的 25%，这对埋藏起搏器的更换报警是有价值的。这种电池没有气体产生，自放电可忽略不计，具有很高的可靠性，在国外已普遍使用。

d. 锂碘化铅电池：阳极是碘化铅和铅粉的混合物，电解质是固态的碘化锂和 γ 氧化铅的混合物。每个电池由三组（每组由 7 个单体并联组成）串联组成。在放电过程中内阻不断增加，电池电压缓慢下降，使用安全，可在温度高达 150℃时使用，目前在国外生产使用。

C. 核素电池　有钚 233 热电式和钷 147β 电压式两种。是目前起搏器现实能源中寿命最长的一种，预计寿命可达 20 年，被誉为终身能源，对于青年较适合。但由于价格昂贵，并且放射线需要严格防护，体积和重量均大，采用者远不如化学能源的多。

D. “生物燃料”电池（生物能源）一种方法是利用人体血液中的氧和葡萄糖通过催化机制使后者氧化，然后将氧化反应中产生的化学能转化为电能。这种电池具有体积微小，可作为终身电源。但还存在易感染，反应物影响血液成分，电特性不均匀等问题，目前仍在试验阶段。

另外，也有用电磁能转换器或者具有压电效应的晶片将正常生理活动的机械能（心包搏动等）转换为电能的。但这种方法获得的能源电压输出低、性能不稳定，因此还不能在临床上使用，只处于实验研究阶段。

（2）起搏电极导线

① 起搏电极导线组成　起搏电极导线是连接至心脏起搏器的一段绝缘导线，是心脏起搏系统的重要组成部分。起搏电极导线主要有两项功能：传输由心脏起搏器发送至心脏的微小电脉冲，刺激心肌产生兴奋；将心脏的电活动传回心脏起搏器，进行分析处理。

起搏电极导线由四个部分组成（图 6-5）。

A. 连接针脚　电极导线插入心脏起搏器连接口的部分。

B. 电极导线体　将电能从心脏起搏器传至心脏的一段绝缘金属线。

C. 固定结构　电极导线头附近将电极导线固定于心脏肌肉的结构。

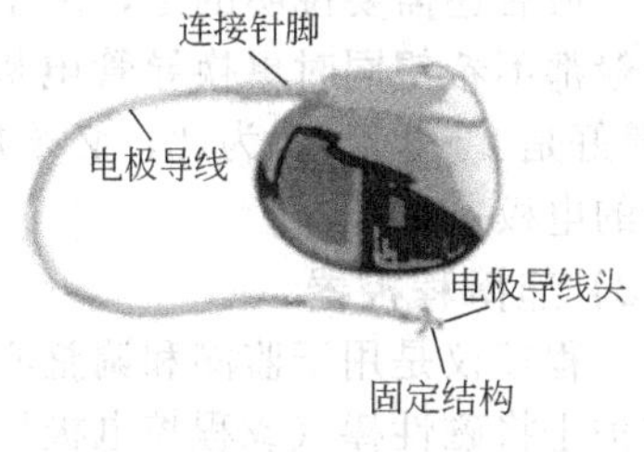

图 6-5　起搏电极导线

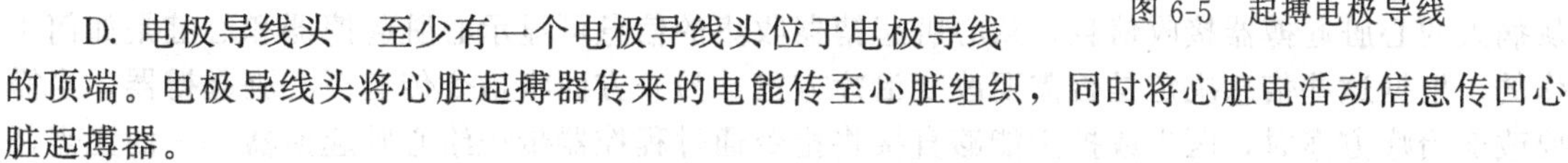

D. 电极导线头　至少有一个电极导线头位于电极导线的顶端。电极导线头将心脏起搏器传来的电能传至心脏组织，同时将心脏电活动信息传回心脏起搏器。

② 起搏电极导线分类

A. 依据起搏电极导线安置及用途的不同，主要分为以下三种。

a. 心内膜电极：一般把这种电极做成心导管形式，经体表周围静脉置入心腔内膜，与心内膜接触而刺激心肌，因此也称这种电极为心内膜导管电极，简称导管电极。安置时仅需切开导管周围静脉，不必开胸，手术损伤小。因此在临床上，这种电极用得最多，约占 90%。但对静脉畸形和心腔过大的患者，宜采用下面介绍的心肌电极。

b. 心外膜电极：这种电极使用时需要手术开胸，缝扎于心外膜表面。接触心外膜而起搏。其缺点是与心外膜之间极易长出纤维组织，易在短期内导致起搏阈值增高，故目前多为下面介绍的心肌电极所代替。

c. 心肌电极：使用时手术开胸植入心肌内，使电极头刺入心壁心肌，这样可以减少起搏阈值增高的并发症。但因需开胸，手术较大，故除年轻患者（活动量大）或静脉畸形、心腔过大而心内膜电极不易固定者外，其他较少使用。

B. 按心内膜使用的电极分为两类。

a. 单极心内膜电极：使用时仅有一个单极接触心脏。为了使此电极与心脏起搏器输出起搏脉冲有一个输送回路，因此还必须设置另一个电极，这个电极一般称为无关电极，可把这个无关电极安放在患者任何皮肤下部位。埋藏式起搏器的无关电极就是起搏器的金属外壳。

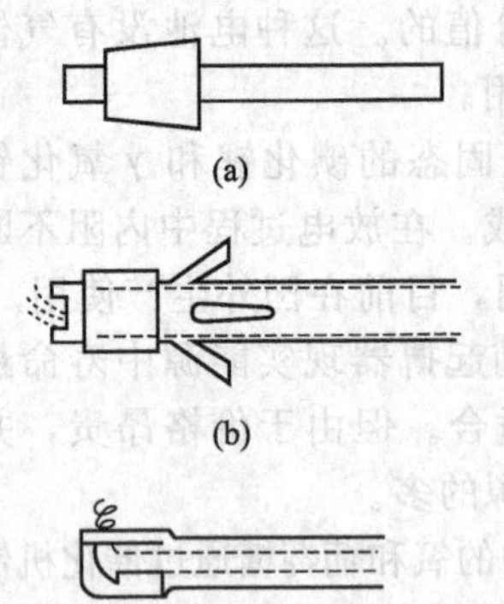

图 6-6　几种电极头

b. 为双极心内膜电极：带有两个电极，使用时这两个电极均接触心脏，均固定在心肌上，或阴极与心内膜接触，而阳极在心脏内。

除了上述电极外，还有为各种特殊需要而制作的电极，如经胸外壁起搏电极，食道心房电极，纵隔心房电极等。

③ 起搏电极导线结构与形状

电极的形状有勾头、盘状、柱状、环状、螺旋状、伞状等不同类型（图 6-6），图中（a）为柱状形电极，图（b）为锚形心内膜单极电极，（c）为螺旋形心肌电极。

④ 起搏电极导线材料要求

起搏电极导线兼有起搏刺激和检测的功能，要求具有良好的电性能；起搏电极导线与体液和组织紧密接触，而且昼夜不停地随心脏一起跳动，导线材料要求耐生物老化，抗腐蚀，与血液、组织生物相容性好。导线的外层绝缘材料选用高纯硅橡胶或医用聚氨酯。为适应人体运动的弯曲和扭动，以及心脏本身的活动，起搏电极导线非常灵活。常用的起搏电极导线材料有铂、铂-铱合金，埃尔基合金，高纯度的热解碳，近年又有激素缓释起搏导线问世。

最后还需要说明的是，由于埋藏式起搏器的使用寿命已达 8～12 年，在更换起搏器时，一般都不希望同时更换导管电极，这就要求导线和电极的使用寿命要大大超过起搏器寿命（最好是 2～3 倍）。为此，必须加强导线和电极的研制工作，生产出能具有“终生”使用寿命的电极。

(3) 起搏程控器

程控仪是用于监测和调整心脏起搏器的一种特殊计算机。在病人住院或随访期间，医生或护士将磁性棒（或程控电极导线）放置于心脏起搏器上方，这样使得程控仪能够：一方面从病人的心脏起搏器接收信息，从心脏起搏器收集的信息可显示心脏起搏器和心脏是如何工作的。根据这些信息决定是否需要改变治疗方案。另一方面将指令传送至心脏起搏器，当需要改变治疗方案时，医生或护士能够直接将指令通过程控器传送给心脏起搏器——而无需任何手术。

6.3　心脏起搏器的标识码及参数

(1) 心脏起搏器标识码

北美起搏和电生理学会（NASPE）与英国起搏和电生理组织（BPEG）以表 6-1 为识别编码。

一般情况下，使用前三个识别码识别起搏器的起搏腔、感知腔和对感知（P 或 R 波，或两者）的响应模式。供选择的第四个位置代表两种不同功能之一：程控能力或频率自适应起搏。P 代表一或两种简单的程控功能；M 代表多种功能程控，它包括模式、不应期、感知灵敏度和脉宽。C 表明信息传递或通过一个或多个生理学变量的测量进行自适应起搏频率控制。第五位表示特殊的抗快速性心律失常特点：P 代表抗快速性心律失常起搏，S 表示心律复转或除颤电休克，D表示双重功能（起搏和休克）。在所有位置里，O指明类属或功能都没有提供。

表 6-1 NASPE/BPEG（NBG）起搏器标识码

位置	第一字母	第二字母	第三字母	第四字母	第五字母
分类	起搏腔室	感知腔室	响应方式	程控频率应答遥测功能	抗心动过速及除颤功能
字母	V=心室 A=心房 D=双腔 S=单腔	V=心室 A=心房 O=无 D=双腔 S=单腔	I=抑制 T=触发 O=无 D=双	P=简单编程 M=多功能程控 C=遥测 R=频率应答	O=无 P=抗心动过速起搏 S=电转复 D=P+S

(2) 心脏起搏器输出参数

起搏器的输出参数是指起搏器输出脉冲的性质特征，是起搏器的故有性质。

① 起搏频率

起搏频率即起搏器发放脉冲的频率，心脏起搏频率以多少为好，要视具体情况选择，一般认为，能维持心输出量最大时的心率最适宜，大部分患者60～90次/min较为合适，小儿和少年快些。起搏频率可根据患者情况调节。

② 起搏脉冲幅度和宽度

起搏脉冲的幅度是指起搏器发放脉冲的电压强度；起搏脉冲宽度是指起搏器发放单个脉冲的持续时间。脉冲的幅度越大，宽度越宽，对心脏刺激作用就越大，反之若脉冲的幅度越小，宽度越窄，对心肌的刺激作用就小。起搏器发放电脉冲刺激心肌使心脏起搏，从能量的观点上看，起搏脉冲所具有的电能转换成心肌舒张、收缩所需要的机械能，因此窦房阻滞或房室传导阻滞的患者所发出的P波无法传送到心室，或者窦房结所应发出的电能根本不能发生，而起搏脉冲便是对上述自身心脏活动的代替。据研究，引起心肌的电能是十分微弱的，仅需几个微焦耳，一般可选取脉冲幅度5V、脉冲宽度0.5～1ms为宜。起搏能量还与起搏器使用电极的形状、面积、材料及导管阻抗损耗等有关，如果对这些因素有所改进，则起搏能量将有所减少，从而可降低起搏脉冲幅度和减少起搏脉冲的宽度，故可减少电源的消耗，延长电池的使用寿命。

③ 感知灵敏度

同步型起搏器为了实现与自身心律的同步，必须接受R波或P波的控制，使起搏器被抑制或被触发。感知灵敏度是指起搏器被抑制或被触发所需最小的R波或P波的幅值。

A. R波同步型　一般患者R波幅值约在5～15mV，而少数患者可能只有3～5mV，另外由于电极导管系统传递路径的损失，最后到达起搏器输入端的R波可能只剩下2～3mV。因此R波同步型的感知灵敏度应选取1.5～2.5mV为宜，以保证对95%以上的患者能够适用。

B. P波同步型　一般患者P波仅有3～5mV，经导管传递时衰减一部分，传送到起搏器的P波就更小了，因此P波同步型的感知灵敏度选择为0.8～1mV。

感知灵敏度要合理选取，选低了，将不感知（起搏器不被抑制或触发）或感知不全（不能正常同步工作）；如果选取过高，可能导致误感知（即不该抑制时而被抑制，或不该触发时而被误触发）以及干扰敏感等，造成同步起搏器工作异常。

④ 反拗期

对于各种同步型起搏器都具有一段对外界信号不敏感的时间，这个时间相当于心脏心动周期中的不应期，而在起搏器中称为反拗期。

A. R 波同步型的反拗期目前多采用 300±50ms。其作用主要是防止 T 波或起搏脉冲"后电位"（起搏电极与心肌接触后形成巨大的界面电容，可使起搏脉冲波形严重畸变，使脉冲波形的后沿上升时间明显延长，形成的缓慢上升电位称为"后电位"）的触发，这些误触发将造成起搏频率减慢或者起搏心律不齐。

B. P 波同步型起搏器的反拗期通常选取为 300～500ms。其作用为防止窦性过速或外界干扰的误触发。

⑤ 阻抗

即导线—心肌阻抗，并不是起搏器所固有的输出参数，而是在起搏器被植入人体后，整个心脏起搏器中所存在的参数，以欧姆（Ω）为单位。

决定阻抗大小的主要因素有：导管电极的制作材料、电极的表面积、电极与心内膜表面的接触紧密程度以及电极与起搏器之间人体各组织的导电特性等。

阻抗值也是安装起搏器时进行电极定位的主要参考指标之一，一般应在 50～1000Ω。在电压不变的情况下，阻抗过高，到达心肌的刺激能量就小，有导致起搏失效的可能；阻抗过低，则使传输电流加大，加速起搏器的能源消耗。

⑥ 检测灵敏度

检测功能是同步型心脏起搏器的重要功能。起搏器对自身心电信号检测的能力称为检测灵敏度。起搏器对心电信号具有滤波功能，这使得它只对 P 波和 QRS 波较为敏感。起搏器的检测灵敏度在心室一般为 2.0～4.0mV，在心房为 0.8～1.2 mV。

检测灵敏度过低则可能出现检测不足，此时起搏器不能检测合适的电信号，因而失去同步功能，导致起搏器心律与自身心律的竞争。检测灵敏度过高则可出现检测过度，此时起搏器对一些不适当的信号如 T 波、肌电位波、各种来源的电磁干扰以及起搏器本身脉冲的电信号均可检测，从而抑制起搏脉冲的发放，造成起搏中断，对患者造成伤害。检测过度是临床上出现起搏中断最常见的原因，确诊的简单方法是用一块磁铁放在起搏器埋置处，使之变为磁频，此时如出现有效的起搏，即可证实为检测过度。

检测灵敏度也是程控型起搏器的主要程控参数。

6.4 心脏起搏器的主要类型

心脏起搏器的目的是恢复适合病人生理需要的心律及心脏输出脉冲。由于心脏病患者病情复杂多变，病人会有单一的或变化的心律失常，需要有不同的治疗方法。为了适应这种需求，研究人员设计开发了多种多样的心脏起搏器。心脏起搏器种类繁多，常见有以下几种分类。

(1) 按放置位置分类

按心脏起搏器放置的位置分类：可分为体内及体外两种。两者置入心脏导管的位置及方法均一样，唯独是起搏器置入人体皮下称体内起搏器，而放置于体外者称为体外起搏器。体外起搏器体积较大，但能随时更换电池及调整起搏频率，另外若出现快速心律失常，可进行超速抑制，但携带不方便，再者导线入口处易感染，现多用于临时起搏。体内起搏器体积小，携带方便，安全，用于永久性起搏，但在电池耗尽时需手术切开囊袋更换整个起搏器。

(2) 按起搏电极分类

① 单极型起搏器　阴极从起搏导管或导线经静脉或开胸送至右心房或右心室，阳极（开关电极）置于腹部皮下（当起搏器为体外携带式时）或置于胸部（当应用埋藏式起搏器

时其外壳即是阳极)。

② 双极型起搏器 起搏器的阴极和阳极均与心脏直接接触(固定在心肌上,或阴极与心内肌接触而阳极在心腔内)。

(3) 按性能分类

① 心房按需(AAI)型 电极置于心房。起搏器按规定的周长或频率发放脉冲起搏心房,并下传激动心室,以保持心房和心室的顺序收缩。如果有自身的心房搏动,起搏器能感知自身的P波,起抑制反应,并重整脉冲发放周期,避免心房节律竞争。

② 心室按需(VVI)型 电极置于心室。起搏器按规定的周长或频率发放脉冲起搏心室,如果有自身的心搏,起搏器能感知自身心搏的QRS波,起抑制反应,并重整脉冲发放周期,避免心律竞争。但该起搏器只保证心室起搏节律,而不能兼顾保持心房与心室收缩的同步、顺序、协调,因而是非生理性的。

③ 双腔(DDD)起搏器 心房和心室都放置电极。如果自身心率慢于起搏器的低限频率,导致心室传导功能有障碍,则起搏器感知P波触发心室起搏(呈VDD工作方式)。如果心房(P)的自身频率过缓,但房室传导功能是好的,则起搏器起搏心房,并下传心室(呈AAI工作方式)。这种双腔起搏器的逻辑,总能保持心房和心室得到同步、顺序、协调的收缩。如果只需采用VDD工作方式,可用单导线VDD起搏器,比放置心房和心室两根导线方便得多。

④ 频率自适应(R)起搏器 该起搏器的起搏频率能根据机体对心排血量(即对需氧量)的要求而自动调节适应,起搏频率加快,则心排血量相应增加,满足机体生理需要。目前使用的频率自适应起搏器,多数是体动型的,也有一部分是每分钟通气量型的。具有频率自适应的VVI起搏器,称为VVIR型;具有频率自适应的AAI起搏器,称为AAIR型;具有频率自适应的DDD起搏器,称为DDDR型。以上心房按需起搏器、双腔起搏器、频率自适应起搏器都属于生理性起搏器。

⑤ 程序控制功能起搏器 指埋藏在体内的起搏器,可以在体外用程序控制器改变其工作方式及工作参数。埋植起搏器后,可以根据机体的具体情况,规定一套最适合的工作方式和工作参数,使起搏器发挥最好的效能,资金节省上能而保持最长的使用寿限,有些情况下还可无创性地排除一些故障,程控功能的扩展,可使起搏器具有储存资料、监测心律、施行电生理检查的功能。

⑥ 特殊功能起搏器

A. 心室同步化治疗(CRT):慢性充血性心力衰竭患者常合并有房内、房室及心室内传导延迟,这些传导障碍的出现常加重心力衰竭。心室再同步化治疗(Cardiac Resynchronization Therapy,CRT)是近年来应用于治疗伴室内传导障碍的充血性心力衰竭的新方法,它利用起搏技术使同步的左右心室再同步化,其再同步化机制包括以下几方面:增加左心室充盈时间,改善室间隔的异常运动,减少二尖瓣返流。

B. 埋藏式自动除颤起搏器(ICD):ICD由脉冲发生器和电极导线两部分组成。脉冲发生器的主要构件包括电池、检测与起搏线路和电容器。电池供给能量,电容器的作用是充电、放电,检测与起搏线路负责心电监测、识别室性心动过速(VT)、心室颤动(VF)及心动过缓,发放起搏脉冲。致命性室性心律失常是心脏性猝死的主要因素。ICD抗心动过速起搏、心律复律及自动除颤的基础是自动正确识别室速和室颤。一旦ICD识别室速成立后,首先是抗心动过速起搏治疗,以一阵固定频率的超速起搏刺激来终止室律。同步电复律所用的电击能量一般为5～30J。当ICD识别室颤时,即直接进入自动除颤治疗。若第一次电击选择低能量而治疗无效,则进入高能量除颤,电击能量最高可到30～35J。

6.5 心脏起搏器的植入

对于需要即将进行起搏器植入手术的病人，手术前医生应与患者讨论在何位置放置心脏起搏器（通常可放置在胸部左侧或右侧，也可以放置在腹部）（图 6-7），并做相应心理辅导。手术前一天的晚上，医生应再次强调术前注意事项以及给予一些特别的指导。

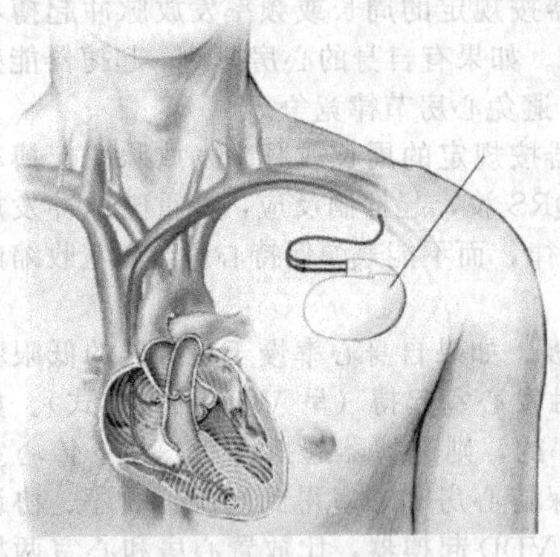

图 6-7　心脏起搏器植入示图

心脏起搏器植入手术通常只需局部麻醉，且病人通常当天就可出院。有时，如果病人需要进行其他手术，如冠状动脉搭桥术等，就可以在手术时同时植入心脏起搏器。手术过程一般包含以下几步：①在胸部或腹部切开一个切口，以放入心脏起搏器；②电极导线插入静脉，并被导引至心脏；③电极导线连接至心脏起搏器；④测试心脏起搏器和电极导线；⑤关闭切口；⑥程控心脏起搏器，根据病人情况调节起搏参数。

心脏起搏器植入手术之后，医务人员会监测病人的心脏以确保心脏起搏器工作正常即可出院。医院将给病人发放一张心脏起搏器识别卡，作为植入心脏起搏器的证明材料，此卡片在患者今后进行安检或身体检查时均应提前出示给工作人员。

6.6 心脏起搏器典型电路分析

目前在我国使用的起搏器中，大量的是 R 波抑制型起搏器，其次是固定型起搏器，它因结构不够完善而使用较少。其他类型的起搏器比较少见。这两种类型起搏器具体电路类型较多，本节选取三种电路予以介绍。

6.6.1　起搏器脉冲发生器单元电路分析

起搏脉冲发生器是所有型号起搏器的核心，虽然其在专用集成电路中只占很小部分电路，但其作用很关键。图 6-8 所示是全自动型起搏器起搏脉冲发生器单元电路。

电路中，三极管 VT_{81} 和 VT_{82} 组成正反馈互补开关电路，控制振荡电容 C_{100} 的充放电过程。电阻 R_{88}～R_{92} 构成 C_{100} 的充电回路。由于途中的 N 点电位 V_N 基本不变，而 M 点电位 V_M 却随 C_{100} 的充电从 V_{CC} 之值逐渐下降。一旦满足 $V_N-V_M=0.5V$ 时，互补开关立即导通短路，迫使 C_{100} 迅速放电和 V_M 迅速上升。由于短路放电时间太短，开关 VT_{81} 和 VT_{82} 只有大约 2ms 的饱和期间，然后均转入截至状态，使 VT_{83} 获得了一个很窄的正脉冲，该脉冲频率为 1Hz 左右可调，占空比约为 500。后续复合管 VT_{84} 和 VT_{85} 把此脉冲隔离后送到双向脉冲形成电路，最终得到起搏脉冲。

该电路有以下特点。

① 振荡电路中的 5 个三极管 VT_{81}～VT_{85} 总是同时导通或同时截至。截止时间很长，导通时间很短，2ms 导通期间工作电流仅 $3\mu A$，可知该振荡电路耗电极小。

② 对数字电路变成可以切换 C_{100} 的充电回路的电阻 R_{88}～R_{92}，从而改变了振荡信号的占空比和频率。同样道理，切换 R_{95} 和 R_{96} 可以程控改变振荡信号的输出幅度。从接收线圈上得到的脉冲串，经解调、译码和存储后控制电阻的切换。

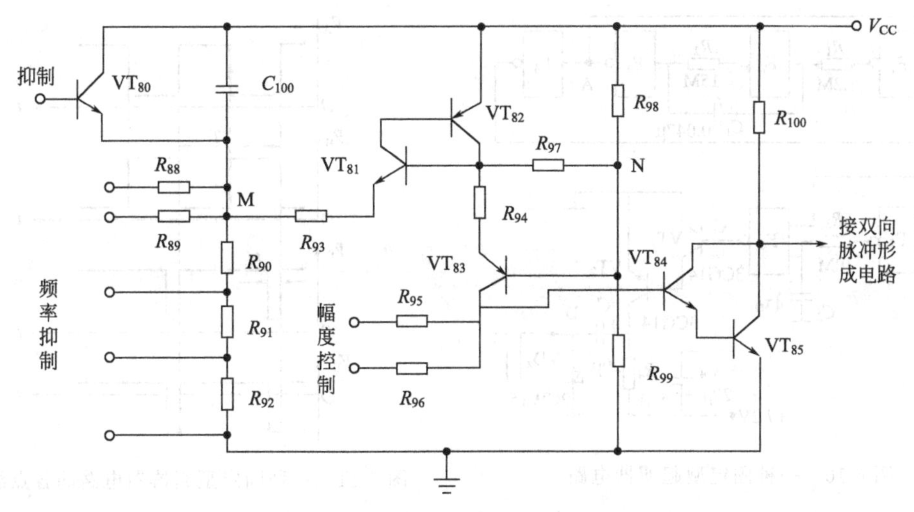

图 6-8　起搏脉冲发生器单元电路

③ 在按需抑制起搏脉冲输出时，或者在使用体外编程器时，必须停止信号发生器工作。作为开关使用的三极管 VT_{80} 饱和时，可以短路振荡电路 C_{100}，使振荡器停振，不再发出起搏脉冲。

④ 振荡器输出管 VT_{85} 输出的信号为负脉冲，其后所接的双向脉冲形成电路，可以把单向脉冲变成双向脉冲，再施加到心脏上，以防止单向脉冲所引起的体液极化现象。

6.6.2　一种固定型心脏起搏器电路分析

固定型心脏起搏器方框图如 6-9 所示，电路为集成电路和分立元件组成的固定型起搏器电路。

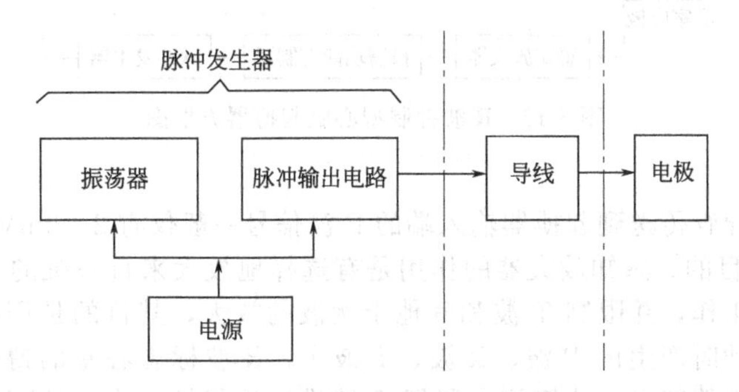

图 6-9　固定型心脏起搏器方框原理图

固定型心脏起搏器电路如图 6-10 所示，由三部分组成。

(1) 多谐振荡器

该电路采用的是由 CMOS 集成电路与非门 F_1、F_2、F_3 等组成的带有 RC 电路的环形多谐振荡器。产生的矩形脉冲如图 6-11 中 V_A 所示，其振荡周期 T 与 R_2 和 C_1 的大小有关，可以调节 R_2 数值使之满足起搏频率的要求。

(2) 单稳态电路

采用由与非门 F_5、F_6 等组成积分型单稳态电路，触发信号为多谐振荡器产生的矩形脉冲经与非门 F_4 反相后供给，如图 6-11 中的 V_B 所示。单稳态电路的作用是决定起搏脉冲的宽度，其输出波形如图 6-11 中的 V_C 所示，脉冲宽度 t_u 取决于 R_3 和 C_2 乘积的大小，改变 R_3，可使 t_u 达到起搏脉冲宽度的要求。

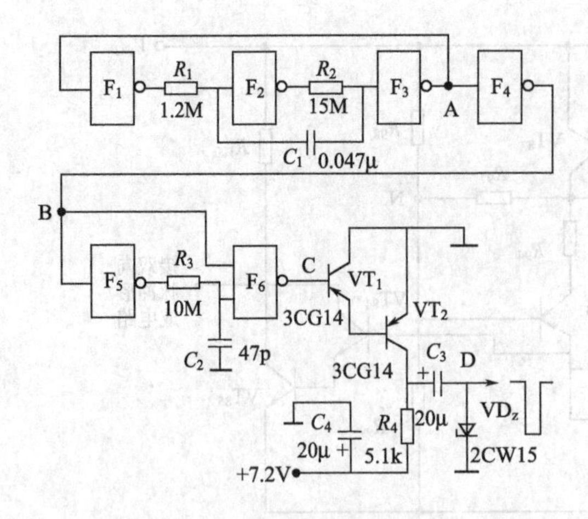

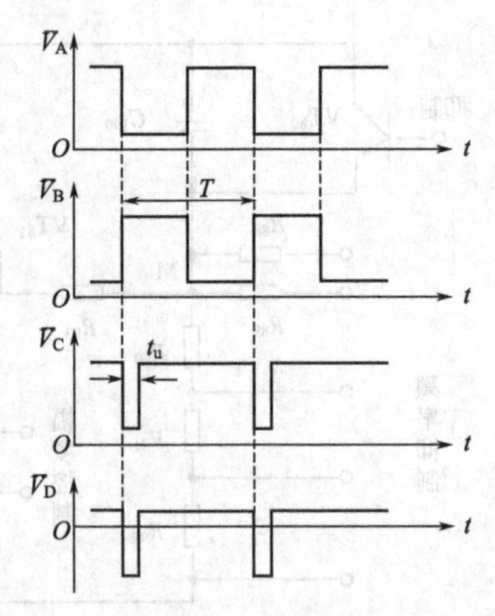

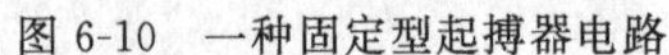

图 6-10 一种固定型起搏器电路　　图 6-11 一种固定型起搏器电路的各点波形

(3) 输出电路

由 VT_1、VT_2 组成复合管射极输出器电路，将单稳态的输出进行电流放大，降低整机电路的输出电阻。最后经 C_3 隔直、稳压管 VD_Z 限幅，使输出为具有一定幅度（取决于 VD_Z 的稳定电压）的负脉冲。其波形如图 6-11 中 V_D 所示。

6.6.3 R 波抑制型心脏起搏器的一般结构原理

R 波抑制型心脏起搏器的一般结构框图如图 6-12 所示。主体部分包括感知放大器、按需功能控制器、脉冲发生器三大部分，它们的作用和要求分述如下。

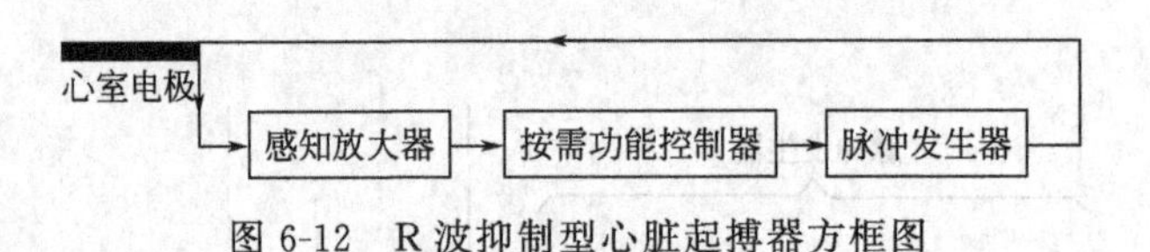

图 6-12 R 波抑制型心脏起搏器方框图

(1) 感知放大器

由心脏经起搏导管传送到起搏器输入端的 R 波信号一般仅有 2～3mV，必须进行放大才能实现 R 波抑制的目的。感知放大器的作用是有选择地放大来自心脏的 R 波，以推动下一级按需功能控制器工作，并限制 T 波和其他干扰波的放大，其目的是用以辨认心脏自身搏动。因为在心脏搏动时产生的 P 波、R 波、T 波中，R 波标志心室的搏动。R 波具有幅度大，升率（斜率）高等特点。感知放大器把 R 波进行选择性放大，从而较容易地辨认心脏自身的搏动。对感知放大器的要求是：对正的或负的都能感知（双向感知）；放大倍数800～1000 倍；频宽为 10～50Hz（3dB 带宽）；工作电流小于 3mA（微功耗）；电路稳定、可靠，具有良好的抗干扰能力。

(2) 按需功能控制器

按需功能控制器的主要作用是为起搏器提供稳定的反拗期，反拗期的作用除前面已经介绍过的之外，它的存在还可以克服“竞争心律”的危险。当感知放大器感知 R 波后，控制器在反拗期内抑制脉冲发生器发放刺激脉冲。也就是说，当自身心脏正常时，起搏器被自身 R 波抑制，不发放脉冲；当患者自身心率低到一定程度，即上述反拗期后不出现自身 R 波时，起搏器工作并向心室发出预定频率的起搏脉冲，使心室起搏。由此可见，起搏器是“按需”工作的。

(3) 脉冲发生器

脉冲发生器产生合乎心脏生理要求的矩形电脉冲，它是在按需控制电路控制作用下工作的。要求电路容易起振，工作稳定，可靠性高，频率在30～120次/min、脉冲宽度在1.1～1.5ms范围内可调，幅度也能调节等。

6.6.4 QDX-2型体外按需起搏器的电路分析

QDX-2型按需起搏器属于R波抑制型心脏起搏器，电路结构如图6-13所示。

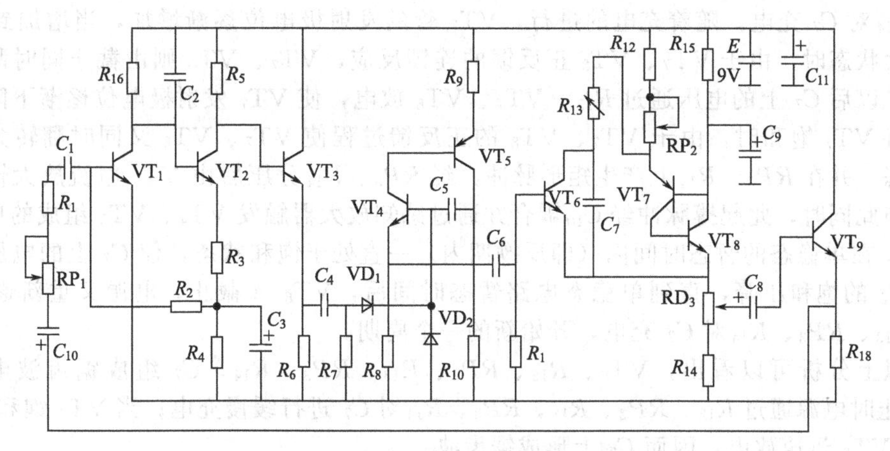

图6-13 QDX-2型按需体外起搏器电路图

(1) 各单元电路分析

① 感知放大器 该放大器由VT_1、VT_2、VT_3等组成。从心脏导管电极接收的R波可为正，也可为负，经C_{10}耦合、(R_1+RP_1)衰减后，再经由C_1和VT_1输入电阻组成的微分电路作用以后[波形如图6-14(a)所示]输入到VT_1。为了减少放大器的功耗，VT_1、VT_2、VT_3的静态工作点都调得很低，接近于截止区。微分后的正、负尖脉冲信号[如图6-14(b)所示]，只有正信号能被放大器放大。R_2、R_4、C_3组成VT_1、VT_2的负反馈电路，由于C_3的作用，频率越低，负反馈作用越大，它可衰减低频信号。C_2可将高频信号衰减，使放大器高频截止频率限制在50Hz以内；C_1除了起微分作用以外，还可限制T波和P波的输入。调节RP_1的大小，可以微调感知灵敏度。VT_3为射极输出器，将感知放大后的正脉冲信号进行电流放大，以便触发下一级单稳态电路工作。

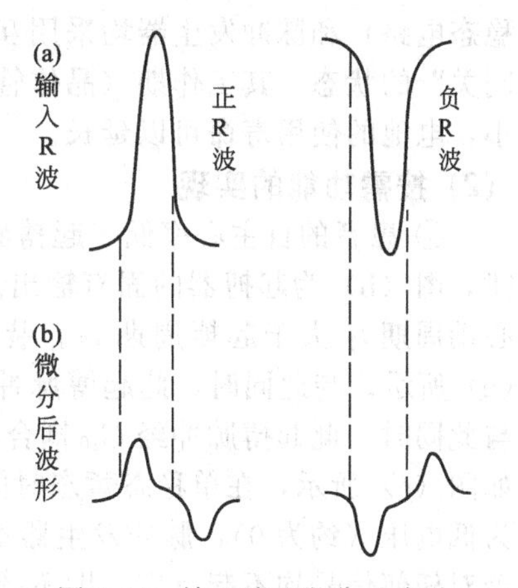

图6-14 输入波及微分后波形

② 按需功能控制电路 按需功能控制电路由NPN型的晶体管VT_4和PNP型的晶体管VT_5等组成互补型单稳态触发电路。静态时，VT_4、VT_5均处于截止状态，当正极性触发脉冲由感知放大器输出并经C_4、R_7耦合，VD_1引导加至NPN型截止管VT_4的基极后，VT_4进入放大状态，VT_4、VT_5通过C_5组成闭合正反馈回路，VT_5也立即进入放大状态，并且很快饱和导通，电路被触发翻转，在R_8上便产生正跳变电压，此电压通过C_6加至VT_6的基极，VT_6控制C_7两端的电压，以抑制下一级的脉冲发生器工作。VT_4、VT_5饱和导通后，定时电容C_5充电，C_5的充电电流即为VT_4的基极电流，随着充电的进行，充电电流逐渐减少，最后不足以维持VT_4饱和导通，VT_4进入放大状态，由于VT_5正反馈闭合回路使VT_4、VT_5自动翻转为原来的截止状态，暂态过程结束。C_5通过VD_2、R_{10}迅速放电，放电之后，电路等待下一次触发信号再次工作，与此同时，R_8上电位恢复为低电平，

VT_6 截止，失去对下一次的控制作用。单稳态暂态时间即为反拗期。

③ 脉冲发生器　脉冲发生器由晶体管 VT_7～VT_9 等组成。VT_7、VT_8 组成互补式张弛振荡器，由于 VT_7 基极与 VT_8 的集电极相接，同时 VT_8 的基极又与 VT_7 的集电极相连，因集电极的电位与其基极电位反相，故经两次反相后 VT_7、VT_8 构成正反馈闭合回路，假如某一时刻 VT_6 是截止的（或 VT_6 由饱和转为截止状态），则电源 E 通过 R_{12}、RP_2、R_{13}、RP_3、R_{14} 对 C_7 充电，随着充电的进行，VT_7 管的发射极电位逐渐增加，当增加到使 VT_7 进入放大状态时，由于 VT_7、VT_8 正反馈的连锁反应，VT_7、VT_8 则由截止同时翻转成饱和导通。以后 C_7 上的电压通过 R_{13}、VT_7、VT_8 放电，使 VT_7 发射极电位逐渐下降，当不足以维持 VT_7 饱和时，由于 VT_7、VT_8 的正反馈过程使 VT_7、VT_8 又同时翻转为原来的截止状态，并在 RP_3、R_{14} 上产生矩形脉冲，经 RP_3、R_{14} 分压后由 VT_9 电流放大输出起搏脉冲。与此同时，此起搏脉冲经 C_{10} 耦合并通过感知放大器触发 VT_4、VT_5 组成的单稳态电路，VT_6 在单稳态的暂态时间内（即反拗期内）一直处于饱和状态，使 C_7 上的电压迅速放电至 VT_6 的饱和压降，直到单稳态电路暂态时间后，VT_6 才截止，电源又重新通过 R_{12}、RP_2、R_{13}、RP_3、R_{14} 对 C_7 充电，开始新的一个周期。

由以上分析可以看出，VT_6、R_{12}、RP_2、R_{13}、RP_3、R_{14}、C_7 组成锯齿波电路；当 VT_6 截止时电源通过 R_{12}、RP_2、R_{13}、RP_3、R_{14} 对 C_7 进行缓慢充电；当 VT_6 饱和导通时，C_7 通过 VT_6 迅速放电，因而 C_7 上形成锯齿波。

起博脉冲的周期为单稳态的暂态时间（反拗期）与锯齿波上升时间之和，其大小可以通过 RP_2 进行微调。起博脉冲宽度与 R_{13}、C_7 有关，通过调节 R_{13} 以取得合适的脉宽。起搏脉冲的幅度可以通过微调 RP_3 得到合适的幅度。最后还需指出：电路中按需功能控制器（单稳态电路）和脉冲发生器均采用互补电路，由于互补脉冲电路中晶体三极管均处于“同开或同关”的状态，其工作期（晶体管导通）很短，而休止期（晶体管截止）很长，因此功耗很小，电池的使用寿命可以延长。

(2) 按需功能的实现

① 患者的自主心率低于起搏频率时的情况　如图 6-15 所示，图（a）为患者自身的心律，图（b）为起搏器的固有输出。从图中可以看出，此时患者的心率低于起搏频率即自身心动周期 t_1 大于起搏周期 t_2。装上本机后，开始时，起搏器发放第一个起博脉冲，如图（e）所示；与此同时，此起博脉冲刺激心肌，心脏被起搏，起博后的心律如图（f）所示；与此同时，此起搏脉冲经 C_{10} 耦合，通过感知放大器触发单稳态电路工作，单稳态输出波形如图（c）所示，在单稳态暂态时间 t_3（即反拗期）里，控制 VT_6 一直饱和导通，C_7 上电压为低电压（约为 0），脉冲发生器不工作，即起搏器处于抑制状态。在 t_3 这段时间里，起搏器对任何信号均不起反应，即不感知。反拗期 t_3 过后，t_4 恢复为截止状态，R_8 上压降恢复为低电平（0），VT_6 截止，锯齿波电路开始工作，电源通过 R_{12}、RP_2、R_{13}、RP_3、R_{14} 对 C_7 按指数规律充电，其波形如图（d）所示，当 C_7 上的电压上升到使 VT_7 导通时，由于患者自搏周期 t_1 大于起搏器的周期 $t_2(=t_3+t_4)$，患者还没有自搏，当起搏器发放第二个起搏脉冲，心脏被第二次起搏，如图（f）所示，如此不断工作下去。可以看出，由于自主心率低于起搏器的频率，自主心率被起搏器俘获，患者的心率与按事先选择的起搏器的频率一致，心电图中 QRS 波群前均有起搏脉冲图形，如图（f）所示。

② 自主心律不齐　有时自主心率高于起搏频率的情况如图 6-16 所示，图（a）～图（f）波形所指的意义与上面（1）的情况一样。从图中可以看出，患者自身的第一心动周期 t_1 低于起搏周期 t_2，而患者自身的第二心动周期 t_1 大于起搏周期 t_2。开始时，起搏器发放第一个起搏脉冲，心脏起搏，由于患者的第一心动周期 t_1 低于起搏器的周期 t_2，故经过 t_1 时间后，锯齿波还未上升到 VT_7 导通的电平 U，患者自身心动又开始一个新的周期，即患者自

搏，此自搏的 R 波经感知放大器触发单稳态电路工作，在反拗期里，VT_6 导通，使 C_7 迅速放电，从而抑制起搏器的第二个脉冲发放。假如患者采用的是固定式起搏器，心脏第二次搏动后，起搏器的第二个脉冲照常发放，此脉冲正好落入易激期，将有可能造成竞争心律危险。使用本机后，第二起搏脉冲被抑制，从而克服了固定式心脏起搏器的缺点。由于患者的第二心动周期 t_1 大于起搏周期 t_2，故起博器的第三个起搏脉冲发出后，心脏再一次被起博。

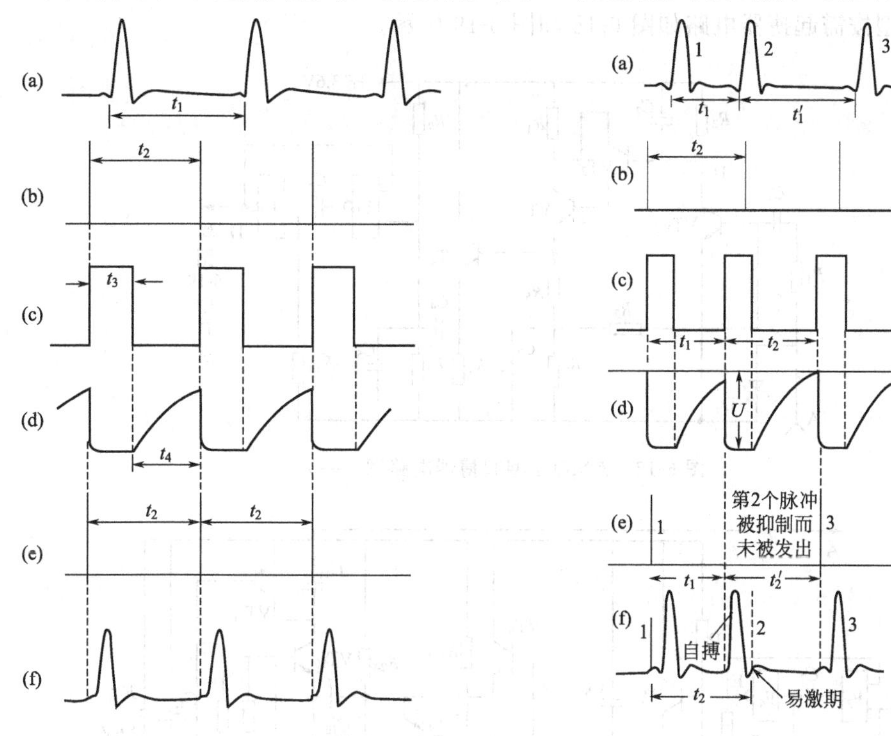

图 6-15　患者自主心率低于起搏频率

图 6-16　自主心率有时高于起搏频率

③ 自主心率完全高于起搏频率时的情况　如图 6-17 所示，此时患者的心动周期 t_1、t_2 等均低于起搏器固有周期 t_2。此时患者自身心脏搏动，自搏的 R 波经感知放大器整形、放大后触发单稳态电路，抑制第一起搏脉冲发放。经反拗期 t_3 后，C_7 上电位上升，经过一段时间，C_7 上电位还未上升到使 VT_7 导通的电平 U 时，患者自身的第一心动周期结束，发生第二次自搏，单稳态第二次被触发，使 VT_6 饱和导通，C_7 上的电位很快被强行放电，抑制了第二次脉冲发放。由于患者自身心动周期低于起搏周期，故起博脉冲均在患者自身 R 波的作用下被抑制。此时全为患者的自身心律，如图（f）所示。心电图示出 QRS 波群前均无起搏脉冲图形。

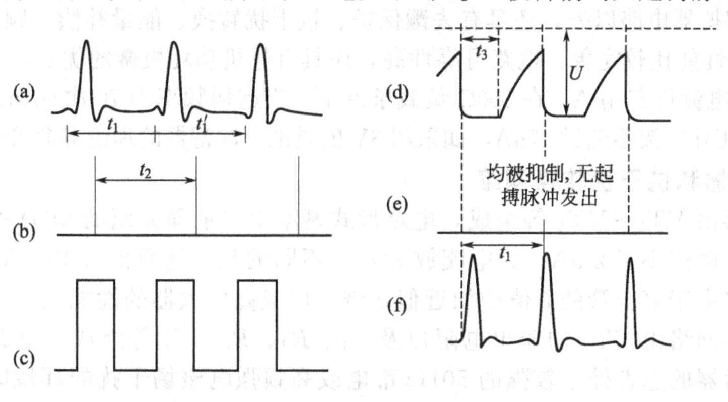

图 6-17　自主心率完全高于起搏频率

6.6.5 AMQ-4 型按需起搏器的电路分析

AMQ-4 型起搏器是一种程序控制起搏器，同时还是一种埋藏式起搏器。由于埋藏式起搏器是将整个仪器埋藏于体内（手术后安置在患者皮下合适部位，并固定起来），因此比体外携带式起搏器要求的可靠性更高，电池寿命更长，体积更小，并且要无毒无害。

AMQ-4 型按需起搏器电路如图 6-18 和图 6-19 所示。

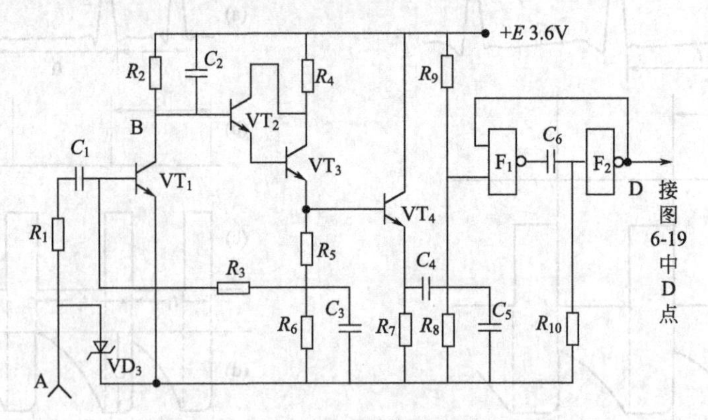

图 6-18 AMQ-4 型起搏器电路图（一）

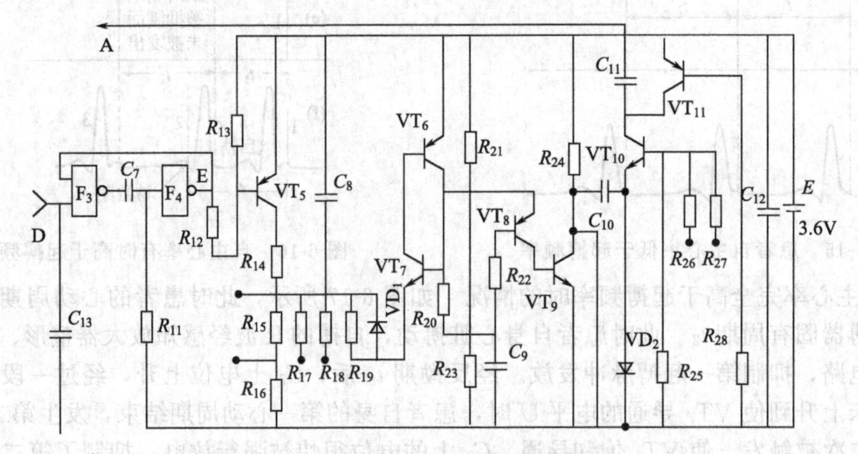

图 6-19 AMQ-4 型起搏器电路图（二）

AMQ-4 型起搏器在电路结构上除了具有感知放大器、按需功能控制器、脉冲发生器等基本 R 波抑制型起搏器电路以外，还具有去颤保护、抗干扰转换、能量补偿、频率限制等一系列保护电路，因此性能比较完善，电路可靠性高，还具有整机功耗极微的优点，当起搏器处于抑制状态时，工作电流仅有 4μA，在 500Ω 负载条件下，当起搏频率为 70 次/min、脉宽为 0.5ms、幅度为 5V 时，工作电流不超过 17μA，如采用 3V 的电池，起搏器的理论寿命可达 20 年。

（1）感知放大器和抗干扰转换网络

感知放大器由 $VT_1 \sim VT_4$ 等组成，电路形式基本上与前面介绍的 QDX-2 型的感知放大器相同，其工作电流小于 2mA，为电流放大器。不同的是，这里的 VT_2、VT_3 组成复合管并以射极输出（由于复合管的 β 值增加近似 β 倍，可提高放大器的性能）。

抗干扰转换网络由 VT_4 的输出电阻以及 C_4、R_9、R_8、C_5 等组成，电路结构简单。当安装按需型起搏器的患者处于较强的 50Hz 市电或高频强电磁场干扰的环境时，干扰信号将串入感知放大器，由于感知放大器的带宽被放大器衰减了一部分，但是如果这些干扰信号很强，频率远高于起搏频率，这些干扰信号和感知的R波一样，能使按需功能控制器的单稳态提前触发，触发后如果单稳态电路能够恢复原态，但经单稳态分辨时间以后立即被干扰信号触发。这样，脉冲发生器在干扰信号存在的时间内一直处于抑制状态，致使起搏器停止发放起搏脉冲，这种情况使患者失去人工心脏起搏。这是十分危险的现象，这种现象是不允许发生的。解决的法是：保持在强干扰存在的条件下，把强干扰信号衰减到不能触发按需功能控制器，使之失去对脉冲发生器的抑制作用，脉冲发生器按自己固有频率发放起搏脉冲，起搏器转换为固定式工作，其起搏频率稍快于按需型（这是扣除按需型的反拗期的结果）。干扰转换等放电路如图6-20所示。

图中R_0和U_0是根据戴维宁定理得到的等效电阻和电源，R_0为VT_4的输出电阻，U_0为经放大后的干扰源电动势。R为R_8、R_9和与非门F_1的输入电阻的并联等效电阻。从图中可以看出，这是一个RC分压器电路，送给由F_1、F_2组成的单稳态电路的输入触发信号U，是从U_0分压得到的。即

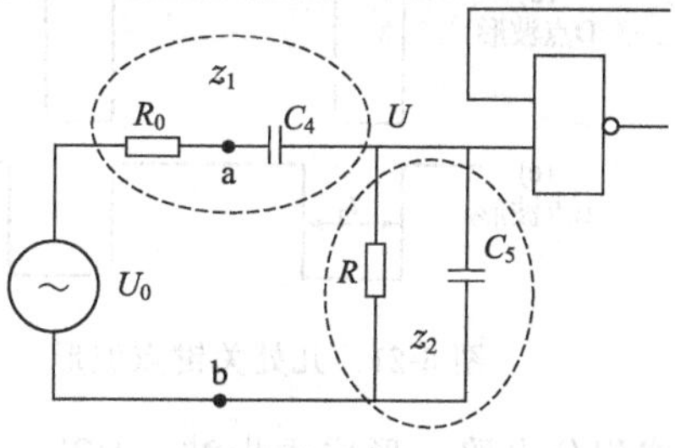

$$U=\frac{Z_2}{Z_1+Z_2}U_0=\frac{1}{Z_1//Z_2+1}U_0$$

图 6-20　有干扰时的交流等效电路

其中U和U_0为u和u_0的向量。且Z_1、Z_2分别为

$$Z_1=\frac{1}{R_0+\mathrm{j}\omega C_4}\qquad Z_2=\frac{R\,\dfrac{1}{\mathrm{j}\omega C_5}}{R+\dfrac{1}{\mathrm{j}\omega C_5}}$$

一般C_4较大，R_0较大，当干扰源角频率ω大于$2\pi\times 50\mathrm{Hz}$时有：

$$R_0\gg\frac{1}{\mathrm{j}\omega C_4},\text{故有 } Z_1\approx Z_2$$

所以

$$U\approx\frac{1}{\dfrac{R_0}{R}(1+\mathrm{j}\omega RC)+1}$$

从上式可以看出，随着干扰信号角频率ω的增力，$|\dot{U}|$将被衰减下降，合理选取上述抗干扰网络的参数和单稳态电路的触发电平，使干扰频率大于50Hz时，U值将减少到不触发下一级单稳态翻转，这样可使按需功能控制器不工作，使在强干扰存在的时间内起搏器转换为固定式工作，以保证不间断地发出起搏脉冲。但是，强干扰一旦消失，起搏器又能自动恢复到按需工作状态。

（2）按需功能控制器

由CMOS与非门F_1、F_2组成的微分型单稳态电路，其输入为感知放大器输出的正脉冲信号。现将电路中几处关键点的大致波形画于图6-21中。

假设感知心电信号R波为正极性（如图中A点波形），经感知放大器输入微分电路微分成双向脉冲，如图中B点波形所示。由于感知放大器中各NPN的静态工作点接近于截止区，故感知放大器只能放大正极性脉冲，放大后经干扰转换电路衰减的波形如图C点波形所示。触发按需功能控制器，实际上是利用其正脉冲的后沿，如图6-21(c)、(d)所示。按需功能控制输出为方波，如图6-21中D点波形所示。

（3）脉冲发生器和输出脉冲倍压电路

脉冲发生器由VT_5～VT_9组成。VT_5为控制门，作用与QDX-2型中的VT_6相同，这里微分型单稳态电路在暂态时间输出为低电平，故VT_5采用PNP型管。C_8与R_{14}～R_{16}

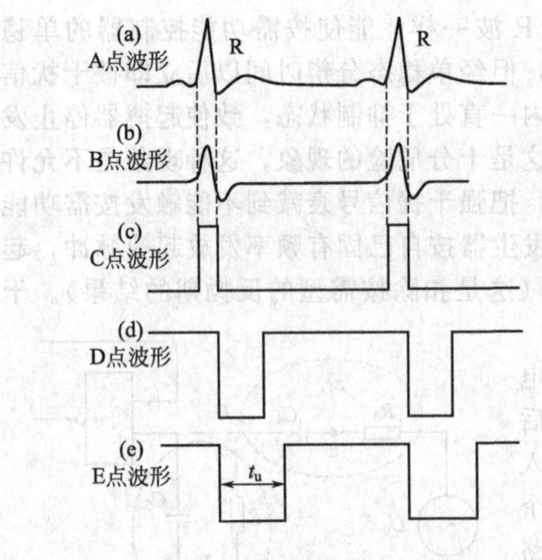

图 6-21　几处关键点波形

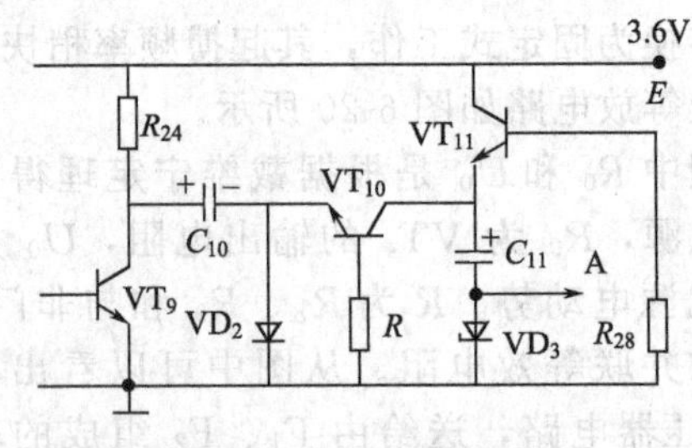

图 6-22　脉冲倍压电路

组成积分电路，形成锯齿波。VT_6、VT_7 组成互补型张弛振荡电路。由于 VT_6 的集电极与 VT_7 的基极连接，故 VT_6、VT_7 构成正反馈闭合电路。张弛振荡器的大致工作过程如下：当 VT_5 由饱和到截止时，由于 C_8 上的电压不能突变（仍近似为 VT_5 饱和压降），所以 F 点的电位为最高，近似为电源电压 E，那么 VT_7 的发射极电位也较高，使 VT_7 处于截止状态，则 VT_7 集电极电流近似为 0；又因 VT_6 的基极电流即为 VT_7 的集电极电流，故 VT_6 也截止；以后随着 C_8 的充电，C_8 两端电位逐渐上升，F 点电位逐渐下降，VT_7 发射极电位也不断降低，当 VT_7 发射极电位降低到不能维持 VT_7 截止时，VT_7 退出截止状态，由于 VT_7、VT_6 的正反馈连锁反应，迅速使 VT_7、VT_6 由截止翻转为饱和，以后 C_8 上的电压通过 R_{19}（为 R_{19} 与二极管 VD_1 正向电阻并联值和 VT_7、VT_6 饱和电阻串联总电阻）放电，使 C_8 上的电压逐渐降低，而 F 点的电位又逐渐上升，当 F 点的电位上升到使 VT_7 发射极电位不足以维持 VT_7 饱和时，VT_7、VT_6 便由其正反馈连锁反应使之翻转为原态即 VT_7、VT_6 截止，从而完成一次振荡过程。由于 R_{19} 比 $R_{14}\sim R_{16}$ 串联电阻小得多，故 C_8 充电时间常数远远大于放电时间常数，所以振荡脉冲休止期（VT_7、VT_6 截止）远远大于振荡脉冲持续期（VT_7、VT_6 饱和），C_8 与 $R_{14}\sim R_{16}$ 的大小决定振荡脉冲的宽度（即起搏脉冲的宽度）。电路中的 VT_8 为恒流源，起电位转换作用。VT_9 为输出级，其工作过程是：当 VT_6 截止时，VT_6 的集电极电位（也是 VT_8 射极电位）较低，使 PNP 型的 VT_8 处于截止状态，VT_8 的集电极电流（也为 VT_9 基极电流）为零，故 VT_9 也处于截止状态；当 VT_6 饱和时，VT_6 的集电极电位升高到近似为电源电压 E，使 VT_8 发射极电位升高，迫使 VT_8 饱和导通，VT_8 集电极电极电流也迫使 VT_9 饱和，从而在 VT_9 集电极上输出脉冲。

输出脉冲倍压电路由 C_{10}、C_{11}、VT_{10} 及 VT_{11} 等组成，电路重画于图 6-22 中。假如不加 C_{10} 后面的倍压电路，则 VT_9 饱和时，VT_9 集电极电位 U_{C9} 为饱和压降（零点几伏），当 VT_9 截止时，$U_{C9}\approx 3.6\text{V}$，因此起搏脉冲幅度仅有三伏多，不能满足需要。当在 C_{10} 后面加上倍压电路后，VT_9 截止时，电源 E 通过 R_{24}、VD_2 对 C_{10} 充电至（$E-U_{D2}$），U_{D2} 为 VD_2 导通时正向压降；此时 VT_{10} 发射极电位为 U_{D2}，不能使 VT_{10} 导通，故 VT_{10} 处于截止状态；与此同时，电源 E 通过 VT_{11}、VD_3 对 C_{11} 很快充电到（$E-U_{ces11}-U_{D3}$），其中 U_{ces11} 为 VT_{11} 饱和压降，U_{D3} 为 VD_3 的正向压降。当 VT_9 由截止转换为饱和导通时，U_{c9} 由高电位突变到低电位（VT_9 的饱和电位），由于 C_{10} 电压不能突变，迫使 VT_{10} 发射极电位下降到 $-(E-U_{D2})$，VD_2 截止，VT_{10} 饱和导通，此时 A 点电位近似等于 C_{11} 上电压、VT_{10} 饱和压降和 C_{10} 上电压之和为 -6V 左右。由此可见，把起搏脉冲幅度增加两伏多，可达到预期要求。

(4) 最高起搏频率限制电路

最高起搏频率限制电路是一种起搏频率保护电路。为什么要保护起搏频率呢？患者安装起搏器后的心率多数是依赖起搏器的工作频率，如果起搏器因电源、元器件变质或损坏而造成起搏频率低于 40 次/min 或高于 150 次/min，则患者常感头昏、四肢无力等，如果不及时处理，严重者将引起昏厥甚至死亡，其后果是极其危险的。为了避免起搏心动过速，本机设有最高频率限制电路，以保证在部分元件出现异常情况下起搏频率不超过 150 次/min。

最高起搏频率限制电路由 CMOS 与非门 F_3、F_4 等组成的微分型单稳态电路和脉冲发生器（VT_5～VT_9）及 C_{13}联合组成。这里的微分型单稳态电路，其电路形式与 F_1、F_2 组成的微分型单稳态电路相同，它的输出有两路：一路为按需功能控制器的输出；另一路输出为 VT_9 集电极经 C_{13}耦合输出。从电路原理讲，此单稳态电路的持续期即为本机的反拗期。在分析 QDX-2 型时，已经知道起搏脉冲的周期为反拗期和积分电路锯齿波发生器对电容 C 充电的时间之和。本机充电时间常数主要由 C_8 和 R_{14}～R_{16}决定，假如 C_8 和 R_{14}～R_{16}元件数值下降到极限情况，则其起搏周期最短也有 t_u 那么长，即最高频率被限制在 $1/t_u$ 内，假如 t_u＝400ms，则最高起搏频率为 150 次/min 以下。

(5) 能量补偿电路和去颤保护电路

当电池（起搏器的能源）电压下降后，起搏器输出起搏脉冲幅度也随之减少，当幅度减少到一定程度以后，将出现不起搏或者起搏不完全的情况，从心脏起搏是电能转换为机械能引起心肌收缩和舒张的观点来看，起搏脉冲的电能与脉冲幅度和宽度有关，如果当脉冲幅度减少到一定范围的同时，脉冲宽度也相应自动增宽，在电池电压下降到一定数值但尚未耗竭时，仍能输出足量的起搏能量，以维持心脏起搏的正常进行。能量补偿电路即能自动完成上述作用。其电路主要由二极管 VD_1 完成。在上面分析脉冲发生器的工作原理时，我们知道脉冲宽度主要取决于 C_8 放电的时间常数，其大小与 C_8、R_{19}有关，若 R_{19}大，则脉宽增加，反之若 R_{19}减少，则脉宽也减少（如前所述，R_{19}为 R_{19}和 VD_1 的正向电阻并联值再与 VT_7、VT_6 饱和电阻相串联的总等效电阻）。从二极管的正向伏安特性可知，加在二极管上的电压减少，二极管的正向电阻将增大。当起搏器电池电压下降，加在二极管两端的正向压降也下降，二极管正向电阻增加，因而使 R_{19}也相应增加，导致脉冲宽度自动增加，合理选取二极管和 R_{19}就能做到较满意的能量补偿。这种能量补偿电路还具有一个重要意义：通过体外监测起搏参数，当发现起搏脉冲宽度增加较多时，即提示起搏器电池电压下降较多，可及时为患者更换起搏器，从而可避免因电池电压的耗竭造成突发事故。由此可见，能量补偿电路提高了埋藏式起搏器运行的安全性。

由于部分患者在安装起搏器后常伴有心房或心室颤动的发生。为了使埋藏式起搏器能够承受 400J 的电击，必须备有一种特殊的放电保护电路，即去颤保护电路。本机去颤保护电路主要由感知放大器输入端 A 点与地之间的稳压二极管 VD_3 完成，使 A 端负电位绝对值被限制在 VD_3 的稳压范围内，从而获得了去颤保护作用。以上把 AQM-4 埋藏式起搏器各单元电路的原理及作用做了分析。关于怎样实现 R 波抑制按需功能，这与 QDX-2 型按需功能的实现基本一致，这里不再赘述。

6.7 心脏除颤器

6.7.1 心脏除颤器的作用及工作原理

(1) 心脏除颤器的作用

心脏除颤器（图 6-23）又名电复律机，它是一种应用电击来抢救和治疗心律失常的一

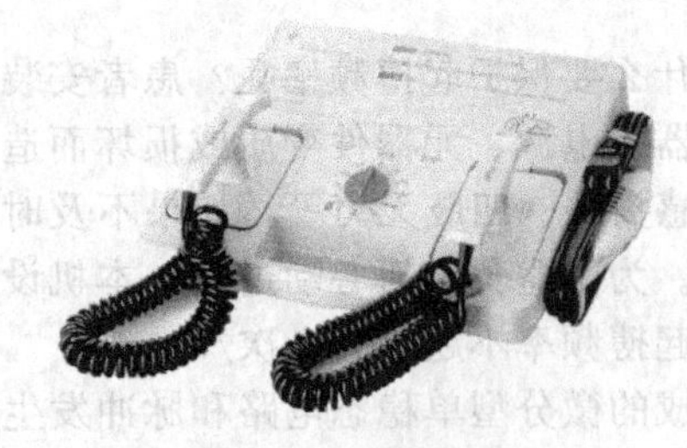
图 6-23　除颤器

种医疗电子设备，具有疗效高，作用迅速，操作简便以及与药物相比较为安全等优点。

心脏是推动全身血液循环的器官。由于心脏的有节律的搏动，推动了血液从静脉，经过心房和心室，流入动脉，维持血液循环。完成心脏泵血功能的必要条件是心肌纤维的同步收缩。当心肌因种种原因不能同步收缩而代之以蠕动样颤动时，心脏的泵血功能就完全丧失，心房肌肉的颤动称为房颤，心室肌肉的颤动为室颤。

房颤时，心室的功能仍然正常，受到房颤的影响，心室的收缩频率增加而心律不规则。由于大部分血液是在心房收缩以前就被抽入到心室内，所以血液循环仍能继续，然而心室做功的效率大大降低，容易导致心肌衰竭。室颤发生后心室不能泵血，血液循环停止，如不立即采取措施，病人在几分钟内就会死亡。而且室颤一旦发生，就不易自动消失。

通常使用的除颤方法是电击除颤。电击除颤是利用足够大的电流流过心脏来刺激心肌，使所有的心肌细胞同时去极化，然后同时进入不应期，从而促使颤动的心肌恢复同步收缩状态，使心肌恢复正常。只有一定幅度和一定的持续时间的电流才能起到除颤作用。

电击除颤由除颤器完成，它产生足够大的电能量，通过除颤电极引入到病人的心脏，从而达到除颤目的。最初的除颤器可产生出 60Hz 的交流电流流过心脏，电流可大到 15A，持续 150ms。用这样的交流电流去电击心脏，使心脏重新同步，如不能恢复，则再次重复让这样的交流脉冲流过心脏，直到恢复心跳为止。交流除颤器可以消除室颤，但无法消除房颤。此外，在它的最大输出时，除颤器变压器的输入端电流会高达 90A，这会干扰连在同一电源线上的其他仪器的工作。交流除颤器现在已不再使用。

(2) 心脏除颤器的原理

1962 年末，Bernard Lown 发明了直流除颤器并成功地用于临床，而且这种直流除颤方法一直沿用到现在。这种方法是先用直流电流对电容充电，达到较高的电压后再通过电极在病人的胸部快速放电，直流除颤器不仅能比交流除颤器更有效地去除室颤，而且也能用于消除房颤和其他类型的心律失常。对病人来说，其危害也比较小，自 20 世纪 70 年代开始已在医院广泛普及。

一般心脏除颤器多数采用 RLC 阻尼放电的方法，其充放电基本原理如图 6-24 所示。电压变换器是将直流低压变换成脉冲高压，经高压整流后向储能电容 C 充电，使电容上获得一定储能。除颤治疗时，控制开关打至 2 位置，使充电电路被切断，由储能电容 C、电感 L 及人体（负荷）串联接通，使之构成 RLC(R 为人体电阻、导线本身电阻、人体与电极的接触电阻三者之和）串联谐振衰减振荡电路，即为阻尼振荡放电电路，通过人体心脏的电流波形（图 6-25)。

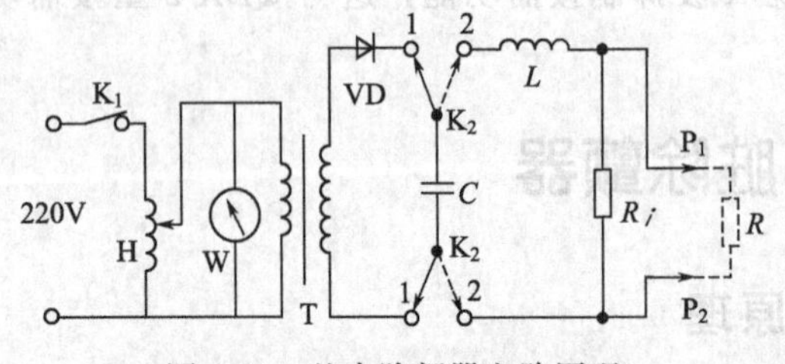

图 6-24　基本除颤器电路原理

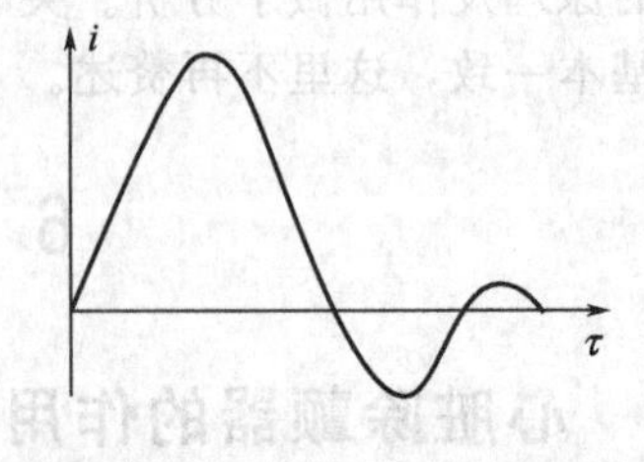

图 6-25　阻尼放电波形

根据实验和临床都证明这种 RLC 放电的双向尖峰电流除颤效果较好，并且对人体组织损伤小。

如前所述，放电时间一般为4～10ms，可以适当选取L、C实现。电感L应采用开路铁芯线圈，以防止放电时因大电流引起铁芯饱和造成电感值下降，而使输出波形改变。另外，除颤中存在高电压，对操作者和病人都有意外电击危险，因此必须防止错误操作和采取各种防护电路。

心脏除颤除了上述充电电路和放电电路以外，还应有监视装置，以便及时检查除颤的进行和除颤效果。监视装置有两种：一种是心电示波器，在示波器荧光屏上观察除颤器的输出波形，从而进行监视；另一种是如心电图机一样的自动记录仪，把除颤器的输出波形以及心电图自动描记在记录纸上，达到监视目的。当然，有的同时具有上述两种装置，既可以在荧光屏上观察波形，又可以把波形自动描记下来。

6.7.2 心脏除颤器电极

除颤器电极通常是一个带有手柄的金属圆盘，其大小和形状根据除颤方式的不同而有所不同。除颤方式可分为体外除颤和体内除颤，体外除颤的方式又可分为胸-胸除颤和胸背除颤。胸-胸除颤是一种比较常用的方式［图6-26(a)］，其两个电极都置于胸前部。胸-背除颤时，一个电极放在前胸，另一个垫在背上的电极是扁平的、直径稍大［图6-26(b)］。用于体内除颤的电极的直径比较小，电极手柄比较长，便于在手术中将除颤电极直接放在心肌上［图6-26(c)］。

(a) 成人胸部除颤电极和小儿电极

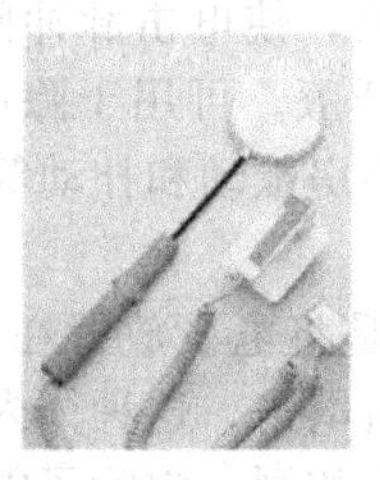

(b) 胸 - 背电极

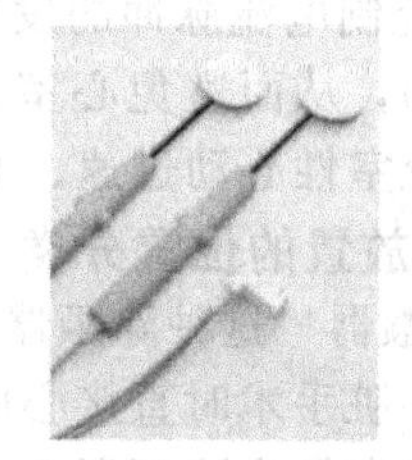

(c) 体内除颤电极

图6-26 除颤电极

电极和皮肤要接触良好，由于除颤器释放的是大电流，根据焦耳定律可知产生的能量为I^2R，只有减少电极和皮肤接触面的阻抗，才能减少能量作用于皮肤而使皮肤烧伤。另外，当接触不好而导致阻抗增加时，能量的消耗增加而实际作用于心肌的能量减少，会因心肌得到的能量不够而造成除颤失败。为了保证电极和皮肤的接触良好，通常要求电极的表面积要足够大，一般直径在7.5cm以上，通常使用直径8cm的电极。一般除颤器都配有成人用的电极和儿童用的小直径的电极，也有些公司采用装卸式的儿童/成人两用电极。一个成人电极套在儿童电极之外，根据临床需要选用［图6-26(a)］。如把成人电极用于儿童，则由于电极较大，使用时电极靠得太近，易造成电击，降低能量并烧伤皮肤。如把儿童电极用于成人，则成人所用的能量大而使电流密度过大，烧伤皮肤。使用导电膏降低阻抗（如用于ECG记录的导电膏）时，要注意不要涂得太多而产生电极之间的旁路，使心肌得到的实际能量减少。在除颤时，电极上要加上足够的压力（约25斤）使皮肤扁平，接触良好。有些除颤器电极内安装有压力感受器及开关，只有加上足够的压力以后，开关才接通。除颤时，要做好皮肤清洁工件，涂上导电膏，并加上适当压力，使阻抗达到50Ω左右，从而达到最佳的除颤效果。有些除颤器还提供两电极之间的阻抗值，以供参考。

由于电极要通过高电压、大电流，因此它的安全性非常重要。对病人来讲，良好的接触和有效的除颤为病人提供了安全，但也不希望出现在对病人除颤时，使医生也受到了电击。

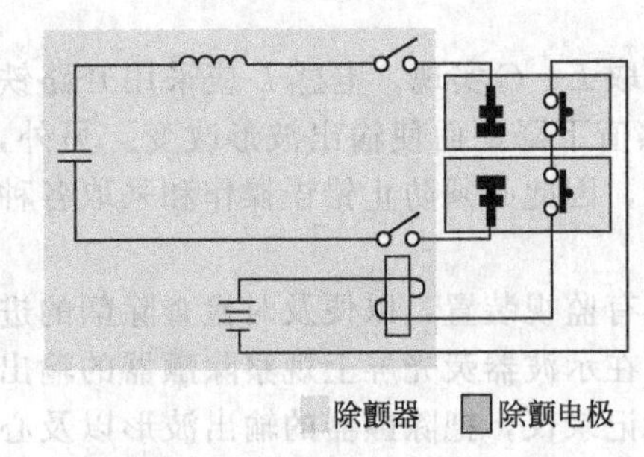

图 6-27　除颤按钮安全电路

电极的手柄和电缆线应绝缘良好，此外在手柄上要有护圈，以防操作人员不小心使手与电极板相接触，或导电膏涂到手柄上。除颤触发按钮应仅安装在电极手柄上，仪器的其他部位没有另外的除颤触发按钮，这样既可方便医生操作，又可防止在操作医生不知道的情况下，由其他人员不小心而启动放电。现代除颤器的两个电极上都装有除颤按钮，并且是串联的（图 6-27），只有当两个按钮同时按下时，高压继电器的回路才导通，才能使 K 接通而放电。现在有些除颤器的电极上还有充电按钮，使得操作起来更为方便。

除颤器的电极除了用作传导除颤能量外，由于在除颤时安放在胸壁上，所以也能用来提取心电信号，以便对心电做监护。

6.7.3　心脏除颤器的类型

(1) 按是否与 R 波同步分类

① 非同步型除颤器　这种除颤器在除颤时与患者自身的 R 波不同步，可用在心室颤动和扑动（因为这时没有振幅足够高、斜率足够大的 R 波）。

② 同步型除颤器　这种除颤器在除颤时与患者自身的 R 波同步。一般是利用电子控制电路，用 R 波控制电流脉冲的发放，使电击脉冲刚好落在 R 波的下降支，这样使电击脉冲不会落在易激期，从而避免心室纤颤。可用于除心室颤动和扑动以外的所有快速性心律失常，如室上性及室性心动过速、心房颤动和扑动等。

(2) 按电极板放置的位置分类

① 体内除颤器　这种除颤器是将电极放置在胸内直接接触心肌进行除颤的。早期除颤主要用于开胸心脏手术时直接心肌电击，这种体内除颤器结构简单。现代的体内除颤器是埋藏式的，这与早期体内除颤器不大相同，它除了能够自动除颤以外，还能自动进行监护，判断心律失常、选择疗法进行治疗。这种现代化体内除颤器还处于实验研制阶段，仅有少数应用于临床。

② 体外除颤器　这种除颤器是将电极放在胸外，间接接触除颤，目前临床使用的除颤器大都属于这一类型。

6.7.4　心脏除颤器的主要性能指标

(1) 最大储能值

这是指在除颤器电击前，必须先向除颤器内的电容器储存电能（用充电方法实现），衡量电能大小的单位是 W·s(J)。通过大量动物实验和临床实践证明，电击的安全剂量以不超过 400W·s 为宜，即除颤器的最大储能值为 400W·s。电容 C 与其上面的电压 V 和储能 W 有如下关系：

$$W=1/2CV^2$$

从上式可知当电容 C 确定后，W 便由 V 确定。

(2) 释放电能量

这是指除颤器实际向病人释放电能的多少。这个性能指标十分重要，因为它直接关系到除颤实际剂量。能量储存多少并不等于就能给病人释放多少，这是因为在释放电能时，电容器的电阻、电极和皮肤接触电阻、电极接插件的接触电阻等，都要消耗电能，因此对不同的患者（相当于不同的释放负荷），同样的储存电能就有可能释放出不同的电能量，所以，释放电能量的大小必须以一定的负荷值为前提。通常，多以负荷50Ω作为等效患者的电阻值。

(3) 释放效率

这是指释放能量和储存电能之比。对于不同的除颤器有不同的释放效率。大多数除颤器释放效率在50%～80%之间，例如，国产QC-11和XQQ-1型释放效率为67%。

(4) 最大储能时间

这是指电容充电到最大储能值时所需要的时间。储能时间短，就可以缩短抢救和治疗的准备时间，所以希望这个时间越短越好，但因受电源内阻的限制，不可能无限度地缩短这个时间。目前最大储能时间多在10～15s范围内。

(5) 最大释放电压

这是指除颤器以最大储能值向一定负荷释放能量时在负荷上的最高电压值。这同样也是一个安全指标，即在电击时防止患者承受过高的电压。国际电工委员会暂作这样的规定：除颤器以最大储能值向100Ω电阻负荷释放时，在负荷上的最高电压值不应该超过5000V。

6.7.5 典型心脏除颤器电路分析

心脏除颤器的品种较多，本节选取了一种设计比较完整的电路和一种电路比较简单的仪器加以分析，以便对心脏除颤器的电路工作原理有较深的了解。

(1) 同步式除颤器充放电电路

充放电电路即除颤电路，为心脏除颤器核心电路，其电路原理图如图6-28所示。

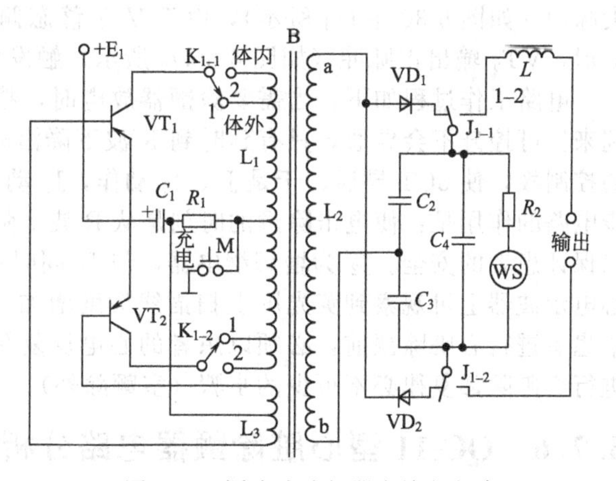

图6-28 同步式除颤器充放电电路

由晶体三极管VT_1和VT_2以及变压器B等组成高频高压变换器，其作用是把低压直流变换成脉冲高压。其工作过程是：当整机电源通电以后，“充电”按钮开关M处于常开状态，电路与“地”并未接通，因此电路并不工作。当需要对储能电容充电时，按下M，电路与“地”接通，高频振荡电路开始工作，产生矩形脉冲，经变压器B升压，当B的次级L_2为正半周时，即a端为“+”，b端为“−”时，二极管VD_1因正向加压而导通，VD_2因反向加压而截止，故此时对C_3充电，其方向为上“+”下“−”；当B的次级为负半周时，即a端为“−”，b端为“+”时，VD_2导通，VD_1截止，此时对C_4充电，其方向也是上“+”下“−”。由于C_3、C_4很大，充电比较慢，以后正负半周轮流对C_3、C_4充电（只是充电时间不是整个半周）。这个电路实质上是倍压整流电路，所以在经过一段时间后（约10s）C_3、C_4上获得高压直流电V。其电能为$(1/2)CV^2$（其中C为C_3、C_4串联后再与C_2并联的等效电容）。

图中K_1为“体内除颤”和“体外除颤”选择开关，它是双刀两位波段开关。当$K_{1\text{-}1}$、$K_{1\text{-}2}$刀拨向“1”位时，为“体外除颤”，这时变压器B的初级线圈L_1减少，次级L_2和L_3的端电压升高。由于L_3上电压增加，即正反馈电压增加，振荡加强，加上L_2进一步升压，因此，储能电容电压升高，满足“体外除颤”所需电能。当$K_{1\text{-}1}$、$K_{1\text{-}2}$的刀拨向“2”位时，为“体内除颤”，这时对储能电容充电电压将减少，如果从储能指示“WS”观察出储能过强，可以进行充电时间控制，办法是：控制按下“M”闭合时间，监视“WS”表上升情况，当“WS”指示达到所需值时，放开按钮“M”停止充电，以此来“微调”储能值。

(2) 同步式除颤器同步电路

同步电路的作用是除颤放电时与患者自主的 R 波同步。其电路如图 6-29 所示，电路中几个关键点波形示意图如图 6-30 所示。

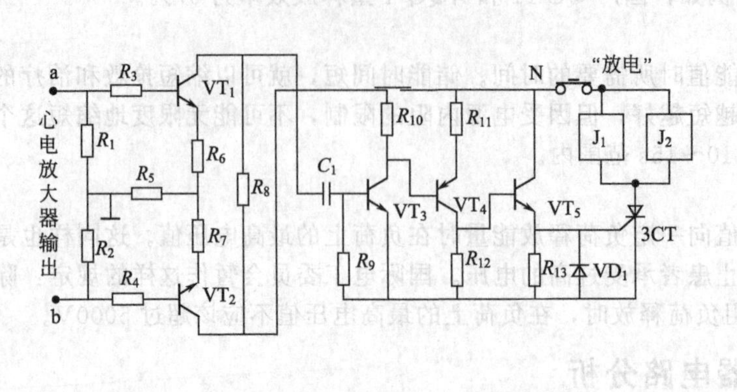

图 6-29 同步式除颤器同步电路

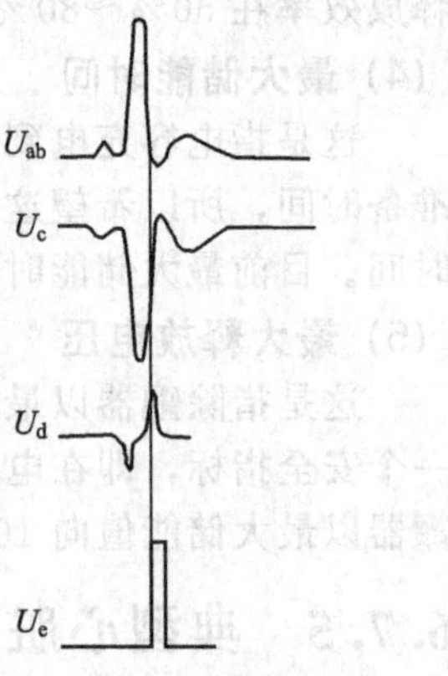

图 6-30 同步电路波形

a、b 两端接心电示波器中心放大器输出，经心电放大器放大后的心电信号（如图 6-30 中 U_{ab} 所示）再由 VT_1、VT_2 组成双端输入单端输出的差动放大电路倒相放大（如图 6-30 中 U_c 所示），C_1 和 VT_3 导通时的输入电阻（包括 R_9）组成微分电路，将 R 波微分成正负尖脉冲（如图 6-30 中 U_d 所示），由于 VT_3 静态偏流为 0，故只能放大正尖脉冲，再经 VT_4 整形，VT_5 输出正脉冲（如图 6-30U_e 所示）触发可控硅使之导通。

电路工作过程如下：当需要除颤器放电时，按下“放电”按钮 N，此时如果 R 波没有到来，可控硅不会导通，只有延时到 R 波下降沿时才有幅度较大的正脉冲加入可控硅 3CT 的控制极，使 3CT 导通，于是 J_1、J_2 动作，J_1 动作使储能电容 C 放电。由此可以看出，同步电路的作用是：使电击除颤的时刻是从 R 波下降沿开始的，从而避开心动周期的易激期，以保证患者的安全。J_2 为增辉继电器，与 J_1 同时动作。J_2 动作以后，使增辉电路工作，在心电示波器上可观察到荧光屏上扫描线辉度增加，以便作 R 波同步性能的检查。因此，在给患者进行心脏除颤前，必须以患者的心电反复预试 R 波同步性能，这是保证顺利、安全进行心脏除颤复律必不可少的步骤（室颤除外）。

6.7.6 QC-11 型心脏除颤器电路分析

QC-11 除颤器是目前比较先进的一种心脏除颤器，电路由除颤充电、除颤放电、电源及其控制电路组成，方框图如图 6-31 所示。

(1) QC-11 除颤器除颤充电及控制电路

除颤充电及其控制电路图如图 6-32 所示。这部分电路包括直流变换器、高压储能电容、储能指示、除颤充电控制（包括高压充电安全）电路等。

① 直流变换器　由 VT_2～VT_7、升压变压器 B_1 等组成，其作用是将低压直流变换成高压直流，以便向储能电容充电。这是一种高效率的脉冲式电源变换器，由 VT_2、VT_3 等组成射极反馈式多谐振荡器，构成变换器的脉冲源，其振荡输出的方波频率和脉冲占空比可由 RP_2 和 RP_3 调节。振荡输出先经 VT_4 电压放大，再由 VT_5、VT_6 并联组成的射极输出器作电流放大后，驱动变换器的功率开关管 VT_7 工作，使它交替地通断电源。这样升压变压器 B_1 的初级线圈便有功率较大的交变信号，经 B_1 升压作用，在 B_1 的次级感应出很高的交变信号，再经高压整流二极管（硅堆）VD_5～VD_8 组成的桥式整流电路变换成高压脉冲直流电，向储能电容充电。

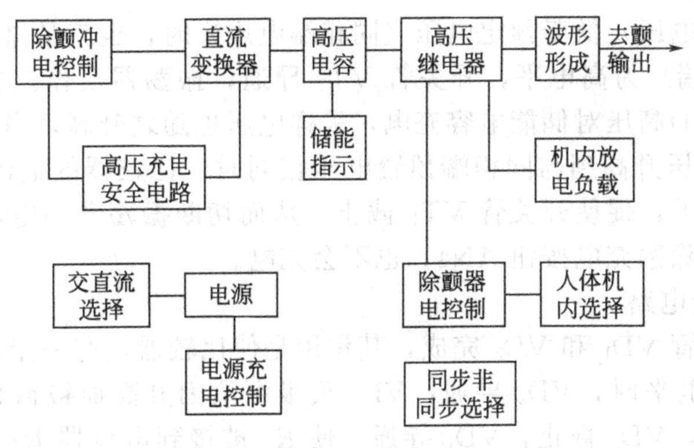

图 6-31 QC-11 心脏除颤器方框图

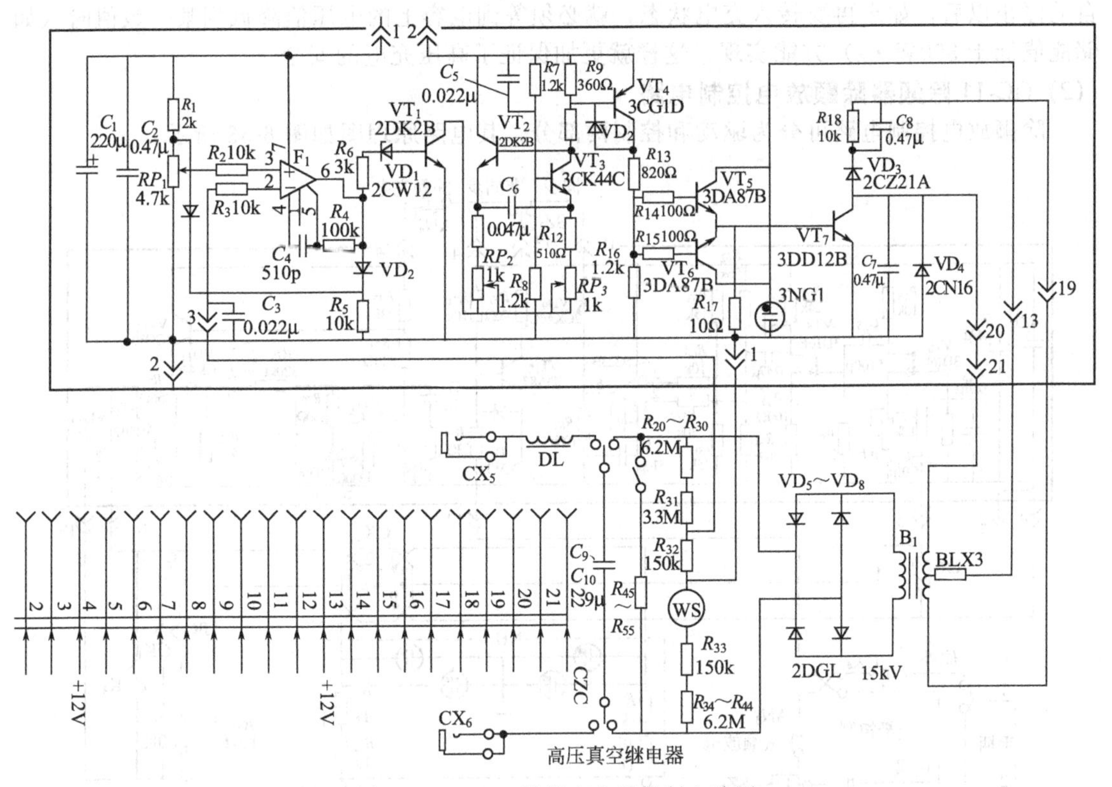

图 6-32 QC-11 除颤充电及控制电路图

② 高压储能电容器 由 C_9、C_{10} 并联组成，充电和放电由高压真空继电器及其控制电路控制。

③ 高压储能指示 瓦秒表“WS”安装在 $R_{20}\sim R_{44}$ 组成的串联电路中，用以指示高压电容的储能值，以便监视储能的大小。

④ 除颤充电控制电路 主要由运算放大器 F_1 及开关管 VT_1 等组成，其作用是高压过充自动保护，即充电能达 400W·s 时，仪器将自动停止充电，使之对储能电容的充电能量限制在 400W·s 以内，从而保证使用安全。F_1 组成电压比较器，当仪器电源接通以后，比较器的同相端（3 端）预先加一个电压，这个电压可由 RP_1 调节。比较器的反相端（2 端）加上取自高压电容的采样电压（由 $R_{20}\sim R_{44}$ 等组成的分压器提供），这个电压值与电容器上的电压值成正比。储能电容未充电之前，这个采样电压为 0V，根据电压比较器的原理，当

该采样电压（反相端电压）低于预定电压（同相端电压）时，也就是储能低于 400W·s时，比较器的输出端（6 端）为高电平，开关管 VT_1 导通，振荡器工作。当按下除颤充电按钮后，电流变换器产生的高压对储能电容充电，采样电压也随之升高，当储能电容的电能达到 400W·s时，采样电压升高到与同相端预置电压相同时，比较器的输出（6 端）发生跳变，由高电平跳变为低电平，促使开关管 VT_1 截止，从而切断振荡器的电源，高压充电便自动停止。如果这时再按除颤充电按钮 AN4，也不会充电。

⑤ 高压充电安全电路

由比较器的二极管 VD_1 和 VD_2 完成，其作用是使比较器具有一定的滞后性。当比较器输出端（6 端）是高电平时，VD_2 导通，VD_1 负极电位因升高而被截止；相反，一旦比较器输出端变为低电平，VD_2 截止，VD_1 导通，使 R_5 被接到电位器 RP_1 的滑动端上，比较器预置端（3 端）的预置电压比原定值有所下降。这样，一旦充电达到 400W·s 而充电被自动停止以后，如果再要转入充电状态，就必须等到电容上的电压值降低到某一数值时（如储能值低于 300W·s）方能实现，这样就更加保证了高压充电的安全。

(2) QC-11 除颤器除颤放电控制电路

除颤放电控制电路可分为驱动和控制两部分，其电路原理图如图 6-33 所示。

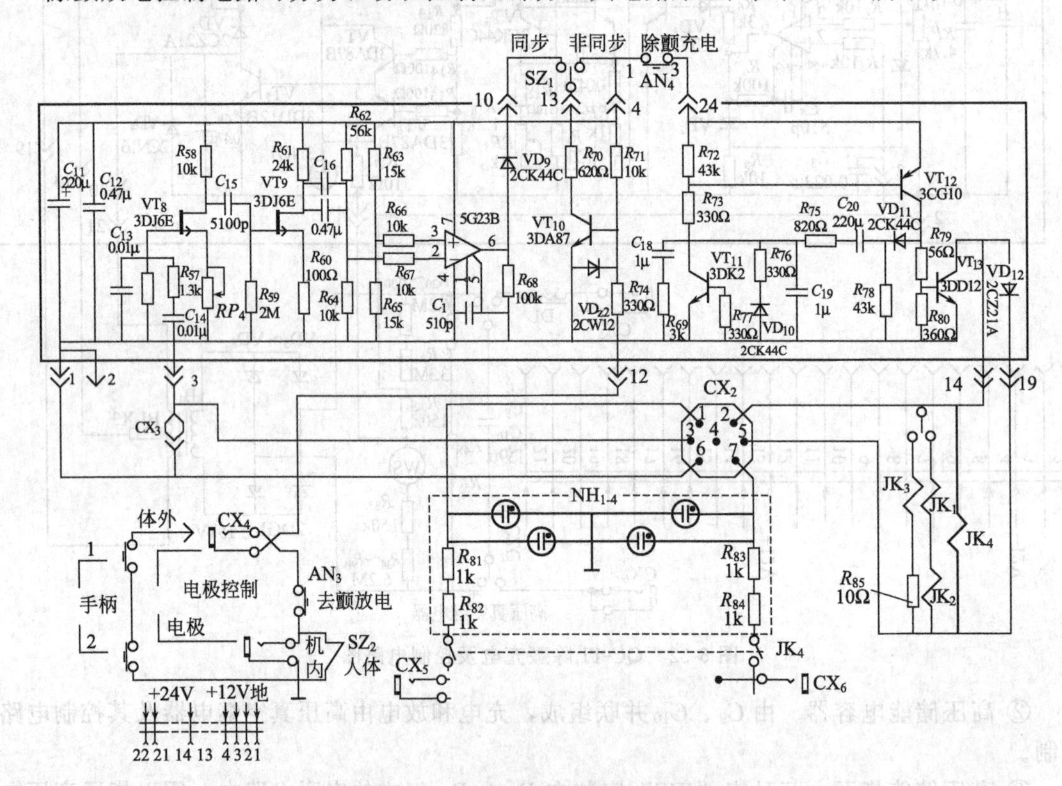

图 6-33　除颤放电控制电路原理图

① 驱动部分电路　主要由单稳态电路、功率开关以及高压真空继电器组成。单稳态电路由 VT_{11}、VT_{12} 等组成十分稳定的互补型电路，平时 VT_{11}、VT_{12} 均处于截止状态，因此 R_{80} 上无电流通过，功率开关管 VT_{13} 处于截止状态。一旦控制电路送来正脉冲触发，VT_{11}、VT_{12} 同时翻转为饱和状态，VT_{13} 饱和导通，高压真空继电器动作，吸合常开接点把高压电容器中的电能经轭流电抗器 DL(图 6-32) 向负荷释放。

② 控制部分电路　主要有同步或非同步控制电路，“机内”与“人体”释放控制电路。在非同步操作时，SZ_1 把点 13 与点 4 短接，只要按下放电按钮 AN_3，电阻 R_{74} 接地，VT_{10}

截止。则 VT_{10} 的集电极输出一正脉冲，经 C_{18} 触发单稳态电路翻转，便放电一次。

在同步操作时，当操作者按下放电按钮以后，还必须等待 R 波的到来，使电击与 R 波下沿同步，正好落在绝对不应期内，从而避开易激期。正向的心电波由 CX_3 引入，经滤波（滤去高频干扰信号和低频干扰信号及 T、P 等波）检出 QRS 波，加到场效应管 VT_8 栅极上，经倒相放大再由 R_{59}、C_{15} 微分取其脉冲边沿（相对于 R 波后沿），再经 VT_9 倒相放大加至由 F_2 等组成的电压比较器的反相输入端（2 端）上。静态时，反相端（2 端）的电平高于同相端（3 端），故输出端（6 端）处于低电平。当心电的 R 波到来时，在反相端上被叠加上一个取自 R 波后沿的负脉冲（前沿正脉冲不起作用），使其电平下降到低于反相端，这样比较器的输出端便从低电平跳到高电平。由于作同步操作时，SZ_1 把点 10 与点 13 短接，故比较器输出的正脉冲通过 VD_9、R_{70}、C_{18} 触发单稳态电路翻转，驱动释放电路放电，达到与 R 波同步的目的。

“人体”和“机内”释放选择由开关 SZ_2 控制。当操作者在除颤充电以后，又不想向患者释放时，可以用“机内”挡释放电能，确保安全。“机内”放电时，被吸动的是继电器 JK_3，此时图 6-32 中电阻 R_{45}～R_{55} 与高压电容器 C_9、C_{10} 接通，使储能通过 R_{45}～R_{55} 释放掉。

(3) QC-11 除颤器电源电路

QC-11 除颤器电源除了使用 220V 交流电源以外，为便于急救，还设有机内电池。备有 21 节隔-镍电池，并专门配备电池自动充电电路。图 6-34 为 QC-11 型除颤器的电源电路图。

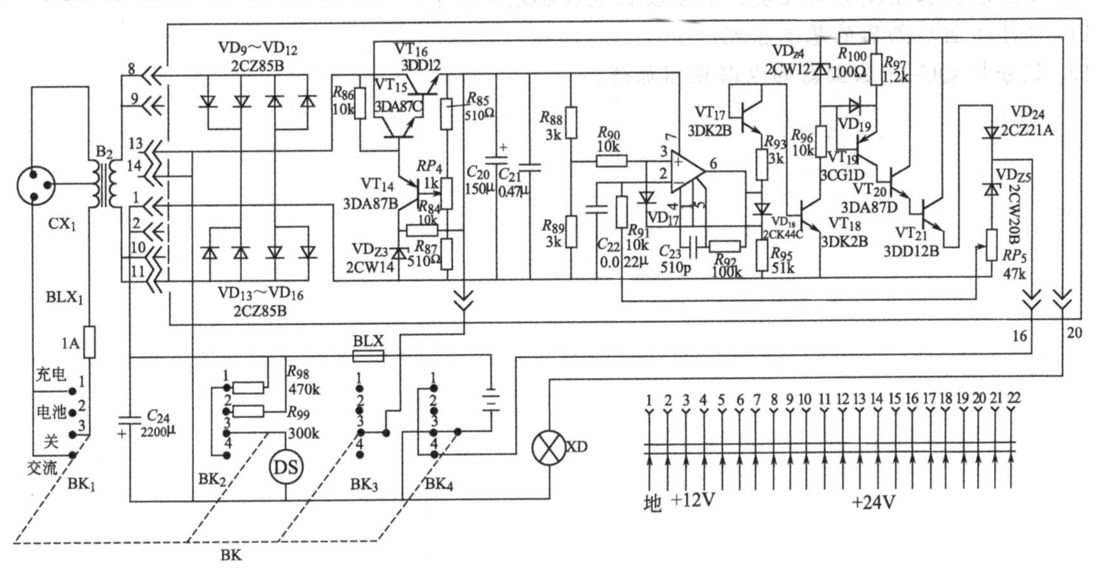

图 6-34　QC-11 除颤器电源电路

电源选择控制由四刀四位波段开关 BK 控制，当 BK 各刀拨向“4”位时，仪器使用的是交流电源，经 B_2 变压、VD_9～VD_{16} 桥式整流（每两只 2CZ85B 并联等效一只使用）、C_{24} 滤波、VT_{14}～VT_{16} 和 VD_{z3} 等稳压输出＋12V 直流电压（接点 4），24V 的直流电源是从 C_{24} 正端取出的（接点 14），因此 24V 直流电源是没有经过稳压输出的。

当 BK 各刀拨向“2”位时，使用的电源是机内设置的 21 节干电池。当 BK 各刀拨向“1”位时，对干电池进行充电。此时整流滤波、稳压电路仍在工作。由三极管 VT_{19} 和稳压管 VD_{z4} 组成一个恒流源，经过三极管 VT_{20}、VT_{21} 电流放大后给电池充电。在电池未充足之前，由电位器 RP_5 取下的采样电压低于预定的数值，即比较器 F_3 反相输入端（2 端）的电平低于 F_3 同相输入端（3 端）的预定值，比较器输出端（6 端）为高电平，此时开关管

VT_{18}导通，恒流源工作，对电池进行充电，电池电压上升，则由电位器 RP_5 取下的采样电压也随之上升。当对电池充足时，采样电压值等于（2 端）预定值，比较器翻转，其输出端由高电平跳变为低电平，促使开关管 VT_{18} 截止，切断恒流源，电池充电便自动停止，直到机内电池使用一段时间以后，电池电压又降到某一数值时，比较器 F_3 又翻回去，重新使开关管 VT_{18} 导通，充电又自动继续进行。如此实现了对机内电池自行充电和停止充电的过程，应用十分方便。

思考题

1. 心脏起搏器是如何工作的？什么情况下需安装起搏器？
2. 心脏起搏的理想目的是什么？如何选择起搏方式？
3. 心脏起搏器的植入途径有哪些？请简述心脏起搏器植入过程。
4. 结合所学知识分析，起搏器植入后对心电图会有什么影响？
5. 试分析可能出现的起搏故障有哪些？
6. 简述固定型起搏器电路的工作原理。
7. 简述 R 波抑制型心脏起搏器的一般结构和原理。
8. 试分析 QDX-2 型体外按需起搏器电路原理。
9. 简述 AMQ-4 型起搏器电路特点。
10. 心脏除颤器主要分哪几类，其主要性能指标有哪些？
11. 简述心脏除颤器的基本原理。
12. 试分析 QC-11 除颤器的电路框图原理。

7 医用电气安全

学习指南：本章介绍医用电子仪器电气安全的基本概念和要求，通过图解、案例等解释电气安全的指标和基本原理，并解答如何在操作和维护医用电子仪器中实施有效电气安全防护措施等一系列问题。在学习上要理解重点概念，掌握实际工作中常用的电气安全防护方法，达到医用设备从业人员的安全素养要求。

7.1 医用电气安全概念

在现代医疗仪器设备中，医用电子仪器占有相当大的比重，这些设备如果设计、安装、使用或维护不当，都将造成电气安全事故。一般来说医用电子仪器电气安全有防电击和防干扰两个目的。电击事故，俗称触电，这种事故不仅仅威胁医护人员的人身安全，还威胁到处于麻醉、手术昏迷、行动不便、感觉迟钝或体质衰弱的病人，往往造成严重的医疗事故，因而危害很大；干扰可以使仪器信号失真，引起误诊，甚至损伤病人，严重时仪器不能工作。无论是医用电子仪器的设计和安装人员、还是使用和维护人员，都应该具备医用电气安全的知识与意识，以确保医护人员和病员的人身安全。

在医用电气设备中不同的设备对患者各个部位有不同的作用，有与体表接触和体内接触，甚至有直接与心脏接触的设备，根据作用部位的不同，电击防护程度分为 B 型设备、BF 型设备、CF 型设备。

B 型设备：对电击有特定防护程度的设备，没有应用部分的设备属于此类型。

BF 型设备：有 F 型应用部分的 B 型设备。

CF 型设备：直接用于心脏的设备或设备部件，漏电防护是这三类设备中最严格的。

可以这么理解：C 代表 cor（心脏），B 代表 body（躯体），将连接心脏的触体部分同仪器的其他部分和接地点绝缘，即绝缘触体部分（F）。在 IEC 安全通则和医用电气设备安全标准中，对这些类型仪器分别规定了容许漏电流值，在本章第四节中会提到。

随着现代电子技术和生物医学技术在医学实践中的不断应用和飞速发展，由多台设备组成的比较复杂的系统开始逐步取代单台医用电气设备，应用于对患者进行诊断、治疗或监护。这种系统是由原先不同专业领域制造使用的设备通过直接相连或间接相连而组成，有些部分的电气安全标准没达到医用电气仪器设备的安全要求，从而影响了整个系统的安全。为保护患者、操作者和环境的需要，国际电工委员会颁布了 IEC60601-1-1（1992-06）和第一号修订件（1995-10）。我国也拟定了 GB 9706.1《医用电气设备 第一部分 安全通用要求》及一系列专用安全标准。并于 1999 年发布了 GB 9706.15，即《医用电气设备 第一部分 安全通用要求 1 并列标准 医用电气系统安全要求》。在电气安全的角度上可以给医用电气设备作如下定义：与某一专用供电网有多于一个的连接，对在医疗监视下的患者进行诊断、治疗或监护，与患者有身体的电气接触，和（或）向患者传递或从患者取得能量的电气设备。而多台设备或者设备多于一个与专门供电网的连接，即构成医用电气系统。

研究医用电气系统，主要目标就是对电击进行防护，因此本章介绍的电气安全防范主要针对电击防护，对于防干扰方面的内容请查阅其他相关资料。

多年来，从事医学工程的技术人员花费了相当大的精力去研究和解决医学仪器的电气安全问题，获得了不少有关电气危害方面的知识，考虑和设计了许多保护装置，把意外电击的危险降低到尽可能小的程度。可以预料，随着现代医学仪器的迅速发展，安全水平也将达到一个更高的程度。各行业通用性的电气安全的技术措施包括停电制度、验电制度、放电制度、装地线防护制度和标志制度等，而作为特殊用途的医用设备，则有其他必须遵循的原则和措施，以下将结合医用电子仪器展开讨论。

7.2 电击成因及其对人体的损害

(1) 产生电击的因素

产生电击的原因不外乎三点：①人体与电源有两个接触点，这个电源可能是实际存在的(如 220V 市电)，也可能是由漏电感应或非等电位接地形成的；②两点之间存在电位差并与人体构成电流回路；③电源的电压和频率超过安全极限。下面介绍几种可能产生电击的情况。

① 仪器故障造成漏电　泄漏电流是从仪器的电源到金属机壳间流过的电流。所有的电子设备都有一定的泄漏电流。泄漏电流主要由电容泄漏电流和电阻泄漏电流两部分组成。电容泄漏电流又称位移漏电流，它是由两根电线之间或电线与金属外壳之间的分布电容所致。电线越长，分布电容越大，产生的泄漏电流也越大。例如，50Hz 的交流电，2500pF 的电容产生大约 1MΩ 的容抗，220μA 的泄漏电流。射频滤波器、电源变压器、电源线以及具有杂散电容的一切部件都可产生电容泄漏电流。电阻泄漏电流又称传导漏电流，产生电阻漏电流的原因很多，比如绝缘材料失效、导线破损、电容短路等。需要指出的是由于仪器故障造成的漏电流一般属于电阻产生的传导漏电流。

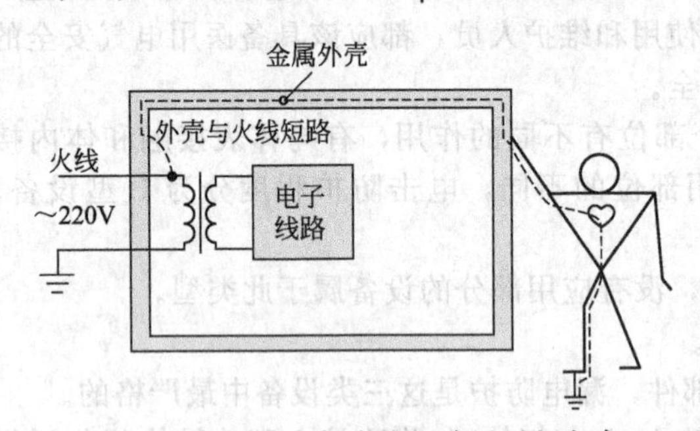

图 7-1　仪器外壳与火线短路后引起电击

在漏电中最值得注意的是仪器外壳漏电和连接到病人处的导联漏电，这些漏电都可产生电击事故。正常情况下，仪器的外壳应该是不带电的，但是如果电源的火线偶然与壳体连接，则金属壳体上就带上了 220V 的电压，这时如果站立在地上的人触及金属壳体，人就成为 220V 电压与地之间的负载，就会有数百毫安的电流通过人体，产生致命的危险。图 7-1 所示为外壳与火线短路后引起触电的一个例子。

② 电容耦合造成的漏电　电容几乎存在于任何地方。任何导体与地之间、用绝缘体分开的两个导体之间都可等效为一个电容器而形成交流通路，从而产生由于电容耦合而造成的漏电。例如，仪器的外壳没有接地时，外壳与地之间就形成电容耦合。同样，在电源火线与地之间也形成电容耦合。这样，机壳与地之间就产生电位差，即外壳漏电。如图 7-2 所示。这种漏电的范围一般为几十微安到几百微安，最大不会超过 500μA，因此人们触及外壳时，

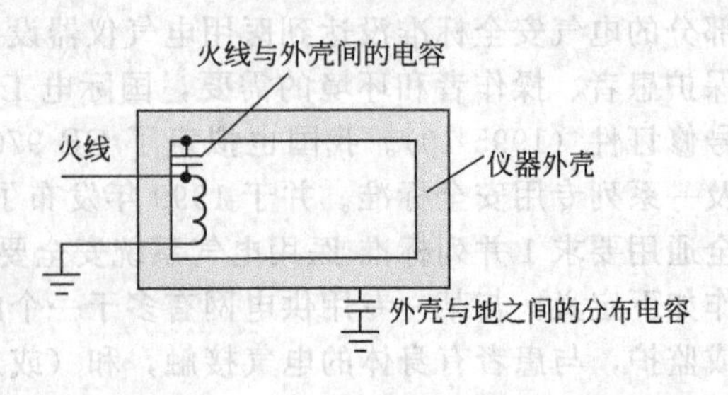

图 7-2　由于电容耦合引起的漏电

至多有点麻的感觉，不会有更大的电击危险，但对于电气敏感的病人，若这个电流全部流过心脏，就足以引起严重后果。

③ 外壳未接地或接地不良 为满足抗干扰等因素，几乎所有的医疗仪器都有一个可能被医务人员或病人接触到的金属壳。如果该壳不接地或接地不良，那么在电源火线和金属壳之间的绝缘故障或电容短路，都会在金属壳和地之间形成电位差。当医务人员或病人同时接触到金属壳和任何接地物体时，就会形成电击。图 7-3 所示为机壳未接地线时引起的电击。

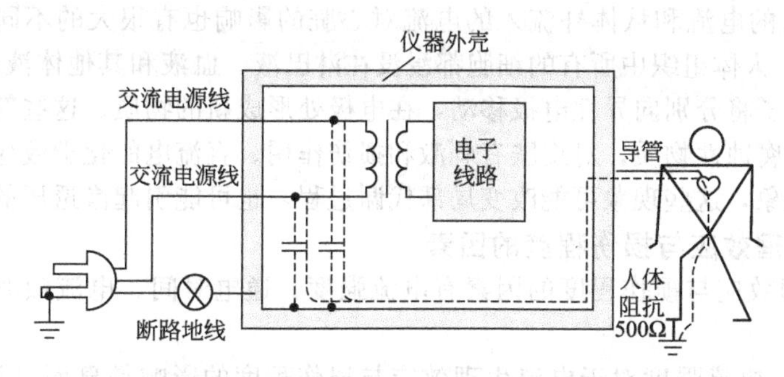

图 7-3 机壳未接地或地线断路时引起电击

④ 非等电位接地 一般情况下，都要求仪器的外壳必须接地，但是如果有几台仪器（包括病床）同时与病人相连，那么每台仪器的外壳电位必须相等，否则也会发生电击事故。

这类电击事故如图 7-4 所示。病人与病床接触，病床在 A 点接地，同时正在给病人诊断的心电图机的接地导联将病人的右腿在 B 点接地，也就是说，病人同时在 A 点和 B 点接地，这就要求 A、B 两点严格的等电位。但是实际上往往存在 A、B 两点电位不等的情况。例如有一台外壳漏电的仪器也接入心电图机的同一支路，即在 B 点接地，由于 A、B 之间总有一定的电阻，而外壳漏电的仪器将 B 点电位抬高，与 A 点之间形成一个电位差，这个电位差使电流从 B 点通过心电图机和病人回流到 A 点，病人就会受到电击。漏电流的大小与 A、B 两点间地电阻的大小和外壳漏电仪器的漏电程度有关。

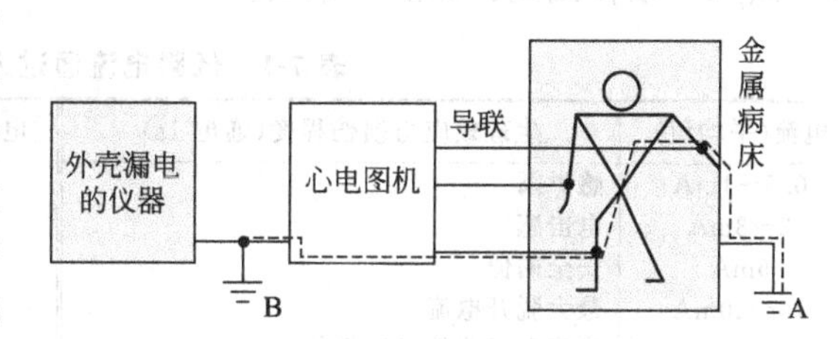

图 7-4 非等电位接地导致电击

⑤ 皮肤电阻减小或消除 人被电击时，皮肤电阻限制了能够流过人体的电流。皮肤电阻随着皮肤水分和油脂的数量不同而变化。显然，皮肤电阻愈大，受到电击的危险性就愈小。皮肤电阻的大小还与接触面积有关，接触面积愈小，皮肤电阻愈大，因此应当尽可能地减少人体与仪器外壳直接相触的机会和面积。

任何减小或消除皮肤电阻的做法都会增加可能流过的电流，从而使病人更容易受到电击的危害。但是，在生物电的测量过程中，为了提高测量的正确性，往往希望把皮肤电阻减小一些。比如心电测量时，在皮肤和电极之间涂上一层导电膏，就是为了减小皮肤电阻。因此正在医院里接受诊断和治疗的病人比一般人更容易受到电击。测量的正确性和电击的危险性是生物医学测量中的一对矛盾，应当引起生物医学工程师和医务人员的足够重视。

(2) 电流对人体组织的基本作用

科学实验证明，电流对人体组织的基本作用主要有热效应、刺激效应和化学效应三个方面。

① 热效应 热效应又称为组织的电阻性发热，当电流通过人体组织时会产生热量，使

组织温度升高，严重时就会烧伤组织，低频电与直流电的热效应主要是电阻损耗，高频电除了电阻损耗外，还有介质损耗。

② 刺激效应　人体通入电流时，在细胞膜的两端会产生电势差，当电势差达到一定值后，会使细胞膜发生兴奋。如为肌肉细胞，则发生与意志无关的力和运动，或使肌肉处于极度紧张状态，产生过度疲劳；如为神经细胞，则产生电刺激的痛觉。随着电流在体内的扩散，电流密度将迅速减小。因此，通电后受到刺激的只是距通电点很近的神经与肌肉细胞，同时，从体内通入的电流和从体外流入的电流对心脏的影响也有很大的不同。

③ 化学效应　人体组织中所有的细胞都浸没在淋巴液、血液和其他体液中。人体通电后，上述组织液中的离子将分别向异性电极移动，在电极处形成新的物质。这些新形成的物质有很多是酸、碱之类的腐蚀性物质，对皮肤有刺激和损伤作用。直流电的化学效应除了电解作用外还有电泳和电渗现象，这些现象可能改变局部代谢过程，也可能引起渗透压的变化。

(3) 影响电流生理效应与损伤程度的因素

影响电流生理效应与损伤程度的因素有电流强度、通电时间、电流频率、电流途径以及人的适应性。

① 电流强度　电流强度对于电流生理效应与损伤程度的影响是显而易见的。电流越大，影响越大，反之，则越小。表 7-1 列出了从体外施于人体不同强度的低频电流所引起的不同生理效应与损伤程度。这里假设的条件是通电时间为 1s，电流从人体的一条臂流到另一条臂，或从一条臂流到异侧的一条腿。

表 7-1　低频电流通过人体的生理效应

电流(平均值)	生理效应与损伤程度(通电 1s)	电流(平均值)	生理效应与损伤程度(通电 1s)
0.5～1mA	感觉阈	＞100mA	心室纤维性颤动
2～3mA	电击感	＞1A	持续心肌收缩
5mA	安全阈值	6A	暂时呼吸麻痹
10～20mA	最大脱开电流	＞6A	严重烧伤和机体损伤
＞20mA	疼痛和可能的机体损伤		

A. 感觉阈。感觉阈是人所能感受到的最小电流。但该值因人而异，并且随测试的不同而不同，一般认为感觉阈在 0.5～1mA 范围内。

B. 脱开电流。脱开电流的定义是人体通电后，肌肉能任意缩回的最大电流。当通过人体的电流大于脱开电流时，被害者的肌肉就不能随意缩回，特别是手掌部位触及电路时形成所谓“黏结”，受害者就会丧失自卫能力而继续受到电击，直至死亡。

脱开电流也因人而异，男性的脱开电流平均值是 16mA，女性为 10.5mA；男性的最小脱开电流阈值是 9.5mA，女性是 6mA，儿童更低一些。

C. 呼吸麻痹、疼痛和疲劳。较大的电流会引起呼吸肌的不随意收缩，严重的会引起窒息，肌肉的不随意强直性收缩和剧烈的神经兴奋会引起疼痛和疲劳。

D. 心室纤颤。心脏肌肉组织失去同步称为心室纤颤，它是电击死亡的主要原因。一般人的心室纤颤电流阈值为 75～400mA。

E. 持续心肌收缩。当体外刺激电流大到 1～6A 时，整个心脏肌肉收缩，但电流去掉后，心脏仍能产生正常的节律。

F. 烧伤和身体的损伤。过大的电流会由于皮肤的电阻性发热而烧伤组织，或强迫肌肉收缩，使肌肉附着从骨上离开。

② 通电时间

通电时间越长，人体损伤越严重。这是因为皮肤电阻随着通电时间的延长而下降，从而使流过人体的电流增大。

③ 电流频率

电流的生理效应及损伤程度与作用于人体的电流频率间的关系大致有下面两个方面。

A. 电流频率与人体阻抗的关系。人体模型可等效为电阻和电容的组合。因此，人体的阻抗与电流的频率有关，频率越高，阻抗越低，流入人体的电流就越大。

B. 电流频率与刺激持续时间的关系。刺激的持续时间随着电流频率增加而缩短。实验证明，当频率高于100Hz时，刺激效应随着电流频率增加而减弱。当频率高于1MHz时，刺激效应完全消失，只有生热作用。刺激效应最强的是50～60Hz的交流电，比50Hz更低的频率，其刺激效应也减弱。

④ 电流途径

同样的电流流过人体不同的部位和不同的器官，其生理效应与损伤程度大不一样，即电流的途径不同，引起的危险性也不同。比如，电流的路径接近心脏、肺、大脑等重要器官，就可能使心跳、呼吸停止，从而置人于死地。另外，当电流加在体表上的两个点时，总电流中只有很小一部分流过心脏，这些加在体表上的宏大电流称为宏电击。当电流加在体表时，使心肌纤颤所需的电流值，远比直接加到心脏上的电流大得多。在插有心导管的情况下，流过心导管的所有电流都流过心脏，这时，只要有75～400μA的电流就能引起心脏纤颤。进入体内在心脏内部所加的电流所引起的电击叫做微电击，微电击的安全权限一般是10μA。

⑤ 人的适应性

对电刺激的适应能力因人而异，通常，男性比女性强，大人比小孩强，强壮的人比虚弱的人强。即使是同一个人，在电流变化率较小时，适应性较强，因此危险性减小，电流变化率增加时，适应性减弱，危险性就增大。

7.3 医用电子仪器电气安全防范措施

医用电子仪器设备大部分用于体弱或采用麻醉等方法使身体处于约束状态下的患者，有的直接用于心脏或其附近，有的甚至承担维持生命的作用，可见，加强医用电子仪器的电气安全措施，最大限度地减小病人遭受电击的可能性，有着特别重要的意义。

从上边电击产生的根源分析，外界电源（如漏电电源、非等电位接地电位差、特殊电源等）与人体组织构成电流回路是造成电击的先决条件。从电击带来的伤害程度看，电击电压的大小，电击回路总阻抗是重要因素。因此，安全措施总的原则应该是：切断可能造成电击的回路；清除或减小造成电击的电压；增大造成电击回路的总阻抗。以下按照电击产生的各种因素分析，从仪器接地、绝缘保护、使用安全超低压电源、绝缘触体部分（仪器与人体接触的部分）、信号隔离和右腿驱动电路技术等这些方面讨论如何进行电击防范。

7.3.1 仪器接地

表7-2为国内外医院各医疗功能科室中医疗设备接地的主要方式，主要是根据医疗功能科室配置的医疗电气设备的特点设置的安全接地方式。

表7-2 国内外医院各功能科室医疗设备的接地方式配置

医疗室名称	保护接地	等电位接地
胸部手术室、ICU病房、CCU病房、心脏插管检查室、心血管X线造影室	必须设置	必须设置
胸部手术室外的手术室、恢复室、重症病房、分娩室、生理检查室、内视镜室	必须设置	最好设置
X线检查室、一般病房、诊察室、体检室	必须设置	不合适

由表7-2可见，国内外医疗设备接地方式主要选择了保护接地与等电位接地，以下分别介绍。

(1) 保护接地

保护接地是为了把仪器的漏电流或绝缘变坏时的事故电流安全导致大地而设置的接地，通常，仪器外壳接地是最经常使用的安全措施，由于外壳可靠接地，即使火线与外壳发生了短路，短路电流的极大部分也会从外壳地线回流到地，流过人体的电流只是其中的很小一部分，同时又因短路电流足够大，可立即熔断线路中的保险丝，从而迅速切断仪器电源，保障人身安全。图7-5为仪器外壳接地时的情况，下面分析人接触外壳时流过人体的电流。

设人体电阻 R_P 为 1kΩ，外壳接地电阻 R_E 为 10Ω，外壳绝缘阻抗 R_i 为 100kΩ，C_i 为 300pF。由计算可知，若当仪器外壳不接地时，流过人体的电流为 1mA，则仪器外壳接地后，流过人体的电流减小到 9.9μA，其余的 990μA 电流通过外壳接地线流向大地。显然，接地电阻越小，流过人体的电流也越小，通常要求接地电阻越小越好。

一般情况下，只要保证外壳接地良好、有效、可靠，即使仪器发生故障，外壳漏电，仍可保证病人安全而不会受电击。但是在某些特殊场合，例如在危重监护病房特别是对电气敏感的病人同时使用多台仪器时，为防止仪器外壳非等电位接地而引起的电击事故，必须采取等电位接地系统。

(2) 等电位接地

所谓“等电位接地系统”是使病人环境中的所有导电表面和插座地线处于相同电位，然后接真正的“地”，以保护电气敏感病人。也能保护病人免受其他地方地线故障的影响。

在分析产生电击的因素时，曾提到当多台仪器同时与病人相连时，如果每台仪器的外壳电位不等，就会发生电击。因此，等电位接地系统是防止电击的又一有力措施。

在测量仪器的周围环境中有很多金属物，如自来水管、煤气管、金属电线管、建筑物的钢筋和金属窗框等，将这些金属物和仪器外壳连接后再接地就成为等电位化方式，如图7-6所示。

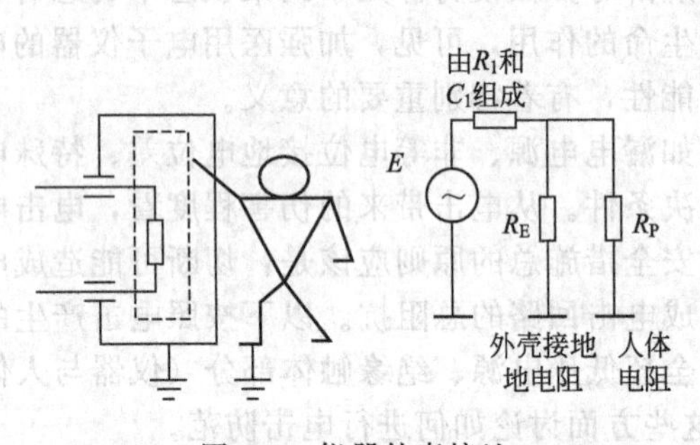

图7-5 仪器外壳接地

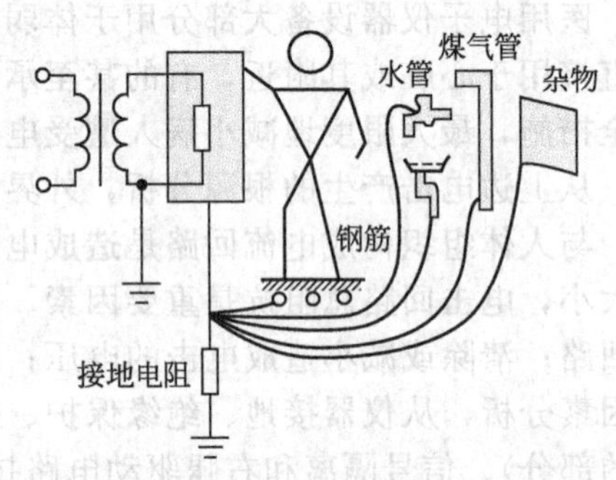

图7-6 等电位接地

在同等电位按地线连接有困难或禁止连接的情况下，可用充分厚的绝缘物覆盖在金属表面上，防止人和金属表面接触。在安全标准中，原则上要求离患者2.5m以内的范围要达到等电位化。2.5m的距离意味着当患者伸手时或者借助其他人所能接触到的范围。

(3) 功能接地的注意事项

中间电路的功能地接金属外壳是为了能达到屏蔽、抗除干扰作用，采用的一种省事的、简单的措施，而由金属外壳作为中间电路的功能地对于医用电气设备引起的问题却很多。所以在这里也列入电气安全考虑范围。

某些医用电气设备，尤其是处理微小信号的设备，将变压器次级供电的中间电路的功能地接金属外壳，中间电路对外壳的电流就会超过漏电流容许值，中间电路于是就成为带电部件，是带电部件就应该通过电介质强度耐压试验，带电部件和保护接地外壳、未保护接地外壳之间的试验电压有效值均不得低于500V，这些耐压将会承受在中间电路元件上，元件就会发生击穿，导致电气安全事故发生。可见，医用电气设备中间电路的功能地接金属外壳是不可取的。

实际上功能地合理的安排是：设计一个与中间电路绝缘隔离的内部屏蔽接外壳功能地，或者将中间电路的功能地通过某种*RC*网络与金属外壳相连接，这些设计满足中间电路对外壳的电流小于漏电流容许值的要求，于是中间电路就不再作为带电部件考虑了。

应该注意的是：与保护接地分开的功能地同样应该符合未保护接地外壳的绝缘要求。功能地作为外壳对F型应用部分的绝缘，应该是基本绝缘，对网电源输入部分的试验电压有效值为1500V。如F型应用部分上有电压使其与外壳之间的绝缘产生应力时，功能地作为外壳对F型应用部分的绝缘，应该是双重绝缘或加强绝缘，对网电源输入部分的试验电压有效值不得低于4000V。内部屏蔽的功能接地和其相连的所有内部布线的绝缘应该是双重绝缘或加强绝缘，故功能地作为未保护接地的外壳与网电源输入部分的试验电压有效值为4000V。

7.3.2 绝缘保护

(1) 绝缘材料

绝缘材料又称电介质，起着隔离带电体或不同电位导体的作用，使电流按照设计的方向和途径流通。从安全角度，希望电介质不导电，但完全不导电的材料是不存在的，在电场的作用下，电介质中的正负离子沿电场方向作有规律移动，从而形成电导，因此有电介质强度这一概念，它反映设备的带电部位与使用者可触及部位之间的绝缘耐压程度。一般来说，在较高温度下，随着温度的升高，自由离子活动更加活跃，导致击穿电压下降；另外固体电介质受潮后，不仅表面绝缘阻抗下降，还会使电介质的电导和介质损耗迅速增加，从而导致设备漏电流升高。对于医用电气设备，要定期进行检测，以确保安全。

(2) 漏电流

漏电流就是指非预想、非设计需要的电流，通过绝缘材料泄漏出来的非功能性电流，它会对与设备接触的人体造成潜在危险。漏电流有接地漏电流、机壳漏电流、患者漏电流-Ⅰ、患者漏电流-Ⅱ、患者漏电流-Ⅲ等多种。

接地漏电流是指流过保护接地导线的电流，机壳漏电流是指从外壳流向大地的电流。

患者漏电流-Ⅰ是指从应用部分经患者流入地的漏电流；患者漏电流-Ⅱ是与治疗（检测）中的设备的信号输入或信号输出部分相连的设备产生故障，从而导致在设备的信号输入或输出部分出现一个来自外部电源的电压，而从应用部分经患者流入地的漏电流；患者漏电流-Ⅲ是来自外部电源，电源接触患者而从患者经应用部分流入地的漏电流。如图7-7所示。

(3) 绝缘措施

当病人和医务人员偶然接触到漏电仪器的外壳时，就会发生电击事故。为了确保安全，

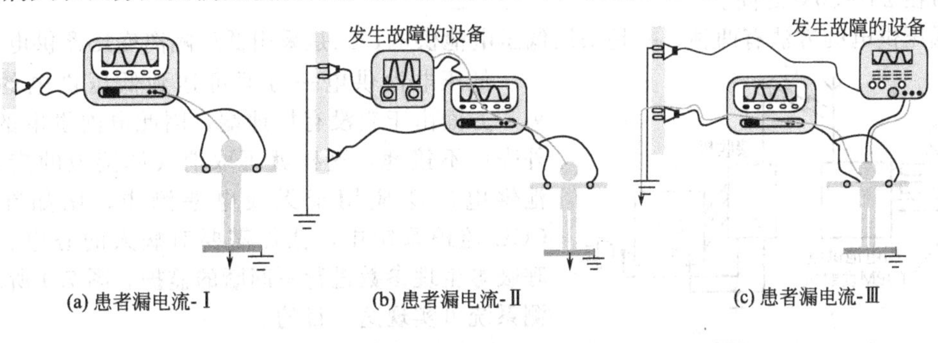

(a) 患者漏电流-Ⅰ　(b) 患者漏电流-Ⅱ　(c) 患者漏电流-Ⅲ

图7-7 漏电流

通常可以采用两种方法，一是用绝缘材料做仪器的外壳；二是用另外的绝缘层（保护绝缘层）将易与人体接触的带电导体与仪器的金属壳体隔离（称一次绝缘），而仪器的金属壳体照常与它的电气部分隔离（功能绝缘层，又称二次绝缘层）。这两种方法都称为双重绝缘，它包括了防护绝缘和功能绝缘。采用双重绝缘后，即使仪器的外壳漏电，也不会引起电击事故。需要指出的是，双重绝缘不但能防止宏电击，也能防止微电击。

另一种双重绝缘指的是把电源和整个系统用双重绝缘变压器进行绝缘，将变压器次级的一端接地，并在接地处安装一个零相电流检测器，次级侧采用三线或把接地线当中的一条线作为保护接地线用，如图 7-8 所示。

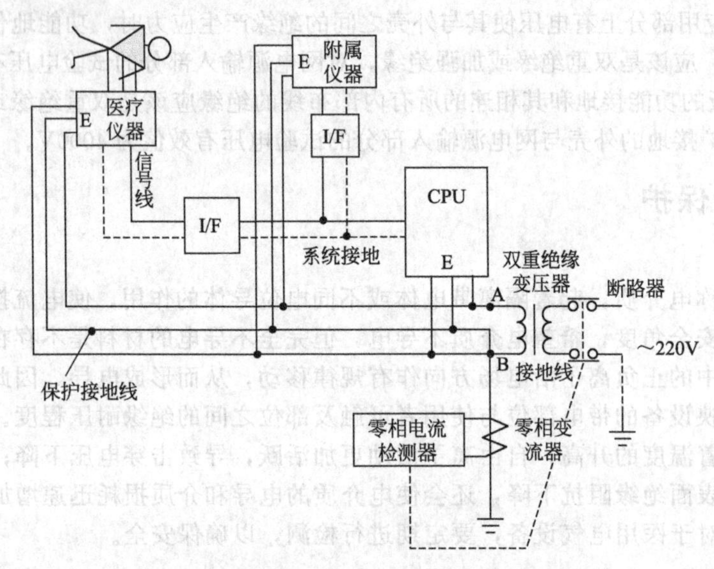

图 7-8　用双重绝缘变压器的医用仪器系统

用此方法，电子计算机和终端机的漏电流通过保护接地线从绝缘变压器的次级侧 B 点流回变压器，在原地线中几乎没有漏电流通过。如发生故障，有漏电流通过患者或操作者时，由零相电流检测器检测出漏电流，并由这个电流控制初级侧断路，或者发出报警信号。

7.3.3　使用安全超低压电源

当人体电阻一定时，加在人体上的电压越高，通过人体的电流也就越大，产生电击的可能性也越大。为了减少电击危险，在医疗设备中采用低电压供电是一个较佳的方案。如果选用特别低的电源电压，即使人体接触到电路时，也没有损伤危险，即使基础绝缘老化损坏，也不会发生电击事故。把人体接触而无致命危险的电压值称为容许接触电压，这个电压值一般认为在 25～50V 之间。

低压供电的方法有两种，一是采用低压电池供电，二是采用低压隔离变压器供电。

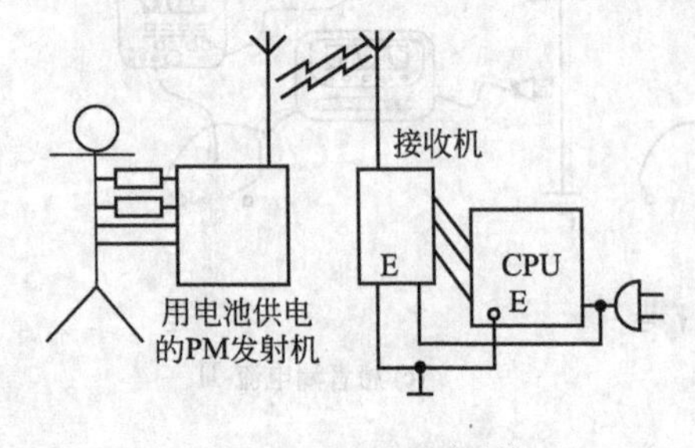

图 7-9　生理遥测系统

低压电池供电一方面可达到低压供电的目的，另一方面由于它没有接地端，因此电池供电的仪器，外壳可不接地，这样就可取消人体接地的措施。电池供电广泛应用于无线电遥测中，比如在 ICU、CCU 监护系统中，往往需要对病人的心电、脉博、呼吸等生理参数进行不间断的监护。图 7-9 所示的遥测系统可实现这一目的。

遥测系统的主要组成部分是：传感器、放大器、发射机、发射天线、接收天线、接收机及记录器。以心率无线遥测为例，通常的做法是将放大器、发射机组装在一个体积尽可能小的盒子里，线路由电池供电。发射信号被远处的接收机接收，接收部分不与人体接触，故可采用市电供电。因电池电压通常较低，不会对人体构成危险，故低压电池供电是避免电击事故的一种有效方法。

低压隔离变压器常使用在如眼底镜和内窥镜等仅有一个灯泡耗电量较大的医疗设备中，其输出低压部分与地绝缘。

7.3.4 采用非接地配电系统

一般的低压配电系统都是采用接地方式，即交流电源中的中线是接地的，这是引起电击的一个重要潜在因素。采用隔离变压器可将接地方式变为非接地方式。隔离变压器与普通变压器的不同之处在于它的次级绕组没有任何一端接地，如图 7-10 所示。

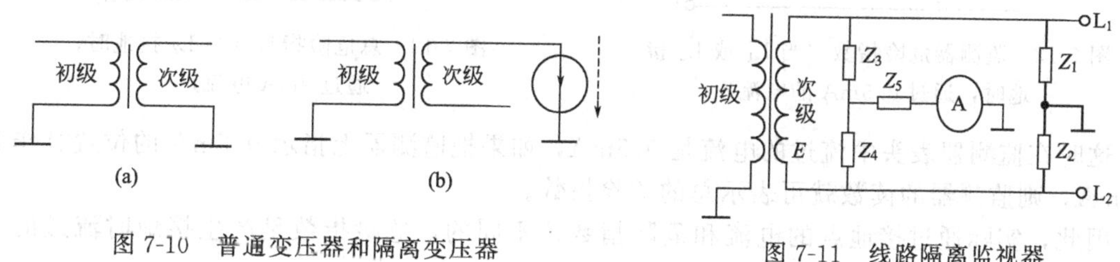

图 7-10 普通变压器和隔离变压器

图 7-11 线路隔离监视器

只要次级对地的阻抗足够大，则次级的一条线即使接地也没有电流通过。但是实际上，由于初级、次级间存在静电电容，次级对地也有分布电容，因此漏电流总是存在的。实际的接地电流是由次级对地的阻抗大小决定的。显然，假若次级对地的阻抗变得很小，或者次级的一端与地短接，则隔离变压器的功能将不再存在，这时如果隔离电源次级另一端与病人接触，电击事故照常会发生。可见，为了保证隔离电源系统的保护功能，必须监视隔离变压器和地之间的阻抗。一旦电阻减小到一定程度，立即报警，指示隔离变压器已经失效，必须及时排除故障。

线路隔离监视器可达到监视目的，典型线路如图 7-11 所示。图中，L_1、L_2 为隔离变压器的次级绕组端，Z_1、Z_2 分别为 L_1、L_2 的等效对地阻抗，把 L_1 或 L_2 接地时流过的电流分别用 I_1、I_2 来表示，则

$$I_1=\frac{E}{|Z_1|}$$

$$I_2=\frac{E}{|Z_2|}$$

把其中较大的一个称为危险指数。

危险指数是表示隔离变压器的次级绕组有一端发生接地事故时流过的最大接地电流。它因配电系统连接不同的负载仪器或因配电系统的绝缘情况不同而异。不连接负载仪器的危险指数表示配电系统本身的绝缘情况，称之为系统危险指数。如果仪器负载连接到系统上。因为使等效对地阻抗 Z_1、Z_2 下降，则危险指数增加，把这时的危险指数称为故障危险指数。

危险指数的允许值通常取为 2mA。这个值是根据爆炸性气体不能点火，不能发生致死性电击事故而定的。由于使用了线路隔离监视器会使危险指数增加，把这个增加量称为监测器危险指数。综上所述，各种危险指数间的关系如下：

总危险指数＝监测器危险指数＋故障危险指数

故障危险指数＝系统危险指数＋由于连接仪器后增加的危险指数

设图 7-11 中的 Z_3、Z_4、Z_5 都是电阻，分别取为 100kΩ、100kΩ 和 50kΩ，如图 7-12 所示。当 E 取 100V 时，监测器危险指数 I_{mH} 为

$$I_{mH}=\frac{Z_4E}{Z_3Z_4+Z_5Z_4+Z_3Z_5}=\frac{100\times100}{100\times100+100\times50+50\times100}=0.5(mA)$$

当 L_1 对地有 67kΩ 的等效电阻时，如图 7-13 所示，故障危险指数 I_{FH} 为

$$I_{FH}=\frac{E}{Z_1}=\frac{100V}{67k\Omega}\approx1.5mA$$

由此可得总危险指数 I_{TH} 为

$$I_{TH}=I_{mH}+I_{FH}=0.5mA+1.5mA=2mA$$

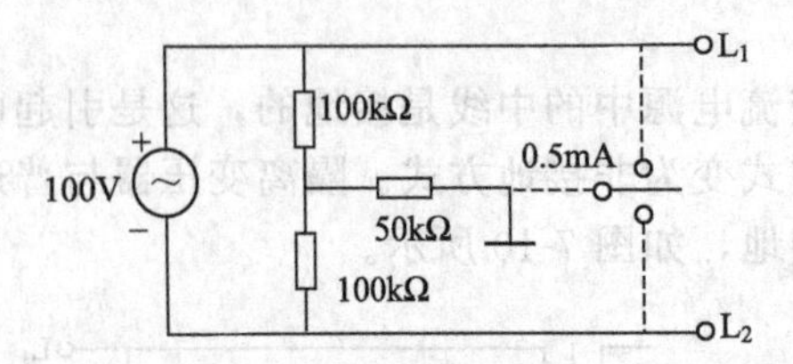

图 7-12　监测器危险指数（当 L_1 或 L_2 接地时，通过 0.5mA 的电流）

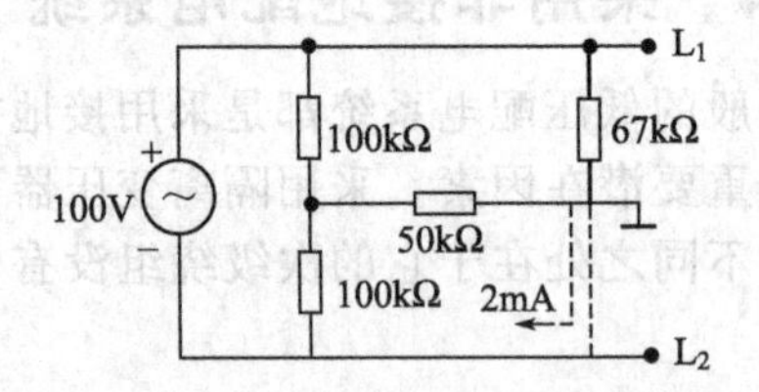

图 7-13　总危险指数（当 L_2 接地时，通过 2mA 电流）

这时在监测器表头中流过的电流是 0.5mA，如果把监测器上指示 0.5mA 的位置算作表示 2mA，则监测器的读数就可表示总的危险指数。

因此，实际通过接地点的电流和危险指数是不同的，危险指数是产生接地时流过的电流，并非实际通过接地点的电流。

前面的分析把 L_1 的对地等效阻抗 Z_1 按纯电阻计算，现在再把 Z_1 看作纯电容进行计算。纯电容的阻抗也取为 67kΩ，应用戴维南定理可得图 7-14 所示形式，通过监测器的电流 I 为

$$I=\frac{50V}{\sqrt{100^2+67^2}}\approx0.42\ (mA)$$

虽然故障时危险指数仍相同，都是 1.5mA，但监测器表头的指示已从原先的 0.5mA 变到现在的 0.42mA，这是这种线路隔离监视器的不足之处。

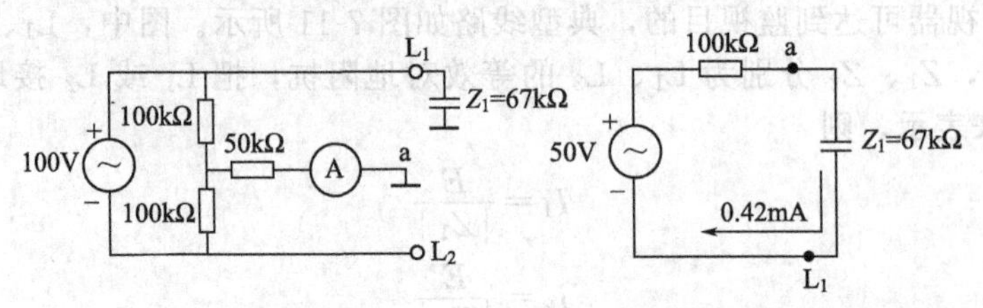

图 7-14　Z_1 为纯电容时的电流

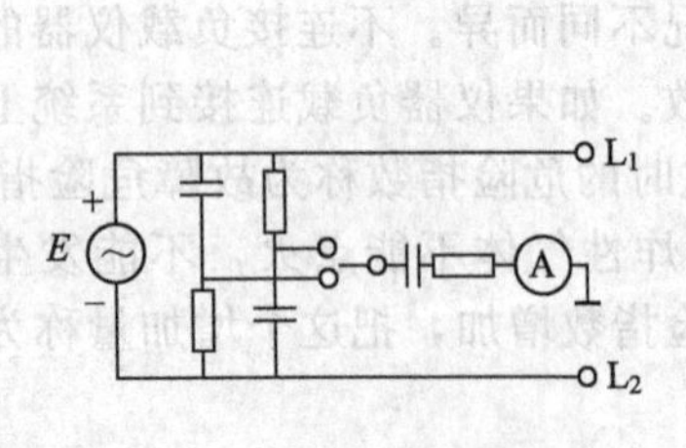

图 7-15　动态线路隔离监测器

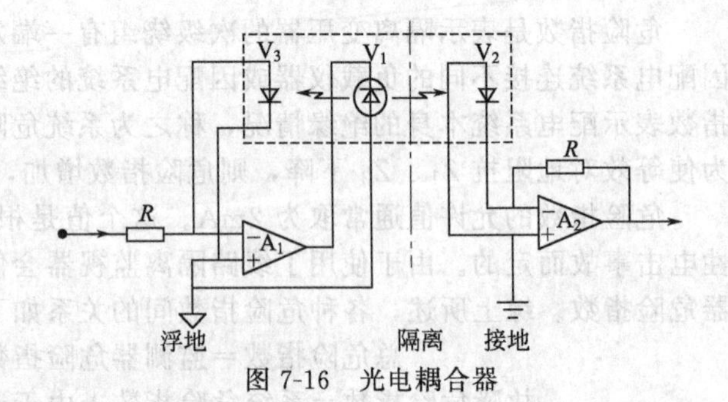

图 7-16　光电耦合器

必须考虑的另一种情况是，当 L_1 和 L_2 的对地等效阻抗同时变化而且相等时，图 7-11 所示的线路隔离监视电路将处于电桥平衡状态，即使此时发生了接地事故，监测器表头中也

无电流通过，从而会发生漏检现象。为了避免这种情况，可采用图 7-15 的电路，每隔一定时间换接测电路一次，破坏电桥平衡条件，消除漏检事故，这种监测器称为动态线路隔离监测器。

7.3.5 信号隔离

医用电子仪器与人体直接接触的部分，如心电图导联、温度探头等可以设置信号隔离，常用的隔离措施是光电信号隔离，比如日本光电 6511 心电图机，其原理是受检者相连接的输入部分和前置放大部分的地线同整机的地线相隔离，又称为“浮地”，被隔离的部分电路，称为“浮地部分”。

光电耦合器是完成隔离的理想器件，效果比其他隔离措施要好，其电路原理如图 7-16 所示。

V_1 是发光二极管，V_2 和 V_3 是 2 个性能相同的光电二极管，它们之间有良好的绝缘而且封装在一起，构成光电耦合器。传输的电信号经 A_1 放大驱动 V_1 转换成光信号，V_2 将获得的光信号转换恢复为电信号，经放大器 A_2 输出被传输的电信号。V_3 起负反馈作用，以改善传输转换过程的线性。这样既完成了电信号的传输，又隔离开传输通道上的电气连接。

7.3.6 右腿驱动电路技术

人体接地是造成触电事故的一个重要原因，因此取消人体接地是最根本的安全用电措施。人体接地本来就是在没有高质量的放大器情况下采取的减少共模信号的应急措施。测量心电图时，如果病人右脚不接地，如图 7-17 所示，由于杂散分布电容的影响，病人身上将会产生很高的共模电压。假设病人左肩离电源最近，可将分布电容看作集中在电源火线和左肩之间；再设右腿离地最近，将分布电容看作集中在地和右腿之间，假设它们相等，均等于 10μF。通过分析可知，右腿不接地时，等效共模电压可达 110V，如果右腿接地。则共模电压可减少到 0.5mV 左右。因此，最理想的方法是设计出一种既能减少共模干扰又能取消人体接地的电路，图 7-18 所示的右腿驱动心电放大器即可实现这一目的。图中放大器对病人感受到的 50Hz 的电源干扰采样，并把该信号通过右腿放大器反馈给病人，以便抵消这种干扰。该系统可使病人有效地与地隔离，泄漏电流很小，同时使记录的心电图比较清晰。

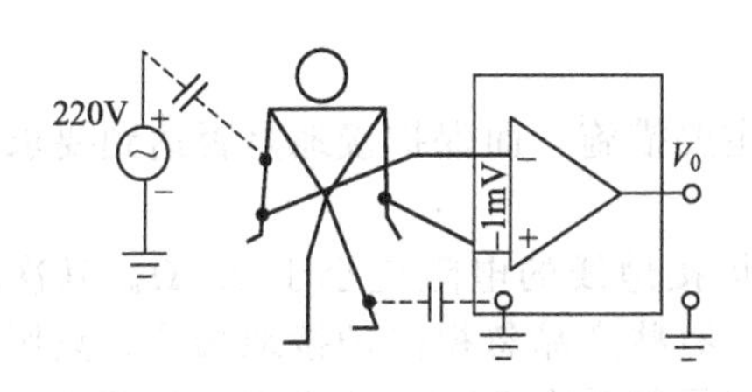

图 7-17 病人不接地测量心电图

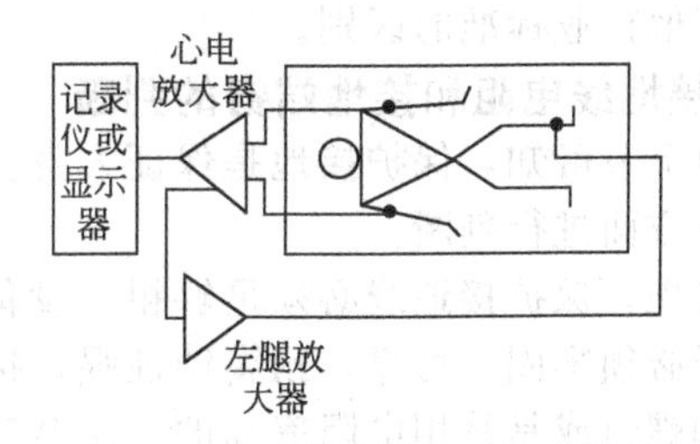

图 7-18 右腿驱动心电放大器

7.4 医用电子仪器电气安全判断

医用电子仪器电气安全的性能好坏和是否达标需要从以下几个方面进行判断。

(1) 漏电流判断

漏电流是医疗仪器的安全性能最重要的指标，对于不同类型的设备，有着不同的判断标准，表 7-3 为不同类型设备对应的每种漏电流的容许值，从而判断设备的电气安全性能。

表 7-3　类型设备对应的每种漏电流的容许值

电　　流		B型		BF型		CF型	
		正常状态	单一故障状态	正常状态	单一故障状态	正常状态	单一故障状态
对地漏电流(一般设备)		0.5	1	0.5	1	0.5	1
外壳漏电流		0.1	0.5	0.1	0.5	0.1	0.5
患者漏电流		0.1	0.5	0.1	0.5	0.01	0.05
患者漏电流(应用部分加网电压)		—	—	—	5	—	0.05
患者辅助电流	DC	0.01	0.05	0.01	0.05	0.01	0.05
	AC	0.1	0.5	0.1	0.5	0.01	0.05

漏电流的测量必须模拟断地线、断一根电源线、反接电源极性等单一故障状态，因而要接成特别的测量电路，漏电流测量是医疗器械质量监督与检测必做的项目，也是一项比较专业的工作，需要用到很多仪器、标准和方法，在本章不做详述，读者可以参考其他相关资料。

(2) 绝缘电阻判断

漏电流是从市用交流电源的火线通过电阻和电容耦合向接地端钮与患者接触部位流过的电流。测量这个电阻耦合值就是绝缘电阻测试。通常，采用直流绝缘电阻表（高阻表）来测量绝缘电阻值。根据医用电气设备类型及应用部分的不同，对设备进行电介质强度试验的电压也不相同，根据表 7-4 确定参考试验电压，从而判断是否达到绝缘要求。

表 7-4　不同绝缘方式下电介质强度测试电压

被　试　绝　缘	对基准电压(U)相应的试验电压				
	$U \leqslant 50$	$50 < U \leqslant 150$	$150 < U \leqslant 250$	$250 < U \leqslant 1000$	$1000 < U \leqslant 10000$
基本绝缘	500	1000	1500	$2U+1000$	$U+2000$
辅助绝缘	500	2000	2500	$2U+2000$	$U+3000$
加强绝缘和双重绝缘	500	3000	4000	$2(2U+1500)$	$2(U+1500)$

另外，需要指出的是，在医用电气设备中判断电介质强度上没有整定电流值的概念，这是与其他行业标准的区别。

(3) 接地线电阻和接地端钮的判断

由上节可知，保护接地是保证人身安全的一项主要措施，而保护接地是否达到要求，要从以下方面进行判断。

首先，保护接地线必须足够粗，设备内部的保护接地线的电阻应小于 0.1Ω。其次，接地端子必须牢固、可靠，耐腐蚀性强，接触电阻小。有些产品忽视保护接地端子，只用一个焊片和螺钉或是采用电阻率高的普通金属片，这种端子都带有不安全的隐患。另外还要引起注意的是，不能把功能接地与保护接地混为一谈。如果设备有功能接地端子，不得用做保护接地。作为工程人员，为了防止误接，务必在产品说明书上明确找出它的接法。

(4) 安全与环境条件判断

环境安全指的是医用设备安装使用现场电安全环境，主要因素是电网供电的形式和连接方式。每个医疗室原则上设置一个医用接地中心，但在大医疗室中，接地分支线多，并要求接地分支线短时，可设置数个医用接地中心。在这种场合要注意各接地中心连接的带接地插孔的电源插座，接地端子与其他接地中心连接的插座，接地端子不要接近。

室内配线用的接地线的绝缘材料颜色应为黄、绿相间色，可采用乙烯绝缘电线。插座接地孔或接地端子与医用接地中心连接的接地分支线的电阻，用空载电压 6V 以下的交流电源通以 10～15V 的交流电的电压法测定，应不大 0.1Ω。

固定安装的大型医用电气设备的保护接地线较粗，应有独立的接地设施，不能与系统接地中心的接地端子相接。

另外，医用电气安全环境辅助网电源插座是设备上带有电网电压的插座，不使用工具即可以向另外设备或向本设备的其他分离部分提供电能。另外，非永久性安装设备上用来向另外设备或本设备的分离部分提供电源的辅助网电源输出插座，必须是网电源插头插不进的形式，这些辅助网电源输出插座必须有专用标记，具体标记标准可参考相关书籍或文献，在此不再赘述。

7.5 静电安全

(1) 静电的概念

静电是一种处于静止状态的电荷，它是由两种物质相互摩擦而产生的，两种不同的物质相互摩擦时，失去电子的物质带正电，得到电子的物质带负电。在干燥和多风的秋天，在日常生活中，人们常常会碰到静电现象：足够量的静电会使局部电场强度超过周围介质的击穿场强而产生火花。虽然静电能量小，但如不注意，也会导致爆炸、起火等事故。而在医用电子仪器的生产、安装、使用和维护过程中如不对静电进行安全防护，会导致电子器件击穿、仪器损坏等故障。

(2) 静电防护

静电防护一方面是控制静电的产生，另一方面是防止静电的积累，主要有以下几种方法。

① 控制物质间的摩擦，如皮带传动机构防止皮带打滑等。

② 泄露静电，使静电从带电体上自行消散，如容易产生静电的机构采用导电材料、材料添加导电成分、表面覆上导电膜等，也可以适当提高空气的相对湿度，一般来说，空气相对湿度在 70%左右即可防止静电的大量积累。

③ 静电中和法，是利用极性相反的电荷中和（消除）静电的方法。例如，可以根据不同物质相互摩擦能产生不同极性的静电原理，对产生过程中能产生静电的机械零件进行适当的选择和组合，使摩擦产生的正负电荷产生过程中自行中和，破坏其静电积累的条件。

④ 防静电接地，采用防静电接地后能有效防止静电积累，将容易产生静电的机构与大地连接，通过大地将静电释放。一般防静电采用单独专用接地网时，每一处接地体的接地电阻值不应大于 100Ω。

(3) 医用电子仪器操作中的静电防护

在医用电子仪器的拆装、维修或日常养护中，经常要注意静电的影响，特别是具有高集成电路的仪器对静电防护有更高的要求。其防护一般有如下方法。

① 接防静电地线　形成静电释放通路。

② 穿静电手套　减少静电的产生、积累。

③ 戴防静电环（见图 7-19）　工程师积累静电释放工具，与防静电地线连接，构成释放通路；也可以利用静电测试仪检测人体带静电情况，如图 7-20 所示。

④ 防静电桌布　维修设备积累静电释放工具，与防静电地线连接，构成释放通路。

⑤ 维修工作台　工作台面的布局总的原则是：各部分相互隔离，规范、整洁，便于维修操作和维修思路清晰，不至造成故障进一步扩大。在工作台上安装铺有防静电桌布、防静电手环，并有良好的接地线，电源插座也应有良好的接地线。如果是在用户现场进行维修，则也应尽可能满足以上要求，实在不能满足，也应保证自身的防静电（如防静电手套）等的

处理。

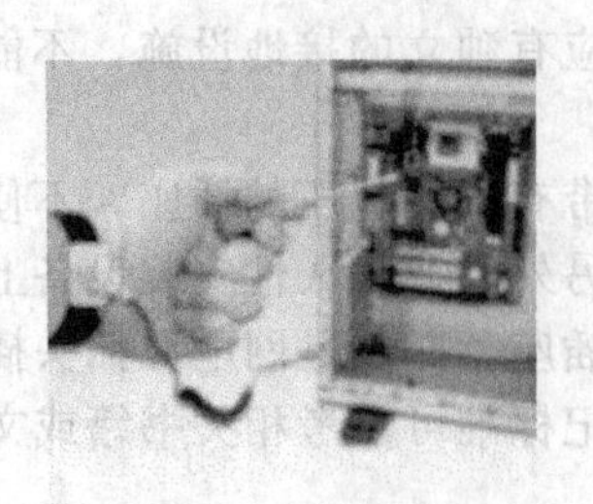

图 7-19　戴防静电环

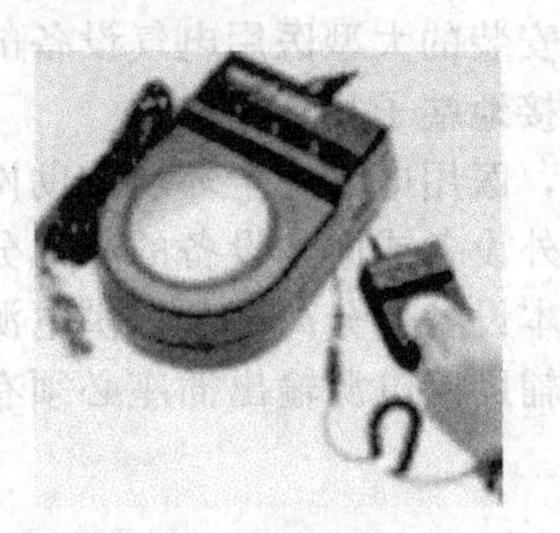

图 7-20　静电测试仪

思考题

1. 请简述 B 型、BF 型与 CF 型的区别。
2. 什么是宏电击，它与微电击的区别在哪里？请列举医院中容易发生宏电击的情况。
3. 电击产生需要哪些条件？请画图说明。
4. 什么是双重绝缘，其有什么优点？
5. 接地的方式有些？请画图说明，并解释其原理。
6. 等电位接地与一般接地有什么区别，在使用场合上如何选择？
7. 机壳漏电流之一的电容性位移电流主要是由电源线及电源变压器初级与金属外壳间存在分布电容造成的，电线越长分布电容越大。试估算一下对于 220V、50Hz 交流市电，如果有 145pF 的分布电容，能产生多少微安的电流。

8 实训项目

实训一 心电图机的安全操作

【实训目的】

① 能够用自己的语言清晰准确地解说心电产生的机理。

② 能正确进行标准十二导联的连接，理解其测量原理。

③ 能准确区分不同导联线的规格、型号及其使用范围。

④ 正确进行心电图机导联线的连接，并能熟练操作心电图机进行正确的心电测量，并熟悉典型心电波形特点及各波段和期间代表的意义。

⑤ 能把握心电图机电安全注意事项。

【实训仪器】

ECG-11B 单道心电图机，记录纸，电极，标准十二导联线等。

【实训内容及步骤】

一、ECG-11B 面板功能简介

① 导联选择键（LEAD SELECTOR）：按动“←”键或“→”键，选择所需导联，可左移或右移。

② 导联显示器：当按动导联选择键时，该显示器即有对应灯发光，显示当时所处的导联位置（由 13 只 LED 组成）。

③ 记录键：由 START、CHECK、STOP 3 个键组成。

④ 控制传动走纸及记录装置。按动该 3 个键的工作状态如表 8-1 所示。

表 8-1 记录键工作状态

按动键名称	记录纸	记录描笔	描笔(冷热)
准备键(STOP)	停	停	预热
观察键(CHECK)	停	工作	预热
启动键(START)	走	工作	加热

⑤ 定标键：控制 1mV 电压信号通断以作标准电压用。

⑥ 复位键（RESET）：封闭输入信号使记录装置停止摆。

⑦ 增益选择键（SENSITIVITY）：由 1/2、1、2 三键组成，其中 1 为标准增益。

⑧ 滤波控制键（FILTER）：由 HUM 和 EMG 键组成。HUM 为交流干扰抑制键，EMG 为肌电干扰抑制键。当有交流干扰时，可按动 HUM 键，而人体肌电干扰强烈时，可按动 EMG 键。

⑨ 纸速选择键（PAPER SPEED）：由 25mm/s 及 50mm/s 键组成，其中 25mm/s 为常用走速。

⑩ 基线控制：改变记录描笔位置。

⑪ 电源选择开关：AC 为交流电源接通；DC 为电池电源接通；CHG 为电池充电。

⑫ 交流电指示器（LINE）、电池指示器（BATTERY）、充电指示器（CHARGE）。

⑬ 示波插口（CRO）：输入经放大后的心电信号可接外部设备的心电输入端。

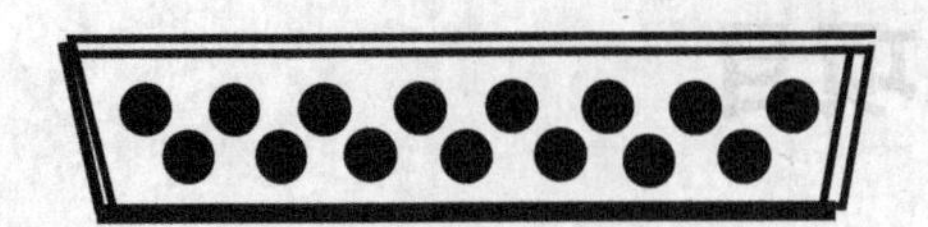

图 8-1　导联线的梯形接口

⑭ 输入插口（EXT）：输入外来信号。

⑮ 交流电源开关（POWER）：通断交流电源用，OFF 关，ON 开。

⑯ 交流电源插座（ACSOURCE）：通过三芯电源线与外市电源相接。

⑰ 电线接线柱：接地线用。

⑱ 记录盖板螺钉、记录盖板、导程线插、电池盒盖板螺钉、电池盒盖板、记录纸盒盖板、记录纸盒盖。

二、观摩示范

① 导联头与主机的连接，见图 8-1。

② 肢电极、胸电极的连接，见图 8-2。

导联	正极	负极
Ⅰ	L左臂(黄)	R右臂(红)
Ⅱ	F左腿(绿)	R右臂(红)
Ⅲ	F左腿(绿)	L左臂(黄)

右腿始终接地

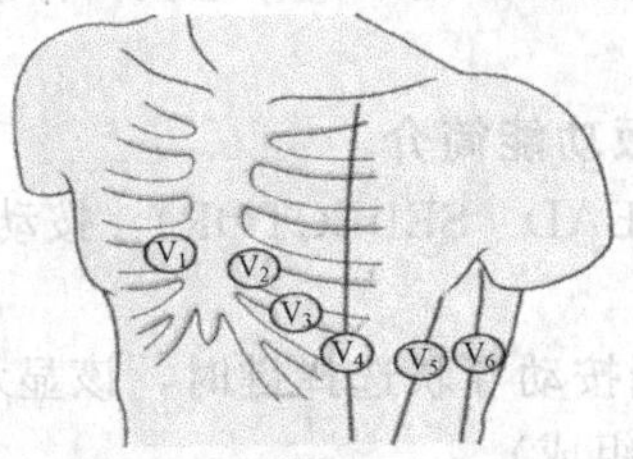

图 8-2　电极的正确接法

③ 其他类型医用电子仪器的导联连接。

三、心电图机的安装

① 按小组分配所对应的心电图机。

② 开箱，拿出心电图机装箱单。

③ 按照装箱单所述项目一一清点配件，按顺序放置于实验台上。

④ 阅读机器说明及其简易操作卡。

⑤ 了解设备使用的相关注意事项，如使用环境、接地要求、禁忌使用情况等。

⑥ 装配可充电电池，电池在设计时考虑了避免反插的功能，请注意观察。

⑦ 对照安装图，连接电源和接地线，注意安全事项。

⑧ 记录纸的安装，注意热敏纸的正反。

⑨ 连接导联线于主机导联插座上。

⑩ 按照颜色、型号对应安装肢体电极和胸电极。

四、心电图的使用

① 熟悉面板各按键功能及意义。

② 打开电源，观察电源指示灯，看看是直流电池供电还是交流市电供电，如果使用直流电池供电，则应查看电量是否不足。

③ 观察面板各部分指示灯初始状态。

④ 切换面板各按键，观察工作是否正常。

⑤ 按下“START”键开始走纸（可选择走纸速度，有 25mm/s 和 50mm/s 两挡，25mm/s 为标准速度）。按定标键，描记 1mV 方波，观察描迹、笔温是否合适（以清晰、不淡不浓为标准），再检查 1mV 方波幅度是否为 10mm（灵敏度挡为“1”时）。

⑥ 断开电源，将电极按顺序排列好。

⑦ 一名同学平躺，另外一名同学负责安装电极。

⑧ 用酒精清洗电极安装部位（手脚）的皮肤，然后涂上少量导电膏。

⑨ 连接四肢电极。

⑩ 认清胸电极安装的位置，对于第一次操作心电图机的，可以在胸部皮肤表面标明电极的安放位置。用酒精清洗电极安放部位的胸部皮肤，将导电膏（如无导电膏可用 75%酒精代替，但只能短时间内使用）涂在该部位大约 25mm 直径的范围和胸电极吸碗的边缘上，注意各个部位的电膏不能连成一体，避免短路。依次安装 V_1～V_6，注意胸电极的吸附设计，还有所有电极不要接触导电物品，也不要与地接触，以保证受检人的安全。

⑪ 如有干扰，设法排除干扰因素，如无法排除再使用“EMG”或“HUM”滤波器。

五、使用安全注意事项

① 与患者接触的电极，在使用前后，均要用药棉蘸医用酒精擦干净，进行消毒。

② 本设备是由网电电源并带直流电池电源的设备，如果保护接地有疑问或网电压波动很大时，应立即拔掉电源线，使用本设备的电池电源。

③ 本设备为弱电医用小功耗电气安装类型，所以其电气安装要远离强电磁场。其使用的电网与强电使用的电网要分开。电位均衡导线的连接，应连到大地连接端子的同一点。

④ 为了安全起见，不要与高频手术设备同时并联工作，如要用则高频手术设备应是 cF 型，同时高频泄漏要很低。本设备的电极要远离高频手术设备电极部位。以减少灼伤的危险。

⑤ 本心电图机可直接应用于心脏检测，此时患者不要与其他设备有电气方面的联系。

【完成作业】

① 将描记到的心电图波形贴于实训作业本上。

② 向同组同学解说心电图机的使用流程和注意事项，务必清晰准确。

实训二　心电图机的性能参数检测

【实训目的】

① 了解心电图机的主要性能参数。

② 掌握心电图机性能参数的测量方法。

③ 能够对心电图机的工作状态进行评价。

【实训仪器】

ECG-11B 单道心电图机，记录纸，电极，导联线，大小螺钉旋具各一个等。

【实训内容及步骤】

一、实训内容

1. 11B 心电图机的主要参数指标的检测

医疗设备的故障表现可能是表象的，就像病人和医生描述病痛，但有时这种描述并不能帮助医生准确（精确）定位病因。所以，借助仪器对医疗设备的性能参数进行精确测量，从而获得故障诊断的量化依据。心电图机所记录的心电图，必须将心动电流的变化，不失真地放大出来以供医务人员诊断心脏机能的好坏。心电图机的性能如有失常，会引起临床诊断中的差错。鉴别心电图机性能的好坏，常以其技术指标来表示。熟悉技术指标，并理解其内涵，对设计、使用、调整、维修心电图机是很必要的。下面简单介绍心电图机主要技术指标的意义和检测方法。

参数包括：输入电阻、灵敏度、噪声和漂移、时间常数、线性、耐极化电压、阻尼、频率响应特性、共模抑制比、走纸速度、绝缘性能等，参数详细介绍见本书内容。

2. 外部可调参数的调试

ECG-11B 心电图机采用一键多功能的轻触按键、操作方便，设有笔温、阻尼、增益等调节孔，可方便地调节整机线性、频率响应等指标，且使机器对不同记录纸的适应性更强，因此只要熟悉该机的正确调整方法，就能获得线性好、失真小的心电图，为诊断心脏疾病提供准确可靠的数据，具体使用方法见“技术使用说明书”，这里仅介绍一般调整及日常维护方法。

ECG-11B 心电图机使用热敏记录纸，各种记录纸质量不一，对笔温敏感程度有较大差别，出厂前，已按中等敏感程度的纸调整好笔温和阻尼，因此当使用不同记录纸时需重新对笔温、阻尼进行校正，一般老三五纸笔温较高，新三五纸较低，增益不必进行校正，但当更换描笔后，应对增益、阻尼进行校正，以获得最佳作图效果。

(1) 笔温校正

笔温校正可根据描迹粗细来进行，一般要求从停止到走纸约 2s 后，应能看到明显描迹，粗细以 0.3～0.5mm 为宜。注意不要让操作键在观察位置停留过长，因为这时描笔已经加热，热集中一点而不能散发，往往造成烧纸现象。调节笔温时只要取下记录器上盖，取出小螺钉旋具，顺时针调节笔温电位器则笔温增高，反之则笔温下降。

(2) 阻尼校正

阻尼正常与否，对描记波形有较大影响，要求使用不同记录纸时应认真校正。方法是在标准增益“1”时，不加滤波，导联选择在 TEST 状态以 25mm/s 走纸，描笔位于记录中间位置，按动 1mV 定标键，观察记录的方波波形，要求略呈锐角，如图 8-3(a) 所示；如果出现圆角[见图 8-3(b)]，说明阻尼过大；应逆时针方向调节阻尼电位器以减小阻尼；如果出现过冲大于 1mm，说明阻尼过小，应顺时针调节阻尼电位器以增大阻尼。

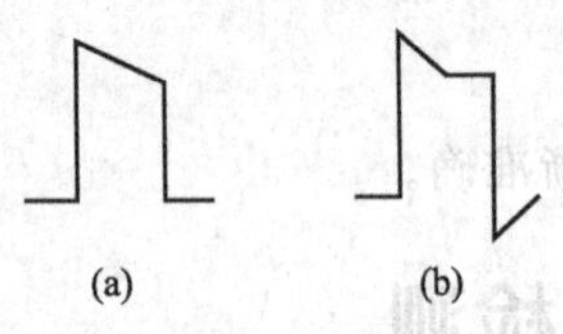

图 8-3 波形

(3) 增益调节

本仪器采用精密稳压电路提供 1mV 信号作为定标使用，该 1mV 信号不随网电源电压或电池电压变化，仪器出厂时标准增益已校正为 10mm/mV、允许±2%，如果发现标准增益超过此范围，可调节增益电位器进行校正，顺时针方向调节将使增益变大，反之则增益减小。

当长期稳定使用的情况下，就不必进行以上各项调节，或者只要适当检查校正一下就可以正常工作。

3. 11B 心电图机内部电路的测试点

为了检查电路板是否正常工作及出现故障时可以迅速判断故障点所在，电路设计时都会在电路板上留有测试点，一般用 TPxx 标记。这些测试点的电压、频率、对地电阻等电参数都有特殊的意义，设计人员在技术文件中做好了参考范围，供检测和维修人员做对比，从而完成检修的工作。

测试点一般位于关键电路的输入或输出端、控制信号输出点、参考电压点等位置；在实际电路板中比较显眼，一般有一个大的焊点或接线柱，易于测量。

操作：利用仪表对以下各个电路内部测试点进行测试，完成表单《电路板测试点的检测记录表》。

(1) 状态判断测试点

① TP401 位于电源板，充电电压测试。

② TP402 电池电压指示校准，作为一个参考电压，大概为 2.4～2.5V 。

③ TP201 位于键控板，是走纸速度频率控制端，通过键控板控制，可以改变输入频率(102.4Hz 和 204.0Hz)。

④ TP202 锁相环比较器 PCP 端，是否有负脉冲产生，如有则说明在出现的那个时间点上存在相位差，转速调整时明显。

(2) 故障分析测试点

① XT001 P5 有无速度反馈控制信号，正常应为峰值 12V 的双沿脉冲。

② 充电时充电指示灯闪烁：用示波器看 N404 P3 输出波形。

③ 导联转换：检查 D215 P2 有无脉冲（D203 P1 应有 2Hz 方波，P3 同 P1、P6 应有 4Hz 方波)。

④ 电机转速控制和选择受 G201 时基电路和 4060 分频以及纸速选择信号的综合控制，一般在 4060 锁相环输入端 P14 应观察到这样波形变化，则方波频率也有变化。

⑤ 高电平，大于 0.7V，高阻状态（悬空）。

二、实训步骤

1. 心电图机主要性能参数的测定

(1) 灵敏度的测定

灵敏度（增益）是指输入 1mV 信号电压时，描笔偏转的幅度，单位是 mm/mV。正常状态下，标准灵敏度为 10mm/mV。

接通电源，指示灯亮，预热 15min 以上。按自动/手动键切换到手动模式下，按复位键使基线回到中心位置，按增益/导联键使增益为 1 时，按定标键 3～4 次，打出 1mV 的方波 3～4 个。再按动增益/导联键使增益分别为 0.5 和 2 时，按定标键各打出 3～4 个 1mV 的方波。对 3 个增益下输出的 1mV 方波进行测量，并算出误差。

(2) 噪声和漂移

噪声和漂移都是源于电路内部的元件和外界干扰造成的。漂移是指基线不稳，表现为描笔缓慢的上下飘动。噪声是指描笔在音频范围的颤动。

在没有信号输入时，将增益置于 2，按记录键，如果描笔在记录纸正中描出一条平稳的直线则是正常的，如图 8-4(a) 所示；如果描笔不能稳定在正中位置，而作上下颤动，则是噪声所致，如图 8-4(b) 所示；如果描笔上下缓慢摆动，则是漂移所致，如图 8-4(c) 所示；噪声和漂移同时存在则如图 8-4(d) 所示。图中 (b)、(c)、(d) 均不正常。

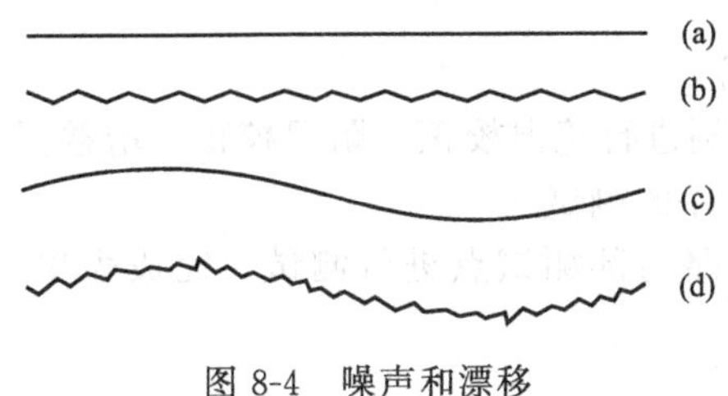

图 8-4　噪声和漂移

(3) 记录速度

心电图机的走纸速度一般为 25mm/s 和 50mm/s 两挡。走纸速度是否准确，直接影响对心电图的分析。

在手动模式下，走速为 25mm/s 开始记录，走纸平稳后，按下定标键打一个方波，经过

t秒（最好 t=10s）后，再打一个方波，停止记录。两个方波前沿之间的距离为 L（见图 8-5），则走纸速度 $v=L/t$。

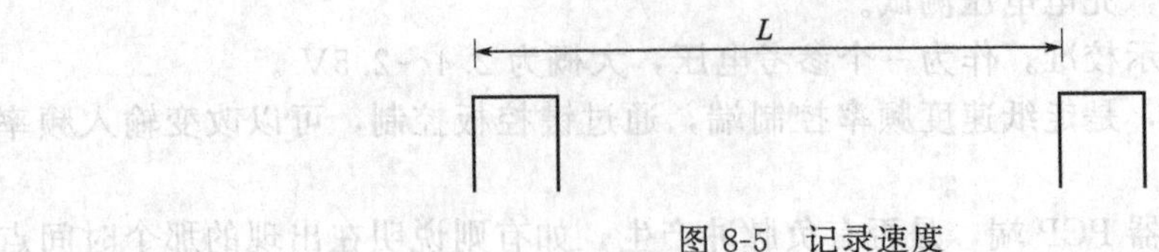

图 8-5 记录速度

（4）阻尼

通过调节固定在描笔杆上的固定螺钉来调整描笔对纸面的压力；阻尼过大减小压力，阻尼过小增大压力。另外还可以调节笔温。将前面步骤所记录的方波与阻尼正常或非正常的方波比较，判断阻尼是否正常。不正常时给予调整。

（5）时间常数

时间常数是指方波从 100％的幅度下降到 37％的幅度所经过的时间。

描笔居中，增益调至 10mm/mV，手动开始记录，按下定标键不放。当波幅由 10mm/mV 回到基线时，放开按钮，停止走纸。计算幅度从 10mm 下降到 3.7mm 所经过的时间，就是该机的时间常数。记录纸每一小格长 1mm，在记录速度为 25mm/s 时，每一格代表 1/25s=0.04s。再数出这段距离 d(图 8-6) 的格数 L，则时间常数为 $\tau=0.04L$(s)。再数出这段距离 d 的格数 P，则时间常数 $\tau=0.04P$(s)。

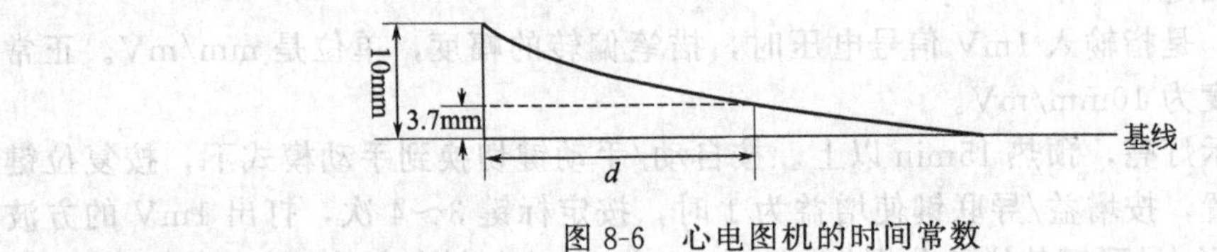

图 8-6 心电图机的时间常数

心电图机的时间常数一般在 1.5～3.5s 之间，比 3.5s 大一些是允许的，时间越长对低频响应越好。但是，小于 1.5s，低频响应差，这是不允许的。

（6）线性

影响心电图机线性指标的因素很多。如晶体管的输入特性、输出特性，差动放大器电路的对称性，以及放大器工作点的设置等，都影响整机的线性。

将机器接通电源，导联选择开关置“Test”位（1mV），将描笔基线调到记录纸的下沿处，灵敏度选择开关置 10mm/mV，走纸，并不断给出 1mV 定标电压，同时调节基线电位器，改变描笔在记录纸上的基线位置，得出波形。通过比较各个位置上矩形波的幅度，来判断整机的线性。

2. 外部可调参数的调试

参照实验原理部分，分别进行笔温校正、阻尼校正、增益调节。

3. 11B 心电图机内部电路的测试

利用仪表对以下各个电路内部测试点进行测试，完成表单《电路板测试点的检测记录表》。

三、注意事项

① 参数测试单纯是对正常 11B 心电图机的测量，不涉及调整；而外部可调参数则需要调整。

② 测量时由于带电操作，要时刻注意对人、机器和仪表的保护。

③ 电路内部的某些参数测量，接好测量线前不要接通电源。

④ 做好记录、与其他同学测得的参数做比较，根据理论知识进行分析。

⑤ 工作表单要在检测前就着手填写，使整个检测过程记录完整。

【完成作业】

① 填写实训作业本中的各个表格，并进行图像和波形的分析。

② 总结心电图机性能参数测量和调整的意义，并写出自己的心得体会。

实训三　心电图机放大单元结构电路分析

【问题导引】

从人体表面获取心电信号后，要如何进行处理？

简单讲述原始心电的处理过程如图 8-7 所示。

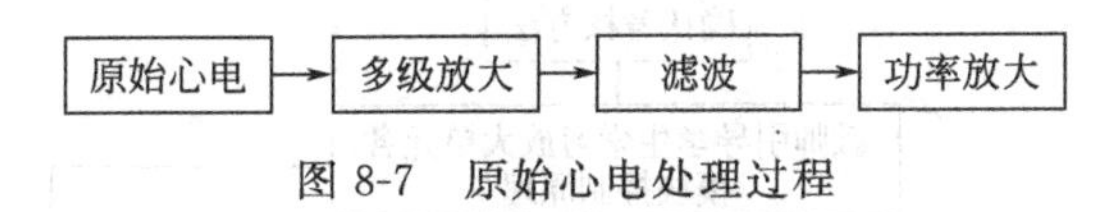

图 8-7　原始心电处理过程

【心电图机操作和使用】

1. 基本要求

① 拿出心电图机（ECG-11B），结合以前学过的知识对心电图机进行简单的操作和使用。带着问题进行操作（为什么心电信号能够被放大）。

② 使用基本工具，拆开机器，观察心电图机内部放大部分模块。

2. 达到目标

① 结合实际机器，得出放大电路单元必须完成功能。

② 初步熟悉机器内部结构，便于在电路分析中可以迅速将实际电路和原理图结合起来进行学习。

【放大单元电路原理学习工作项目实施】

1. 任务分配与计划编制

根据指导老师的要求，以个人为小组，自主制订工作计划，写清楚要完成的工作项目和预计时间，书面内容填写于工作记录表。

2. 电路模块

① 输入电路：缓冲放大器、威尔逊网络、导联选择电路、屏蔽驱动电路。

② 浮地前置放大电路：前置放大电路、1mV 定标电路、起搏脉冲抑制电路、闭锁电路、光电耦合电路。

③ 中间放大电路：增益调节电路、高频滤波电路、灵敏度/滤波选择电路。

④ 增益调节放大电路。

⑤ 交流/肌电滤波选择电路。

⑥ 比例运算放大电路。

⑦ 基线置零电路。

⑧ 电极脱落检测电路。

3. 工作任务实施

① 拆机进行心电图机放大单元电路原理的分析。

② 使用 Multisim 电路仿真软件进行放大单元电路原理图的绘制。

③ 对绘制好的电路原理图输入相关信号进行结果仿真。

4. 工作任务总结

① 按照工作记录表要求，完成原理图的绘制、仿真。

② 选择绘制好的电路原理图，对其工作原理进行书面描述。

③ 以心电图机实际电路为载体，口头汇报学习成果。

【工作过程】

见图 8-8。

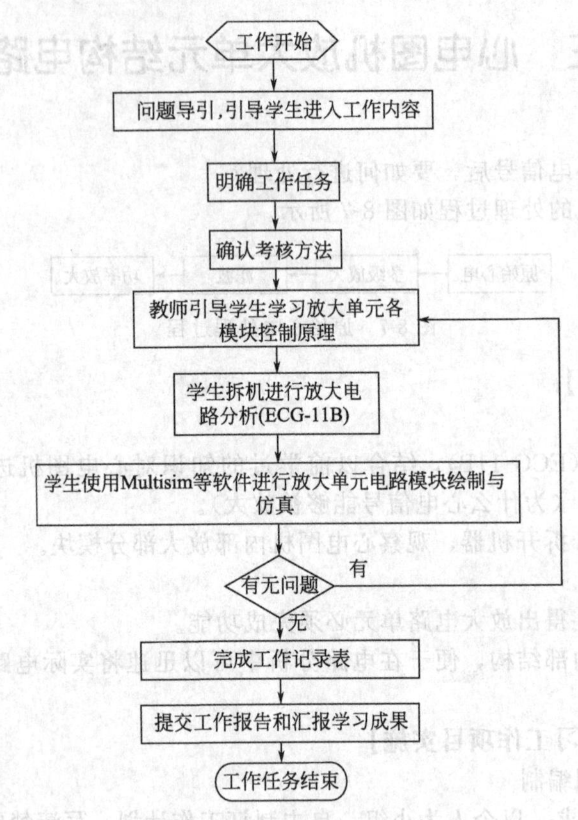

图 8-8 放大单元电路工作过程

【完成作业】

① 完成工作记录表。

② 绘出 ECG-11B 心电图机的灵敏度控制电路说明工作原理。

③ 分析电极脱落电路工作原理。

实训四 心电图机键控单元结构电路分析

【问题导引】

心电图机面板上都有什么按键?

简单讲述心电图机键控单元电路的功能：选择导联、控制走纸速度、1mV 定标、控制滤波、控制增益、交直流切换。

【心电图机操作和使用】

1. 基本要求

① 拿出心电图机（ECG-11B），结合以前学过的知识对心电图机进行简单的操作和使用。

② 使用基本工具，拆开机器，观察心电图机内部键控部分模块。

2. 达到目标

① 结合实际机器，得出键控电路单元必须完成功能。

② 初步熟悉机器内部结构，便于在电路分析中可以迅速将实际电路和原理图结合起来进行学习。

【键控单元电路原理学习工作项目实施】

1. 任务分配与计划编制

根据指导老师的要求，以个人为小组，自主制订工作计划，写清楚要完成的工作项目和预计时间，书面内容填写于工作记录表。

2. 电路模块

① 功能选择按键。

② 电子开关电路。

③ 闭锁控制电路。

④ 编码电路。

⑤ 译码电路。

⑥ 电机转速控制电路。

3. 工作任务实施

① 拆机进行心电图机键控单元电路原理的分析。

② 使用 Multisim 电路仿真软件进行键控单元电路原理图的绘制。

③ 对绘制好的电路原理图输入相关信号进行结果仿真。

4. 工作任务总结

① 按照工作记录表要求，完成原理图的绘制、仿真。

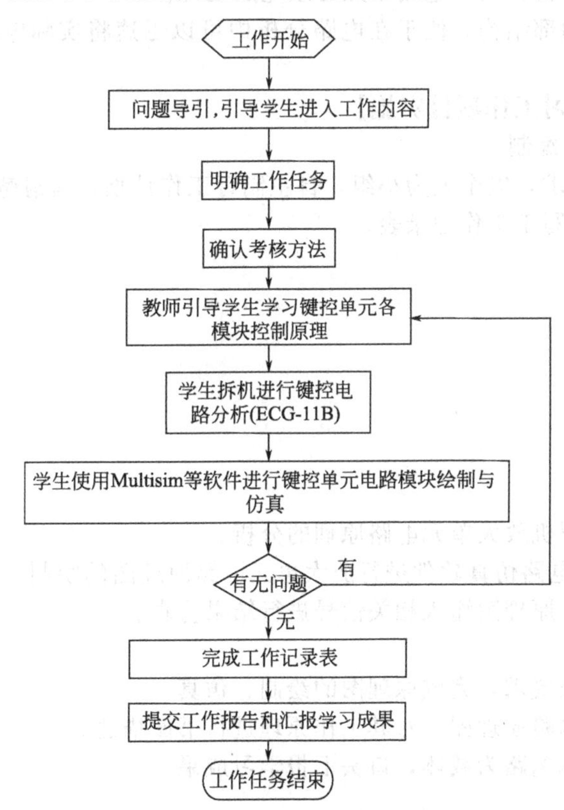

图 8-9　键控单元电路工作过程

② 选择绘制好的电路原理图，对其工作原理进行书面描述。

③ 以心电图机实际电路为载体，口头汇报学习成果。

【工作过程】

见图 8-9。

【完成作业】

① 完成工作记录表。

② 详细说明 TEST 与 V_6 之间互相转换时，译码电路的工作过程。

实训五　心电图机功放单元结构电路分析

【问题导引】

从人体表面获取心电信号后，要如何才可以将其输出？

简单讲述心电图机显示单元电路的功能。

将处理后的心电信号通过功放驱动，显示输出，供医生操作和观察。

【心电图机操作和使用】

1. 基本要求

① 拿出心电图机（ECG-11B），结合以前学过的知识对心电图机进行简单的操作和使用。

② 使用基本工具，拆开机器，观察心电图机内部功放部分模块。

2. 达到目标

① 结合实际机器，得出功放电路单元必须完成功能。

② 初步熟悉机器内部结构，便于在电路分析中可以迅速将实际电路和原理图结合起来进行学习。

【功放单元电路原理学习工作项目实施】

1. 任务分配与计划编制

根据指导老师的要求，以个人为小组，自主制订工作计划，写清楚要完成的工作项目和预计时间，书面内容填写于工作记录表。

2. 电路模块

① 笔温加热电路。

② 功放电路。

③ 阻尼调节电路。

④ 位置检测电路。

⑤ 信号调节电路。

3. 工作任务实施

① 拆机进行心电图机放大单元电路原理的分析。

② 使用 Multisim 电路仿真软件进行放大单元电路原理图的绘制。

③ 对绘制好的电路原理图输入相关信号进行结果仿真。

4. 工作任务总结

① 按照工作记录表要求，完成原理图的绘制、仿真。

② 选择绘制好的电路原理图，对其工作原理进行书面描述。

③ 以心电图机实际电路为载体，口头汇报学习成果。

【工作过程】

见图 8-10。

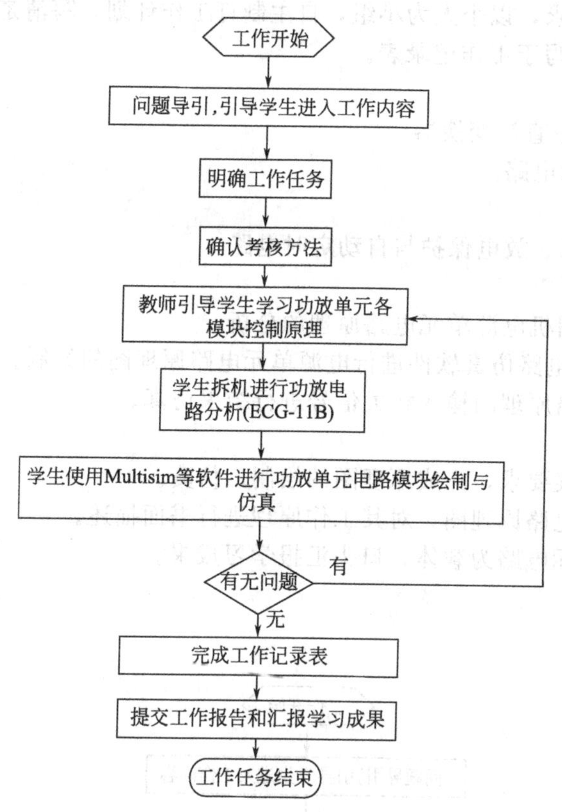

图 8-10　功放单元电路工作过程

【完成作业】

① 完成工作记录表。

② 绘出 ECG-11B 心电图机电机调速和稳速的电路原理图并说明其工作原理。

实训六　心电图机电源单元结构电路分析

【问题导引】

心电图机要正常工作，需要什么样的能源支持？

简单讲述心电图机电源单元电路的功能：为整机电路提供交流或直流工作电压。

【心电图机的使用与拆卸】

1. 基本要求

① 拿出心电图机（ECG-11B），结合以前学过的知识对心电图机进行简单的操作和使用。

② 使用基本工具，拆开机器，观察心电图机内部电源部分模块。

2. 达到目标

① 结合实际机器，得出电源电路单元必须完成功能。

② 初步熟悉机器内部结构，便于在电路分析中可以迅速将实际电路和原理图结合起来进行学习。

【电源单元电路原理学习工作项目实施】

1. 任务分配与计划编制

根据指导老师的要求，以个人为小组，自主制订工作计划，写清楚要完成的工作项目和预计时间，书面内容填写于工作记录表。

2. 电路模块

① 整流电路与直流-直流变换器。

② 充电及充电指示电路。

③ 交流供电电路。

④ 蓄电池电压指示、放电保护与自动定时电路。

3. 工作任务实施

① 拆机进行心电图机电源单元电路原理的分析。

② 使用 Multisim 电路仿真软件进行电源单元电路原理图的绘制。

③ 对绘制好的电路原理图输入相关信号进行结果仿真。

4. 工作任务总结

① 按照工作记录表要求，完成原理图的绘制、仿真。

② 选择绘制好的电路原理图，对其工作原理进行书面描述。

③ 以心电图机实际电路为载体，口头汇报学习成果。

【工作过程】

见图 8-11。

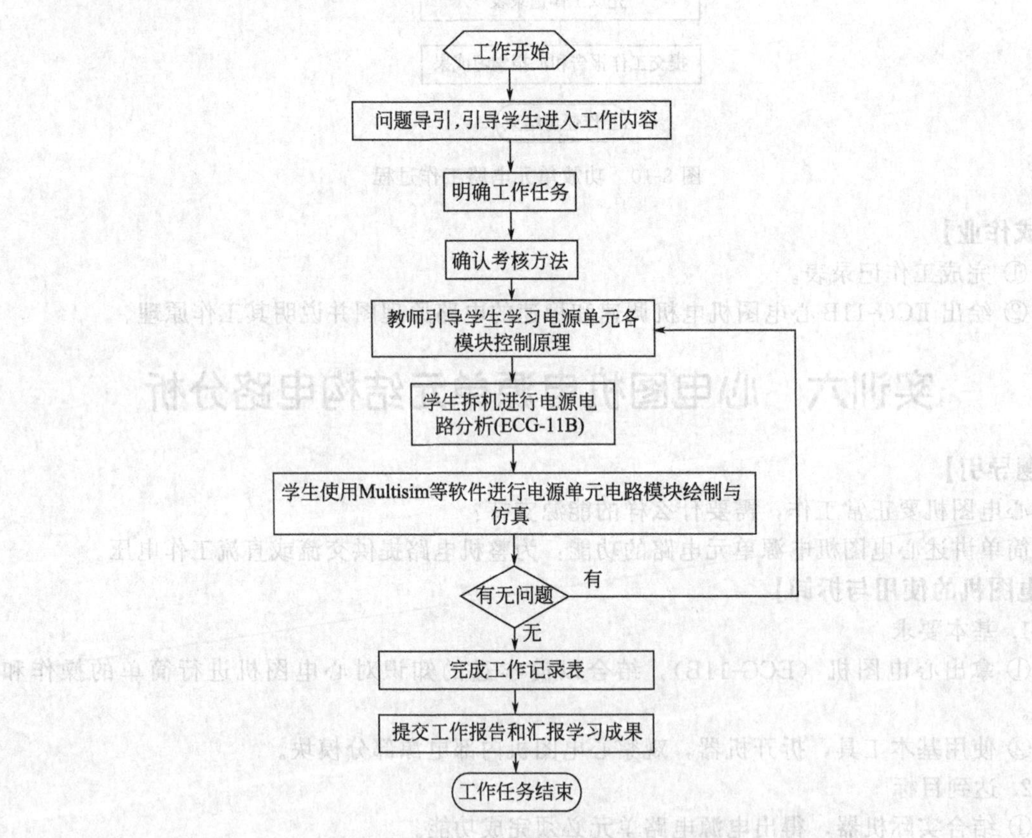

图 8-11　电源单元电路工作过程

【完成作业】

① 完成工作记录表。

② 详细说明 ECG-11B 心电图机蓄电池充电和充电过流保护与充电指示电路的工作

原理。

实训七　典型医用电子仪器故障检修

<table>
<tr><td>工作任务名称</td><td>典型医用电子仪器故障检修</td><td>学时数</td><td>5</td></tr>
<tr><td>课程名称</td><td colspan="3">医用电子仪器分析与维修技术</td></tr>
<tr><td>所属学习情境</td><td colspan="3">医用电子仪器常见故障检修</td></tr>
<tr><td>工作目标</td><td colspan="3">1. 完成典型方法检修医用电子仪器故障一般步骤及理论分析
2. 以典型医用电子仪器 ECG-11B 为载体，分析产生故障可能的原因和排除方法
3. 采用维修方法排除 ECG-11B 故障
4. 采用各种常用维修工具如电烙铁、镊子、吸锡器等，熟练更换损坏元器件
5. 采用手工方法或工具设备对检修好的医用电子仪器进行临床检验
6. 完成维修方法的总结
7. 完成维修报告的填写</td></tr>
<tr><td>工作条件</td><td colspan="3">典型医用电子仪器 ECG-11B、工作台、仪器仪表（示波器、万用表等）、工具（电烙铁、螺钉旋具等）、仪器故障检测工具、计算机系统、指导书、图片及视频资料、技术标准、技术手册、网络资料等</td></tr>
<tr><td>工作步骤</td><td colspan="3">1. 老师讲解本次需完成的工作任务，并要求学生制订工作计划
2. 学生在老师的引导下，掌握测量法处理医用电子仪器故障的一般思路和基本原理
3. 老师利用典型医用电子仪器 ECG-11B，引出故障案例
4. 学生以 ECG-11B 为操作对象，确定仪器故障，并采用分组讨论法完成故障可能原因和维修思路的汇总
5. 老师采用流程图的方式对 ECG-11B 故障进行分析和讲解，并要求学生采用维修方法排除 ECG-11B 故障
6. 学生在老师的指引下，完成维修方案的设计，并采用维修方法完成 ECG-11B 故障的维修
7. 学生完成维修好的医用电子仪器的临床检验
8. 学生完成医用电子仪器维修方法总结和报告填写</td></tr>
<tr><td rowspan="10">工作过程记录</td><td colspan="3">医用电子仪器维修工作记录表
姓名：__________　　项目名称：__________　　年　月　日</td></tr>
<tr><td colspan="2">仪器故障的确定</td><td>完成时长</td></tr>
<tr><td colspan="3"></td></tr>
<tr><td colspan="2">仪器维修方案的设计</td><td>完成时长：</td></tr>
<tr><td colspan="3"></td></tr>
<tr><td colspan="2">维修方案的实施过程记录</td><td>完成时长</td></tr>
<tr><td colspan="3"></td></tr>
<tr><td colspan="2">医用电子仪器检验过程记录</td><td>完成时长</td></tr>
<tr><td colspan="3"></td></tr>
</table>

续表

医用电子仪器维修工作记录表

姓名：＿＿＿＿＿＿　项目名称：＿＿＿＿＿＿　年　月　日

仪器维修总结	完成时长

工作过程记录

维修服务报告单

购买单位：	
联系人：	电话号码：
型号：	部门：
机器号：	
维修单位：	故障描述：
购买日期：　年　月　日	
故障情况：	
故障分析：	
故障排除：	

更换部件名称		数量：		价值	RMB：
劳务费：					RMB：
总费用：					RMB：

说明：

对于所维修设备，若处于保修期，我公司提供完全免费服务，运输费除外。超出保修期，我公司仅对所更换部件收取硬件成本费，免收维修服务费，并承诺所更换部件三个月的免费保修（参照保修条款内容），超出此范围均不保证享有免费服务！

硬件更换成本费：　＋维修服务费：　＝总费用：

预计维修时间为　天。

接收人员签字：	1. 不同意维修：（签字）＿＿＿＿＿＿
检验员：	2. 同意维修：（签字）＿＿＿＿＿＿
维修人员签字：	3. 维修完好后，客户确认签字：＿＿＿＿＿＿
日期：　年　月　日	服务日期：　年　月　日
技术支持部联系方式：	

续表

<table>
<tr><td rowspan="24">工作考核</td><td colspan="7">工作任务考核表</td></tr>
<tr><td colspan="2">考核内容</td><td>很好
(0.8～1.0)</td><td>较好
(0.6～0.8)</td><td>一般
(0.4～0.6)</td><td>需努力
(0.0～0.4)</td><td>备注</td></tr>
<tr><td colspan="2">基础知识考核
(10分)</td><td></td><td></td><td></td><td></td><td>笔试或口试</td></tr>
<tr><td rowspan="4">职业素质考核(20分)</td><td>“5S”执行情况
(5分)</td><td></td><td></td><td></td><td></td><td></td></tr>
<tr><td>规范操作(5分)</td><td></td><td></td><td></td><td></td><td></td></tr>
<tr><td>工作态度(5分)</td><td></td><td></td><td></td><td></td><td></td></tr>
<tr><td>工作纪律(5分)</td><td></td><td></td><td></td><td></td><td></td></tr>
<tr><td rowspan="5">任务完成质量考核(40分)</td><td>工具仪表使用
(5分)</td><td></td><td></td><td></td><td></td><td></td></tr>
<tr><td>工作过程质量
(10分)</td><td></td><td></td><td></td><td></td><td></td></tr>
<tr><td>工作结果质量
(10分)</td><td></td><td></td><td></td><td></td><td></td></tr>
<tr><td>工作任务按时完成(5分)</td><td></td><td></td><td></td><td></td><td></td></tr>
<tr><td>工作记录填写质量(10分)</td><td></td><td></td><td></td><td></td><td></td></tr>
<tr><td rowspan="4">工作汇报情况考核(20分)</td><td>语言表达(5分)</td><td></td><td></td><td></td><td></td><td></td></tr>
<tr><td>内容完整(5分)</td><td></td><td></td><td></td><td></td><td></td></tr>
<tr><td>条理清楚(5分)</td><td></td><td></td><td></td><td></td><td></td></tr>
<tr><td>回答问题(5分)</td><td></td><td></td><td></td><td></td><td></td></tr>
<tr><td rowspan="2">团队合作能力考核(10分)</td><td>工作主动性(5分)</td><td></td><td></td><td></td><td></td><td></td></tr>
<tr><td>帮助他人(5分)</td><td></td><td></td><td></td><td></td><td></td></tr>
<tr><td colspan="2">总评成绩(100分)</td><td colspan="5"></td></tr>
<tr><td colspan="2">指导教师评价意见：</td><td colspan="5">签名：</td></tr>
</table>

实训八　DASH2000型多参数监护仪操作与维护实训

【实训目的】

① 熟悉多参数监护仪的操作和使用方法。

② 能对多参数监护仪进行日常的维护保养。

【实训仪器】

DASH 2000型多参数监护仪、示波器、万用表、各类型螺钉旋具。

【实训内容及步骤】

一、仪器面板简介

该监护仪操作键位于仪器前面板的右侧，有三个指示灯，五个按键，一个菜单选择键，具体介绍如下。

AC显示灯：交流电源指示，当监护仪使用交流电时，该灯点亮，为绿色发光管。

Battery显示灯：电池供电指示，当监护仪使用直流电池供电时，该灯点亮，为黄色发光管。

Charging Status电池充电指示灯：发黄光，表明电池正在充电；发绿光，表明电池已充满电。电池未充电或电池坏掉时，该灯不发光。

Power 键：监护仪开关。

Graph Go/Stop 键：开始/停止记录。

NBP Go/Stop 键：手动无创血压检测。

Function 键：无创血压调零。

Slience Alarm 键：报警关闭。

Trim knob 菜单选择键：旋转到所要求的菜单条点亮，压下选中监护仪的侧面为患者电缆接口，用于连接各种心电电极、传感器、血压袖带等以获取患者参数。

监护仪背部是各种功能接口，包括安全接地端子、电源线接口、同步除颤接口、网络接口，还有麦克风。

当所有检测电缆接好后，按下电源开关开机后，三个指示灯同时亮，10s 钟启动程序完成后，监护仪显示屏出现检测图形。

二、使用方法及注意事项

1. 心电（ECG）监测

ECG 的监测是通过心电导联线从人体体表采集微弱生理电信号，经模块的放大，运算处理后把 ECG 波形和心率数值显示在屏幕上。

（1）ECG 监测过程

① 清洁皮肤。

② 安放电极。

对于五线电极而言，首先仔细分辨好颜色，按照以下位置安放：右臂（RA）和左臂（LA）电极应安装在右、左锁骨下。右腿（RL）和左腿（LL）电极应安装在肋缘下无肌肉处。

胸导联（V）电极安装根据医生的习惯。

③ 电极与导联线接好并接至患者信号线，接入监护仪心电检测接口。

注意：在所有导联安装好之后，确保有至少 0.5mV 的信号出现在每一导联（Ⅰ、Ⅱ、Ⅲ、V）上。

（2）ECG 监测可选功能

① Pace detection(起搏信号探测)。

② Arrhythmia(心律失常)。

③ Single vs. Multi Lead Analysis(单一与多导联分析)。

④ Relearn(恢复 ECG)。

⑤ ST segment analysis(ST 段分析)。

⑥ Filter Selection(滤波器选择)。该监护仪提供四种滤波器选择（注意：滤波器只影响显示和打印 ECG 波形。ST 分析和心律失常分析不受滤波器的影响）。

0.05～120Hz：诊断用滤波器；

0.05～140Hz：监测用滤波器，建议用于典型的监测应用；

0.05～25Hz：用于滤除高频干扰；

5～25Hz：用于最强的滤波，用于稳定 ECG 基线，选择后“5Hz”显示在 ECG 参数窗口并出现在打印表头上。选择这种滤波器时不要将其 ECG 形态用于诊断目的。

该监护仪默认选择是 0.05～25Hz。

2. 血氧（SpO_2）监测

SpO_2 监测是一种通过有选择的吸收光波而用于测量血液中血氧含量和脉率的无创技术。探测电极中产生的光通过组织吸收后经光电探头接收转换为电子信号。经处理器运算在屏幕上显示 SpO_2 波形和脉率数值。

SpO_2 监测过程：

① 根据探头类型选择监测部位，注意不要使探头暴露在强光中，会导致信号减弱；

② 随时观察 SpO_2 参数窗口内的数据显示，包括信号强度显示，SPO_2 波形和 SPO_2 的数值。如果出现问题，以下错误信息可能显示在 SpO_2 参数窗口：

Poor Signal Quality Detected

Low Light，Check Probe

Cannot Identify the Probe

Artifact Detected

如果以上信息显示出来，检查探头位置或重新安置探头。

3. 无创血压（NIBP）监测

无创血压监测采用振动示波法。测量时先给袖带充气，阻断动脉血流，然后开始放气，并测量气袋中的压力。在放气过程中，波动的动脉血流产生振荡，并叠加在气袋的压力上，这样仪器测量到的是一条叠加了振荡脉冲的递减的压力曲线，利用经验换算公式，获得对应的动脉收缩压、舒张压、平均压。

监测过程：

① 选择合适的袖套正确地安放在患者身上，将袖套管道与监护仪压力监测口相连。确认管道没有纠结和阻塞。

② 将袖套上的标记对着动脉位置。患者胳膊应放在与心脏同一水平面上，手掌朝上。

③ 从菜单中选择自动 NIBP 的循环测试时间间隔。

④ 从 NIBP 控制窗口内观察压力的变化及血压的数值。

4. 呼吸（RESP）监测

呼吸是经测量胸部阻抗来探测的。人体在呼吸过程中胸廓运动会造成人体体电阻的变化，变化量约为 0.1～0.3Ω，称为呼吸阻抗。监护仪通过心电导联的两个电极，用 10～100kHz 的载频正弦波恒流向人体注入 0.5～5mA 的安全电流，从而在相同的电极上拾取呼吸阻抗变化的信号。这种呼吸阻抗的变化图就描述了呼吸的动态波形，并可提取出呼吸率参数。DASH2000 监护仪的呼吸检测是通过导联Ⅰ、Ⅱ拾取的。

测量期间监测到的信息显示在呼吸参数窗口。检测灵敏度可以在呼吸调节窗口使用呼吸检测灵敏度菜单进行手动调节。波形大小可以在检测过程中自动调节，如果需要也可以手动调节。

5. 体温（TEMP）监测

监护仪中的体温测量一般采用负温度系数的热敏电阻作为温度传感器。根据热敏电阻的阻值随其温度变化而变化的特性而获得温度测量。

监测时，只需按照体温探头类型（体腔探头和体表探头）正确安放好体温探头即可进行体温监测。

三、维护

电路板维修或更换后必须进行硬件校准，无创血压参数还需要软件校准。该监护仪的所有菜单选择就利用 Trim Knob 键。

1. 显示部分

不同的使用环境需要调节显示器的对比度，调整之前，监护仪显示器应工作约 10min。

(1) 进入 SERVICE MENU。

(2) 调节主处理器板上的电位器 R_{526}，调节过程如下。

① 激活 BOOT LOADER 菜单：

同时压下并保持面板上的 NBP GO/STOP 和 FUNCTION 键；

压下再松开 Trim Knob 键；

直至 BOOT LOADER 菜单显示在监护屏上；

等待直至显示 SERVICE MENU。

② 选择 VIDEO TEST SCREENS；

③ 选择 CONTRAST；

④ 选择中间值（60%），对于彩色显示直至在红、橘黄和各种灰度之间对比度合适；对于单色显示直至所有灰度条之间对比度合适。

⑤ 选择最小值（10%）直至刚好能区分最黑的示条。

⑥ 选择最大值（100%）直至最黑的示条转为灰色。如果⑤⑥两步不能做到，可重复进行第④步。

⑦ 退出 VIDEO TEST SCREENS。

2. 主处理器板

开关设置：主处理器板上有两个拨动开关，用于设置 LCD 的显示类型和 Watchdog 的开关。

S1 开关分上下两个 Switch，上面的 Switch1 拨到右侧为打开 Watchdog；下面的 Switch2 拨到右侧为彩色 LCD 显示，拨到左侧为黑白 LCD 显示。厂家默认值为 Switch1 在右侧，Switch2 在左侧。

3. 无创血压

新购仪器，使用一年后的仪器及维修后的监护仪都必须对无创血压进行软件校准，校准配件包括：压力表、气管、袖带以及其他辅助配件。

注意：测试过程中，血压袖带必须紧紧包在一个柱体上，千万不能放在病人的手臂上，以免受伤。

校准过程如下。

① 拔掉除电源线之外的所有电缆线。

② 使用交流电源。

③ 进入 monitor setup 菜单。

④ 选择 service mode。

⑤ 此时需要输入 password，有四位数字，代表监护仪所显示的当前日期，前两位为“日”，后两位为“月”。如当前时间为 7 月 3 日，则 password 输入 0307。通过监护仪菜单显示中的←→↑↓选择数字进入 service menus；

⑥ 进入维修菜单之后，依据所显示的子菜单进入 NBP calibration。

首先零位调整：选择 calibration and test→calibrate NBP→cal zero off→ start，之后 cal zero 栏应显示 in progress(IN PROG)，完成调零后 cal zero 栏应再回显 cal zero off。将袖带和压力表接到监护以上，打开压力表，调整监测范围开关至 1000mmHg。

检查是否漏气：选择 cal gain off→进入子菜单，再选择 cal gain off→start，之后 cal gain off 栏应显示 cal gain inflating，此时，监护仪开始加压，在监护仪及压力表上都可看到压力值的上升，当加压到 250mmHg 后停止，并缓慢下降到 240mmHg 稳定，此时，cal gain inflating 栏显示为 cal gain holding。如果压力继续以 4mmHg 或更快的速度下降，说明存在漏气，须修理之后重新校准。

增益校准：选择 inter cal pressure→利用 trim knob 选择比当前压力表显示的压力值低 1mmHg 的压力，等待压力表读数精确到所选定的值之后，进入 prev. menu→check cal off→start，之后 check cal 栏应显示 in progress（IN PROG），观察监护仪和压力表的读数在 1min 之内应达到一致（±1mmHg），之后选择 check cal in progress，进入下一级菜单，选择 stop，监护仪自动卸放掉整个压力测试电路中的压力，增益校准过程结束。

清洁打印头：长期使用热敏打印机，会有一些碎纸屑残存在打印头上，从而引起打印图像明显失真，此时需要清洁打印头，方法如下：

拔掉电源线；

打开打印机舱，露出打印头；

用软布蘸取无水酒精擦拭；

拿掉纸轴，用同样方法清洁压纸轮。

电池的维护：要想使电池保持最佳性能，每使用满三个月或250次充放电循环之后，应对电池进行一次维护保养。该监护仪有三种电池维护模式，分别是自动模式、用户自定义模式、手动模式。

自动模式：只要在监护仪接通交流电的情况下，仪器自动在规定的使用时间后对电池进行维护。

用户自定义模式：到规定时间后，监护仪即显示出电池状态信息“BETTARY NEEDS COND”，提醒用户启动对电池的维护程序。

手动模式：完全由用户自行执行。

后两种模式的实现都是通过下列菜单设置实现：MONITOR SETUP→SERVICE MODE→BETTERY SERVICE→START CONDITION。

【完成作业】

① 在实训作业本中记录每个步骤注意事项和结果。

② 问题回答：多参数监护仪在软件设置上如何体现病人的监护需求？目前监护仪还可以检测病人的哪些生理参数？什么原理？

实训九　多参数监护仪常见故障分析与排除

【实训目的】

① 掌握医用监护仪的维修方法。

② 熟悉医用监护仪的常见故障。

③ 利用分割法和测量法排除医用监护仪故障。

④ 了解医用监护仪的维修注意事项。

【实训仪器】

迈瑞PM-8000型多参数监护仪、万用表、示波器、螺钉旋具、电烙铁等工具仪表。

【实训内容及步骤】

(1) 明确实训工作任务，制订工作计划。

(2) 在老师的引导下，掌握处理医用监护仪器故障的一般思路和基本原理。

(3) 分割法检修无创血压部分故障

① 分析导致无创血压测量故障原因，相关部位可能有袖带、充气泵及内部气路、传感器。

② 利用分割法原理将上述模块分割成三部分分段进行检测分析。

③ 首先检测袖带，由于袖袋反复充气，容易在与充气管接头的部分发生漏气，再者，检查袖袋比较方便，不需要打开机器，而最简单又可行的检查袖袋的方法是直接更换一个同类袖袋，故障排除说明原来的袖袋有漏气，如故障仍未排除说明仪器内部气路有漏气，可进一步打开机器作内部检查。

④ 其次检查充气泵及内部气路。袖袋漏气排除后，就应该打开机器检查充气泵及内部气路。打开机器后要一看二听三感，一看是观察充气泵外部气路有无明显断裂导致漏气；二听是听充气泵的工作声音是否正常；三感是感觉有无振动。将血压袖袋接头拔下后感觉有无空气泵出，根据检查的情况分别采取重新固定气路管路或更换充气泵，通过这一步一般能排

除无气体泵出和泵气无力故障。

⑤ 最后检查传感器。测量数据不准确最有可能是由于传感器失灵所致，在用柯氏音法测量血压时，声音传感器有可能由于灰尘或其他原因而测量不出血管的波动，或者测量的数值不准确，此时需要清理传感器，必要时需要更换传感器。

⑥ 确定是上述某一部分故障，更换相关元件。

⑦ 需要指出的是，为保证测量的准确性，维修后一定要用专用的检测校正工具进行计量检定，符合标准后方可使用。

(4) 测量法检修监护仪电源模块故障

① 监护仪电源指示灯亮，按下电源开关后不能开机并且电源指示灯熄灭，初步判断电源模块损坏，拆下电源模块目测明显损坏痕迹，未见异常。

② 用万用表静态测量各主要元件未发现明显损坏。

③ 接市电检测，测量 C_{18} 上的待机电压 17.5 V，当开机信号接入后待机电压 17.5 V 变成 0 V，测量脉宽调制芯片 U_1 的 8 脚 V_{REF} 端，发现 V_{REF} 为 0 V，说明 U_1 停止工作。分析由于此时并无外接负载，应该是开机信号使次级电源工作后电源本身有短路或过流现象导致电源保护关机。

④ 分析开机信号是使 U_4（UC3843）工作后去调制 Q_6（IRF3710）变压器 T_2，将17.5V 的待机电压转换成监护仪工作所需的 12V 电压再由 U_5 产生所需的 5V 电压，用万用表静态测量 Q_6、T_2、U_5 状态正常，怀疑脉宽调制芯片 U_4 损坏，拆下用测试电路检测证实损坏。

⑤ 更换后接上市电检测工作正常，故障排除。

(5) 学生完成监护仪器维修方法总结和报告填写

(6) 注意事项

① 检查仪器设置是否正确，以排除“伪故障”。

② 检查仪器外围装置，排除仪器外部影响。

③ 检查仪器供电及电源部分。

④ 排除了设置错误、外围故障和电源故障后，可以根据故障现象，从相关部件到主板的顺序检查仪器。

【完成作业】

填写维修记录工作表。

医用监护仪器维修工作记录表

姓名：＿＿＿＿＿＿　　项目名称：＿＿＿＿＿＿　　年　　月　　日

仪器故障的确定	完成时长：
仪器维修方案的设计	完成时长：
维修方案的实施过程记录	完成时长：
医用监护仪器检验过程记录	
仪器维修总结	完成时长：

实训十　音乐电疗仪电路分析与维修

【实训目的】

① 学习操作使用音乐电疗仪。

② 掌握电刺激仪器的输出参数测量方法。

③ 能对照实物分析音乐电疗仪的电路。

④ 掌握音乐电疗仪故障的分析方法和维修。

【实训仪器】

ZJ-12H 音乐电疗仪、理疗电极、示波器、万用表等。

【实训内容与步骤】

一、仪器的操作使用

仪表操作面板见图 8-12。

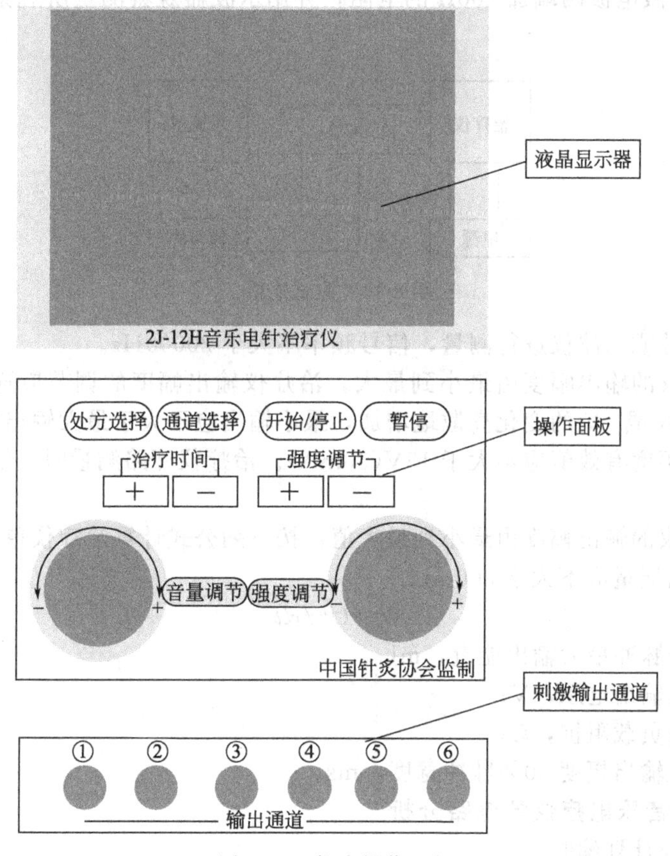

图 8-12　仪表操作面板

① 操作前检查：检查连接线是否正确，电极片是否紧贴皮肤，使用前用生理盐水或陈醋消毒。

② 开启电源开关，电源指示灯和彩屏点亮，显示器提示：“欢迎使用 ZJ-12H 音乐电疗仪”，选择功能，此时仪器处于待机状态。

③ 选择治疗处方：仪器有失眠、中风、疼痛、高血压、理疗等六种治疗处方。

④ 选择刺激输出通道，治疗仪有六个输出通道可以选择，可以选择其中一个通道输出，

也可以多个通道同时输出。

⑤ 选择时间：默认参数30min，按治疗时间“+”或“−”可在0～90min之间调节。

⑥ 调节刺激强度，强度有三个挡位，按强度调节“+”或“−”可在1～3挡之间调节。强度微调旋钮对输出强度细调。强度挡位1，对应微调范围0～50，强度挡位2，对应微调范围51～100，强度挡位3，对应微调范围101～150，调节输出强度时显示屏上有相应的强度值显示，适当调大输出强度，疗效更加明显，一般以人体承受为宜。

⑦ 开始/停止键控制治疗的开始/停止。

⑧ 治疗完毕后，所有调节的数据自动清零，仪器自动停止输出回到待机状态。

二、输出波形测试

试验仪器：

① 电源一台，稳定度优于1%；

② 100MHz示波器一台，X轴时基误码率差为±5%，Y轴幅值误差为±5%；

③ 频率计一台。

实验中，在刺激电极两端加500Ω的电阻，并用示波器观察测量所观察到的信号，测试连接见图8-13。

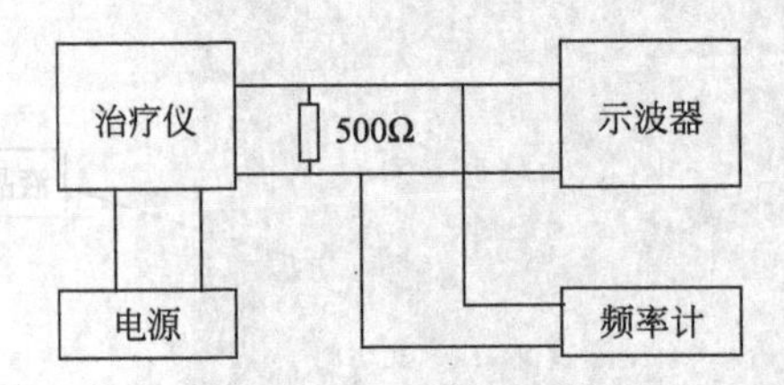

图8-13 测试连接

① 采用频率计或示波仪进行测量，信号频率不大于20000Hz。

② 调节治疗仪的输出幅度由最小到最大，治疗仪输出幅度的调节应连续均匀，或以每个增量不大于1mA或1V的变化离散地增加，最小输出应不大于最大输出的2%。

③ 最大输出幅度有效值应不大于15V(30mA)。治疗仪开路测量时，输出电压峰值应不大于250V。

④ 调节治疗仪的输出幅度由最小到最大值，按下列公式计算治疗仪单个脉冲的能量W，单个脉冲最大输出能量应不大于300mJ。

$$W=U^2/Rt$$

式中 W——单个脉冲最大输出能量，mJ；

U——最大输出电压，V；

R——输出负载阻抗，Ω；

t——最大输出幅度50%脉冲宽度，ms。

三、ZJ-12H音乐电疗仪的电路分析

1. 任务分配与计划编制

根据指导老师的要求，以个人为小组，自主制订工作计划，写清楚要完成的工作项目和预计时间，书面内容填写于工作记录表。

2. 电路分析内容

① 音频产生电路。

② 输出增益控制电路。

③ 音频功率放大电路。

④ 输出控制电路。

⑤ 编码器电路。

3. 工作任务实施

① 拆机进行 ZJ-12H 音乐电疗仪电路原理的分析。

② 使用 Multisim 电路仿真软件进行音频放大单元电路原理图的绘制。

③ 对绘制好的电路原理图输入相关信号进行结果仿真。

4. 工作任务总结

① 按照工作记录表要求，完成原理图的绘制、仿真。

② 选择绘制好的电路原理图，对其工作原理进行书面描述。

③ 以心电图机实际电路为载体，口头汇报学习成果。

四、部分故障分析与排除（见表 8-2）

表 8-2 故障分析与排除

故障现象	原因分析	排除方法	故障部位
液晶显示不亮	电源没插好 是否打开电源开关		
没脉冲输出	没选功能 没选择时间 没调整输出强度 输出插座没插好		
输出功率小	前置放大和功率放大电路有问题 12V 电压不足 电路存在接触电路		
断保险	电路中存在短路处，如开关三极管(VT1)击穿短路，电容 CP_{11} 短路		
皮肤变红或有刺感	电极片是否紧贴在皮肤上 治疗时间是否过长		

【完成作业】

① 画出 ZJ-12H 音乐电疗仪的结构框架，并分析各部分结构之间的关系。

② 在实训作业本中总结该实训项目的心得体会。

实训十一　心电图机的电气安全操作

【实训目的】

① 通过查阅设备说明书了解电气安全注意事项，了解心电图机的电气安全参数。

② 熟悉心电图及电气安全指标的判断方式，能通过导联连接和电源连接理解心电图机电气安全潜在的危险。

③ 掌握心电图机电气安全连接的方法，能够用电气安全标准进行安装和使用。

④ 通过接地保护和漏电测试掌握心电图机电气安全防范的方法。

【实训仪器】

ECG-11B 单道心电图机、电极、导联线、大小螺钉旋具各一个、万用表和兆欧表各一个。

【实训内容及步骤】

1. ECG-11B 单道心电图机的电气安全连接

对照东江牌 11B 型心电图机的说明书进行安装，结合周围电气环境进行安装。使用前应把心电图机接地端用接地线与大地（专用地线）连接起来，这样一方面可以减少干扰，另外可以保证操作者安全，达到电气安全标准要求。

查阅心电图机的常用电气安全参数，解释其各自的判断标准。

(1) 漏电流的测试

量程为100mV，输入阻抗为100kΩ以上的高灵敏度交流电压表。将交流电压表的读数除以电阻，可得漏电电流值。

(2) 绝缘电阻的测试

漏电流是从市用交流电源的火线通过电阻和电容耦合向接地端钮与患者接触部位流过的电流。测量这个电阻耦合值就是绝缘电阻测试。通常，采用直流绝缘电阻表（高阻表）来测量绝缘电阻值。测量方法是在两个被测点之间加500V直流电压，将此时流过的直流电流折算为直流电阻在仪表上显示出来。

(3) 接地线电阻和接地端钮的测试

简易地线电阻测量：利用交流电压表测量地线两端的电压，再测出线路上的电流，两者之商就是接地线的电阻值。

三芯引线中接地芯线的电阻测量：利用万用表测量三头插头接地头和仪器接地端钮间的电阻。

墙壁接地端钮间的电阻测量：最容易发生导通不良的地方是墙壁接地端钮和里面的接地母线连接点，可用电阻表直接测量或用电压电流表间接测量。

2. 模拟完成心电图机的病人检查，注意电气安全防范

使用心电图机进行临床诊断时，要求病人与大地保持绝缘，因此当使用铁床时，病人与床应绝缘，不要让病人触及床的金属部分；当使用木制床时，木床应与地坪间应保持绝缘，确保病人安全。

3. 右脚驱动电路的分析

右脚驱动电路既能减少共模干扰又能取消人体接地，它利用放大器对病人感受到的50Hz的电源干扰采样，并把该信号通过右腿放大器反馈给病人，以便抵消这种干扰，这样人可使病人有效地与地隔离，泄漏电流很小。

【完成作业】

① 讨论并汇报：产生电击的因素？电击防护措施有哪些？

② 在实训作业本中填写心电图机电气安全参数测量值。

实训十二　手术室医用电子仪器电气安全连接

【实训目标】

① 熟悉医院常见设备使用环境的电气安全连接方式，掌握设备的供电和接地连接。

② 熟悉医用电气设备的安全供电方式。

③ 懂得在特定场合利用供电和接地系统为各种设备进行安装和测试。

【实训内容和步骤】

1. 给手术室的各种医用电子仪器设计供电和接地

手术室是现代医院中医务人员电气暴露的二类场所，也是医学工程保障中电气安全性能检测和质量控制的重点部位。它不仅表现为医疗设备集中且种类复杂、医务人员集中且病人无意识下电气暴露、使用环境复杂的医疗救护场所，供电系统也比重症监护单元更为复杂。而且，有些医疗设备直接地利用电能对病人实施手术，如高频手术器等，使得医患直接暴露在电气之下。根据《民用建筑电气设计规范》中的14.6.7.3规定，在电流突然中断后，可能导致重大医疗危险的场所，应采用电力系统不接地的隔离变压器

（IT）的供电方式。

根据医用电气安全要求和原理，在图 8-14 的基础上画出医院手术室的电气安全接线图，并按照电气安全防护标准说明其各自接地设置的要求。

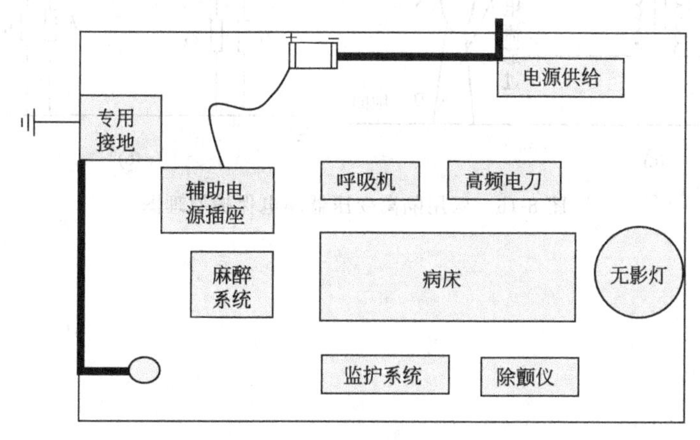

图 8-14　一般手术室的设备组合图

2. 分析医用 IT 供电系统基本原理和作用

IT 供电方式采用专用隔离变压器，隔离变压器次级作为手术室各类设备的电源，以防止产生接地故障电流。因此，像手术室和重症监护单元（ICU）等二类场所均采用 IT 直接为医疗设备提供电源，同时各类用电设备和装置应进行等电位连接。

结合图 8-15 分析手术室中 IT 供电系统的基本原理，并说明其与一般供电的不同点。

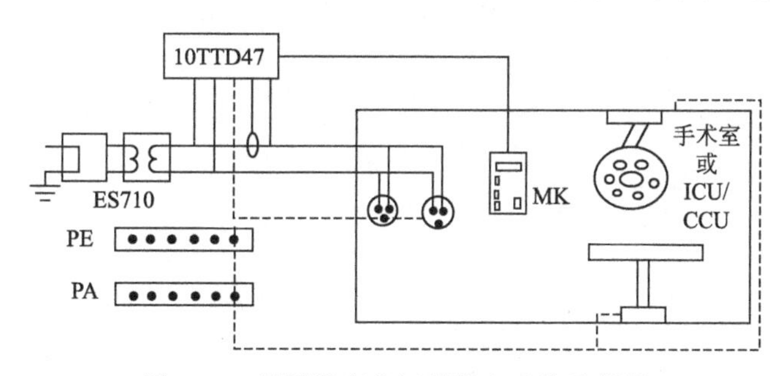

图 8-15　医用隔离变压器供电系统示意图

3. 分析如何给 IT 系统设计泄漏电流的检测系统

每一医用 IT 供电系统的电源处装设一个绝缘监视器，以便有关人员能实时监察 IT 供电系统的绝缘状况，当系统的绝缘电阻降低到 50kΩ 时，它便发出报警信号，这样便可利用供电线路在发生第二次异相接地故障之前及时采取措施、消除隐患。

医用隔离变压器供电系统漏电保护基本原理如图 8-16 所示，图（a）为人体触电示意图，图（b）为人体触电等效电路图。IT 使得人体触电回路与电源（即 IT 初级回路）不构成回路，即使在设备发生一相碰壳时，因为系统内网电源（即 IT 初级回路）对地绝缘阻抗（即 Z_1 和 Z_2）都极大，因此此时泄漏电流很小，仅为正常相的对地电容电流。只有对地绝缘阻抗才能影响泄漏电流的大小。

【完成作业】

① 在实训作业本中画出手术室各设备电源和接地的线路图。

② 在实训作业本中分析 IT 系统的工作原理和特点。

③ 分析 IT 系统设计泄漏电流检测系统原理。

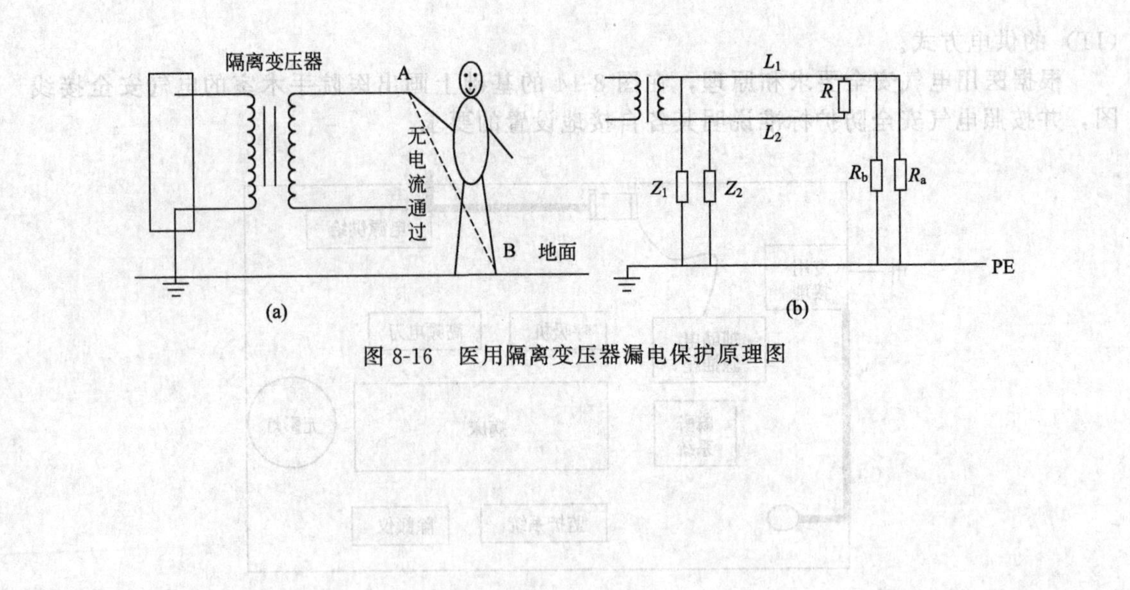

图 8-16　医用隔离变压器漏电保护原理图

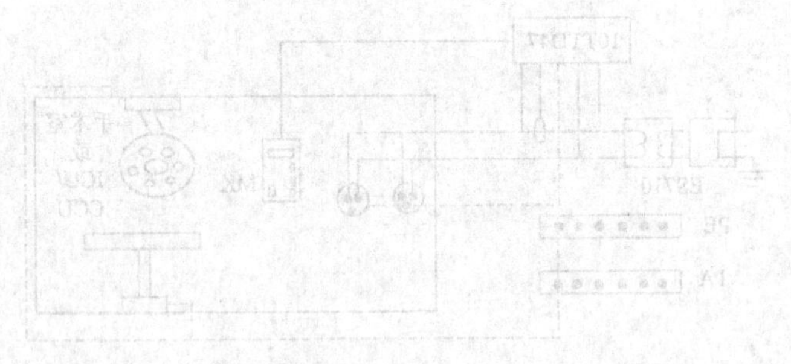

参 考 文 献

[1] 宋晓英，李斌，漆家学. 现代心电图机维修方法的研究 [J]. 医疗装备，2006 (2)：52.
[2] 周小萤. ECG-6511 心电图机热笔单偏故障检修 [J]. 医疗设备信息，2000 (6)：41.
[3] 高福光. ECG-6511 型心电图机键控电路原理分析及维修实例 [J]. 中国医疗器械杂志，2005，29 (1)：73.
[4] 邓力. 6511 心电图机缓冲放大器故障检查与维修 [J]. 第四军医大学学报，2002 (23)：148.
[5] 谢志伟，刘浩. 心电图机的维修方法 [J]. 医疗设备信息，2002 (10)：54.
[6] 刘尚林. 常规医疗设备的维修方法 [J]. 医疗卫生装备，2008，29 (3)：114.
[7] 陈光辉，许明强，黄忠宇. 分割法维修 ECG-11A 型心电图机一例 [J]. 医疗设备信息，1998 (2)：23.
[8] 王新安. 结合心电图机实际检修研究探讨其维修方法 [J]. 黑龙江医药科学，2004，27 (1) 48.
[9] 黄木春. 浅谈医疗设备的维护与维修 [J]. 医疗装备，2004 (6)：39.
[10] 刘宗东. 浅析 ECG-6511 型心电图机导联选择电路的原理及维修 [J]. 医疗装备，2000，13 (2)：56.
[11] 沈惠强. 替换法检修 NDZW-Ⅲ AP 无纸脑电图机 [J]. 医疗装备，2001，14 (8)：18.
[12] 蒋益钢. 医疗仪器维修的基本技能 [J]. 医疗设备信息，2001，16 (3)：26.
[13] 李晓妍，朱俊，黄华. 医用电子仪器维修技术的综合分析 [J]. 中国医疗设备，2009，24 (7)：104.
[14] 陈康，郑富强 . 高频电刀概况及新进展 [J]. 医疗卫生装备，2004，6.
[15] 蒋筠. 美国威力 SSE2L 电刀的故障分析和检修实例 [J]. 医疗卫生装备，2002，4.
[16] 魏科绪. 美国威利“SSE2L”高频电刀故障检修一例 [J]. 医疗卫生装备，2004，1.
[17] 赵甘永. 浅析高频电刀的故障与使用 [J]. 医疗设备信息，2006，21 (4).
[18] 张臣舜. 美国威利公司 SSE2L 手术电刀故障 1 例 [J]. 云南大学学报：自然科学版，2000，12.
[19] 吴建刚. 现代医用电子仪器原理与维修 [M]. 北京：电子工业出版社，2005.
[20] 韩雪涛. 电子产品维修技能演练 [M]. 北京：电子工业出版社，2009.
[21] 刘凤军. 医用电子仪器原理、构造与维修 [M]. 北京：中国医药科技出版社，1997.
[22] 钱叶斌. 医疗器械维修速成图解 [M]. 南京：江苏科学技术出版社，2009.
[23] 李祖江. B 超监护仪心电图机维修 1200 例 [M]. 北京：海潮出版社，2004.
[24] 燕铁斌. 物理治疗学 [M]. 北京：人民卫生出版社，2008.
[25] 齐素萍. 康复治疗技术 [M]. 北京：中国中医药出版社，2006.
[26] 董秀珍. 医学电子仪器维修手册 [M]. 北京：人民军医出版社，1998.
[27] 陈景藻. 现代物理治疗学 [M]. 北京：人民军医出版社，2001.
[28] 张鸿懿. 音乐治疗学基础 [M]. 北京：中国电子音像出版社，2000.
[29] 王成. 医疗仪器原理 [M]. 上海：上海交通大学出版社，2005：66-72；110-120.
[30] 严红剑 有源医疗器械检测 [M]. 北京：科学出版社，2007：125-157.
[31] 国家食品药品监督管理局医疗器械监管技术基础 [M]. 北京：中国医药科技出版社，2008.
[32] 余学飞. 现代医学电子仪器原理与设计 [M]. 广州：华南理工大学出版社，2007.
[33] 王保华. 生物医学测量与仪器 [M]. 上海：复旦大学出版社，2007.
[34] 刘凤军. 医用电子仪器原理、构造与维修 [M]. 北京：中国医药科技出版社，2002.
[35] 苗振魁. 医用电子仪器 [M]. 天津：天津大学出版社，1992.